基于OpenCV的数字图像处理技术

柳　林　编著

ZHEJIANG UNIVERSITY PRESS
浙江大学出版社
·杭州·

图书在版编目（CIP）数据

基于OpenCV的数字图像处理技术 / 柳林编著. — 杭州：浙江大学出版社，2020.12(2023.9重印)
ISBN 978-7-308-20779-9

Ⅰ. ①基… Ⅱ. ①柳… Ⅲ. ①图像处理软件—程序设计 Ⅳ. ①TP391.413

中国版本图书馆CIP数据核字(2020)第223395号

基于OpenCV的数字图像处理技术
柳　林　编著

责任编辑　吴昌雷
责任校对　王　波
封面设计　续设计
出版发行　浙江大学出版社
(杭州市天目山路148号　邮政编码310007)
(网址：http://www.zjupress.com)
排　　版　杭州晨特广告有限公司
印　　刷　广东虎彩云印刷有限公司绍兴分公司
开　　本　787mm×1092mm　1/16
印　　张　27.25
彩　　插　2
字　　数　910千
版 印 次　2020年12月第1版　2023年9月第2次印刷
书　　号　ISBN 978-7-308-20779-9
定　　价　59.00元

序　言

1.关于本书的目的

数字图像处理技术经过多年发展，已经有了很多教材，如C语言版本、Visual C++版本和Matlab版本等。但是随着计算机视觉技术近年来的长足进步，这些教材已经落后于当前的主流技术。事实上，近年以来OpenCV技术已经成为主流的计算机视觉技术开源库，实现了当前主流的图像处理和计算机视觉技术，获得了Android、Mac OS、Windows和Linux等几乎所有平台的支持，也可以用在DSP和嵌入式开发中。OpenCV因其轻量级而且高效，并且还在持续不断更新，值得所有相关从业人员学习。为了满足本科教学的需要，本书从OpenCV出发，介绍数字图像处理相关基本理论和算法以及在OpenCV平台的实现方法，也介绍一些常用的计算机视觉方法。

本书可以作为信号与信息处理、计算机科学与技术、通信工程、地球物理、医学等专业本科数字图像处理相关课程的基础教材，也可以作为相关专业研究生的参考材料，还可供相应的工程技术人员参考使用。

2.关于本书的内容

第1章绪论之后，本书主要分为3个部分。

第1部分是OpenCV平台的编译和使用，包括第2章和第3章。通过本部分内容的学习，读者能够掌握OpenCV平台的使用方法和一些基本的UI操作。

第2部分是传统的数字图像处理部分内容，包括第4章空间域图像处理，第5章频域图像处理，第6章彩色图像处理，第7章图像分割，第8章形态学处理。通过本部分的学习，读者能够掌握图像处理的一些基本概念和基本方法。

第3部分是与计算机视觉相关的图像处理内容，包括第9章目标检测，第10章2D图像特征，第11章目标跟踪，第12章基于深度学习的图像处理。通过本部分的学习，读者能够完成一些常用的计算机视觉任务，如目标检测、图像拼接、目标跟踪和基于深度学习的目标识别等。

在OpenCV中，图像压缩功能是作为第三方库直接来调用，在主体中并没有提供图像压缩相关函数（只是提供了图像读写接口），所以本书没有包括图像压缩相关内容；同样在OpenCV中并没有提供小波变换相关函数，所以本书也没有包括小波相关内容。

3. 关于本书的使用

为了使初学者能快速掌握图像处理基本内容，本书坚持理论和实践并重，主要的技术和算法都从理论上做了详细阐述，同时也有实际的例题供读者参考。本书所有例题以及相关图像都提供有相关源码以及详细说明，读者可以扫描书中二维码下载。由于篇幅有限，有些较长的代码在本书中并没有详细列出，而是以扩展材料的形式提供给读者，这些也一并放在课程网站上。本书所有源码都在 Visual C++ 2017 平台编译，稍作改变，也可以用于其他平台中。本书每章都提供了一些实习题，可以作为课后作业或编程作业，用来对学习效果做一个综合评价。

希望本书能够满足广大读者的需求，也希望能得到读者的支持。由于水平有限，若有错漏和不当之处，恳请提出宝贵意见。

柳林

2020年夏于杭州

源代码和相关图像下载

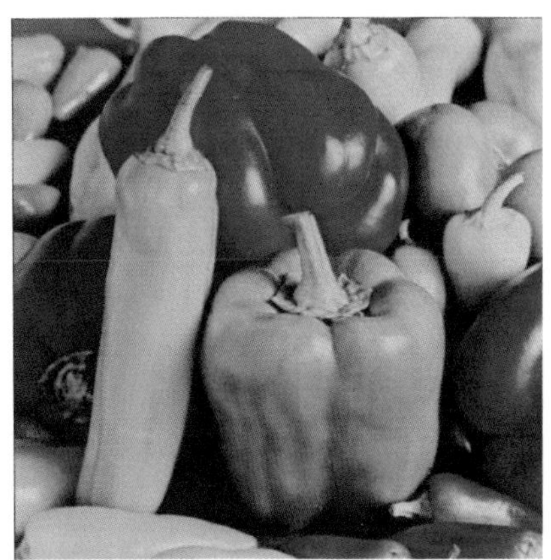

图 1.12　真彩色图像实例

图 1.13　16 色索引图像实例

图 4.9　空军基地图像

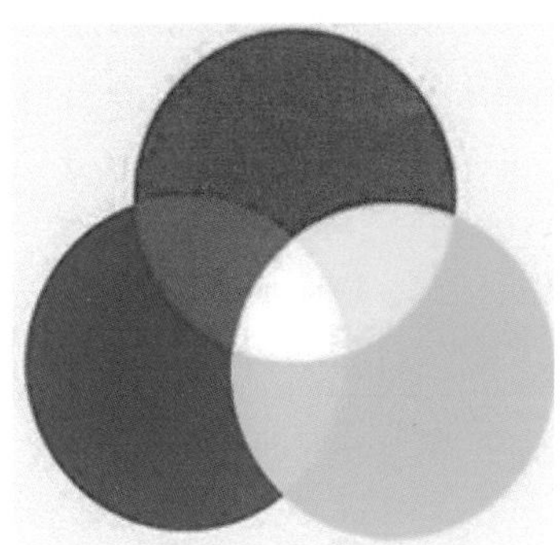

图 6.1　光原色相加产生二次色

图 6.2　颜料原色相加产生二次色

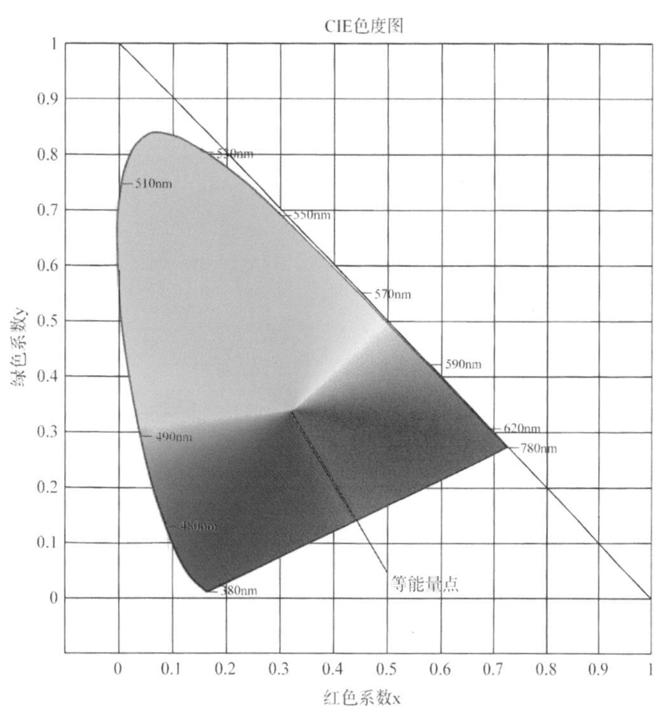

图 6.3　CIE 色度图

图 6.6　RGB24比特彩色立方体

图 6.7　RGB彩色图像

(a)源图像

(b)均衡化之后的图像

图 6.18　彩色图像直方图均衡化

(a)原图像

(b)拉普拉斯增强结果

图 6.19　彩色图像拉普拉斯增强

图 6.20　手工改变彩色图像交互界面截图

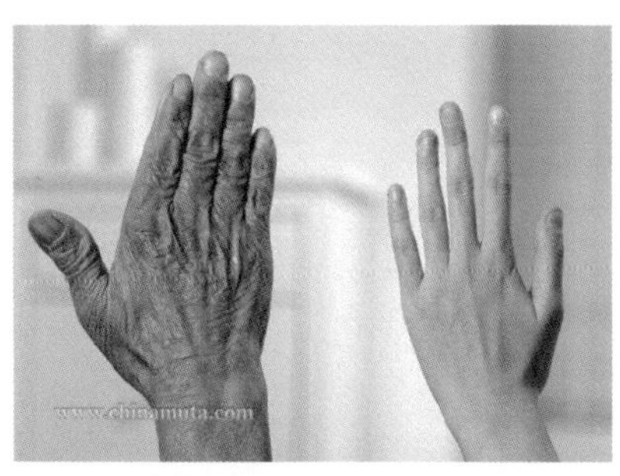

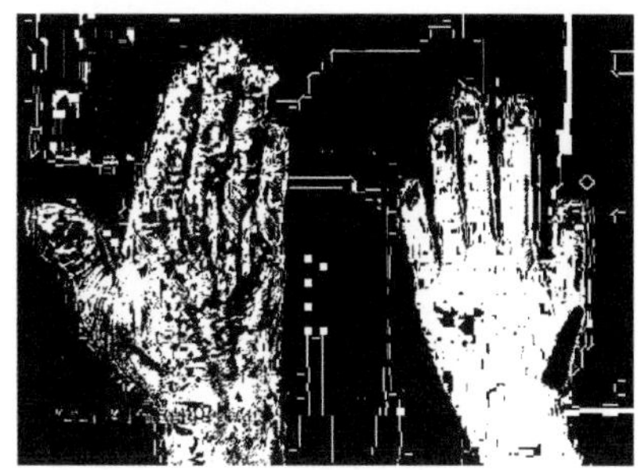

图 6.21　HSV 彩色空间图像分割

(a)参照图像

(b)要转换的图像

(c)合成结果图像

图 6.22　图像彩色迁移实例

(a)原图像

(b)简单白平衡(阈值为 0.2)

(c)GrayWorld 白平衡(阈值为0.5)　　(d)LearningBased 白平衡(阈值为0.5)

图6.23　不同方法白平衡处理图像实例一

(a)原图像　　(b)简单白平衡(阈值为0.2)

(c)GrayWorld 白平衡(阈值为0.5)　　(d)LearningBased 白平衡(阈值为0.5)

图6.24　不同方法白平衡处理图像实例二

(a)原始图像　　(b)目标图像

图6.25　直方图规定化用到的图像

图6.26　水果图像

目 录

第1章 绪论 …… (1)

1.1 图像的获取方式 …… (2)
1.2 图像的表示 …… (5)
1.3 数字图像的基本类型 …… (6)
1.4 图像存储和图像文件格式 …… (9)
1.4.1 BMP图像 …… (9)
1.4.2 TIFF图像 …… (12)
1.4.3 GIF图像 …… (13)
1.4.4 PNG图像 …… (13)
1.4.5 JPEG图像 …… (14)
1.5 数字图像处理的主要研究内容 …… (14)
1.6 总结 …… (16)
1.7 实习题 …… (16)

第2章 OpenCV简介 …… (17)

2.1 OpenCV简介 …… (17)
2.1.1 OpenCV主要发展历史 …… (17)
2.1.2 OpenCV的特点 …… (18)
2.1.3 OpenCV的设计目标 …… (18)
2.1.4 OpenCV的应用领域 …… (18)
2.1.5 OpenCV的结构和内容 …… (18)
2.2 OpenCV的下载和安装 …… (21)
2.2.1 OpenCV资源 …… (21)
2.2.2 OpenCV发行版的安装和使用 …… (21)
2.2.3 OpenCV源码的编译 …… (23)

2.2.4 在Visual C++工程中使用OpenCV的静态库 ……(25)
2.3 OpenCV API使用特点 ……(27)
2.3.1 cv命名空间 ……(27)
2.3.2 自动内存管理 ……(28)
2.3.3 输出数据自动分配内存 ……(29)
2.3.4 饱和转换 ……(30)
2.3.5 固定的数据类型和对模板的限制使用 ……(31)
2.3.6 InputArray和OutputArray ……(32)
2.3.7 错误处理 ……(33)
2.3.8 多线程和可重入性 ……(33)
2.4 OpenCV的头文件 ……(34)
2.5 OpenCV图形用户接口HighGUI 模块介绍 ……(34)
2.5.1 读取和显示图像 ……(35)
2.5.2 播放视频 ……(37)
2.5.3 滑动条 ……(40)
2.5.4 鼠标的操作 ……(42)
2.5.5 cv::waitKey()函数 ……(46)
2.6 总结 ……(46)
2.7 实习题 ……(47)

第3章 OpenCV基本数据结构和基本组件 ……(48)

3.1 基础图像容器cv::Mat ……(48)
3.1.1 cv::Mat类简介 ……(48)
3.1.2 Mat类常用构造方法 ……(49)
3.1.3 cv::Mat基本操作 ……(50)
3.1.4 cv::Mat中数据元素的访问 ……(52)
3.1.5 MFC中cv::Mat图像的显示 ……(54)
3.2 其他常用数据结构和函数 ……(56)
3.2.1 点的表示:cv::Point类 ……(56)
3.2.2 颜色表示:cv::Scalar类 ……(58)
3.2.3 尺寸的表示:cv::Size类 ……(59)
3.2.4 矩形的表示:cv::Rect类 ……(60)
3.2.5 旋转矩形类:cv::RotatedRect类 ……(61)
3.2.6 固定矩阵类 ……(62)
3.2.7 固定向量类:cv::Vec ……(64)
3.2.8 复数类 ……(65)
3.3 辅助对象 ……(65)
3.3.1 cv::TermCriteria类 ……(65)

3.3.2 cv::Range类 …… (66)
3.3.3 cv::Ptr模板类 …… (66)
3.4 工具函数和系统函数 …… (67)
3.4.1 数学函数 …… (67)
3.4.2 内存管理函数 …… (69)
3.4.3 性能优化函数 …… (70)
3.4.4 异常处理函数 …… (71)
3.5 图像上简单绘图 …… (72)
3.5.1 绘制文字 …… (72)
3.5.2 绘制直线和矩形 …… (74)
3.5.3 绘制折线 …… (75)
3.5.4 图像上绘制圆形和椭圆 …… (77)
3.6 保存图像 …… (78)
3.7 图像几何操作 …… (80)
3.7.1 图像均匀调整 …… (81)
3.7.2 仿射变换 …… (82)
3.7.3 对数极坐标变换 …… (86)
3.8 总结 …… (87)
3.9 实习题 …… (88)

第4章 数字图像灰度变换与空间滤波 …… (89)

4.1 灰度变换的概念 …… (89)
4.1.1 线性灰度变换 …… (90)
4.1.2 非线性灰度变换 …… (91)
4.2 直方图 …… (95)
4.2.1 灰度直方图 …… (95)
4.2.2 累积直方图 …… (97)
4.2.3 OpenCV中灰度直方图的计算 …… (97)
4.3 直方图反向投影 …… (100)
4.3.1 原理 …… (100)
4.3.2 反向投影实例 …… (101)
4.3.3 OpenCV中反向投影的实现 …… (101)
4.4 直方图均衡化 …… (103)
4.4.1 均衡化原理 …… (103)
4.4.2 实例 …… (104)
4.4.3 OpenCV直方图均衡化计算函数 …… (105)
4.5 直方图规定化 …… (106)
4.5.1 概念 …… (106)

4.5.2 计算过程 …… (107)
4.5.3 OpenCV实现 …… (108)
4.6 空间滤波 …… (110)
4.6.1 线性空间滤波基本概念 …… (110)
4.6.2 线性平滑滤波器 …… (112)
4.6.3 线性锐化滤波器 …… (116)
4.6.4 非线性平滑滤波器 …… (119)
4.6.5 非线性锐化滤波器 …… (122)
4.6.6 空间滤波中的边缘扩展方式 …… (124)
4.7 图像修复 …… (126)
4.8 总结 …… (127)
4.9 实习题 …… (128)

第5章 频域图像处理 …… (129)

5.1 二维DFT及其反变换 …… (129)
5.1.1 二维DFT和IDFT定义 …… (130)
5.1.2 二维DFT的中心化操作 …… (130)
5.1.3 OpenCV中DFT和IDFT的实现 …… (131)
5.2 二维DFT的性质 …… (133)
5.2.1 平移性质 …… (133)
5.2.2 旋转性质 …… (134)
5.2.3 比例变换特性 …… (135)
5.2.4 周期性和对称性 …… (136)
5.2.5 卷积定理 …… (136)
5.2.6 相关定理 …… (137)
5.3 频域滤波过程 …… (137)
5.3.1 混叠误差与周期拓展 …… (137)
5.3.2 从空间域滤波器得到频域滤波器 …… (138)
5.3.3 直接生成频域滤波器 …… (139)
5.3.4 频域滤波的基本步骤 …… (140)
5.4 低通滤波器 …… (140)
5.4.1 理想低通滤波器 …… (140)
5.4.2 巴特沃斯低通滤波器 …… (141)
5.4.3 高斯低通滤波器 …… (143)
5.4.4 低通滤波器的实现 …… (145)
5.4.5 低通滤波 …… (146)
5.5 高通滤波器 …… (148)
5.5.1 基本的高通滤波器 …… (148)

5.5.2 高通滤波结果 …… (149)
5.5.3 高频强调滤波器 …… (149)
5.6 带通带阻滤波器 …… (151)
5.7 陷波滤波器 …… (154)
5.8 同态滤波器 …… (157)
5.9 频域图像处理的应用-维纳滤波 …… (161)
5.10 总结 …… (165)
5.11 实习题 …… (165)

第6章 彩色图像处理 …… (167)

6.1 彩色基础 …… (167)
6.2 彩色空间模型 …… (170)
6.2.1 面向硬件设备的彩色空间模型 …… (170)
6.2.2 面向视觉感知的彩色模型 …… (176)
6.3 彩色图像增强 …… (182)
6.3.1 彩色图像直方图均衡化 …… (182)
6.3.2 彩色图像锐化 …… (183)
6.3.3 手动交互控制颜色 …… (184)
6.4 彩色图像分割 …… (186)
6.5 颜色迁移 …… (187)
6.6 彩色图像白平衡及其实现 …… (189)
6.6.1 色温与白平衡 …… (190)
6.6.2 自动白平衡算法 …… (190)
6.6.3 白平衡实例 …… (191)
6.7 总结 …… (193)
6.8 实习题 …… (194)

第7章 图像分割 …… (195)

7.1 边缘检测 …… (195)
7.1.1 边缘检测的基本原理 …… (195)
7.1.2 一阶导数算子 …… (197)
7.1.3 二阶导数算子 …… (198)
7.2 几何形状检测 …… (204)
7.2.1 霍夫直线变换 …… (205)
7.2.2 霍夫圆检测技术 …… (209)
7.3 阈值分割 …… (212)
7.3.1 OTSU全局阈值分割 …… (213)

7.3.2 三角法全局阈值分割 …… (216)
7.3.3 OpenCV阈值化函数 …… (219)
7.3.4 局部自适应阈值化 …… (221)
7.4 轮廓检测与绘制 …… (223)
7.5 分水岭分割 …… (231)
7.6 漫水填充算法 …… (231)
7.7 均值漂移(meanshift)分割 …… (233)
7.7.1 算法原理 …… (233)
7.7.2 OpenCV实现 …… (235)
7.8 总结 …… (237)
7.9 实习题 …… (237)

第8章 数学形态学处理 …… (239)

8.1 膨胀和腐蚀 …… (239)
8.1.1 膨胀 …… (239)
8.1.2 腐蚀 …… (241)
8.1.3 结构元素 …… (243)
8.2 开运算与闭运算 …… (246)
8.3 击中击不中变换 …… (249)
8.4 形态学梯度 …… (251)
8.5 顶帽和黑帽 …… (252)
8.6 连通区域标记 …… (255)
8.6.1 像素邻接和连通分量的概念 …… (255)
8.6.2 连通区域标记方法 …… (257)
8.7 二值图像细化 …… (261)
8.7.1 形态学方法细化 …… (262)
8.7.2 查表法 …… (263)
8.8 总结 …… (264)
8.9 实习题 …… (265)

第9章 特征提取和目标检测 …… (266)

9.1 HOG特征 …… (267)
9.1.1 HOG特征提取算法的实现过程 …… (268)
9.1.2 SVM分类器原理 …… (273)
9.1.3 OpenCV中的SVM分类器 …… (278)
9.1.4 HOG+SVM构建目标检测器 …… (279)

9.2 Haar-Like特征 …… (284)
9.2.1 Haar特征简介 …… (284)
9.2.2 矩形特征模板的计算 …… (285)
9.2.3 Haar特征的子特征生成 …… (285)
9.2.4 基于积分图的Haar特征值计算 …… (286)
9.3 LBP特征 …… (287)
9.3.1 原始LBP特征描述及计算方法 …… (287)
9.3.2 MB-LBP特征描述及计算方法 …… (289)
9.3.3 图像的LBP特征向量(LBPH) …… (291)
9.3.4 Haar-Like特征和LBP特征的区别 …… (292)
9.4 OpenCV中的级联分类器 …… (292)
9.4.1 基于级联分类器的目标检测 …… (292)
9.4.2 级联分类器训练原理 …… (295)
9.4.3 训练自己的级联分类器 …… (296)
9.4.4 级联分类器训练实例 …… (299)
9.5 总结 …… (302)
9.6 实习题 …… (302)

第10章 2D图像特征 …… (303)

10.1 尺度空间以及特征点尺度变换 …… (303)
10.2 角点检测 …… (306)
10.2.1 Harris角点检测 …… (307)
10.2.2 Shi-Tomasi角点检测 …… (310)
10.2.3 FAST特征点检测 …… (311)
10.3 特征描述子 …… (314)
10.3.1 SIFT特征描述子 …… (315)
10.3.2 SURF特征描述子 …… (321)
10.3.3 BRIEF特征描述子 …… (325)
10.3.4 ORB特征描述子 …… (326)
10.3.5 其他特征描述子 …… (329)
10.4 特征点匹配 …… (330)
10.4.1 暴力匹配 …… (330)
10.4.2 FLANN最邻近匹配 …… (331)
10.4.3 特征匹配应用实例——图像拼接 …… (334)
10.5 总结 …… (340)
10.6 实习题 …… (340)

第11章 视频目标跟踪 …… (342)
11.1 背景建模 …… (342)
11.1.1 基于均值法的背景建模 …… (342)
11.1.2 混合高斯模型背景建模 …… (343)
11.2 基于光流的对象跟踪 …… (348)
11.2.1 光流的概念 …… (348)
11.2.2 光流法基本原理 …… (349)
11.2.3 Lucas-Kanade(LK)光流法 …… (351)
11.3 CamShift跟踪 …… (358)
11.3.1 算法基本原理 …… (358)
11.3.2 cv::CamShift()函数 …… (359)
11.3.3 对象跟踪实例 …… (359)
11.4 OpenCV其他目标跟踪方法 …… (363)
11.5 多目标跟踪 …… (364)
11.6 卡尔曼滤波器和运动估计 …… (366)
11.6.1 卡尔曼滤波器基本原理 …… (367)
11.6.2 OpenCV中的cv::KalmanFilter类 …… (372)
11.6.3 卡尔曼滤波器实例 …… (374)
11.7 总结 …… (378)
11.8 实习题 …… (379)
第12章 基于深度神经网络DNN的图像处理 …… (380)
12.1 人工神经网络 …… (380)
12.1.1 人工神经网络的要素 …… (380)
12.1.2 人工神经网络类的实现 …… (387)
12.1.3 人工神经网络应用实例 …… (389)
12.2 深度学习简介 …… (393)
12.3 卷积神经网络CNN …… (395)
12.3.1 卷积层 …… (396)
12.3.2 池化层 …… (398)
12.3.3 全连接层 …… (398)
12.3.4 输出层 …… (399)
12.3.5 损失函数 …… (399)
12.3.6 LeNet-5网络模型 …… (400)
12.3.8 AlexNet网络模型 …… (404)
12.3.9 其他图像识别网络 …… (406)

12.4 深度学习框架 …………………………………………………………………… (408)
12.4.1 Caffe框架 ………………………………………………………………… (408)
12.4.2 TensorFlow框架 …………………………………………………………… (410)
12.4.3 OpenVINO工具包 ………………………………………………………… (411)
12.5 OpenCV DNN模块 ………………………………………………………… (411)
12.5.1 DNN模块简介 …………………………………………………………… (411)
12.5.2 DNN应用实例 …………………………………………………………… (413)
12.6 目标检测网络 …………………………………………………………………… (415)
12.6.1 YOLO方法 ……………………………………………………………… (415)
12.6.2 SSD方法 ………………………………………………………………… (416)
12.6.3 目标检测实例 …………………………………………………………… (417)
12.7 总结 ……………………………………………………………………………… (420)
12.8 实习题 …………………………………………………………………………… (420)

第1章

绪　论

图像是客观世界的实体通过各种观测系统以直接或间接方式作用于人的眼睛而获得的印象，是一个主观和客观的统一体。人的视觉系统本身就是一个复杂的观测系统，通过它得到的图像就是客观景物在人脑中形成的影像。以眼睛为核心的视觉系统是人类观察世界、认知世界的最重要的功能手段。据统计，人类从外界获得的信息约有75%来自视觉系统，这既说明视觉信息量巨大，也表明人类对视觉系统有较高的利用率。

与图像有关的英文主要有picture、image和graphics。其中picture是指与照片等相似的用手工描绘的人物或景物，侧重于手工描绘的一类"画"；image是指用镜头等科技手段得到的视觉形象，一般来讲可定义为"以某一技术手段被再现于二维画面上的视觉信息"，通俗地说就是指那些用技术手段把目标(Object)原封不动地一模一样地再现的景物，它包含用计算机等机器产生的景物；graphics是指图形，是指用数学对象定义的线条和曲线组成的矢量图，而image一般指离散化了的点阵图。早期英文书籍中一般用picture代表图像，随着数字技术的发展，现在都用image代表离散化了的数字图像。

随着科学技术特别是计算机技术的发展，图像的采集和应用，以及图像的加工处理技术得到了极大的重视和长足的发展。数字图像处理在现代国民经济的许多领域已经得到广泛的应用。农林行业通过遥感图像了解植物生长情况，进行估产，监视病虫害发展及治理；水利行业通过遥感图像分析，获取水害灾情的变化；气象部门分析气象云图，提高预报的准确程度；国防及测绘部门，使用航测或卫星获得地域地貌图像及地面设施图像等资料；机械制造行业可以使用图像处理技术，自动进行金相图分析识别；医疗机构采用各种数字图像技术对各种疾病进行自动诊断；安防行业利用数字图像技术对重点监控区域和重点交通路口进行实时监控和分析，实时捕获违法行为和保存违法证据；数字图像处理在通信领域也有特殊的用途及应用前景，传真通信、可视电话、会议电视、多媒体通信、高清晰度数字电视(HDTV)都采用了数字图像处理技术。图像处理技术的应用与推广，使得为机器人配备视觉的科学预想变为现实，计算机视觉或机器视觉得到迅速发展。

随着硬件性能的提升和以深度学习(Deep Learning)为标志的人工智能(AI)技术的发展，数字图像处理技术在当前得到了长足的进步，逐渐朝着实时化、智能化的方向发展。本书以OpenCV为基础，主要介绍一些基本和典型的图像处理技术，为读者以后从事人工智能和图像处理这一行业打下基础。

1.1　图像的获取方式

图像是由照射源和形成图像的场景元素对光能的反射或吸收相结合而产生的。照射源可以是可见光、X射线、红外线等电磁波，也可以是超声波等非传统光源；场景可以是人们常见的物体，也可以是分子、原子等微观结构。

1.可见光成像

可见光是人眼所能感受到的电磁波，其波长为400～800nm。可见光成像的基本原理是利用对可见光敏感的传感器材料（CMOS或CCD等），把输入光线信号转换变为输出电压波形，然后将其数字化，从而得到数字图像信息。如图1.1所示，将各个传感器以二维阵列形式排列就形成了传感器阵列。这是在现代数字摄像机、数字照相机上常见的主要结构。

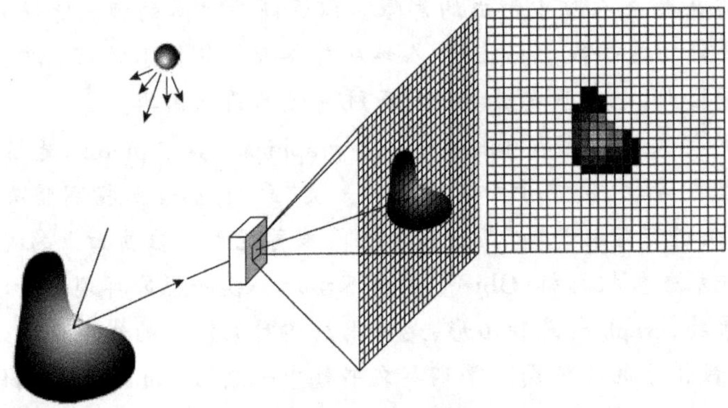

图1.1　可见光成像原理

2.伽马射线成像

伽马射线是原子核受激后产生的电磁波，其波长非常短（常达0.001nm），但能量非常高。伽马射线成像常用于医学检验和天文观测。图1.2是4张分别用于医学（左边两张）和天文学（右边两张）的图像实例。

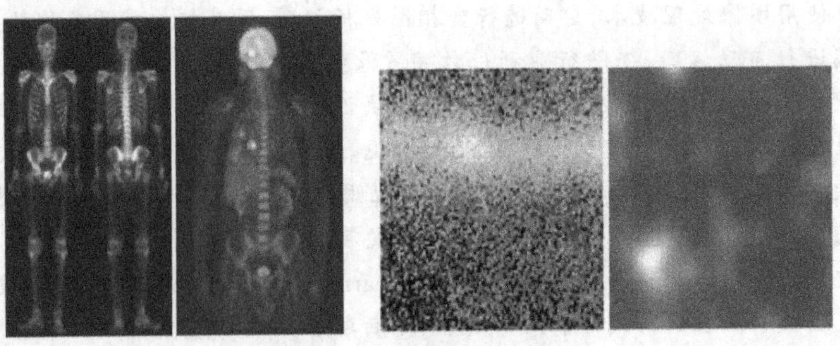

图1.2　伽马射线成像实例

3.X射线成像

X射线是原子受激后产生的电磁波，其波长为0.001～10nm，具有很高的穿透本领，能透过许多对可见光不透明的物质，如钢铁、木材和身体等。X射线常用于医学诊断和治疗(如普通X光片和计算机断层扫描(CT))，焊接结构探伤以及晶体结构分析等。如图1.3所示是一些X射线成像实例。

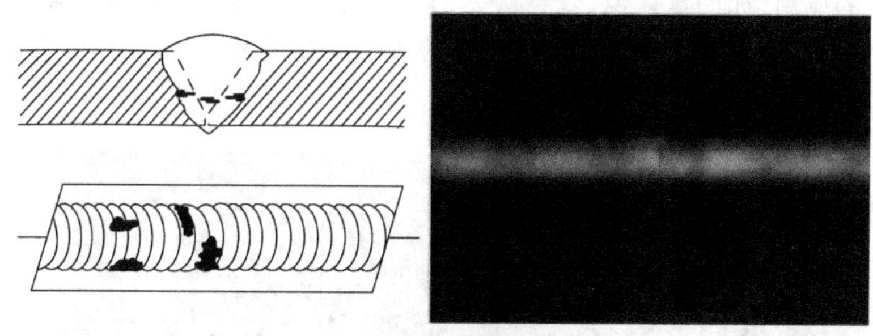

(a)X射线焊缝探伤图像

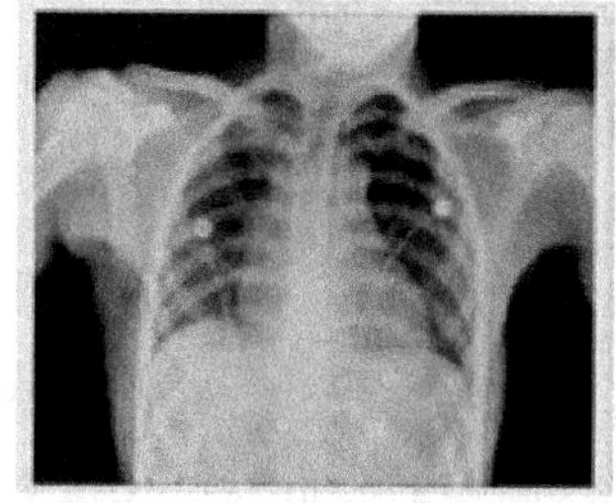

(b)X射线胸透图像

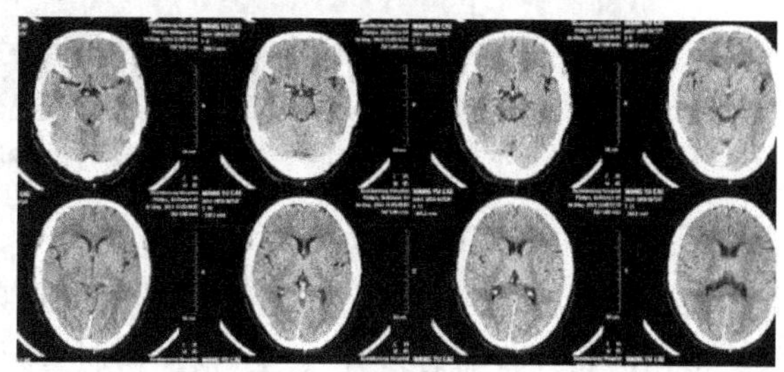

(c)CT图像

图1.3 X射线成像实例

4.紫外线成像

紫外线是物质外层电子受激后产生的电磁波，其波长约为10～400nm，比可见紫色光还短。紫外线成像可以用在工业检测、天文观测和生物成像等多个领域，如图1.4是一些紫外线成像实例。

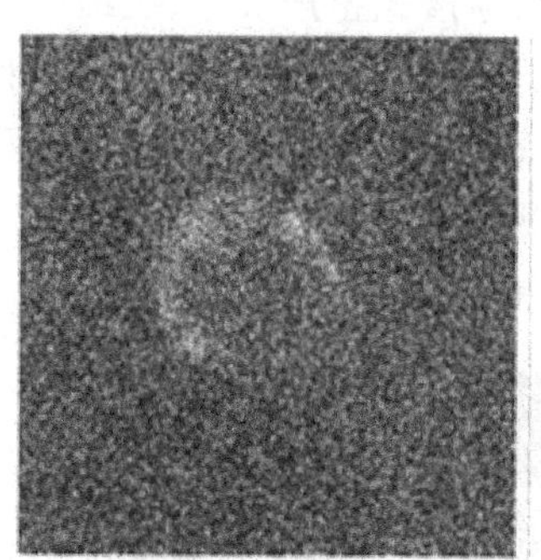

(a)天鹅星座环图像

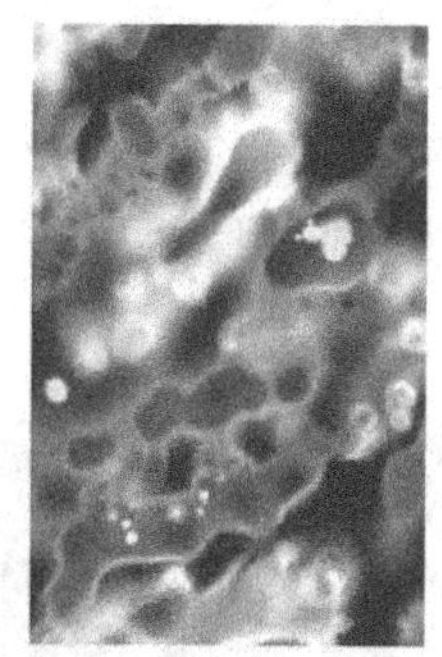

(b)普通谷物紫外图像

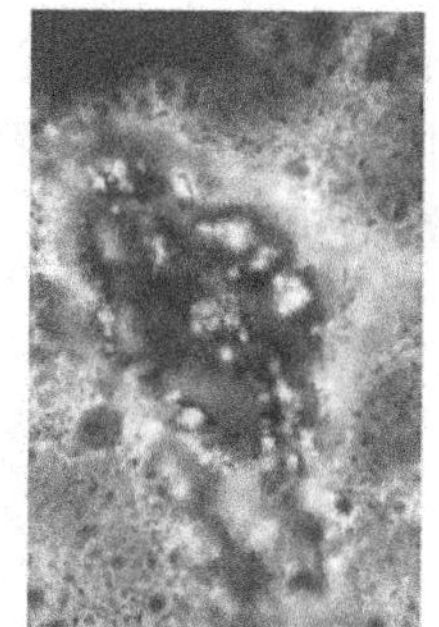

(c)被真菌感染的谷物紫外图像

图1.4 紫外线成像实例

5.红外线成像

所有高于绝对零度(−273.15℃)的物质都可以产生红外线。红外线的波长比可见光要长，大约为0.78～1000μm，有比较强的穿透浓雾的能力。大气、烟云等吸收可见光和近红外线，但是对3~5μm和8~14μm的红外线却是透明的，因此，这两个波段被称为红外线的“大气窗口”。利用这两个窗口，可以在完全无光的夜晚，或是在烟云密布的恶劣环境，能够清晰地观察到前方的情况。正是由于这个特点，红外线热成像技术可用在安全防范的夜间监视和森林防火监控系统中。此外，红外热像仪在医疗、治安、消防、考古、交通、农业和地质等许多领域均有重要的应用，如测量体温、森林探火、火源寻找、海上救护、矿石断裂判别、导弹发动机检查、公安侦察以及各种材料及制品的无损检查等。如图1.5所示是用红外线成像测量旅客体温，具有快速、简便、非接触等特点，在机场、车站等人流量大的区域应用很广泛。

图1.5　红外线成像测量体温

6.超声波成像

超声波成像是利用超声波声束扫描人体，通过对反射信号的接收、处理，以获得体内器官的图像。常用的超声仪器有多种：A型（幅度调制型）是以波幅的高低表示反射信号的强弱，显示的是一种“回声图”。M型（光点扫描型）是以垂直方向代表从浅至深的空间位置，水平方向代表时间，显示为光点在不同时间的运动曲线图。以上两型均为一维显示，应用范围有限。B型（辉度调制型）超声切面成像仪，简称“B超”，是以亮度不同的光点表示接收信号的强弱，在探头沿水平位置移动时，显示屏上的光点也沿水平方向同步移动，将光点轨迹连成超声波声束所扫描的切面图，为二维成像。D型是根据超声多普勒原理制成的，C型则用近似电视的扫描方式，显示出垂直于声束的横切面声像图。近年来，超声成像技术不断发展，如灰阶显示和彩色显示、实时成像、超声全息摄影、穿透式超声成像、三维成像、体腔内超声成像等。超声成像方法常用来判断脏器的位置、大小、形态，确定病灶的范围和物理性质，提供一些腺体组织的解剖图，鉴别胎儿的正常与异常，在眼科、妇产科及心血管系统、消化系统、泌尿系统的应用十分广泛。如图1.6所示是超声波成像实例，其清晰地显示出了腹中胎儿图像。

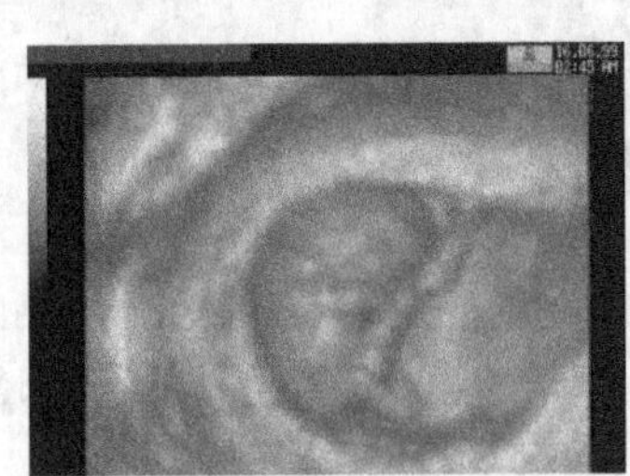
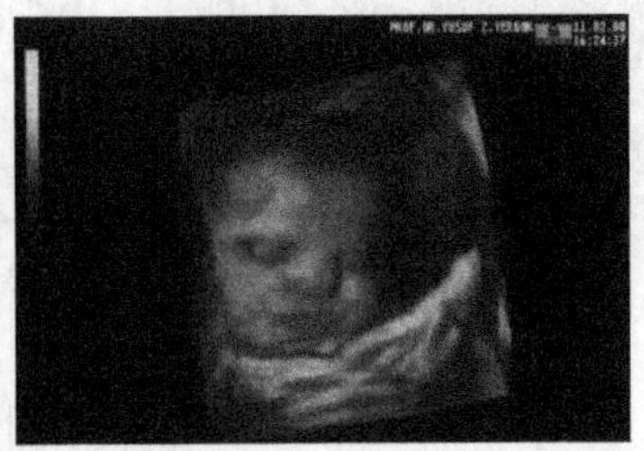

图1.6　超声波图像实例

7.磁共振成像（MRI）

利用核磁共振（nuclear magnetic resonance，NMR）原理，依据所释放的能量在物质内部不同结构环境中不同的衰减，通过外加梯度磁场检测所发射出的电磁波，即可得知构成这一物体原子核的位置和种类，据此可以绘制成物体内部的结构图像。将这种技术用于人体内部结构的成像，就产生出一种革命性的医学诊断工具。快速变化的梯度磁场的应用，大大加快了核磁共振成像的速度，使该技术在临床诊断、科学研究方面的应用成为现实，极大地推动了医学、神经生理学和认知神经科学的迅速发展。如图1.7所示是磁共振图像实例，分别是膝盖关节图像和脊椎图像。

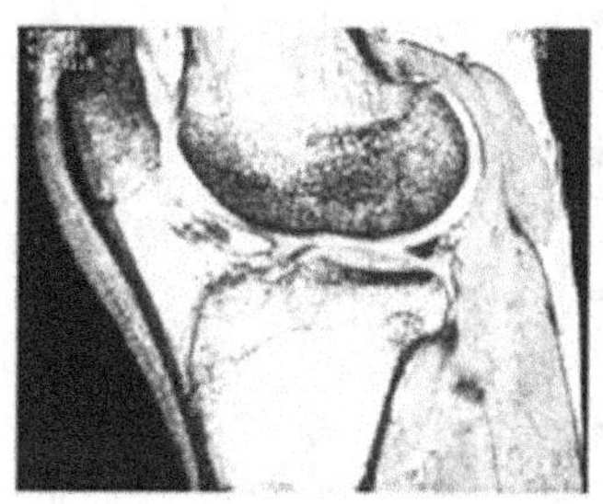
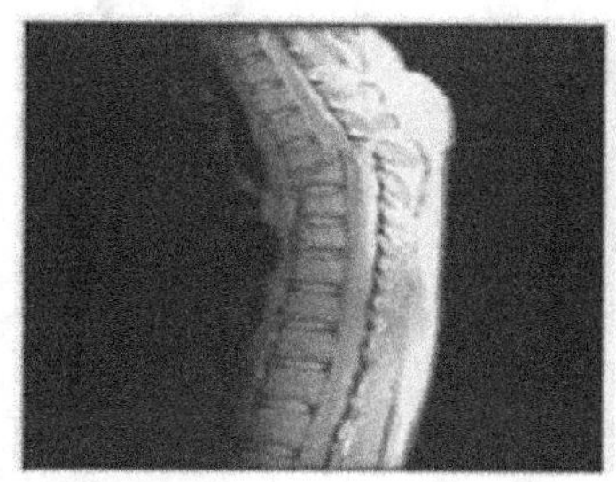

图1.7 磁共振图像实例

8.遥感成像

遥感成像是从高空或外层空间通过卫星接收来自地球表层各类地表物的电磁波信息从而得到的图像。遥感影像是地球表面的“相片”，真实地展现了地球表面物体的形状、大小、颜色等信息。这比传统的地图更容易被大众接受，影像地图已经成为重要的地图种类之一。遥感影像上具有丰富的信息，多光谱数据的波谱分辨率越来越高，可以获取红边波段、黄边波段等，这些地球资源信息能在农业、林业、水利、海洋、生态环境等领域发挥重要作用。如图1.8所示是一幅遥感图像实例。

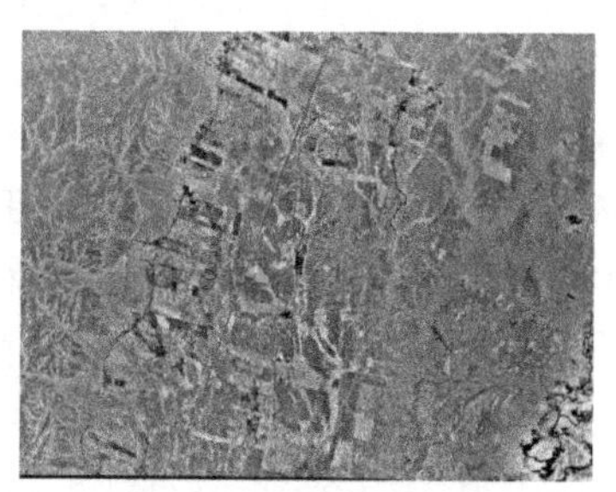

图1.8 遥感图像实例

1.2 图像的表示

一幅图像一般可以用一个二维函数$f(x,y)$来表示，这里(x,y)是平面坐标，在任何坐标(x,y)处的幅度f被定义为图像在这一位置的亮度，图像在x和y坐标以及在幅度变化上是连续的。要将这样的一幅图像转换成数字形式，要求对坐标和幅度进行数字化，坐标值数字化称为取样，幅值数字化称为量化。因此，当x、y分量及幅值f都是有限且离散的量时，称图像为数字图像。

取样和量化的结果都是实数矩阵。假设对一幅图像$f(x,y)$采样后，可得到一幅M行、N列的图像，则称这幅图像大小是$M \times N$。相应的坐标值是离散的，为了符号清晰和方便可见，这些离散的坐标一般都取整数。

数字图像的表示方法一般如图1.9所示。将图像的原点定义为$(x,y)=(0,0)$，原点沿着第1行的下一坐标点$(x,y)=(0,1)$，符号$(0,1)$用来表示沿着第1行的第2个取样；原点沿着第1列的下一坐标点$(x,y)=(1,0)$，符号$(1,0)$用来表示沿着第1列的第2个取样。在图1.9中请注意x是从0到N-1的整数，y是从0到M-1的整数。

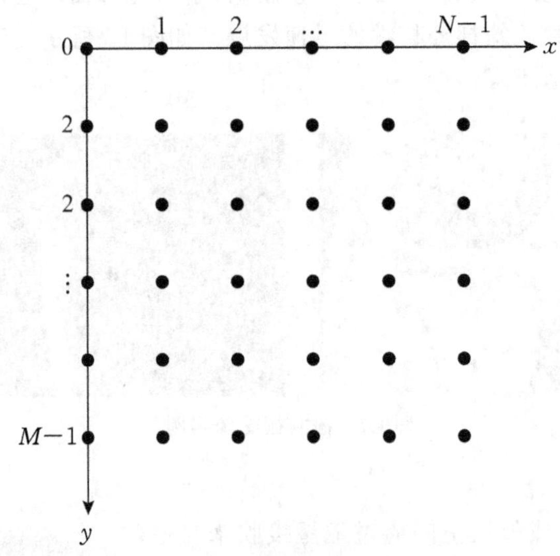

图1.9 数字图像表示方法

根据图1.9的坐标系统，可以得到数字图像的矩阵表示如下：

$$f(x,y)=\begin{bmatrix} f(0,0) & f(0,1) & \cdots & f(0,N-1) \\ f(1,0) & f(1,1) & \cdots & f(1,N-1) \\ \cdots & \cdots & \cdots & \cdots \\ f(M-1,0) & f(M-1,1) & \cdots & f(M-1,N-1) \end{bmatrix}$$

等式右边矩阵定义的一幅数字图像，矩阵中每个元素都被称为图像元素，一般用像素pixel这个术语来表示。

1.3 数字图像的基本类型

在计算机中，按照颜色和灰度的多少可以将图像分为四种基本类型。二值图像、灰度图像、真彩色图像和索引图像。

1.二值图像

二值图像(Binary Image)是指图像上的每一个像素只有两种可能取值或灰度等级，经常用黑白、Black&White或单色图像表示二值图像。一幅二值图像的二维图像矩阵可以仅由0、1两个值构成，0代表黑色，1代表白色。由于每一像素取值仅有0、1两种可能，所以计算机中二值图像的数据类型可以用1个二进制位(1 bit)来表示。为了访问和显示方便，通常二值图像用1个字节来表示，这时用0和255表示像素值。二值图像通常用于文字、线条图的扫描识别(OCR)和掩膜图像的存储。如图1.10所示是二值图像的两个实例。

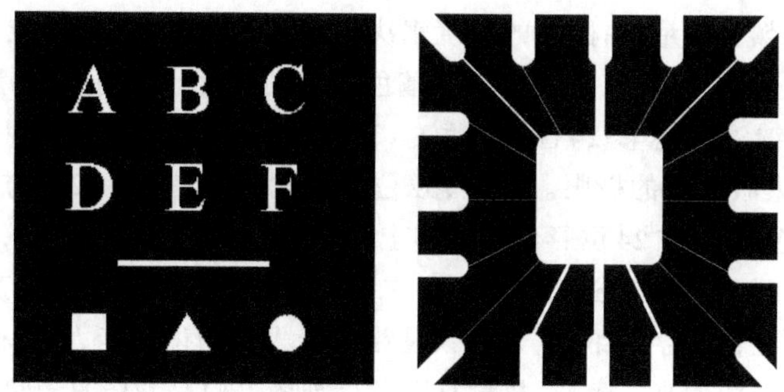

图1.10 二值图像实例

2.灰度图像

灰度图像是像素只有明暗信息,却没有颜色信息的图像,这类图像的亮度通常可以显示为从最暗黑色到最亮的白色。灰度图像通常是在单个电磁波频谱内(如红光)测量每个像素的亮度得到的,另外超声波成像和磁共振成像等得到的一般也是灰度图像。灰度图像与二值图像不同,二值图像只有黑色与白色两种亮度等级,灰度图像在黑色与白色之间还有许多级亮度等级。

计算机使用的灰度图像像素的取值范围通常为[0,255],因此其数据类型一般为8位无符号整数(BYTE),也可以用unsigned char来表示,这就是经常提到的256级灰度图像,0表示最暗的亮度,255表示最高的亮度,中间的数字从小到大表示由黑到白的过渡色。在有些时候,灰度图像的像素值也可以用单精度浮点数(float)或双精度浮点数(double)表示,像素的值域为[0,1],0代表黑色,1代表白色,0到1之间的小数表示不同的灰度等级。二值图像可以看成是灰度图像的一个特例。灰度图像中只有图像的亮度信息,没有色差信息,因此可以视作RGB图像的一个特例,即R、G、B三种颜色的分量都相同。如图1.11所示,是灰度图像的两个实例。

图1.11 灰度图像实例

3.真彩色图像

真彩色(true-color)是指图像中的每个像素值都分成Red、Green、Blue三个基色分量,每个基色分量直接决定其基色的强度。彩色图像分别用红(R)、绿(G)、蓝(B)三原色的组合来表示每个像素的颜色,图像像素的值就是显示器显示的值。图像中每一个像素的颜色值直接存放在图像矩阵中,由于每一像素的颜色需由R、G、B三个分量来表示,若M、N分别表示图像的行数和列数,则三个$M \times N$的二维矩阵分别表示各个像素的R、G、B三个颜色分量。

真彩色图像的颜色数量，由图像的深度来决定，例如图像深度为24位，用R:G:B=8:8:8来表示色彩，则R、G、B各占用8位来表示各自基色分量的强度，每个基色分量的强度等级为2^8=256种，图像可容纳2^{24}种色彩(24位真彩色)。24位彩色被称为真彩色，可以表达1677万多种颜色数，达到了人眼分辨的极限。注意，32位彩色就并非是2的32次方的颜色数，其实也是1677万多种颜色，不过在24位彩色的基础上增加了256阶颜色的灰度，为了方便称呼，就规定它为32位色。少量显卡能达到36位色，它是24位色再加512阶颜色灰度。但其实自然界的色彩是不能用任何数字归纳的，这些只是相对于人眼的识别能力，这样得到的色彩可以相对人眼基本反映原图的真实色彩，故称真彩色。如图1.12是两张真彩色图像实例。

图1.12　真彩色图像实例(彩图效果见前面插页)

4.索引图像

索引图像的文件结构比较复杂，除了存放图像的二维数据矩阵外，还包括一个称之为调色板的颜色索引矩阵MAP,调色板的索引下标直接作为数据矩阵的值。

调色板中每一行对应一种颜色值，其中的3个分量元素分别指定了对应颜色的红、绿、蓝分量值。索引图像数据矩阵的每个像素值与调色板中的某一行对应从而得到具体的颜色值，如某一像素值为64，则该像素就与调色板中的第64行建立了映射关系，该像素在屏幕上的实际颜色由第64行的[RGB]组合决定。也就是说，图像在屏幕上显示时，每一像素的颜色由存放在数据矩阵中该像素的灰度值作为索引，然后通过检索调色板得到实际的颜色值。

调色板的大小直接决定了索引图像的颜色数量，如调色板中有8条数据，则索引图像中只有8种颜色；如调色板中有16条数据，则索引图像只有16种颜色。若索引图像的数据类型采用8位无符号整形（BYTE），相应索引矩阵MAP的大小为256×3，则此时索引图像只能同时显示256种颜色，但通过改变索引矩阵，可以调整颜色的类型。索引图像的数据类型也可采用单精度浮点数（float）或双精度浮点型（double），这时可以表示更多的色彩。

相对于真彩图像而言，索引图像所需要的存储空间可以大幅度减少，一般用于存放色彩要求比较简单的图像，如Windows中色彩构成比较简单的壁纸多采用索引图像存放。如果图像的色彩比较复杂，就要用到RGB真彩色图像。灰度图像可以看作是索引图像的一种，其调色板中RGB三分量的值保持一致，在显示时候也要用到索引矩阵。如图1.13所示是一个16色索引图像实例。

图1.13　16色索引图像实例
（彩图效果见前面插图）

1.4 图像存储和图像文件格式

一幅图像需要大量的数据来表达,因而图像存储也需要大量的空间。在图像处理和分析系统中,大容量和快速的图像存储器是必不可少的。图像数据在联机存储器和数据库存储器中一般以图像文件的形式存储,所采用的图像文件格式不仅要描述图像数据本身,一般还要能够描述图像的其他信息,以方便对图像数据的提取和使用。

1.4.1 BMP图像

BMP(全称Bitmap)位图是Windows操作系统中的标准图像文件格式,可以分成两类:设备相关位图(Device-Dependent Bitmap,DDB)和设备无关位图(Device-independent Bitmap,DIB),使用非常广泛。DDB不具有自己的调色板信息,它的颜色模式必须与输出设备相一致。如:在256色以下的位图中存储的像素值是系统调色板的索引,其颜色依赖于系统调色板。由于DDB高度依赖输出设备,所以DDB只能存在于内存中,它要么在视频内存中,要么在系统内存中。DIB具有自己的调色板信息,它可以不依赖系统的调色板。由于它不依赖于设备,所以通常用它来保存文件,如.bmp格式的文件就是DIB。

BMP采用位映射存储格式,除了图像深度可选以外,不采用其他任何压缩,因此,BMP文件所占用的空间很大。BMP文件的图像深度可选1比特(二值图像)、4比特、8比特、24比特(真彩色图像)和32比特(真彩色图像)。BMP文件存储数据时,图像的扫描方式是按从左到右、从下到上按行序存储的顺序。由于BMP文件格式是Windows环境中交换与图像有关的数据的一种标准,因此在Windows环境中运行的图形图像软件都支持BMP图像格式。而在图像处理中,由于内存处理图像多采用BMP格式,因此掌握BMP格式图像格式对于理解数字图像处理技术有着很好的帮助,这里对其格式进行详细介绍。

如图1.14所示,BMP图像文件由文件信息头、位图信息头、调色板信息和位图数据等几个部分组成。如果是24位或32位真彩色图像,则不包含调色板信息。

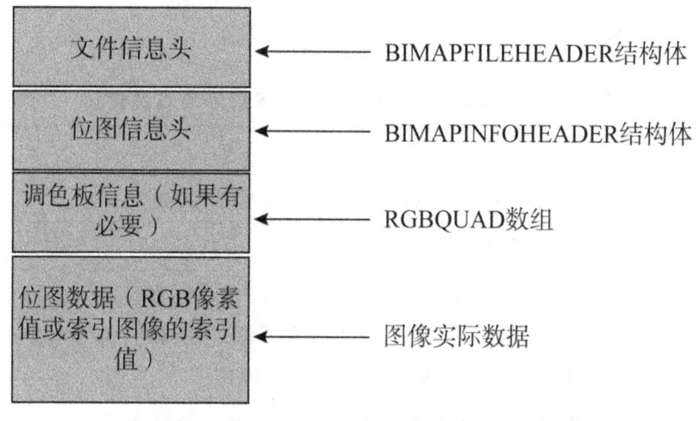

图1.14 BMP文件结构

文件信息头结构体BITMAPFILEHEADER定义如下：

```
typedef struct tagBITMAPFILEHEADER {
    WORD bfType; //文件类型，必须是0x4D42，也就是字符串“BM”
    DWORD bfSize; //指定文件大小
    WORD bfReserved1; //保留字，设为0
    WORD bfReserved2; //保留字，设为0
    DWORD bfOffBits; //从文件头到位图数据的偏移字节数
} BITMAPFILEHEADER;
```

其中结构体中bfOffBits成员的值为：sizeof(BITMAPFILEHEADER) + sizeof(BITMAPINFOHEADER) + 调色板长度，定义为从文件头到实际位图数据的偏移字节；如是真彩色图像，则bfOffBits的值固定为54字节。

位图信息头BITMAPINFOHEADER定义如下：

```
typedef struct tagBITMAPINFOHEADER{
    DWORD biSize; //BITMAPINFOHEADER结构体的长度，40个字节
    LONG biWidth; //图像的宽度，单位是像素
    LONG biHeight; //图像的高度，单位是像素
    WORD biPlanes; //必须是1
    WORD biBitCount; //颜色位数，如1，4，8，24
    DWORD biCompression; //压缩类型，如BI_RGB,BI_RLE4
    DWORD biSizeImage; //实际位图数据占用的字节数
    LONG biXPelsPerMeter; //水平分辨率
    LONG biYPelsPerMeter; //垂直分辨率
    DWORD biClrUsed; //实际使用的颜色数
    DWORD biClrImportant; //重要的颜色数
} BITMAPINFOHEADER;
```

位图信息头结构体各个成员补充解释如表1-1所示：

表1-1 BITMAPINFOHEADER结构体各成员含义

结构体字段	含义
biSize	说明BITMAPINFOHEADER结构所需要的字节数
biWidth	图像的宽度，单位是像素
biHeight	指图像高度，以像素单位，值可以为正数，也可以为负数。值为正数时表示图像的像素是从左上角开始，从左到右，从上到下逐行存储的；值为负数时表示图像的像素从右下角开始，从左到右，从下到上逐行存储的
biPlanes	表示bmp图片的平面属性，显然显示器只有一个平面，所以恒等于1
biBitCount	每个像素所需要的比特数，其值为1、4、8、16、24或32

续表

结构体字段	含义
biCompression	图像数据压缩的类型，其中： BI_RGB：没有压缩 BI_RLE8：每个像素8比特的RLE压缩编码，压缩格式由2字节组成(重复像素计数和颜色索引) BI_RLE4：每个像素4比特的RLE压缩编码，压缩格式由2字节组成 BI_BITFIELDS：每个像素的比特由指定的掩码决定 BI_JPEG：JPEG格式 对于普通位图图像，一般biCompression设为BI_RGB
biSizeImage	图像的大小，以字节为单位。当用BI_RGB格式时，可设置为0
biXPelsPerMeter	水平分辨率，像素/米
biYPelsPerMeter	垂直分辨率，像素/米
biClrUsed	位图实际使用的调色板中的颜色索引数(设为0的话，则说明使用所有调色板项)
biClrImportant	说明对图像显示有重要影响的颜色索引的数目，如果是0，表示都重要

调色板是索引图像所特有的。调色板大小与索引图像中的颜色数目相同，如单色图像、16色图像、256色图像所对应的调色板数目分别是2、16和256。调色板以4字节为单位，每4个字节存放一个颜色值，图像的数据是指向调色板的索引。

在早期的计算机中，显卡相对比较落后，不一定能保证显示所有颜色，所以在调色板中的颜色数据应尽可能将图像中主要的颜色按顺序排列在前面，位图信息头的biClrImportant字段指出了有多少种颜色是重要的。

每个调色板的大小为4字节，按蓝(B)、绿(G)、红(R)存储一个颜色值，BMP图像显示时按调色板中给出的值显示图像。BMP图像的调色板的结构体RGBQUAD如下，这里列出了结构体RGBQUAD中各字段的含义。

```
typedef struct tagRGBQUAD {
    BYTE rgbBlue;//蓝色分量值
    BYTE rgbGreen; //绿色分量值
    BYTE rgbRed;   //红色分量值
    BYTE rgbReserved; //保留值，总是为0
} RGBQUAD;
```

如果位图是单色、16色和256色，则紧跟着调色板的是位图数据，位图数据是指向调色板的索引序号。

如果位图是16位、24位和32位色，则图像文件中不保留调色板，即不存在调色板，图像的颜色直接在位图数据中给出。

16位图像使用2字节保存颜色值，常见有两种格式：5位红5位绿5位蓝和5位红6位绿5位蓝，即555格式和565格式。555格式只使用了15位，最后一位保留，设为0。

24位图像使用3字节保存颜色值，每一个字节代表一种颜色，按蓝、绿、红次序排列，即

24位真彩色图像像素的存储顺序是BGR。

32位图像使用4字节保存颜色值，每一个字节代表一种颜色，除了原来的蓝、绿、红，还有Alpha通道，即透明度，所以32位图像的存储顺序是BGRA。

如果图像带有调色板，则位图数据可以根据需要选择压缩或不压缩，如果选择压缩，则根据BMP图像是16色或256色，采用RLE4或RLE8压缩算法压缩。

BMP图像在内存中的存储顺序可以分两种不同的情况。若图像信息头中的biHeight值大于0，则图像像素是从下到上，从左到右，按行顺序存储的，如图1.15(a)所示；若图像信息头中的biHeight值小于0，则图像像素是从上到下，从左到右，按行顺序存储的，如图1.15(b)所示。为了提高内存访问速度，在BMP图像存储的时候，一般要保证每行字节数为4的倍数(即4字节对齐)；若每行的字节数不为4的倍数，则在每行末尾补0。

(a)biHeight>0时BMP图像在内存中的存储顺序

(b)biHeight<0时BMP图像在内存中的存储顺序

图1.15　BMP图像中像素的内存存储顺序

大多数BMP图像的内存存储顺序是从第N行开始逆序存储的，即按照图1.15(a)的顺序来存储图像像素。但是大部分视频中图像的存储顺序是从第1行开始顺序存储的，即按照图1.15(b)的顺序存储图像；在显示视频时需要将位图信息头的biHeight值赋值为负数(如果赋值为正数，则显示的视频刚好上下颠倒)，这一点需要特别注意。

1.4.2 TIFF图像

标签图像文件格式(Tag Image File Format，TIFF)是一种灵活的位图格式，主要用来存储包括照片和艺术图在内的图像，最初由Aldus公司与微软公司一起为PostScript打印开发。TIFF文件的后缀是.tif或者.tiff。

作为一种标记语言，TIFF与其他文件格式最大的不同在于除了图像数据，它还可以记录很多图像的其他信息。它记录图像数据的方式也比较灵活，理论上来说，任何其他的图像格式都能为TIFF所用，嵌入到TIFF里面。比如JPEG、Lossless JPEG、JPEG2000和任意数据宽度的原始无压缩数据都可以方便地嵌入到TIFF中去。由于它的可扩展性，TIFF在数字影响、遥感、医学等领域中得到了广泛的应用。

TIFF数据格式是一种3级体系结构，其内部结构可以分成三个部分，分别是：文件头信息区、标识信息区和图像数据区。其中所有的标签都是以升序排列，这些标签信息是用来处理文件中的图像信息的。在每一个TIFF文件中第一个数据结构称为图像文件头或IFH，它是图像文件体系结构的最高层。这个结构在一个TIFF文件中是惟一的，有固定的位置。它位于文件的开始部分，包含了正确解释TIFF文件的其他部分所需的必要信息。IFD是TIFF文件中第2个数据结构，它是一个名为标记(tag)的用于区分一个或多个可变长度数据块的表，标记中包含了有关于图像的所有信息。IFD提供了一系列的指针(索引)，这些指针告诉我们各种有关的数据字段在文件中的开始位置，并给出每个字段的数据类型及长度。这种方法允许数据字段定位在文件的任何地方，且可以是任意长度，因此文件格式十分灵活。图像数据部分根据IFD所指向的地址，存储相关的图像信息。

1.4.3 GIF图像

GIF是图像交换格式（Graphics Interchange Format）的简称，它是由美国CompuServe公司在1987年所提出的图像文件格式。它最初的目的是希望每个BBS的使用者能够通过GIF图像文件轻易存储并交换图像数据，这也就是它为什么被称为图像交换格式的原因了。

GIF文件格式采用了可变长度的压缩编码和其他一些有效的压缩算法，按行扫描迅速解码，且与硬件无关。GIF是8位文件格式（一个像素一个字节），最多支持256种颜色的彩色图像，并且在一个GIF文件中可以记录多幅图像。GIF文件结构较复杂，一般包括7个数据单元：文件头（Head Block）、注释块（Comment Block）、循环块（Loop Block）、控制块（Control Block）、GIF图像块（Image Block）、文本块（Plain Text Block）、附加块（Application Block）。

GIF文件格式采用了一种经过改进的LZW（串表压缩算法）压缩算法，通常称之为GIF-LZW算法，所提供的压缩比例通常在1:1到1:3，是一种无损的压缩算法。并且GIF支持在一幅GIF文件中存放多幅彩色图像，并且可以按照一定的顺序和时间间隔将多幅图像依次读出并显示在屏幕上，这样就可以形成一种简单的动画效果。尽管GIF最多只支持256色，但是由于它具有极佳的压缩效率并且可以做成动画而被广泛接纳采用。

1.4.4 PNG图像

便携式网络图形格式(Portable Network Graphic Format，PNG)是一种位图文件(bitmap file)存储格式，是一种方便的、适于网络传播的轻便图片文件格式。PNG是20世纪90年代中期开始开发的图像文件存储格式，其目的是替代GIF和TIFF文件格式，同时增加一些GIF文件格式所不具备的特性。PNG用来存储灰度图像时，灰度图像的深度可多到16位，存储彩色图像时，彩色图像的深度可多到48位，并且还可存储多到16位的Alpha通道数据。

PNG的特性主要有以下几点：

（1）体积小。PNG文件相对BMP文件所需要字节数要少。

（2）无损压缩。PNG文件采用LZ77算法的派生算法进行压缩，其结果是获得高的压缩比，不损失数据。它利用特殊的编码方法标记重复出现的数据，因而对图像的颜色没有影响，也不可能产生颜色的损失，这样就可以重复保存而不降低图像质量。

（3）索引彩色模式。PNG-8格式与GIF图像类似，同样采用8位调色板将RGB彩色图像转换为索引彩色图像。

（4）更优化的网络传输显示。PNG图像在浏览器上采用流式浏览，即使经过交错处理的图像会在完全下载之前提供浏览者一个基本的图像内容，然后再逐渐清晰起来。它允许连续读出和写入图像数据，这个特性很适合于在通信过程中显示和生成图像。

（5）支持透明效果。PNG可以为原图像定义256个透明层次，使得彩色图像的边缘能与任何背景平滑地融合，从而彻底地消除锯齿边缘。这种功能是GIF和JPEG没有的。

（6）PNG同时还支持真彩和灰度级图像的Alpha通道透明度。最高支持24位真彩色图像以及8位灰度图像。支持Alpha通道的透明/半透明特性。支持图像亮度的Gamma校准信息。支持存储附加文本信息,以保留图像名称、作者、版权、创作时间、注释等信息。

1.4.5 JPEG图像

JPEG是常见的一种图像格式,它由国际电信联盟电信标准分局ITU-T的联合图像专家组(Joint Photographic Experts Group)开发。JPEG文件的扩展名为.jpg或.jpeg,它用有损压缩方式去除冗余的图像和彩色数据,在获得极高的压缩率的同时能展现十分丰富生动的图像。JPEG标准本身只是定义一个规范的编码数据流,并没有规定图像数据文件的格式,现在大部分采用Cube Microsystems公司定义的JPEG文件交换格式(JFIF)作为JPEG文件的格式。

JPEG压缩技术可以用最少的磁盘空间得到较好的图像品质,而且JPEG是一种很灵活的格式,具有调节图像质量的功能,允许用不同的压缩比例对文件进行压缩,支持多种压缩级别,压缩比率通常在10:1到40:1之间,压缩比越大,品质就越低;相反地,压缩比越小,品质就越好。当然JPEG压缩技术也可以在图像质量和文件尺寸之间找到平衡点。JPEG格式压缩的主要是高频信息,对色彩的信息保留较好,适合应用于互联网,可减少图像的传输时间,可以支持24bit真彩色,也普遍应用于需要连续色调的图像。

JPEG 2000作为JPEG的升级版,其压缩率比JPEG高约30%左右,同时支持有损和无损压缩。JPEG 2000格式有一个极其重要的特征在于它能实现渐进传输,即先传输图像的轮廓,然后逐步传输数据,不断提高图像质量,让图像由朦胧到清晰显示。此外,JPEG 2000还支持所谓的"感兴趣区域"特性,可以任意指定影像上感兴趣区域的压缩质量,还可以选择指定的部分先解压缩。JPEG 2000和JPEG相比优势明显,且向下兼容,因此可取代传统的JPEG格式。JPEG 2000既可应用于传统的JPEG市场,如扫描仪、数码相机等,又可应用于新兴领域,如网路传输、无线通讯等。

1.5 数字图像处理的主要研究内容

人们对图像的利用由来已久,用计算机处理和分析数字图像也有几十年的历史,发展出了许多图像处理相关的工程技术。从计算机处理的角度可以由高到低将图像技术分为三个层次,这三个层次覆盖了图像处理的所有应用领域。

(1)图像处理,对图像进行各种加工,以改善图像的视觉效果。图像处理强调图像之间进行的变换,它是一个从图像到图像的过程。

(2)图像分析,对图像中感兴趣的目标进行提取和分割,获得目标的客观信息(特点或性质),建立对图像的描述。图像分析是以观察者为中心研究客观世界,它是一个从图像到数据的过程。

(3)图像理解,研究图像中各目标的性质和它们之间的相互联系,得出对图像内容含义的理解及原来客观场景的解释。图像理解以客观世界为中心,借助知识、经验来推理、认识客观世界,属于高层操作(符号运算)。

图像处理侧重于信号处理方面的研究，比如图像对比度的调节、图像编码、图像去噪以及各种滤波方法的研究。但是图像分析更侧重于研究图像的内容，包括但不局限于使用图像处理的各种技术，它更倾向于对图像内容的分析、解释和识别。可见，图像处理、图像分析和图像理解是处在三个抽象程度和数据量各有特点的不同层次上。图像处理是比较低层的操作，它主要在图像像素级上进行处理，处理的数据量非常大；图像分析则进入了中层，分割和特征提取把原来以像素描述的图像转变成比较简洁的非图像形式的描述；图像理解主要是高层操作，基本上是对从描述抽象出来的符号进行运算，其处理过程和方法与人类的思维推理有许多类似之处。

具体来说，图像处理相关的研究主要有以下几个方面：

(1)图像变换。数字图像本质上是一种二维数字信号，数字信号处理中所采用的各种频率域处理方法在数字图像处理中同样能够取得良好的效果。在数字图像处理中，常采用傅立叶变换、沃尔什变换、离散余弦变换等间接处理技术，将空间域的处理转换为频率域处理，可获得更有效的处理(如傅立叶变换可在频域中进行数字滤波处理)。新兴研究的小波变换在时域和频域中都具有良好的局部化特性，它在图像处理中也有着广泛而有效的应用。

(2)图像压缩编码。图像压缩编码技术(如JPEG编码)可减少图像存储的数据量，以便节省图像传输、处理时间和减少所占用的存储器容量和传输带宽。压缩可以在不失真的前提下获得，也可以在允许的失真条件下进行。编码是压缩技术中最重要的方法，它在图像处理技术中是发展最早且比较成熟的技术。

(3)图像增强和复原。图像增强和复原是为了提高图像的质量，改善图像的视觉效果，如去除噪声、提高图像的对比度等。图像增强不考虑图像退化的原因，只突出图像中所感兴趣的部分。如强化图像高频分量，可使图像中物体轮廓清晰，细节明显；如强化低频分量可减少图像中噪声影响。图像复原要求对造成图像退化的原因有一定的了解，应建立图像的退化模型，再采用某种复原方法，恢复或重建原来的图像。

(4)图像分割。图像分割是数字图像处理中的关键技术之一。图像分割是将图像中有意义的部分提取出来，典型的特征有图像中的边缘、连通区域等。图像分割是进一步进行图像识别、分析和理解的基础。虽然已研究出不少图像分割方法，但还没有一种普遍适用于各种图像的有效方法。因此对图像分割的研究还在不断深入之中，也是图像处理中研究的热点之一。

(5)图像描述。图像描述是图像识别和理解的必要前提。作为最简单的二值图像可采用其几何特性描述物体的特性，一般图像的描述方法采用二维形状描述子，现在发展了许多与尺度和旋转无关的图像描述子，可以用来对图像进行匹配和识别。

(6)图像识别。图像识别属于模式识别的范畴。传统的图像识别是图像经过某些预处理(增强、复原、压缩)后，进行图像分割和特征提取，根据特征进行判决分类。最新的深度学习技术，将图像通过深度神经网络，直接可以得到图像识别结果。

(7)视频对象处理。以上处理只针对静态图像，其实现代图像处理更多处理的是视频序列。视频是由一序列图像组成的动态图像，图像处理的大部分方法同样适用于视频处理。视频对象处理还涉及背景的重建，视频对象的分割，视频对象的跟踪等技术。

1.6 总结

本章介绍了数字图像的一些基本概念和基本知识。通过本章的学习，可以对数字图像有一些基本的认识。本章有部分内容详细介绍了BMP格式的图像，由于篇幅有限，有一部分BMP图像的操作内容放在课程网站上（扫码观看），作为扩展材料供课外学习，这些内容包括使用C++读取和保存BMP格式图像，操作BMP格式图像进行绘图等。虽然在今后的学习中，不会直接使用这些C++的函数去处理这些BMP图像，但是建议还是要掌握这些BMP图像的基本处理方法，以加深对数字图像的理解和掌握。

Windows API 操作BMP 图像实例

1.7 实习题

（1）BMP图像中绘制圆。参照课程网站上的BMP文件操作实例，创建一张分辨率为800×600的白色BMP图像，并在图像的中心绘制一个半径R=300的红色圆，并保存图像。圆的生成可以采用Bresenham算法，请查阅相关资料。

（2）灰度图像着色。利用调色板对图1.16中的建筑物灰度图像进行着色处理。着色的过程是先对灰度图像灰度级别进行调整（从256色调整到16色），然后利用调色板对显示的色彩进行调整和控制。通过不同颜色值尝试得到不同的效果，至少保存3种以上的色彩方案。

图1.16 建筑物图像

第2章

OpenCV简介

OpenCV是当前应用最广泛的计算机视觉开源库，在不同系统平台都有着广泛的应用。OpenCV本身是一个庞大的工具库，图像处理只是其中的一部分功能，但是为了更好地使用这一工具，有必要对OpenCV做一个全面的了解。本章将从发展历史、编译安装、技术特点、编程使用、GUI交互等方面对OpenCV做一个简单介绍。

2.1 OpenCV简介

OpenCV的英文全称是Open Source Computer Vision Library，是由Intel公司开发的基于BSD许可（开源）发行的跨平台计算机视觉库，可以运行在Linux、Windows、Android和Mac OS操作系统上。它由一系列C函数和少量C++类构成，实现了图像处理和计算机视觉方面的很多通用算法。OpenCV 3.0以上版本不支持x86 32位系统，只支持x64系统。截至2020年6月底，支持32位系统的OpenCV最新版本是2.4.13.6，于2019年2月26日发布；支持64位系统的OpenCV最新版本是4.3.0，于2020年4月6日发布。由于64位版本处理性能更高，本书将以64位版本为主。

2.1.1 OpenCV主要发展历史

1999年1月，Intel公司CVL项目启动，其主要发展节点如下：

- 2000年6月，第一个开源版本OpenCV alpha 3发布，以C代码为核心。
- 2000年12月，针对Linux平台的OpenCV beta 1发布。
- 2006年，支持Mac OS的OpenCV 1.0发布。
- 2009年9月，OpenCV 1.2(beta2.0)发布。
- 2009年10月1日，Version 2.0发布，以C++代码为核心。
- 2010年12月6日，OpenCV 2.2发布。
- 2011年8月，OpenCV 2.3发布。
- 2012年4月2日，OpenCV 2.4发布。

·2014年8月21日,OpenCv 3.0 alpha发布。

·2014年11月11日,OpenCV 3.0 beta发布。

·2015年6月4日,OpenCV 3.0发布。

·2016年12月,OpenCV 3.2版(合并969个修补程序,关闭478个问题)发布。

·2018年11月18日,OpenCV 4.0.0发布。

·2019年12月23日,OpenCV 4.2.0发布。

·2020年4月6日,OpenCV 4.3.0发布。

OpenCV使用类BSD License,对非商业应用和商业应用都是免费的。OpenCV提供的视觉处理算法非常丰富,并且它部分以C语言编写,加上其开源的特性,如果处理得当,不需要添加新的外部支持也可以完整地编译链接生成执行程序,所以很多人用它来做算法的移植,OpenCV的代码经过适当改写可以正常运行在DSP系统和ARM嵌入式系统中。

2.1.2 OpenCV的特点

(1)OpenCV主要采用C/C++语言编写,可以运行在Windows/Linux/iOS等操作系统上。

(2)OpenCV提供了Python、Java、MATLAB以及其他语言的接口。

(3)它采用优化的C/C++代码编写,能够充分利用多核处理器的优势。

(4)具有良好的可移植性,支持从PC、DSP、ARM等不同硬件的全面支持。

(5)最新的版本提供了对于GPU计算的全面支持,提供了所有算法的CUDA版本。

2.1.3 OpenCV的设计目标

OpenCV主要关注实时应用,其设计目标是使应用OpenCV的应用程序执行速度尽量快。如果是希望在Intel平台上得到更快的处理速度,可以购买Intel的高性能多媒体函数库IPP(Integrated Performance Primitives)。IPP库包含许多从底层优化的函数,这些函数涵盖多个应用领域。如果系统已经安装了IPP库,OpenCV会在运行时自动使用相应的IPP库。但是OpenCV使用优化了的C和C++代码实现,因此它对IPP不存在任何的依赖

2.1.4 OpenCV的应用领域

OpenCV的应用领域主要有人机互动、物体识别、图像分割、人脸识别、动作识别、运动跟踪、机器人、运动分析、机器视觉和结构分析等。

2.1.5 OpenCV的结构和内容

OpenCV主体模块主要如下所示:

1.CORE

定义了OpenCV最为基础的数据结构,是一个内容非常详实与紧凑的模块。包括了:

(1)最基础的结构体及其操作。

(2)动态结构(主要用在OpenCV1.0上,新版的不需要关注这些,利用std::vector或其他

更高级的结构即可)。

(3)数组操作,包括了abs,absdif,add,addWeighted,bitwise等一系列的数组操作运算。

(4)绘画功能,包括画点、线、圆、椭圆、方框等。

(5)对XML/YAML文件进行存储或调用OpenCV的各种数据结构。

(6)聚类:K-Mean聚类以及分割的API。

(7)辅助功能与系统函数和宏。

(8)OpenGL交互相关。

2.3D相关CALIB3D

全称是Camera Calibration and 3D Reconstruction,也就是所谓的摄像机标定与三维重建。主要包括:

(1)基本多视角几何算法。

(2)单立体摄像机标定。

(3)物体位姿估计。

(4)三维重建要素。

3.2D特征FEATURES2D

显著的特征描述符(Feature Description),描述符匹配器(Matchers)和探测器(Detectors),包括以下几块内容:

(1)特征的检测以及描述:包括Fast算法,MSER,ORB,BRISK,FREAK等。

(2)特征检测器的接口(interface)。

(3)描述符提取器的接口。

(4)描述符匹配器的接口。

(5)通用描述符匹配器的接口。

(6)关键点以及匹配的绘制函数。

(7)物体分类(Object Categorization):基于local 2D features的物体分类,含BOW训练器以及BOW分类器两个模块。

4.近邻搜索FLANN

FLANN库全称是Fast Library for Approximate Nearest Neighbors,它是目前最完整的(近似)最近邻开源库。不但实现了一系列查找算法,还包含了一种自动选取最快算法的机制。主要分为:

(1)快速近似最近邻搜索FLANN。

(2)聚类Clustering。

5.用户交互模块HIGHGUI

High-level GUI and Media I/O高层级的用户交互以及媒体的IO接口,主要包括以下几个方面:

(1)用户交互:包括显示图片,窗口的操作,鼠标的操作等。

(2)读写图片或者视频:顾名思义就是对于图片或者视频的一系列操作。

(3)Qt新功能。

6.图片和视频的读写IMGCODECS

(1)用于图片的读写。

(2)从OpenCV3开始,图片、视频编解码从highgui模块分离出来,组成了imgcodecs和videoio。

7.图像处理IMGPROC

主要包含以下模块：

(1)图像滤波(Image Filtering)：线性和非线性，sobel,canny等一系列实用的功能函数。

(2)图像的几何变换(Geometric Image Transformations)。

(3)各种图片形式的转换(Miscellaneous Image Transformations)。

(4)通用功能，提供threshold，cvtColor等12个功能函数。

(5)直方图(Histograms)：提供便于计算直方图的一些接口。

(6)结构分析和形状描述(Structural Analysis and Shape Descriptors)。

(7)动作分析以及物体追踪(Motion Analysis and Object Tracking)。

(8)特征检测(Feature Detection)。

·(找边界)canny;

·(找角)cornerEigenValsAndVecs，cornerHarris，cornerMinEigenVal，cornerSubPix

·(预处理)preCornerDetect，goodFeaturesToTrack;

·(找圆)HoughCircles;

·(找线)HoughLines，HoughLinesP。

(9)物体检测(Object Detection)：包含Cascade Classification(级联分类)和Latent SVM这两个部分。OpenCV3.2所采用的方法为Haar Feature-based Cascade Classifier for Object Detection。

8.机器学习ML

Machine Learning机器学习模块，基本就是统计学上回归，分类以及聚类的，大致分为以下几个部分：

(1)统计模型(Statistical Models)。

(2)一般贝叶斯分类器(Normal Bayes Classifier)。

(3)K-近邻(K-Nearest Neighbors)。

(4)支持向量机(SVM Support Vector Machines)。

(5)决策树(Decision Tree)。

(6)级联分类器(Boosting)。

(7)梯度树(Gradient Boosted Trees)。

(8)随机树(Random Trees)。

(9)超随机树(Extremely Randomized Tree)。

(10)期望最大化(Expectation Maximization)。

(11)神经网络(Neural Networks)。

(12)机器学习数据的形式相关(MLData)。

9.opencv_contrib模块

该模块包含了一些最近添加的不太稳定的可选功能，其功能比OpenCV主体更为丰富。主要有图像修复、图像降噪、形状匹配以及距离计算、图像拼接、视频分析、视频读写、视频稳定系统等。

2.2 OpenCV的下载和安装

2.2.1 OpenCV资源

（1）OpenCV官方网站地址为http://opencv.org。主要发布最新版OpenCV的相关信息，在其页面可以获取OpenCV的各种版本以及相关开发资料和帮助文档。

（2）OpenCV在线开发技术文档网址为http://docs.opencv.org,在其页面可以得到OpenCV相关的API信息、用户说明及各个系统模块的介绍文档。

（3）OpenCV中文论坛网址为http://www.opencvchina.com/forum.php,在其页面可以得到OpenCV相关的计算机视觉开发资料，包括视频教学、中文参考资料以及在线问答等。

2.2.2 OpenCV发行版的安装和使用

这里以Windows 10操作系统下安装和使用OpenCV 4.2.0为例。

步骤1：下载OpenCV 4.2.0安装包。

进入官网http://www.opencv.org/releases.html，选择Windows版本进行下载，这里对应的下载地址是https://sourceforge.net/projects/opencvlibrary/files/4.2.0/opencv-4.2.0-vc14_vc15.exe/download。打开opencv-4.2.0-vc14_vc15.exe解压，选择解压缩目录并解压文件，如图2.1所示：

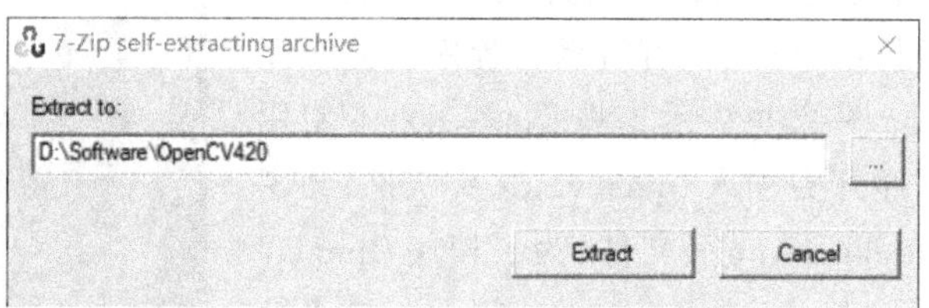

图2.1 解压OpenCV4.2.0安装包

解压之后在D:\software\OpenCV420\OpenCV目录下生成两个目录，分别是build和sources。其中，build目录包含头文件、一些机器学习用的辅助工具、编译好的lib文件和dll文件，以及一些目标检测中需要用的模型文件；sources目录包含源文件，可以自己编译。

步骤2：配置Windows的环境变量。

在Windows 10下打开"控制面板"->"系统和安全"->"系统"->"高级系统设置"->"环境变量"，在系统Path变量里加入OpenCV中dll文件和exe文件所在的目录。添加dll和exe目录为：D:\Software\OpenCV420\opencv\build\x64\vc15\bin。

添加目录的作用在于，可以在其他位置使用opencv_world420.dll和opencv_world420d.dll这些动态链接库和其他OpenCV提供的辅助工具，而不用指定路径，Windows会自动在Path变量指定的路径下查找这些动态链接库。添加完环境变量之后，必须重启Windows才可生效。

步骤3:配置Visual Studio工程目录。

在Visual Studio 2017下新建x64控制台应用程序Chapter2。在项目菜单栏下选择“Chapter2属性”->“配置属性”->“VC++目录”->“包含目录”,在这里设置OpenCV的头文件目录,添加以下目录:

D:\Software\OpenCV420\opencv\build\include

D:\Software\OpenCV420\opencv\build\include\opencv2;

同样在库目录设置中,添加以下目录:

D:\Software\OpenCV420\opencv\build\x64\vc15\lib;

在Release版本的属性设置中也添加同样的目录设置,如图2.2所示:

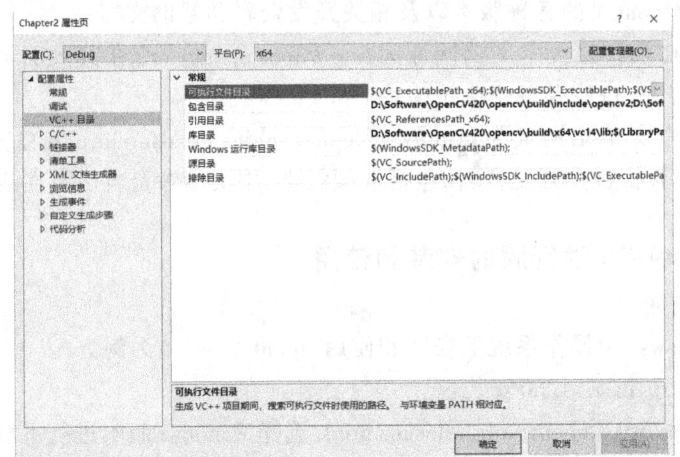

图2.2 OpenCV目录设置

步骤4:测试OpenCV开发环境。

在Chapter2工程中添加代码,如代码2-1所示,测试工程是否正确配置。运行结果如图2.3所示。程序功能很简单,即读取标准的lena图像并显示这张图像。为了使用OpenCV库,需要在程序开头加入Opencv.hpp头文件;为了显示图像,需要加入highgui.hpp头文件;为了使用OpenCV提供的函数,需要使用using namespace指令打开cv这个命名空间;也可以不打开这个命名空间,但是在函数名前加入cv::指定命名空间。

图2.3 代码2-1运行结果

OpenCV提供的函数都封装在opencv_world420d.dll这个动态链接库中,在程序中使用pragma comment(lib)指令加入对opencv_world420d.lib库的引用。main函数中使用imread函数打开图像,使用imshow函数显示图像,在显示之后需要waiKey函数以显示图像。

代码2-1 OpenCV测试代码

```
#include "pch.h" //ViscalC++2017预编译头文件
#include <iostream> //C++标准输入输出流头文件
```

```
#include <opencv.hpp> //OpenCV头文件
#include <highgui.hpp> //OpenCV中GUI头文件
using namespace cv; //打开cv的命名空间
//加入OpenCV_world420d.lib动态库
#pragma comment(lib, "opencv_world420d.lib")
int main()
{
    Mat img = imread("lena512color.tiff"); //读取图像
    if (img.empty()) {
        return -1; //如果读取图像失败,则返回
    }
    imshow("lena", img); //显示图像
    waitKey(0); //等待用户输入
    std::cout<<"Hello World!\n";
}
```

2.2.3 OpenCV源码的编译

官网提供编译好的OpenCV发行版,但缺少了很多重要的功能,特别是缺少opencv_contrib库,也缺少一些性能选项。为了使用opencv_contrib库里提供的众多功能,同时得到性能更高的OpenCV库,也为了对OpenCV进行精简和定制,都需要自己动手对OpenCV进行编译。这里以Windows 10环境下,使用Visual Studio 2017在x64平台下编译OpenCV4.2.0为例来加以说明。

步骤1:安装CMake工具和doxygen工具。

CMake是一个跨平台的安装(编译)工具,可以用简单的语句来描述所有平台的安装(编译过程)。CMake并不直接建构出最终的软件,而是产生标准的工程文件(如Unix的Makefile或Windows Visual C++的projects或workspaces),然后再以一般的build方式生成最终文件。OpenCV源码支持CMake编译脚本,以方便在不同的平台上(Windows, Linux, Mac OS, Android)可以按相同步骤进行编译,因此这里需要安装CMake工具以生成Visual C++的工程文件。在https://cmake.org/download/中选择Windows 10下CMake的安装包cmake-3.12.0-win64-x64.msi,下载后进行安装。

Doxygen可以用来生成OpenCV文档,如果希望在编译时生成OpenCV文档,则需要doxygen的支持,可以在http://www.stack.nl/~dimitri/doxygen/download.html中下载doxygen最新版并安装;如果不希望在编译时生成OpenCV文档,则不需要安装Doxygen软件。

步骤2:下载OpenCV源码和Opencv_Contrib源码。

OpenCV 3.X版本之后,将OpenCV代码库分成了分别是稳定的核心功能库和实验性质的contrib库,这两个部分需要分别下载。

在OpenCV主页上找到OpenCV 4.2.0的github源码链接https://github.com/opencv/opencv/

releases/tag/4.2.0,从源码主页上选择相应的source.zip进行下载。按相同步骤,在https://github.com/opencv/opencv_contrib/releases/tag/4.2.0下载opencv_contrib源码。将两个源码解压缩后放在同一个文件夹中,供后面编译使用。

步骤3:生成OpenCV工程解决方案。

打开CMake工具并填写相应路径参数,CMake会提示选择编译工具,这里选择Visual Studio 2017 win64,用来生成64位的OpenCV运行库。

设置好源文件目录和目标目录之后,CMake自动读取文件中的相关编译选项,如图2.4所示。用户根据要求,选择对应的编译选项,然后选择配置按钮,CMake即开始配置OpenCV工程项目。在配置OpenCV编译工程时,CMake会根据编译选项的需求从网上下载一些文件,并存放在downlods目录中,这些文件需要手工拷贝或剪切到源文件目录中的相应位置中。有时候会因为网络的原因而导致下载失败,则在输出窗口中会以红色字体提示;如果反复下载多次都提示失败,则需要借助于搜索引擎,手工从网上下载并放置在源文件目录中的相应位置。

OpenCV编译选项说明

生成编译文件时,对编译选项的正确设置很重要,不同的编译选项对OpenCV的运行性能有很大的影响。常用编译选项说明请见本教材课程网站相应扩展文件,请扫码访问。

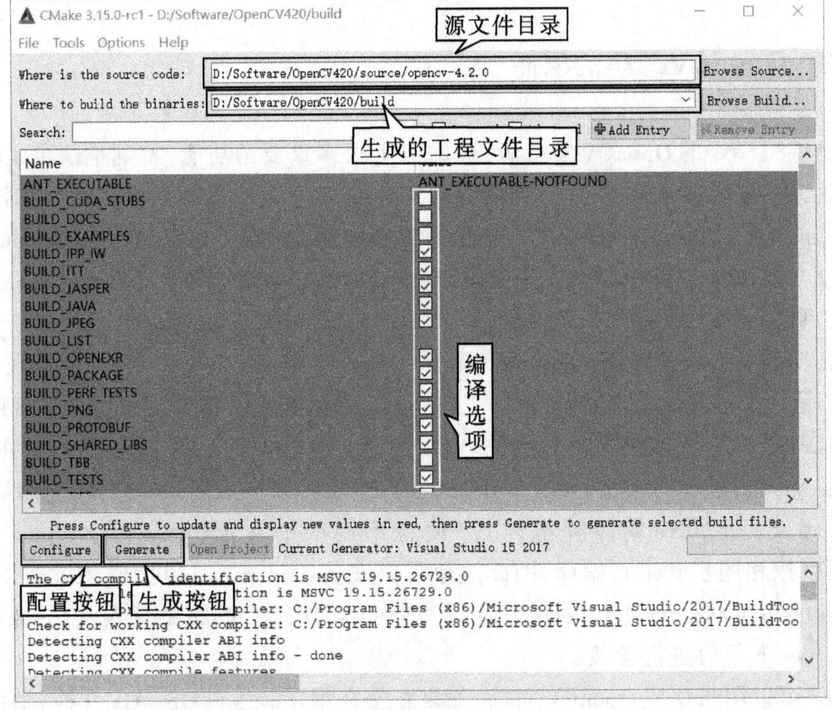

图2.4 用CMake生成OpenCV工程

这里对默认的CMake选项做一些修改,设置BUILD_DOCS为TRUE,生成OpenCV文档;设置BUILD_SHARED_LIBS为FALSE,生成OpenCV静态库;设置BUILD_opencv_world为TRUE,对生成的lib库进行打包。在OPENCV_EXTRA_MODULES_PATH选项中输入OpenCV_Contrib的源码路径,然后点击Generate,就可以生成得到OpenCV 4.2.0的解决方案文件(sln文件),如图2.5所示。

CMakeCache.txt	2020-2-9 11:28	文本文档	477 KB
CMakeDownloadLog.txt	2020-2-9 11:28	文本文档	15 KB
CMakeVars.txt	2020-2-9 11:28	文本文档	498 KB
CPackConfig.cmake	2020-2-9 11:20	CMAKE 文件	10 KB
CPackSourceConfig.cmake	2020-2-9 11:20	CMAKE 文件	11 KB
CTestTestfile.cmake	2020-2-9 11:29	CMAKE 文件	1 KB
custom_hal.hpp	2020-2-8 21:52	C/C++ Header	1 KB
cv_cpu_config.h	2020-2-8 21:52	C/C++ Header	1 KB
cvconfig.h	2020-2-9 11:28	C/C++ Header	4 KB
download_with_curl.sh	2020-2-9 11:28	Shell Script	3 KB
download_with_wget.sh	2020-2-9 11:28	Shell Script	4 KB
INSTALL.vcxproj	2020-2-9 11:29	VC++ Project	7 KB
INSTALL.vcxproj.filters	2020-2-9 11:29	VC++ Project Fil...	1 KB
OpenCV.sln	2020-2-9 11:29	Visual Studio Sol...	138 KB
opencv_data_config.hpp	2020-2-8 21:52	C/C++ Header	1 KB
opencv_modules.vcxproj	2020-2-9 11:29	VC++ Project	21 KB
opencv_modules.vcxproj.filters	2020-2-9 11:29	VC++ Project Fil...	1 KB
opencv_perf_tests.vcxproj	2020-2-9 11:29	VC++ Project	26 KB
opencv_perf_tests.vcxproj.filters	2020-2-9 11:29	VC++ Project Fil...	1 KB
opencv_python_config.cmake	2020-2-9 11:29	CMAKE 文件	3 KB
opencv_python_tests.cfg	2020-2-9 11:16	CFG 文件	1 KB
opencv_tests.vcxproj	2020-2-9 11:29	VC++ Project	30 KB
opencv_tests.vcxproj.filters	2020-2-9 11:29	VC++ Project Fil...	1 KB
opencv_tests_config.hpp	2020-2-8 21:52	C/C++ Header	1 KB
OpenCVConfig.cmake	2020-2-9 11:28	CMAKE 文件	19 KB
OpenCVConfig-version.cmake	2020-2-8 21:52	CMAKE 文件	1 KB
OpenCVModules.cmake	2020-2-9 11:29	CMAKE 文件	14 KB

图2.5 CMake生成的OpenCV工程文件

使用Visual Studio 2017打开OpenCV.sln工程,可以看到整个解决方案里的工程项目很多,完整编译需要很长时间,可以选择只编译opencv_world项目。

编译生成的文件放在build/lib/debug(debug版)和build/lib/release(release版)下面,可以拷贝到工程中直接使用。

2.2.4 在Visual C++工程中使用OpenCV的静态库

代码2-1中采用的是OpenCV的动态库,而2.2.3节生成的是OpenCV的静态库。采用静态编译的好处主要在于,程序发布时所需要的空间更小,不需要拷贝支撑的DLL文件;而动态编译的程序发布时,必须连同支撑的OpenCV DLL文件一起拷贝,否则会出现找不到DLL的运行错误。

采用静态库编译的代码如代码2-2所示,在程序开始,加入pragma comment指令对静态库的链接。这里在工程的属性中需要设置使用静态MFC库,以支持Windows图形用户界面,如图2.6所示。

与代码2-1相比,代码2-2的主程序完全一样,但是在链接时需要加入Windows的图形界面库和第三方软件库(编译时生成在build/3rdparty目录下)。

图2.6　使用静态MFC库

代码2-2　在Visual C++中使用OpenCV的静态库

```
#include "pch.h"
#include <iostream>
#include "opencv.hpp"//OpenCV头文件
#include "highgui.hpp"//GUI界面头文件
using namespace cv; //打开cv的命名空间
//Windows图形界面库
#pragma comment(lib, "User32.lib")
#pragma comment(lib, "Gdi32.lib")
#pragma comment(lib, "Advapi32.lib")
#pragma comment(lib, "comdlg32.lib")
#ifdef _DEBUG
//第三方软件库
#pragma comment(lib, "ade.lib")
#pragma comment(lib, "IlmImfd.lib")
#pragma comment(lib, "ippiwd.lib")
#pragma comment(lib, "ippicvmt.lib")
#pragma comment(lib, "ittnotifyd.lib")
#pragma comment(lib, "libjasperd.lib")
#pragma comment(lib, "libjpeg-turbod.lib")
#pragma comment(lib, "libpngd.lib")
#pragma comment(lib, "libprotobufd.lib")
```

```
#pragma comment(lib, "libtiffd.lib")
#pragma comment(lib, "libwebpd.lib")
#pragma comment(lib, "quircd.lib")
#pragma comment(lib, "zlibd.lib")
//OpenCV软件库
#pragma comment(lib, "opencv_world420d.lib")
#endif
int main()
{
    Mat img = imread("lena512color.tiff"); //读取图像
    if (img.empty()) {
        return -1; //如果读取图像失败,则返回
    }
    imshow("lena", img); //显示图像
    waitKey(0); //等待用户输入
    std::cout<<"Hello World!\n";
}
```

2.3 OpenCV API使用特点

2.3.1 cv命名空间

主要的OpenCV类和函数都放在cv命名空间中。因此,如果代码去访问这些功能,需要使用cv::命名空间限定符或者使用using namespace cv打开cv命名空间。

使用cv::限定符访问OpenCV函数实例:

```
#include "opencv2/core.hpp"
    …
    cv::MatH = cv::findHomography(points1, points2, cv::RANSAC, 5);
…
```

使用using namespace cv打开命名空间实例:

```
using namespace cv;
```

```
#include "opencv2/core.hpp"
...
MatH = findHomography(points1, points2, RANSAC, 5);
...
```

一些OpenCV外部名称可能会与STL或者C++其他库冲突，在这种情况下，需要使用明确的命名空间限定符去解决命名冲突，如下例：

```
Mat a(100, 100, CV_32F);
cv::randu(a, Scalar::all(1),
Scalar::all(std::rand()));
cv::log(a, a);
a/=std::log(2.);
```

这里rand()函数与log()函数，在C++stl库和OpenCV中都有定义，需要添加命名空间限定符加以明确。

2.3.2 自动内存管理

OpenCV自动处理所有的内存。首先需要了解的是std:vector、Mat等，这些被函数和方法调用的数据结构中都具有析构函数(destructors)，析构函数可以在需要的时候释放内存。但这并不意味着析构函数总会立即释放内存。如在Mat中，释放内存的时候要考虑数据共享的因素；析构函数会对Mat所占用的内存区域的引用计数做减法，如果当引用计数减少为零，而没有其他结构在引用这同一个内存区域的时候，内存将会被释放。类似的，当Mat实例对象被复制后，真正复制的并不是内存里的数据，而是对Mat的引用计数做加法。另外有Mat::clone方法，该方法会创建一个完整的Mat内存的拷贝。如下面的例子：

```
//创建一个1000×1000×8的矩阵
Mat A(1000, 1000, CV_64F);
//为相同矩阵创建另一个矩阵头B，这个是立即的操作，和矩阵大小无关。
Mat B = A;
//使用A中的第三行数据创建另一个矩阵头，它们之间不存在数据复制。
Mat C = B.row(3);
//现在创建一个独立的矩阵副本
Mat D = B.clone();
//复制B的第5行到C，实质上是拷贝了A的第5行到A的第3行。
B.row(5).copyTo(C);
//现在让A和D共享数据；刚刚修改的那个版本依旧被B和C所引用。
```

```
A=D;
//现在让B成为一个空矩阵(不再引用内存区域),
//但刚刚修改的版本依旧被C所引用着,尽管C仅仅是A原始数据中的单独一行。
B.release();
//最终,对C做一个完整的复制,结果刚刚被修改过的那个矩阵内存被释放,
//因为已经没有变量引用它了。
C=C.clone();
```

虽然Mat类和其他基本数据结构的自动内存管理功能使用很简单,但是高层类和用户数据类型却没有使用自动内存管理功能。对于它们OpenCV提供源自C++11的Ptr模板类,类似于智能指针std::shared_ptr,能够实现自动引用计数和自动释放内存的功能,用以替换目前使用中的普通指针:

```
T* ptr = new T(...); //普通指针的用法
```

可以这样使用:

```
Ptr<T> ptr(newT(...)); //智能指针的用法
```

或者:

```
Ptr<T> ptr = makePtr<T>(...); //智能指针的另一种用法
```

Ptr封装了一个指向T实例的指针和指针相关的引用计数器,能够自动释放对象所占用的内存。

2.3.3 输出数据自动分配内存

OpenCV可以在大多数的时间里为输出函数的参数自动分配内存。所以如果一个函数具有一个或多个输入队列(cv::Mat 实例)和一些输出队列,则输出队列会被自动分配内存或者重新分配内存。输出数组的大小和类型取决于输入数组的大小和类型。如果需要的话,函数带有额外的参数,这样有助于计算输出队列的属性。例如:

```
#include "opencv2/imgproc.hpp"
#include "opencv2/highgui.hpp"
using namespace cv;
int main(int, char**)
{
```

```
    VideoCapture cap(0); //打开摄像头
    if (!cap.isOpened()) return -1;
    Mat frame, edges;
    namedWindow("edges", 1); //创建一个窗口
    for (;;) {
        cap>>frame; //从摄像头获取数据到frame中
        //转换到灰度图像
        cvtColor(frame, edges, COLOR_BGR2GRAY);
        //高斯平滑
        GaussianBlur(edges, edges, Size(7, 7), 1.5, 1.5);
        //检测Canny边缘
        Canny(edges, edges, 0, 30, 3);
        imshow("edges", edges); //显示图像
        if (waitKey(30) >= 0)
            break;
    }
    return 0;
}
```

摄像头视频帧图像通过>>重定向操作符被自动分配了内存空间，存储在frame变量中，因为视频帧图像的分辨率和位深度对于视频采集模块来说是已知的。视频帧对应的边缘图像edges被cvtColor函数自动地分配了内存，它和frame一样具有相同的大小和位深度，但只有1个通道，因为传入的颜色转变编码是 COLOR_BGR2GRAY，它是一个彩色图像到灰度图像的转换。注意视频帧图像和边缘图像仅在第一次运行的时候进行了内存空间的分配，在for循环体内所有的视频帧具有相同的分辨率和内存。如果以某种方式改变视频的分辨率，队列会自动的重新分配内存空间。

自动分配内存技术的关键部分是Mat::create()方法，它会获取需要的Mat的大小和类型。如果矩阵中已经有了特定的大小和类型，该方法将什么也不做；否则它会释放先前分配到的内存，同时分配一个现在所需大小的内存空间。大多数函数都会为输出矩阵调用Mat::create()方法，因此输出数据的自动内存分配就是这样实现的。

自动分配内存也有例外情况，例如cv::mixChannels()、cv::RNG:fill()与其他的几个函数和方法，不能被自动给输出矩阵分配内存，用户需要提前分配。

2.3.4 饱和转换

作为一个计算机视觉库，OpenCV需要处理大量的图像像素，图像像素通常会以8~16位的紧凑方式编入每个通道，形成具有最大值和最小值的区间范围。此外还有一些必要的图像操作，例如色彩空间转换、亮度、对比度、锐度调节，复杂修改（例如双三次线性插值bicubic，Lanczos算法）能产生超出有效范围的数值。如果仅存储结果的低8（或低16）位，这会导

致视觉瑕疵，并可能影响更深层次的图像分析。OpenCV中使用饱和转换（Saturation Casting）来解决这个问题。

例如存储数值r，以下操作的结果是找到0~255范围内最接近r的数值，把r转化成8bit的图像：

```
I(x, y) = min(max(round(r), 0), 255);
```

相似的方法应用在有符号8位（char）、无符号16位（short）、有符号16位（unsigned short）中。此语义在OpenCV库中的任何位置都在使用。在C++代码使用cv::saturate_cast<>函数来操作，类似于标准C++ cast类型转换操作符。饱和算法的C++公式实现：

```
I.at<uchar>(y, x) = saturate_cast<uchar>(r);
```

这里的uchar是OpenCV8位的无符号数据类型，如果是16位则替换成short类型。在优化的SIMD（单指令多数据流）代码里，使用paddusb、packuswb等SSE2指令实现饱和算法，能实现与C++行为完全一样的代码。

2.3.5　固定的数据类型和对模板的限制使用

模板是C++的一个重要特性，它可以实现强大的功能、高效而安全的数据结构算法。然而大量使用模板会显著地增加编译时间和代码空间占用，当模板被使用时很难将接口与实现进行分离。这对一些基础算法还好，但对于单个算法就需要数千行代码的计算机视觉库来说并不算好。正因为如此，为了简化绑定于其他的计算机语言的OpenCV程序开发，例如：绑定Python、Java、Matlab语言，而这些语言都不支持模板或者支持得很有限，当前OpenCV的实现是在模板之上基于多态的运行时调用。在这种实现方式下，运行时调度将会很慢（比如像素数据的存取操作），或不可能实现（比如通用的智能指针模板类Ptr<>实现），或非常的不方便（像cv::saturate_cast<>()），所以当前的OpenCV只使用很少的模板类、模板方法和模板函数。当前版本的OpenCV使用模板是被限制的。

因此OpenCV库可以操作的数据类型是有限的，也就是OpenCV中的矩阵元素类型应该是以下的类型之一：

（1）8位无符号整数（uchar）；

（2）8位有符号整数（schar）；

（3）16位无符号整数（ushort）；

（4）16位有符号整数（short）；

（5）32位有符号整数（int）；

（6）32位浮点数（float）；

（7）64位浮点数（double）。

一个元组中的多个元素里的所有的元素具有相同的类型（上述中的一个）。单通道阵列的元素是数量值，而多通道阵列中的所有元素可以是元组。通道数量的最大数值可能被定义成了常量CV_CN_MAX，其当前设置的是512。

OpenCV的基本数据类型,使用以下枚举表示：

```
enum { CV_8U = 0, CV_8S = 1, CV_16U = 2, CV_16S = 3, CV_32S = 4, CV_
32F = 5, CV_64F = 6 };
```

OpenCV的多通道数据类型,可以有如下选项：

(1)CV_8UC1,CV8UC2,…,CV_64FC4等(从1~4的通道数据);

(2) CV_8UC(n), CV_8S(n), … , CV_64FC(n)或 CV_MAKETYPE(CV_8U, n), …CV_MAKETYPE(CV_64F, n),CV_MAKETYPE宏表示在编译时通道的数量多余4个或者未知。

以下用法等价：

```
CV_32FC1 == CV_32F, //32位单通道浮点数
CV_32FC2 == CV_32FC(2) == CV_MAKETYPE(CV_32F, 2), //32位2通道浮点数
CV_MAKETYPE(depth, n) == ((depth& 7) + ((n - 1) << 3) //n通道位深度为n
```

以上数据类型的使用实例如下所示：

```
Mat mtx(3, 3, CV_32F); //mtx是32位3×3浮点数矩阵
Matc mtx(10, 1, CV_64FC2); //cmtx是一个10×1的2通道64位列向量
Mat img(Size(1920, 1080), CV_8UC3); //img是1920×1080的8位3通道图像
//grayscale是单通道灰度图像,其位深度和大小都与img相同
Mat grayscale(img.size(), CV_MAKETYPE(img.depth(), 1));
```

使用OpenCV阵列不能构建和处理比以上数据类型更复杂的数据类型,此外每个函数以及方法仅可以执行以上所列出的数据类型中的一部分,通常越复杂的算法对类型格式支持得越少。下面是被限制的典型列子：

(1)人脸检测算法仅支持8位的灰度或者色彩图像;

(2)线性代数算法和大多数的机器学习算法仅支持浮点数组;

(3)基础函数,例如cv::add,支持所有类型;

(4)色彩空间转换函数支持8位、16位无符号类型和32位浮点类型。

每个函数所能支持的数据类型,已经根据实际需求进行了定义,并且将来也可以根据用户需求进行相应扩展。

2.3.6 InputArray和OutputArray

很多OpenCV函数处理密集的二维或多维数字阵列,通常这些函数会以Mat作为参数类型,但有一些情况使用小的数据类型(如cv::Scalar,cv::Vec, cv::Matx等)更方便。为了防止接口变得复杂,OpenCV定义了cv::InputArray和cv::OutputArray类型,它们表示支持这些类型的

任意一个;同时,还有cv::InputOutputArray类型,表示用于就地计算的数据。

OutputArray类继承自InputArray,被用于在函数上传递输出队列。通常用户不需要关心这些中间类型,它完全可以自动工作,但也不应该显式声明这些中间类型的变量。在实际使用时,用户可以使用Mat,std::vector<>、Matx<>、Vec<>或者Scalar等数据类型替代中间类型InputArray/OutputArray。

当一个函数需要一个可选的输入/输出阵列参数,但是用户没有这些参数或不需要这些参数时,可以用cv::noArray()来代替。

2.3.7 错误处理

OpenCV使用异常(exceptions)警告一个致命的错误。当输入的数据有正确的格式并属于指定的范围,但计算程序却不能成功地获得结果(例如:最后算法未收敛),它返回一个特殊的错误代码(通常,仅是一个布尔型量)。

异常可以是cv::CV_Error(errcode, description)对象或者它的派生类的对象。

因为cv::Exception是通过C++标准异常类std::exception派生得来的,所以它也可以优雅地执行其他标准C++库的代码。

OpenCV通常在函数中使用CV_Error(errcode, description)宏或打印版宏CV_Error(errcode, printf-spec(打印参数))抛出异常,或者使用CV_Assert(condition)宏在不能满足的条件的情况下抛出一个异常。对于性能关键的代码,CV_DbgAssert(condition)宏只能保留在Debug(调试)版本中,在Release(发行)版本这个宏将被自动忽略。由于内存自动管理的原因,程序突发异常的时候所有中间分配的内存将被自动释放。

如果要捕获程序的异常,添加一个try语句就可以了,例如:

```
try{
    ... //这里调用会抛出异常的函数
}
catch (const cv::Exception&e){
    const char* err_msg = e.what(); //err_msg是异常信息
    std::cout<<"exception caught: "<<err_msg<<std::endl;
}
```

2.3.8 多线程和可重入性

当前的OpenCV是完全可重入的,这就是说相同的函数、类实例的constant方法或者是不同类实例的相同non-costant方法可以在不同的线程中调用。同样同一个Mat可以在不同的线程中使用,因为引用计数操作使用的是平台相关的原子操作。

2.4 OpenCV的头文件

在正式使用OpenCV之前，先在这里介绍一下OpenCV的头文件。使用头文件最简单的方法如代码2-1和代码2-2所示，在代码加入对opencv.hpp的引用，它包含了OpenCV的各个模块的头文件，主要如下：

```
#include "opencv2/core.hpp" //OpenCV核心库
#include "opencv2/calib3d.hpp" //相机校准以及双目视觉相关头文件
#include "opencv2/features2d.hpp" //用于跟踪的图像二维特征
#include "opencv2/dnn.hpp" //深度学习相关头文件
#include "opencv2/flann.hpp" //最邻近搜索匹配模块
#include "opencv2/highgui.hpp" //图形用户界面模块
#include "opencv2/imgcodecs.hpp" //图像编解码模块
#include "opencv2/imgproc.hpp" //图像处理模块
#include "opencv2/ml.hpp" //机器学习、聚类以及模式识别相关
#include "opencv2/objdetect.hpp" //目标检测相关
#include "opencv2/photo.hpp" //照片操作和恢复相关算法
#include "opencv2/shape.hpp" //形状描述和对比相关算法
#include "opencv2/stitching.hpp" //图像拼接模块
#include "opencv2/superres.hpp" //图像超分辨率计算
#include "opencv2/video.hpp" //视频对象跟踪以及视频背景分割
#include "opencv2/videoio.hpp" //读写视频，视频解码相关
#include "opencv2/videostab.hpp" //视频稳像相关
```

程序只包含opencv.hpp可以包括所有的头文件，但是这样会减慢编译速度。如果只使用一个，比如说图像处理相关的函数，只包含opencv2/imgproc/improc.hpp所消耗的编译时间会比包含opencv.hpp消耗的编译时间少很多。

2.5 OpenCV图形用户接口HighGUI模块介绍

OpenCV中的HighGUI模块为高层GUI图形用户界面模块，包括媒体的输入和输出，视频捕捉、图像和视频的编码和解码，图形交互界面等内容。OpenCV中常用的交互操作包括图像的载入，显示和输出，为程序添加滑动条，以及鼠标等的常用操作。

2.5.1 读取和显示图像

读取图像一般采用cv::imread()函数,显示图像一般采用cv::imshow()函数。

1.图像读取函数cv::imread()

cv::imread()函数的原型如下:

```
Mat imread( const String&filename, int flags = IMREAD_COLOR );
```

输入参数filename:文件位置和文件名。如果只提供文件名,那么文件应该和C++文件在同一目录,否则必须提供图片的全路径。

输入参数flags: 有13个可能的输入,常用的有如下5个:

·IMREAD_UNCHANGED,保持图像原来的通道个数;

·IMREAD_GRAYSCALE,将图像转换为单通道的灰度图像;

·IMREAD_COLOR,图像加载为3通道的RGB图像(默认选项);

·IMREAD_ANYDEPTH,保持图像的位深度不变,用来加载16位或32位的高清图像;

·IMREAD_ANYCOLOR,保持图像的色彩不变,可以用来加载非RGB格式的图像。

上面的值还可以组合使用,比如:

IMREAD_ANYDEPTH | IMREAD_ANYCOLOR,位深度不变,通道数不变;

IMREAD_COLOR | IMREAD_ANYDEPTH,位深度不变,通道数=3;

如果你不确定加载的图像格式,则可以使用IMREAD_UNCHANGED。

2.图像显示函数cv::imshow()

其函数原型如下:

```
void imshow(const String&winname, InputArray mat);
```

其中winname是显示窗口的名称,mat是用来显示的图像。

需要注意以下两点:

(1)cv::imshow()函数并不能控制显示窗口的大小,窗口的大小是随着图像的大小而自动缩放的。

(2)调用cv::imshow()函数显示图像之后,必须调用v::waitKey()函数来刷新图像的显示,否则将无法看到图像。

3.显示窗口控制

如果需要控制显示窗口的大小,需要先使用cv::namedWindow()来创建命名窗口并控制窗口显示。

其函数原型为:

```
void namedWindow(const String&winname, int flags = WINDOW_AUTOSIZE);
```

默认参数将创建一个命名为winname的窗口,窗口将随着图像的大小而自动缩放。如果将flags参数设置为WINDOW_NORMAL,则用户可以用鼠标随意控制窗口的大小。

如果需要控制显示窗口大小,可以使用cv::setWindowProperty()函数,其原型为:

```
void setWindowProperty(const String&winname, int prop_id, double prop_value);
```

其中winname是与namedWindow相对应的窗口名称,prop_id是窗口属性,prop_value是对应的属性值。可以修改的属性如表2-1所示:

表2-1　可以修改的窗口属性值

序号	属性名称	可以取的值
0	WND_PROP_FULLSCREEN	WINDOW_NORMAL(正常大小), WINDOW_FULLSCREEN(全屏显示)
1	WND_PROP_AUTOSIZE	WINDOW_NORMAL(窗口可以缩放), WINDOW_AUTOSIZE(根据图像大小自动缩放窗口大小)
2	WND_PROP_ASPECT_RATIO	WINDOW_FREERATIO(窗口长宽比例可以自由变动), WINDOW_KEEPRATIO(窗口长宽比固定不动),只支持QT系统
5	WND_PROP_TOPMOST	非0(窗口在最前端显示),0(正常显示)

例如设置窗口全屏显示的实例如下:

```
setWindowProperty("lena", WND_PROP_FULLSCREEN, WINDOW_FULLSCREEN);
```

窗口创建时,默认标题栏是窗口名称,如果要设置窗口的标题,可以使用setWindowTitle函数来设置窗口的标题栏,例如:

```
setWindowTitle("lena", "Lena经典图像窗口");
```

如果要改变窗口的大小,可以使用cv::resizeWindow()函数,例如:

```
resizeWindow("lena", 400, 300);
```

如果要改变窗口的位置,可以使用cv::moveWindow()函数,例如:

```
moveWindow("lena", 0, 0);
```

2.5.2 播放视频

1.打开视频流的方式

如2.3.3节所示,OpenCV中采用cv::VideoCapture类来打开和播放视频文件,其构造函数为:

```
VideoCapture::VideoCapture(); //创建空的实例
//打开视频文件或流媒体
VideoCapture(const String&filename, int apiPreference=CAP_ANY);
//打开视频设备
VideoCapture(int index, int apiPreference = CAP_ANY);
```

创建一个VideoCapture类的实例,如果传入对应的参数,可以直接打开视频文件或者要调用的摄像头。

上述构造函数中,其参数的含义为:

filename,表示要打开的视频文件名称,也可以表示网络摄像机的地址;

index,表示板载视频设备的编号,从0开始;

apiPreference,表示后端获取视频流方式,可以是cv::CAP_FFMPEG,cv::CAP_IMAGES或cv::CAP_DSHOW等,如表2-2所示;默认值是0,表示自动检测视频流的获取方式。

表2-2 cv::VideoCapture类中获取视频流的方式

方式	值	含义
CAP_ANY	0	自动检测视频流的格式
CAP_V4L/CAP_V4L2	200	从Linux下的视频设备上获取视频流
CAP_FIREWIRE	300	从IEEE 1394视频采集卡设备上获取视频数据,编译时要加入WITH_1394选项
CAP_DSHOW	700	利用Windows的directshow组件从采集卡上获取视频流。编译时需加入WITH_DIRECTX选项
CAP_PVAPI	800	从Prosilica GigE机器视觉相机中获取视频,GigE相机使用全局电子快门以改善高速运动物体的拍摄,使用千兆以太网传输数据,在智能交通和机器视觉领域应用广泛。需要在编译时加入WITH_PVAPI选项
CAP_OPENNI	900	用Kinect相机中获取数据。Kinect是微软开发的3D体感摄影机。需要在编译时加入WITH_OPENNI选项
CAP_XIAPI	1000	XIMEA公司生产的USB3.0摄像机。编译时需要加入WITH_XIMEA选项
CAP_AVFOUNDATION	1200	iOS系统的AVFoundation框架来获取视频流
CAP_GIGANETIX	1300	Smartek公司的Giganetix机器视觉相机

续表

方式	值	含义
CAP_MSMF	1400	使用 Microsoft Media Foundation 获取数据，编译时需要加入 WITH_MSMF选项。Microsoft Media Foundation是微软新一代多媒体库，用以代替DirectShow
CAP_INTELPERC	1500	Intel RealSense深度摄像机，能够获取图像的深度数据
CAP_GSTREAMER	1800	使用GStreamer框架来获取数据，GStreamer框架在嵌入式设备上应用广泛。编译时需加入WITH_GSTREAMER选项
CAP_FFMPEG	1900	通过ffmpeg库打开和录制视频流。ffmpeg库具有强大的多媒体处理功能，能够完成视频采集、格式转换和视频抓图等处理，在打开IP网络摄像机通常需要ffmpeg库的支持。编译时需要加入WITH_FFMPEG选项
CAP_OPENCV_MJPEG	2200	采集MotionJPEG格式的视频
CAP_INTEL_MFX	2300	采用Intel MediaSDK解码视频，可以充分利用intel CPU的集成显卡的GPU资源，大幅度降低视频解码时的CPU占用率。需要加入WITH_MFX选项
CAP_XINE	2400	在Linux下使用XINE获取视频数据

表2-2中列出的视频流获取方式很多，但是并没有给出所有的获取方式。在创建cv::VideoCapture对象时，一般采用默认的自动检测的方式就可以打开视频流。对各种编码的视频文件或实时流媒体，系统会采用ffmpeg库打开。

使用cv::VideoCapture打开各种视频流的实例如下所示：

(1)打开视频文件：

```
VideoCapture capture; //初始化一个VideoCapture实例
capture.open("E:/1.mp4"); //打开"E:/1.mp4"视频文件
```

(2)打开摄像头：

```
VideoCapture capture(0); //打开ID为0的摄像头
capture.release(); //关闭摄像头
```

(3)打开网络实时流媒体：

```
VideoCapture capture("rtsp: //admin:admin@192.168.0.64:554/H264/\
ch1/main/av_stream", CAP_INTEL_MFX);
```

使用RTSP协议打开IP摄像机(海康摄像机)，这里摄像机的登录名和密码都是admin，IP地址是192.168.0.64，打开的是主码流；而且这里使用的Intel MediaSDK解码视频，可以使用Intel集成显卡资源加快视频解码速度。

（4）利用GStreamer打开视频：

```
VideoCapture capture("rtspsrc location=rtsp://admin:admin@
    192.168.0.64:554/h264/ch1/main/av_stream latency=10
    !rtph264depay !h264parse !nvv4l2decoder !nvvidconv !video /x-raw,
    width = (int)1920, height = (int)1080, format = (string)BGRx
    !videoconvert !appsink", CAP_GSTREAMER);
```

在Nvidia嵌入式设备上利用GStreamer框架打开视频流，这里可以充分利用Nvidia的GPU设备帮助解码，加快解码速度，减少CPU的利用率。

2.获取视频数据

cv::VideoCapture获取视频数据可以利用成员函数方法，也可以利用重载重定向运算符的方式来实现。

```
VideoCapture& VideoCapture::operator >> (Mat& image); //重载运算符
bool VideoCapture::read(Mat& image);    //读取函数
```

read()函数结合VideoCapture::grab()和cv::VideoCapture::retrieve()其中之一被调用，用于捕获、解码和返回下一个视频帧。假如没有视频帧被捕获（相机没有连接或者视频文件中没有更多的帧）将返回false。

从上面的API中可以看到获取视频帧可以有多种方法：

```
capture.read(frame); // 方法一
capture.grab(); // 方法二
capture.retrieve(frame); // 方法三
capture>>frame; // 方法四
```

3.控制视频流的播放

利用cv::VideoCapture类的set()函数和get()函数，可以精确获取视频流的信息，并且可以控制视频流的播放。如代码2-3所示。

代码2-3　播放视频控制

```
void PlayVideo()
{
    cv::VideoCapture capture("e:/Video_2016_6_24__9_9_44.mp4");
    int nWidth = capture.get(CAP_PROP_FRAME_WIDTH); //视频图像宽度
    int nHeight = capture.get(CAP_PROP_FRAME_HEIGHT); //视频图像高度
    double dblFrameRate = capture.get(CAP_PROP_FPS); //视频帧率
    double dblFrameCnt = capture.get(CAP_PROP_FRAME_COUNT); //视总帧数
```

```
    double dblStartFrames = dblFrameCnt / 2; //播放起始帧数
    //从视频中间开始播放
    capture.set(CAP_PROP_POS_FRAMES, dblStartFrames);
    cv::namedWindow("video",0 );
    resizeWindow("video", 800, 600);
    while (capture.isOpened()) {
        Mat frame;
        capture>>frame;
        if (frame.empty()) {
            break;
        }
        imshow("video", frame);
        waitKey( 10);
    }
}
```

2.5.3 滑动条

OpenCV中的cv::createTrackbar()函数用于创建一个可以连续调整数值的滑动条,并将滑动条附加到指定的窗口上,使用起来很方便。对滑动条进行响应的一般是一个回调函数。cv::createTrackbar()函数的原型如下:

```
int createTrackbar(
  const String& trackbarname, //滑动条的名称
  const String& winname, //滑动条对应窗口的名称
  int* value, //创建滑动条时,滑块的位置指向一个整形变量的指针
  int count, //滑块可以到达最大位置的值,最小位置的值始终是0
  TrackbarCallback onChange = 0, //指向回调函数的指针
  void* userdata = 0 //滚动滑块时,用户传给回调函数的数据的指针
);
```

代码2-4演示了OpenCV中滑动条的使用方法。其实现的功能是将两张大小相同的图像,按照比例进行混合形成一张图像,用滚动条控制混合的比例。图像混合显示的效果如图2.7所示,在混合比例α=0.5时,显示的是两张图像的叠加效果。

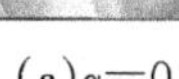
(a)α=0

(b)α=0.5

(c)α=1.0

图2.7 图像混合实例

代码2-4 滑动条的使用实例

```
const int g_nMaxAlphaValue = 100; //Alpha值的最大值
int g_nCurAlphaValue;    //当前滑动条对应的值
Mat g_srcImg1; //第1张图像
Mat g_srcImg2; //第2张图像
Mat g_mixImg;  //混合图像
const char cszWindowName[] = "mix";
//拖动滑动条的响应函数
void on_Trackbar(int, void *)
{
    //求出当前alpha值相对于最大值的比例
    double dblAlphaValue = g_nCurAlphaValue/double(g_nMaxAlphaValue);
    //则beta值为1减去alpha值
    double dblBetaValue = 1.0 - dblAlphaValue;
    //根据alpha和beta的值,对两张图像进行线性混合
    addWeighted(g_srcImg1, dblAlphaValue, g_srcImg2, dblBetaValue,\
            0.0, g_mixImg);
    //显示混合图像的效果
    imshow(cszWindowName, g_mixImg);
}
int main(intargc, char ** argv)
{
    //加载图像 (两图像的尺寸需相同)
    g_srcImg1=imread("lenna.bmp", IMREAD_COLOR);
    if (g_srcImg1.empty()) {
        std::cout<<"读取第1张图像失败"<<std::endl;
        return -1;
    }
    g_srcImg2=imread("tiffany.bmp", IMREAD_COLOR);
```

```
    if (g_srcImg2.empty()){
        std::cout<<"读取第2张图像失败"<<std::endl;
        return -1;
    }
    // 设置滑动条的初值为0
    g_nCurAlphaValue = 0;
    //创建窗口,自动调整大小
    namedWindow("mix", WINDOW_AUTOSIZE);
    //在创建的窗体中创建一个滑动条控件
    char TrackbarName[50];
    sprintf_s(TrackbarName, "透明度 %d", g_nMaxAlphaValue);
    createTrackbar(TrackbarName, cszWindowName, &g_nCurAlphaValue, \
    g_nMaxAlphaValue, on_Trackbar);
    //调用一次回调函数,以显示图像
    on_Trackbar(g_nCurAlphaValue, 0);
    waitKey(0);
    return 0;
}
```

2.5.4 鼠标的操作

OpenCV中cv::setMouseCallback()函数用于指定鼠标事件的处理函数,其函数原型为:

```
void setMouseCallback(
    const String&winname, //接收鼠标事件的窗口名称
    MouseCallback onMouse, //处理鼠标事件的回调函数指针
    void* userdata = 0 //传给回调函数的用户数据
);
```

可以处理的鼠标事件如表2-3所示:

表2-3 OpenCV处理的鼠标事件

事件值	事件宏定义	触发鼠标事件的操作
0	EVENT_MOUSEMOVE	鼠标在窗口上移动
1	EVENT_LBUTTONDOWN	鼠标左键单击
2	EVENT_RBUTTONDOWN	鼠标右键单击
3	EVENT_MBUTTONDOWN	鼠标中键单击
4	EVENT_LBUTTONUP	释放鼠标左键

续表

事件值	事件宏定义	触发鼠标事件的操作
5	EVENT_RBUTTONUP	释放鼠标右键
6	EVENT_MBUTTONUP	释放鼠标中键
7	EVENT_LBUTTONDBLCLK	鼠标左键双击
8	EVENT_RBUTTONDBLCLK	鼠标右键双击
9	EVENT_MBUTTONDBLCLK	鼠标中键双击
10	EVENT_MOUSEWHEEL	鼠标滚轮向前或向后滚动
11	EVENT_MOUSEHWHEEL	鼠标水平滚轮向前或者向后滚动

在处理鼠标事件的同时，还有一些鼠标事件标志可以一起使用，主要的标志如表2-4所示：

表2-4 OpenCV鼠标事件标志

标志值	标志宏定义	标志含义
1	EVENT_FLAG_LBUTTON	鼠标左键按下了没有松开
2	EVENT_FLAG_RBUTTON	鼠标右键按下了没有松开
4	EVENT_FLAG_MBUTTON	鼠标中键按下了没有松开
8	EVENT_FLAG_CTRLKEY	CTRL键按下了没有松开
16	EVENT_FLAG_SHIFTKEY	SHIFT键按下了没有松开
32	EVENT_FLAG_ALTKEY	ALT键按下了没有松开

在回调函数中可以同时处理鼠标事件和鼠标事件标志，详细实例在代码2-5中，运行结果如图2.8所示。在这段代码里，用鼠标拖动在窗口中绘制矩形框，矩形框的颜色是随机产生的。在鼠标左键按下时记录矩形框的起始点坐标；在鼠标拖动时，在临时图像tempImage中绘制矩形框；在鼠标左键抬起时，在图像srcImage中绘制矩形框。需要注意的是，当鼠标向左或向上移动时，这时计算的矩形框长宽是负数，需要重新计算矩形的起点才能正确绘制。扫码观看OpenCV鼠标事件编程实例讲解视频。

OpenCV鼠标事件响应编程

代码2-5 鼠标事件实例

```
Rect g_rectangle; //记录要绘制的矩形位置
bool g_bDrawingBox = false; //是否进行绘制
RNG g_rng(12345);  //随机数对象
const String strWndName = "MouseWnd";
void DrawRactangle(Mat &img, Rectrect)
{
  //每次绘制矩形的线框颜色都是随机产生的
  rectangle(img, rect, Scalar(g_rng.uniform(0, 255), \
```

```
        g_rng.uniform(0, 255), g_rng.uniform(0, 255)), 4);
}
void onMouseCallback(int event, int x, int y, int flags, void * param)
{
    //将画矩形的图像作为参数传入回调函数
    Mat &image = *(Mat*)param;
    switch (event)
    {
        //鼠标移动时改变窗口的大小
    case EVENT_MOUSEMOVE:
        //如果g_bDrawingBox为真,则记录矩形信息到g_rectangle中
        if (g_bDrawingBox) {
            g_rectangle.width = x - g_rectangle.x;
            g_rectangle.height = y - g_rectangle.y;
        }
        break;
        //左键按下时记录窗口的起始位置
    case EVENT_LBUTTONDOWN:
        g_bDrawingBox = true;
        //记录g_rectangle的起点
        g_rectangle=Rect(x, y, 0, 0);
        break;
        //左键抬起时将当前绘制的矩形信息写入到图像中
    case EVENT_LBUTTONUP:
        // 标识符为false
        g_bDrawingBox = false;
        //向起点左边绘制
        if (g_rectangle.width< 0) {
            g_rectangle.x += g_rectangle.width;
            g_rectangle.width *= -1;
        }
        //向起点上边绘制
        if (g_rectangle.height< 0) {
            g_rectangle.y += g_rectangle.height;
            g_rectangle.height *= -1;
        }
        //调用函数进行绘制
        DrawRactangle(image, g_rectangle);
```

```
        break;
    }
}
int main(int argc, char ** argv)
{
    //准备参数
    g_rectangle=Rect(-1, -1, 0, 0);
    Mat srcImage(600, 800, CV_8UC3, Scalar(255,255,255)), tempImage;
    srcImage.copyTo(tempImage); //将图像拷贝到tempImage中
    g_rectangle=Rect(-1, -1, 0, 0); //起始矩形
    // 设置鼠标操作回调函数
    namedWindow(strWndName); //创建一个窗口
    setMouseCallback(strWndName, onMouseCallback, (void *)&srcImage);
    // 程序主循环,当进行绘制的标识符为真的时候进行绘制
    while (true)
    {
        //复制原图到临时变量,这样可以清除上一次的鼠标拖动结果
        srcImage.copyTo(tempImage);
        if (g_bDrawingBox){
            //在鼠标拖动时,每次都对图像进行临时绘制
            RectrectCur = g_rectangle;
            //鼠标向上或向左移动时,需要对坐标进行处理
            if (rectCur.width< 0) {
                rectCur.x += rectCur.width;
                rectCur.width *= -1;
                }
            if (rectCur.height< 0) {
                rectCur.y += rectCur.height;
                rectCur.height *= -1;
            }
            DrawRactangle(tempImage, rectCur);
        }
        imshow(strWndName, tempImage);
        if (waitKey(10) == 27) // 按下ESC键,程序退出
            break;
    }
    return 0;
}
```

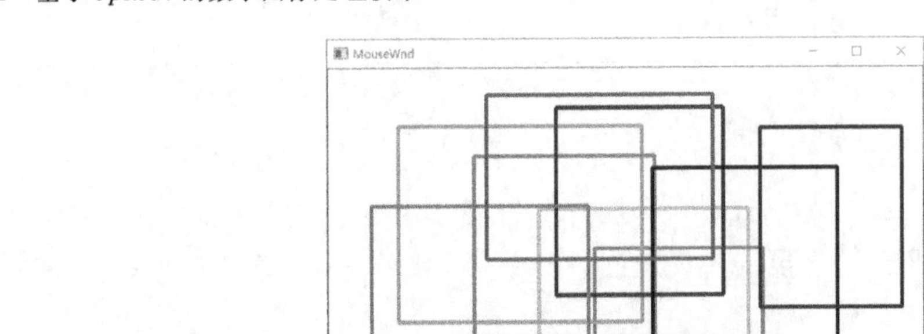

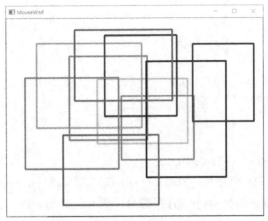

图2.8 鼠标事件处理例程运行结果

2.5.5 cv::waitKey()函数

这个函数是在一个给定的时间内(单位ms)等待用户按键触发;如果用户没有按下键,则继续等待等待直到超时;如果有按键输入,则返回按键值。其函数原型为:

```
int waitKey(
    intdelay = 0   //程序等待的毫秒数
);
```

cv::waitKey()函数接收一个参数delay,表示在自动返回之前等待按钮的时间量(以毫秒为单位)。如果delay设置为0,则表示将无限等待按键。如果超过delay设置的时间也没有按键输入,则返回-1。

cv::waitKey()函数可以用于对任何OpenCV窗口进行刷新。这就意味着,如果不调用cv::waikey()函数,则用imshow()将无法显示图像。例如,waitKey(0)将无限显示窗口,直到按下任意按键退出延迟事件(适用于显示图像)。如果delay大于0,例如,waitKey(25)将每隔至少25ms显示视频的一帧图像(适用于显示视频帧),如果要按键退出,则需要将waitKey(25)与一个按键值(ASCII码)比较。如代码2-4中,当用户按下ESC键时,则退出主循环。

2.6 总结

本章以Windows平台为例从各个方面对OpenCV的使用做了详细介绍,但实际上OpenCV在Linux或者Andriod上开发同样简单,读者可以自行去查找相关使用资料。本章介绍的内容中,安装和使用必须掌握,以便于在自己的电脑上部署OpenCV。而动手编译OpenCV,是定制OpenCV的必经之路,本课程的很多内容都需要对OpenCV进行重新编译。本章内容需要着重掌握的是OpenCV的GUI编程,后续章节都有用到这些内容;但是Windows Visual Studio平台上只支持OpenCV的部分GUI编程，如果需要更全面的GUI支持，推荐使用QT平台编程。本章需要着重理解的是OpenCV的内存管理、模板函数、异常处理、饱和转换和输入输出等特性，这些内容对阅读和理解OpenCV程序会有很大的帮助。

2.7 实习题

(1)使用OpenCV设计一个简单的视频播放器，实现视频播放的基本功能。能够使用滑动条改变视频播放的进度，能够用鼠标拖动改变视频播放窗口的大小。当用鼠标在播放窗口双击时，暂停播放；再次双击时，继续播放。

(2)按照2.2.3节所述，在官网上下载OpenCV和Opencv_Contrib源码，用CMake工具生成工程文件，编译生成自己的OpenCV库。编译时，勾选WITH_CUDA选项，加入对CUDA的支持，以充分利用Nvidia序列硬件资源进行GPU编程。

第3章

OpenCV基本数据结构和基本组件

为了使用OpenCV对数字图像进行处理，需要首先对OpenCV的各种数据结构和基本组件有所了解。

3.1 基础图像容器cv::Mat

3.1.1 cv::Mat类简介

如果直接使用C/C++语言API来存取和操作数字图像，对用户的编程能力有较高要求。在OpenCV中，封装了一些C++类，可以方便地对数字图像进行各种操作。在老版本的OpenCV中，使用cvMat和IplImage存储和表示图像，在OpenCV2.x以后，可以使用全新的cv::Mat类来存储和操作图像。cv::Mat类表示一个n维的密集数值单通道或多通道数组，它可用于存储实数或复数值的向量和矩阵、灰度或彩色图像、体素、向量场、点云、张量和直方图等。全新的cv::Mat类不需要用户手工为其分配内存空间，也不需要用户为其释放存储空间，cv::Mat类能够自动管理内存。

cv::Mat类由矩阵头和指向存储像素值的矩阵的指针构成。矩阵头用来存储矩阵尺寸、存储方法、存储地址以及引用次数等信息，矩阵头的大小是一个常量，不会随着图像的大小而变化，但是保存图像像素数据的矩阵则会随着图像的大小变化而改变。在图像的复制过程(浅拷贝)中，只是复制矩阵头和指向像素矩阵的指针；但是在图像的克隆过程(深拷贝)中，会为新的图像复制矩阵头，并重新分配内存。

使用cv::Mat类来操作数字图像，主要注意以下4点：

(1)OpenCV中存储图像的内存是自动分配的。

(2)使用OpenCV的C++接口不需要考虑内存释放问题。

(3)赋值运算符和拷贝构造函数只复制信息头。

(4)可使用函数clone()或copyTo()来复制一幅图像的矩阵(深拷贝，重新分配内存)。

如代码3-1所示，这里举例说明了Mat对象深拷贝和浅拷贝的区别。

代码3-1 Mat对象不同使用方法对比

```
cv::Mat A, B;          //A,B仅有矩阵头
A = cv::Mat::zeros(100, 100, CV_8UC1);  //这里给A分配了内存空间
B = A;  //复制运算,这里只给B复制矩阵头,B与A指向同一个矩阵
//拷贝构造函数里调用Mat,只复制矩阵头,C与A指向同一个矩阵
cv::Mat C(A);
//这里调用深拷贝,给D分配与B同样大小的矩阵内存空间
cv::Mat D = B.clone();
cv::Mat F;
B.copyto(F);  //这里调用深拷贝,给F分配与B同样大小的矩阵内存空间
```

3.1.2 Mat类常用构造方法

1.Mat::Mat()

无参数构造默认构造方法,这里只分配矩阵信息头,所有值都初始化为0。然后可以create()函数创建矩阵,用setTo()函数设置矩阵的值。如下代码创建一个200×100的单通道8位矩阵,所有元素都设置为0:

```
cv::Mat m;
m.create(200, 100, CV_8UC1);
m.setTo(0);
```

2.Mat::Mat(int rows, int cols, int type)

创建行数为rows,列数为cols,类型为type的矩阵。如创建200×100的单通道8位矩阵代码为:

```
Mat image(200, 100, CV_8UC1);
```

3.Mat::Mat(Size size, int type)

创建大小为size,类型为type的矩阵。如:

```
Mat image(Size(200, 100), CV_8UC3);
```

4.Mat::Mat(int rows, int cols, int type, const Scalar&s)

创建行数为rows,列数为cols,类型为type的矩阵,并将所有元素的值初始化为s。如:

```
Mat image(100, 200, CV_32FC2, Scalar(1, 2));
```

5.Mat::Mat(Size size, int type, const Scalar&s)

创建大小为size,类型为type的矩阵,并将所有元素初始化为值s。如:

```
Mat image(Size(200, 100), CV_8UC3, Scalar(1, 2, 3));
```

6.Mat(int ndims, const int* sizes, int type)

创建维度为ndims的矩阵,每个维度的大小由sizes[]数组指定,每个元素的类型由type确定。此方法适合创建高维矩阵(维度大于2的矩阵)。如:

```
//创建一个4×4×4的3维矩阵
    int sz[3] = { 4, 4, 4 };
    cv::Mat(3, sz, CV_32FC3);
```

7.Mat::Mat(const Mat&m)

将m赋值给新创建的对象,此处对矩阵进行浅拷贝,只复制矩阵的信息头,不为新的矩阵分配内存空间,新的图像和m共享图像内存。如:

```
cv::Mat img1(200, 100, CV_8UC1); //创建一个200×100矩阵img1
cv::Mat img2(img1);//img2是img1的拷贝,共用内存
```

cv::Mat类构造函数中很多都涉及类型type,type可以是CV_8UC1、CV_8UC3、CV_16SC1、CV_64FC3等。其中8U表示8位无符号整数(等同于unsigned char,值的范围是0~255),16S表示16位有符号整数(short类型,值的范围是-32768~32767),64F表示64位浮点数(double类型,-DBL_MAX~DBL_MAX)。C后面的数字表示通道数,例如C1表示一个通道的图像(如灰度图像),C3表示3个通道的图像(如RGB彩色图像),以此类推。如表3-1所示,给出了OpenCV中的数据类型与C语言数类型的对应关系,以及其取值范围。

表3-1 OpenCV中的数据类型以及取值范围

数据类型	含义	对应C语言数据类型	取值范围
CV_8U	8位无符号整数	unsigned char	0~255
CV_8S	8位符号整数	char	−128~127
CV_16U	16位无符号整数	unsigned short	0~65535
CV_16S	16位符号整数	short	−32768~32767
CV_32S	32位有符号整数	int	−214748364~2147483647
CV_32F	32位浮点数	float	−FLT_MAX~FLT_MAX
CV_64F	64位浮点数	double	−DBL_MAX~DBL_MAX

3.1.3 cv::Mat基本操作

OpenCV中提供了许多cv::Mat类的属性和方法,在实际的应用场景中,可以根据需要来

加以选用。cv::Mat类常用属性和方法如表3-2所示。这些方法的使用实例如代码3-2所示。

表3-2　cv::Mat类常用属性和方法

属性或函数名	功能	类别
rows	矩阵行数	属性
cols	矩阵列数	
dims	矩阵的维数(>=2)	
size	矩阵的大小,(cols, rows)	
step	矩阵每行字节数	
data	指向Mat中数据的指针	
row(int y)	使用第y行的数据创建一个行矩阵(与原矩阵共用内存)	方法
col(int x)	使用第x行的数据创建一个列矩阵(与原矩阵共用内存)	
rowRange(int startRow, int endRow)	返回指定行数的子矩阵,startRow是起始行数,endRow是终止行数	
colRange(int startCol, int endCol)	返回指定列数的子矩阵,startCol是起始列数,endCol是终止列数	
create()	创建一个矩阵	
clone()	矩阵复制,分配相同的内存空间	
copyto()	矩阵复制,分配相同的内存空间	
convertTo()	矩阵数据类型转换,可以在转换的同时缩放	
zeros()	返回一个零矩阵	
ones()	返回一个1矩阵	
channels()	返回矩阵通道的数目	
empty()	判断矩阵是否为空(是否分配了数据内存)	
at(cv::Point pt)	返回对指定元素(pt指定元素位置)的引用	
setTo()	设置矩阵中所有元素为某一个值	
ptr	返回某一行元素的指针	

表3-2中特别需要注意的是cv::Mat对象中的step属性值,一般其值等于每行数据元素的个数乘以每个数据元素的字节数;但是在存储数字图像时,需要考虑4字节对齐的情况,则step值可能会大于上述值。

代码3-2　cv::Mat类属性和方法综合测试

```
#include <cv.h>
#include <highgui.h>
#include <iostream>
using namespace cv;
using namespace std;
int_tmain(int argc,_TCHAR*argv[])
{
```

```
    //创建一个9行7列的图像,像素值都初始化为(255,0,0)
    Mat img(9,7,CV_8UC3,Scalar(255,0,0));
    cout<<img<<endl;//输出整个矩阵
    //输出矩阵的行数和列数,分别为9和7
    cout<<"rows = "<<img.rows<<"\t_cols = "<<img.cols<<endl;
    //输出矩阵的维数、通道数和step值,分别为2、3和21
    cout<<"dims = "<<img.dims<<"\t_channels \
        ="<<img.channels()<<"\t_step="<<img.step<<endl;
    //得到指定行列的矩阵
    Mat row=img.row(1); //row是行向量
    Mat col=img.col(0); //col是列向量
    Mat matSubRow=img.rowRange(1,3); //matSubRow包含2-4行
    Mat matSubCol=img.colRange(2,4); //matSubCol包含3-5列
    //给坐标为(1,0)的像素值(BGR)赋值为(128,255,127)
    img.at<Vec3b>(1,0)[0]=128;
    img.at<Vec3b>(1,0)[1]=255;
    img.at<Vec3b>(1,0)[2]=127;
    cout<<img<<endl;
    //转换矩阵类型,转换之后mat2是CV_32FC3类型
    Mat mat2;
    cout << mat2.empty() << endl;
    img.convertTo(mat2, CV_32FC3);
    return 0;
}
```

3.1.4 cv::Mat中数据元素的访问

cv::Mat中对数据元素的访问通常有4种方式,列举如下:

1.采用at()函数的访问方式

cv::Mat类的at()函数是一个模板函数,根据不同的数据类型取不同的模板参数。这种方式在应用程序的Debug模式下的访问速度是最慢的,但是在Release模式下的访问速度也是相当快的,和其他几种方式相近。

例如如下代码将图像中(3,5)位置的data值赋值为128。

```
cv::Mat img(8, 7, CV_8UC1); //img是单通道8位矩阵
img.at<uchar>(3, 5) = 128;
```

如果要访问多通道图像，则可以采用如下方式：

```
cv::Mat img(8, 7, CV_8UC3);     //img是3通道8位矩阵
img.at<vec3b>(3, 5)[0] = 255;
img.at<vec3b>(3, 5)[1] = 0;
img.at<vec3b>(3, 5)[2] = 0;
```

不同数据类型对应的at函数取值：

```
at<uchar>--------- CV_8U
at<char>----------- CV_8S
at<short>---------  CV_16S
at<ushort>---------CV_16U
at<int>----------- CV_32S
at<float>-----------CV_32F
at<double>---------CV_64F
```

2.采用ptr()函数来访问

cv::Mat类中的ptr()函数也是一个模板函数，模板参数的取值同at()函数，它可以用来访问cv::Mat中的每一行数据。

```
Mat img(80, 70, CV_32FC1);
for (int i = 0; i< 80; i++){
    float* pData = img.ptr<float>(i);     // pData是指向第i行的指针
    for (int j = 0; j< 70; j++) {
        pData[j] = 3.2f;    //第i行第j列的数据
    }
}
```

3.采用data指针来访问

data指针指向Mat数据的首地址，可以使用memcpy()将cv::Mat的数据拷贝至某个指针中，当然要给此指针先分配相应大小的内存。

如果图像每行数据大小不是4的整数倍，使用data指针需考虑数据连续性问题。因为图像在OpenCV里的存储机制问题，行与行之间可能有空白单元(一般是补够4的倍数或8的倍数)，称为padding。这些空白单元对图像来说是没有意思的，只是为了在某些架构上能够更有效率，比如intel MMX可以更有效地处理那种个数是4或8倍数的行。cv::Mat提供了一个检测图像是否连续的函数isContinuous()。当图像数据连续时，就可以把图像完全展开，看成是一行，此时调用Mat::ptr<>()方法就等价于Mat::data。如下例：

```
cv::Mat img(80, 70, CV_32FC1);
float *ptr = (float *)img.data;
ptr[5 * img.step + 4] = 32.f; //坐标为(5,4)处的像素值设置为32f。
```

4.采用迭代器来访问

cv::Mat有两个内嵌的迭代器模板,一个用于只读cv::Mat,另一个用于非只读cv::Mat,分别被命名为cv::MatConstIterator_<>和cv::MatIterator_<>。如果只在代码中对cv::Mat的数据进行只读访问,可以使用常量型迭代器cv::MatConstIterator_<>;如果要对代码中cv::Mat的数据进行改变,需要使用变量型迭代器cv::MatIterator_<>。

根据定义迭代器时的类型不同,cv::Mat的成员函数begin()和end()可以分别返回这两种类型的迭代器对象。迭代器能够高效地访问连续内存区域,所以使用迭代器来访问矩阵数据非常方便。如下程序片段所示:

```
int sz[3] = { 4,4,4 };
cv::Mat m(3, sz, CV_32FC3); //m是3通道32位浮点数4×4×4矩阵
cv::randu(m, -1.0f, 1.0f); //m中的元素值赋值为[-1,1]区间的随机数
float maxLen = 0.f; //最大长度
//iter是指向m起始位置的常量型迭代器
cv::MatConstIterator_<cv::Vec3f> iter = m.begin<cv::Vec3f>();
while (iter!=m.end<cv::Vec3f>()) {
    Vec3f vecVal = *iter;
    //计算每个向量的长度
    float len = vecVal[0] * vecVal[0]+ vecVal[1] * vecVal[1] + \
        vecVal[2] * vecVal[2];
    if (len>maxLen) {
        maxLen = len;       //保存最大向量长度
    }
    iter++;
}
```

3.1.5 MFC中cv::Mat图像的显示

cv::Mat图像在MFC控件窗口中显示时,需在获取图像参数之后,手工填充BITMAPINFO结构,然后将Mat对象的data指针当做像素指针,渲染到窗口句柄中,实例代码如代码3-3所示。其中FillBitmapInfo()函数用来填充BITMAINFO结构,输入的参数是图像的大小和位深度;DrawToWindow()函数用来将图像显示到窗口中,输入的是cv::Mat对象以及窗口指针。

代码3-3 MFC中cv::Mat图像的显示

```
void FillBitmapInfo(BITMAPINFO &bmi, int width, int height, int bpp)
{
    int nNumColors = 0;
    BITMAPINFOHEADER* bmih = &(bmi.bmiHeader);
    memset(bmih, 0, sizeof(BITMAPINFOHEADER));
    bmih->biSize = sizeof(BITMAPINFOHEADER); //结构体大小
    bmih->biWidth = width; //图像宽度
    bmih->biHeight = height; //图像高度
    bmih->biPlanes = 1;
    bmih->biBitCount = bpp; //24位真彩色图像
    bmih->biCompression = BI_RGB;
}
void DrawToWindow(const cv::Mat &img, CWnd *pWnd)
{
    CClientDC dc(pWnd);//窗口客户区设备上下文
    CRect rect;
    pWnd->GetClientRect(&rect);//窗口客户区矩形区域
    if (rect.Width() > 0 && !img.empty())
    {
        BITMAPINFO bmpHdr;//图像信息头
        //填充信息头,要注意height取负值
        FillBitmapInfo(&bmpHdr, img.cols, -img.rows, 24);
        //将图像拉伸绘制到窗口客户区里
        StretchDIBits(dc, 0, 0, rect.Width(), rect.Height(), 0, 0,\
            img.cols, img.rows, (char *)img.data, bmi, \
            DIB_RGB_COLORS, SRCCOPY);
    }
}
```

这里需要注意的是,OpenCV中的图像坐标系与Windows图像坐标系的差异,如图3.1所示。OpenCV中,图像坐标系的原点在左上角,以原点向右为X坐标正向,以原点向下为Y坐标正向。而在Windows图像坐标系中,图像原点在右下角,以原点向右为X坐标正向,以原点向上为Y坐标正向。因为坐标系不同,所以在FillBitmapInfo中,需要将height的值设为负数,表示存储坐标系方向不同。

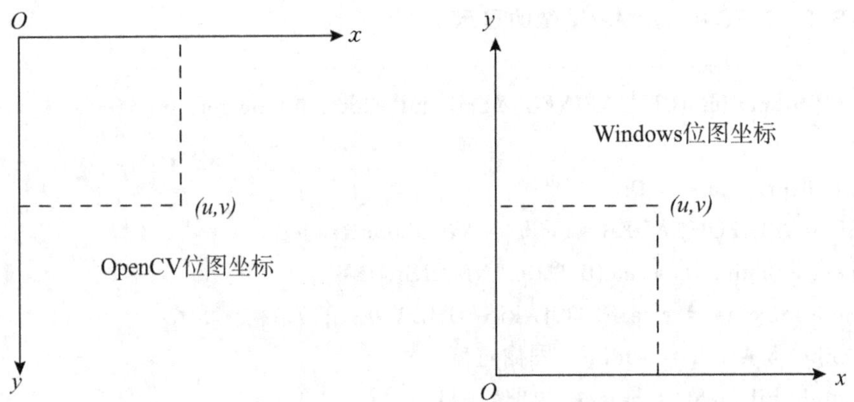

图 3.1 OpenCV 图像坐标系和 Windows 位图坐标系

3.2 其他常用数据结构和函数

3.2.1 点的表示:cv::Point类

为了描述图像中的点,OpenCV 中提供了点的模板类,分为 2 维点模板类 cv::Point_和 3 维点模板类 cv::Point3_。cv::Point_模板类通过 2 维图像平面中的 x 和 y 坐标确定点的位置,cv::Point3_模板类通过 3 维立体图像中的 x、y、z 坐标确定点的位置。对于点的坐标的类型可以是 int、double、float 类型,下面是源代码中的定义:

```
typedef Point_<int> Point2i;
typedef Point2i Point;
typedef Point_<float> Point2f;
typedef Point_<double> Point2d;
typedef Point3_<int> Point3i;
typedef Point3_<float> Point3f;
typedef Point3_<double> Point3d;
```

由上面的定义可以发现 Point_<int>、Point2i、Point 互相等价,所以为了方便在定义坐标为整数型点的时候可以直接使用 Point。同样,Point_<float>与 Point2f 等价,Point_<double>与 Point2d 等价,Point3_<int>与 Point3i 等价,Point3_<float>与 Point3f 等价,Point3_<double>与 Point3d 等价,这样的定义会方便用户的使用。另外可以转换点的坐标到指定的类型,对于浮点型的点向整型的点进行转换采用的是四舍五入的方法。

实例化一个Point类也是非常方便的,用法如下(以2D整型坐标点为例):

```
cv::Point point; //创建一个2D点对象
point.x = 10; //初始化x坐标值
point.y = 8; //初始化y坐标值
```

或者

```
cv::Point point = cv::Point(10, 8);
```

这些点的类可以实现各种运算操作(三维点还支持向量运算和比较运算):

```
pt1 = pt2 + pt3;
pt1 = pt2 - pt3;
pt1 = pt2 * a; //a是常数
pt1 = a * pt2;
pt1 += pt2;
pt1 -= pt2;
pt1 *= a;
double value = norm(pt); //value是pt的L2范数
pt1 == pt2; //比较运算
pt1 != pt2;
```

下面是示例代码:

```
Point2f a(0.3f, 0.f), b(0.f, 0.4f);
//整型坐标可以直接用浮点型坐标进行赋值操作
cv::Point pt = (a + b)*10.f;
cout<<pt.x<<", "<<pt.y<<endl;
```

cv::Point类支持的函数列表总结如表3-3所示。其中点乘运算的结果是一个标量,而叉乘运算的结果是一个向量;cv::Point类的对象也可以通过转换变成固定向量类,这样就可以直接通过下标来访问每个成员;而最后列出的inside()操作使用得也比较普遍。

表3-3　cv::Point类支持的函数列表

操作	实例
默认构造函数	cv::Point2i p1; cv::Point3i p2;
拷贝构造函数	cv::Point3f p2(p1);
值构造函数	cv::Point2i(1, 2); cv::Point3d(1.5, 2.8, 9.3);

续表

操作	实例
构造成固定向量类	(cv::Vec3f)p; //p转换成一个向量
类成员访问	p.x; p.y; p.z; //只对3维点有效
点乘	float x = p1.dot(p2); //x = p1.x·p2.x + p1.y·p2.y
双精度点乘	double x = p1.dot(p2);
叉乘	p1.cross(p2); //只对3维点对有效
判断一个点是否在矩形范围内	p.inside(r); //其中r是Rect类型

3.2.2 颜色表示:cv::Scalar类

cv::Scalar类表示具有4个元素的数组,在OpenCV中被大量用于传递像素值,如RGB颜色值。Scalar最多可以存储4个值,没有提供的值默认是0。而RGB颜色值为三个参数,其实对于Scalar函数来说,如果用不到第4个参数,则不需要写出来;若只写3个参数,OpenCV默认为表示3个参数。

Scalar常用的使用场景如下:

```
Mat M(7, 7, CV_32FC2, Scalar(1, 3));
```

上面的代码表示:创建一个2通道,且每个通道的值都为(1,3),深度为32位,7行7列的矩阵。CV_32F表示每个元素的值的类型为32位浮点数,C2表示通道数为2,Scalar(1,3)表示对矩阵每个元素都赋值为(1,3),第一个通道中的值都是1,第二个通道中的值都是3。

```
//3通道矩阵,赋值分别为(1,2,3)
Mat M(4, 4, CV_32FC3, Scalar(1, 2, 3));
//创建4通道矩阵,赋值分别为(1,2,3,0)
Mat M(4, 4, CV_8UC4, Scalar(1, 2, 3));
```

Scalar类支持的完整操作列表如表3-4所示。

表3-4 Scalar类支持的操作列表

操作	实例
默认构造函数	Scalar s;
拷贝构造函数	Scalar s2(s1);
值构造函数	Scalar s(1); Scalar s(255,0,0,0);
元素相乘	s1.mul(s2);
(4元数)共轭	s.conj; //返回Scalar(s0,-s1,-s2,-s3);
(4元数)真值测试	s.isReal();//如果4个元素中后3个元素的值都是0,则返回true;否则返回false

3.2.3　尺寸的表示:cv::Size类

cv::Size用来表示图像或矩阵的尺寸。cv::Size类在实际操作时与cv::Point类相似,而且可以与cv::Point类互相转换。这两者之间的主要区别在于cv::Point类的数据成员是x和y,而cv::size类中对应的成员是width和height。

cv::Size类的定义源码如下:

```
typedef Size_<int> Size2i;
typedef Size_<int64> Size2l;
typedef Size_<float> Size2f;
typedef Size_<double> Size2d;
typedef Size Size2v;
```

Size_模板类的内部又重载了一些构造函数,其中使用频率最高的是下面这个构造函数:

```
Size_(_Tp _width, _Tp _height); //构造函数
```

一些实例如下:

```
Size size1(150, 100); //构造出的Size宽度为150,高度为100
Size size2;
size2.width = 150;
size2.height = 100;
int myArea = size2.area(); //求得size2的面积为150x100
Size2f size3;  //size3为float类型
size3.width = 0.3f;
size3.height = 1.5f;
```

Size类支持的完整操作如表3-5所示。

表3-5　Size类支持的操作

操作	实例
默认构造函数	Size sz; Size2i sz; Size2f sz;
拷贝构造函数	Size sz2(sz1);
值构造函数	Size2f sz(1.0, 2.1);
成员访问	sz.width; sz.height;
计算面积	sz.area();

3.2.4 矩形的表示:cv::Rect类

cv::Rect类的成员变量有x、y、width、height,分别表示左上角点的坐标和矩形的宽和高。常用的成员函数有:

size()返回值为cv::Size类型,得到矩形的宽和高;

area()返回矩形的面积;

contains(cv::Point pt)判断点pt是否在矩形内;

inside(cv::Rect rect)判断矩形rect是否在指定矩形范围内;

tl()返回左上角点坐标;

br()返回右下角点坐标。

cv::Rect类支持的完整操作如表3-6所示。

求两个矩形的交集:

```
cv::Rect rect = rect1 & rect2;  //rect是rect1和rect2的交集
```

求两个矩形的并集:

```
cv::Rect rect = rect1 | rect2;  //rect是rect1和rect2的并集
```

矩形平移操作:

```
cv::Rect rectShift = rect + point;  //平移到point点
```

矩形缩放操作:

```
cv::Rect rectScale = rect + size;  //size决定矩形缩放的大小
```

表3-6 Rect类支持的操作

操作	示例
默认构造函数	cv::Rect r;
拷贝构造函数	cv::Rect r2(r1);
值构造函数	cv::Rect r(0, 0, 400, 300);

由起点和大小构造	cv::Point p(0,0);
	Size sz(400,300);
	cv::Rect r(p, sz);

由两个对角构造	cv::Point p1(0, 0);
	cv::Point p2(400, 300);
	cv::Rect r(p1, p2);

续表

操作	示例
成员访问	r.x; r.y; r.width; r.height;
计算面积	r.area();
提取左上角	r.tl();
提取右下角	r.br();
判断点p是否在矩形内	cv::Point p(100,100); r.contains(p);

3.2.5 旋转矩形类:cv::RotatedRect类

cv::RotatedRect是一个存储旋转矩形的类,通常用来存储最小外包矩形函数minAreaRect( )和椭圆拟合函数fitEllipse( )返回的结果。存储的值,完全取决于函数的返回结果。cv::RotatedRect包含一个中心点cv::Point2f、一个大小cv::Size2f和一个额外的角度float的容器。其中角度angle代表矩形绕中心点旋转的角度。cv::RotatedRect和cv::Rect有一个非常重要的不同点是cv::RotatedRect是以中心为原点的,而cv::Rect则以左上角为原点。

cv::RotatedRect支持的操作如表3-7所示,使用实例如代码3-4所示,代码3-4生成的图像如图3.2所示。

表3-7 cv::RotatedRect支持的操作

操作	实例
默认构造函数	cv::RotatedRect rr;
拷贝构造函数	cv::RotatedRect rr2(rr1);
从3个点构造	cv::Point2f pt1, pt2, pt3; cv::RotatedRect rr(pt1, pt2, pt3);
值构造函数(需要1个中心点,1个矩形大小,1个倾斜角度)	cv::Point2f pt; cv::Size sz; float angle; cv::RotatedRect rr(pt, sz, angle);
成员访问	cv::RotatedRect rr; Point2f pt = rr.center; Size sz = rr.size; float angle = rr.angle;
返回4个角的列表	cv::RotatedRect rr; cv::Point2f pts[4]; rr.points(pts);
求最小包围盒	cv::RotatedRect rr; cv::Rect brect = rRect.boundingRect();

代码3-4　cv::RotatedRect使用实例

```
void TestRotatedRect()
{
    //创建400x600的黑色背景图像
     cv::Mat img(400, 600, CV_8UC3, Scalar(0));
    //构造中心点在(300,200),大小为(300,150),倾斜角度为30度的矩形
    cv::RotatedRect rRect = cv::RotatedRect(Point2f(300, 200),\
            Size2f(300, 150), 30);
    cv::Point2f vertices[4];
    rRect.points(vertices); //获得矩形的4个顶点坐标
    for (int i = 0; i< 4; i++)
        cv::line(img, vertices[i], vertices[(i + 1) % 4],\
            Scalar(255, 255, 255),4);
    //返回旋转矩形的最小包围盒
    cv::Rectbrect = rRect.boundingRect();
    cv::rectangle(img, brect, Scalar(0, 0, 255),1);
    cv::imshow("rectangles", img);
    cv::waitKey(0);
}
```

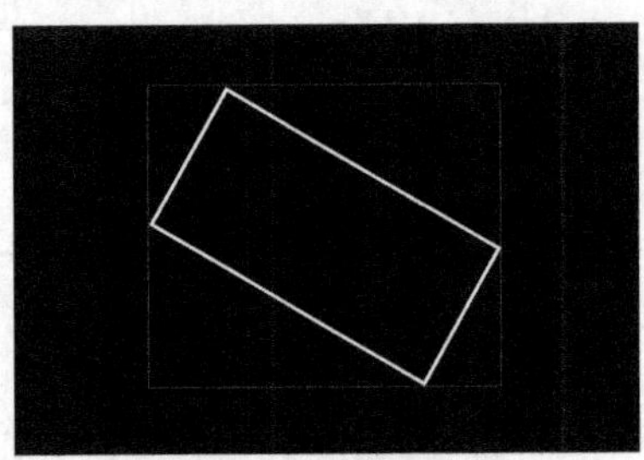

图3.2　旋转矩形实例

3.2.6　固定矩阵类

固定矩阵类是一个模板类,是为编译时就能确定类型和大小的小型矩阵而设计的。因为固定矩阵类的所有数据都是在堆栈上分配的,所以它们的分配和清除都很快。对固定矩阵类的操作的运行速度很快,而且还在小型矩阵上做过特别的优化。固定矩阵类实际上是一个模板,这个模板称为cv::Matx<>,但独立的矩阵则通常通过别名分配。

固定矩阵类的定义如下:

```
template<typename _Tp, int m, int n>class Matx { ... };
```

其中m,n是1到6之间的整数(5除外), _Tp是矩阵类的数值类型,常见实例如下:

```
typedef Matx<float, 1, 2> Matx12f;
typedef Matx<double, 2, 1> Matx21d;
...
typedef Matx<float, 4, 3> Matx43f;
typedef Matx<double, 4, 3> Matx43d;
...
typedef Matx<double, 4, 4> Matx44d;
typedef Matx<double, 6, 6> Matx66d;
```

表3-8中列出了cv::Matx支持的大多数操作。需要注意的是,很多cv::Matx支持的函数都是静态函数,不需要构造类的对象。cv::Matx支持的操作大多数都与cv::Mat相同。如果有些操作cv::Matx不支持,也可以把它转换到cv::Mat再进行同样的操作。

表3-8 cv:Matx支持的操作

操作	实例
默认构造函数	cv::Matx33f m33f; cv::Matx43d m43d;
拷贝构造函数	cv::Matx44d m44d(n44d);
值构造函数	cv::Matx12f m(1.5, 2.5);
所有元素都相同的矩阵	cv::Matx33f m33f = cv::Matx33f::all(3.2f);
全0矩阵	cv::Matx21d m21d = cv::Matx21d::zeros();
全1矩阵	cv::Matx23f m23f = cv::Matx23f::ones();
单位矩阵	cv::Matx33f m33f = cv::Matx33f::eye();
取一个矩阵对角线元素	cv::Matx33f m33f = cv::Matx33f::ones(); cv::Matx31f m31f = m33f.diag();
创建一个均匀分布的矩阵	cv::Matx34f m34f = cv::Matx34f::randu(0.0, 1.0);
创建一个正态分布的矩阵	//创建一个均值为0,均方差为1.0的4×3矩阵 cv::Matx43f m43f = cv::Matx43f::randn(0, 1.0);

成员访问	m(i, j);//二维矩阵下标
	m(i);//一维矩阵下标

矩阵代数运算	m1 = m0; m0*m1; m0 + m1; m0 - m1;
比较运算	m1 == m2; m1 != m2;
点积	m1.dot(m2); //根据m的精度确定点积的类型
高精度点积	m1.ddot(m2); //双精度浮点数的点积
改变矩阵形状	cv::Matx34f m = cv::Matx34f::zeros(); m.reshape<4,3>();
强制转换数值类型	cv::Matx34d m = cv::Matx34d::zeros(); cv::Matx34f m1 = (cv::Matx34f)m;

续表

操作	实例
提取(i,j)处的2×2子矩阵	cv::Matx44d m = cv::Matx44d::zeros(); cv::Matx22d m1 = m.get_minor<2,2>(1,1);
提取第i行	cv::Matx44d m44d = cv::Matx44d::zeros(); cv::Matx14d m14d = m44d.row(1);
提取第j列	cv::Matx44d m44d = cv::Matx44d::zeros(); cv::Matx41d m41d = m44d.cols(0);
提取矩阵对角线	cv::Matx44d m44d = cv::Matx44d::zeros(); cv::Matx41d m41d = m44d.diag();
计算转置	cv::Matx43d m43d = cv::Matx43d::zeros(); cv::Matx34d m34d = m43d.t();
逆矩阵	cv::Matx44d m44d = cv::Matx44d::zeros(); cv::Matx44d m44d = m44d.inv(DECOMP_LU);

解线性系统	cv::Matx33f m33f = cv::Matx33f::randn(0, 1.0);
	cv::Matx31f m31f = m33f.solve(rhs31f, DECOMP_LU);
	cv::Matx31f m32f = m33f.solve<2>(rhs32f, DECOMP_LU);

矩阵对应元素相乘	cv::Matx33f m1 = cv::Matx33f::randn(0, 1.0);
	cv::Matx33f m2 = cv::Matx33f::randn(0, 1.0);
	cv::Matx33f m3 = m1.mul(m2);

转换到cv::Mat	cv::Matx23f m23f = cv::Matx23f::ones(); Mat m(m23f);

3.2.7 固定向量类cv::Vec

区别于存储元素个数可以动态变化的C++的动态向量类std::vector,固定向量类cv::Vec的大小是固定不变的。固定向量类是从固定矩阵类派生出来的,定义它们只是为了方便地使用cv::Matx<>,固定向量类的模板cv::Vec就是列为1的cv::Matx<>。为特定实例准备好的固定向量名称的形式为cv::Vec{2,3,4,6}{b,s,w,i,f,d},其中前面的数字表示向量类的大小,后面的字母表示值的类型。如cv::Vec2b表示值为uchar类型的元素个数为2的向量,cv::Vec6f表示值为float类型元素个数为6的向量。表3-9列出固定向量类支持的操作。

表3-9 cv::Vec支持的操作

操作	实例
默认构造函数	cv::Vec2s v2s; cv::Vec6f v6f;
拷贝构造函数	cv::Vec3f u3f(v3f);
值构造函数	cv::Vec3f v3f(x0, x1, x3);
成员访问	cv::Vec4f v4f(1.f,2.f,3.f,4.f); float x = v4f[0] + v4f(1);
向量叉乘	cv::Vec3f v1, v2; cv::Vec3f v3 = v1.cross(v2);

3.2.8 复数类

OpenCV提供了两个复数类,分别是cv::Complexf(单精度复数类)和cv::Complexd(双精度复数类)。复数类支持的操作如表3-10所示。

表3-10　OpenCV复数类支持的操作

操作	实例
默认构造函数	cv::Complexf z1; cv::Complexd z2;
拷贝构造函数	cv::Complexf z1; cv::Complexf z2(z1);
值构造函数	cv::Complexf z1(1.f); //1.0 cv::Complexf z2(1.f,2.0f); //1+2i;

成员访问	cv::Complexd z(1.f, 2.0f);
	double dblReal = z.re; // dblReal =1.0;
	double dblImg = z.im; // dblImg = 2.0;

复共轭	cv::Complexf z(1.f, 2.0f); cv::Complexf z1 = z.conj(); //z1=1-2i;

3.3 辅助对象

OpenCV定义的一系列辅助对象非常有用,可以用来控制各种算法的终止条件和各种在容器上的操作。

3.3.1 cv::TermCriteria类

cv::TermCriteria类对象表示迭代算法的终止条件。通常终止条件的形式要么是达到了有限的迭代次数MAX_ITER,要么是某种形式的误差参数(两次迭代的结果)小于一个常数EPS,则可以退出;或者是两个参数同时设置(使用+运算符连接两个参数),以先达到的一个为准。

cv::TermCriteria类的构造函数形式为:

```
cv::TermCriteria::TermCriteria(
    int type, //迭代终止类型,可以是MAX_ITER或EPS或两者组合
    int maxCount, //最大迭代次数
    double epsilon//两次迭代的误差
);
```

调用实例如下所示：

```
//如下表示终止条件为最多迭代10000次或两次迭代误差小于0.001
cv::TermCriteria termCrit = TermCriteria(TermCriteria::COUNT \
+ TermCriteria::EPS, 10000, 0.001);
```

3.3.2 cv::Range类

cv::Range类用于确定一个连续的整数序列,有两个元素 start 和 end用来确定序列的起始值和终止值。其范围包括初始值start,但不包括终止值,如cv::Range rng(0,4)包含值0,1,2,3,但不包含4。

使用cv::Range类的成员函数size()可以得到一个cv::Range类的元素数量,比如上例中rng.size()值为4。cv::Range类的成员函数empty()可以用来测试类的实例中是否含有元素。cv::Range类的静态成员函数cv::Range::all()表示获得对象的所有范围。

cv::Range对象可以用来表示矩阵的多个连续的行或者多个连续的列,如下例：

```
//创建一个10×10的单位阵
cv::Mat A = cv::Mat::eye(10, 10, CV_32S);
//提取第1到3列(不包括3)所有元素
cv::Mat B = A(cv::Range::all(), cv::Range(1, 3));
//提取B的第5至9行(不包括9)所有元素
cv::Mat C = B(cv::Range(5, 9), cv::Range::all());
```

3.3.3 cv::Ptr模板类

cv::Ptr模板类用来实现智能指针类。智能指针允许用户创建一个对象的引用,然后把它传递到各处。可以在更多的地方引用这个指针,在引用的时候都会被计数,当引用超出作用范围,引用计数值就会减少。一旦引用计数减为0,则这个对象将自动释放。

智能指针应用实例如下所示：

```
cv::Matx33f m33f(1,2,3,4,5,6,7,8,9); //3×3固定矩阵
std::cout<<m33f(1, 2)<<std::endl; //输出6
//p是指向3x3固定矩阵的智能指针
cv::Ptr<cv::Matx33f> p = new(cv::Matx33f);
*p= { 1,2,3,4,5,6,7,8,9 };  //给固定矩阵赋值
std::cout<< (*p)(1,2)<<std::endl; //输出6
```

3.4　工具函数和系统函数

上述数据类型和函数之外，OpenCV还提供了一系列工具函数和系统函数，可以用来做数学操作、性能测试、错误生成、内存与线程处理等。

3.4.1　数学函数

1.cv::fastAtan2()

函数定义为：

```
float fastAtan2(
    float y, //输入参数，32位浮点数
    float x //输入参数，32位浮点数
);
```

此函数计算了x对y的反正切并返回从原点到指示点的角度，即$z = a\tan(y/x)$。这个角度以0.0～360.0之间的角度表示，包括0.0度但不包括360.0度。计算精度大概在0.3度。

2.cvCeil()

函数定义为：

```
int cvCeil(
    double value //输入参数，双精度浮点数
)
```

此函数计算不小于value的最小整数，如intx = cvCeil(2.3)则x的值为3。若输入参数value的值不在[INT_MIN,INT_MAX]范围内，则输出结果没有定义。注意此函数是全局函数，不属于cv命名空间。

3.cv::cubeRoot()

函数定义为：

```
float cubeRoot(
    float val //输入参数，单精度浮点数
);
```

此函数计算输入参数val的立方根，即$x = \sqrt[3]{val}$，计算精度接近于单精度浮点数的最大精度。

4.cvFloor()

函数定义为:

```
int cvFloor(
    double value //输入参数,双精度浮点数
)
```

此函数计算不大于输入参数val的最大整数,如int x = cvFloor(3.8)则x=3。若输入参数value的值不在[INT_MIN,INT_MAX]范围内,则输出结果没有定义。此函数是全局函数,不属于cv命名空间。

5.cvRound()

函数定义为:

```
int  cvRound(
    double value //输入参数,双精度浮点数
)
```

此函数四舍五入,计算离输入参数value最近的整数,如int x = cvRound(3.51)则x=4。若输入参数value的值不在[INT_MIN,INT_MAX]范围内,则输出结果没有定义。此函数是全局函数,不属于cv命名空间。

6.cvIsInf()

函数定义为:

```
int cvIsInf(
    double value //输入参数,双精度浮点数
)
```

此函数用来对输入参数做无穷测试。如果输入参数value是正负无穷,则返回值为1,否则返回0。无穷测试的标准由国际标准IEEE 754提供。

7.cvIsNaN()

函数定义为:

```
int cvIsNaN(
    double value //输入参数,双精度浮点数
)
```

此函数按照国际标准IEEE 754判断输入参数value是否是一个数字,如果是数字,则返回1,否则返回0。

3.4.2 内存管理函数

1.cv::alignPtr()

函数定义为：

```
template<T> T* cv::alginPtr(
    T *ptr; //输入的没有对齐的指针
    int n = sizeof(T); //需要对齐的块大小，是2的幂
}
```

给定任何类型的指针，此函数计算一个相同类型的字节对齐的指针，计算公式为：

(_T*)(((size_t)ptr + n-1) & -n);

2.cv::alignSize()

函数定义为：

```
size_t alignSize(
    size_t sz, //要对齐的缓冲区的大小
    int n  //要对齐的块大小，是2的幂
)
```

给定一个数量n(n是2的N次幂)和一个缓冲区的大小sz，cv::alginSize()函数重新计算此缓冲区的大小，使对齐后此缓冲区的大小是n的整数倍。具体计算公式为：

(sz + n-1) & -n。

3.cv::fastMalloc()

函数定义为：

```
void* fastMalloc(
    size_t bufSize //缓冲区的大小
);
```

cv::fastMalloc()为缓冲区分配内存，内存的大小由输入参数bufSize决定。其工作机制与c内存分配函数malloc()类似，但是因为做了内存大小的对齐操作，所以速度更快。当bufSize超过16个字节时，返回的内存自动被对齐到16字节的边界。

4.cv::fastFree()

函数定义为：

```
void fastFree(
    void* ptr  //缓冲区指针
);
```

此函数释放由fastMalloc分配的内存空间。

3.4.3 性能优化函数

1.cv::getCPUTickCount()

函数定义为：

```
int64 cv::getCPUTickCount();
```

此函数报告CPU的ticks(CPU的时钟周期)的数量(包括但不限于x86架构)。由于多核系统中操作系统对程序的调度较为复杂,不建议用户直接使用此函数用于程序计时。

2.cv::getTickCount()

函数定义为：

```
    int64 getTickCount();
```

此函数返回CPU的tick计数(时钟周期数)。tick的速率与体系结构和操作系统相关,但是每个tick的时间可以精确得到(使用getTickFrequency()函数)。此函数可以用于随机数的种子或用于对每个函数的执行时间的计数。相比较标准C/C++中的计时函数clock()和MFC的计时函数getTickCount(),getTickCount()函数的计时结果更为精确可靠。

3.cv::getTickFrequency()

函数定义为：

```
double getTickFrequency();
```

函数getTickFrequency()计算标准时间(比如秒)和CPU的ticks之间的转换。为了计算函数或某些操作的执行时间,只需要在模块执行前后调用cv::getTickCount(),两个时间相减并除以cv::getTickFrequency()的返回值就可以了。

4.cv::getNumThreads()

函数定义为：

```
int getNumThreads();
```

在并行编程时,此函数返回当前OpenCV适用的线程数。在编译OpenCV时,如果没有启用线程支持,则函数返回值总是1。如果要启用多线程支持,则在编译OpenCV时,需要选择WITH_TBB选项或者选择WITH_OPENMP选项。

5.cv::setNumThreads()

函数定义为：

```
void setNumThreads(
```

```
    int nthreads //OpenCV所使用的线程数
);
```

在并行编程时，此函数设置当前OpenCV在下一个并行区域可以使用的线程数。若输入参数值nthreads==0，则在此平行区域取消线程优化，所有操作串行执行；若输入参数值nthreads<0，则并行线程数恢复到系统默认值。如果要启用多线程支持，则在编译OpenCV时，需要选择WITH_TBB选项或者选择WITH_OPENMP选项。

6.cv::setUseOptimized()

函数定义为：

```
void setUseOptimized(bool onoff);
```

此函数可以动态开启或关闭OpenCV中的优化代码。优化代码中使用的是SSE2、AVX和其他CPU支持的指令集编译的代码，可以大幅度提高算法的执行效率减少执行时间。默认编译时，OpenCV就支持这些代码，可以使用此函数关闭这些优化代码（输入参数为false），或打开这些优化代码（输入参数为true）。

7.cv::useOptimized()

函数定义为：

```
bool useOptimized();
```

查询当前系统优化的状态，返回true，则OpenCV已经打开了优化选项，返回falseOpenCV的系统优化已经关闭。

3.4.4　异常处理函数

1.cv::CV_Assert()和CV_DbgAssert()

CV_Assert()是一个宏，它会测试传递给它的表达式，如果那个表达式是false（或0），则会抛出一个异常。CV_Assert()宏在所有版本中都是有效的；作为替代，可以使用CV_DbgAssert()宏，它只在程序的Debug版本中有效，在release版本中直接被忽略。

2.cv::CV_Error()和cv::CV_Error_()

函数定义为：

```
CV_Error( code, msg );
CV_Error_( code, args );
```

CV_Error()宏允许传递一个错误代码code和一个固定C风格的字符串estring，然后它们会被打包传递到cv::Execption，进而传递给cv::error()进行处理。如果需要在运行过程中动态构建消息，那么可以使用宏CV_Error_。CV_Error_宏使用同样的错误代码，但是其错误信息是动态生成的,如同sprintf()函数一样可以打印各种变量参数。

3.cv::error()

函数定义为:

```
void error(
    const Exception&exc //抛出的异常
);
```

向系统报告一个错误信息并且引发一个异常。默认情况下,它会使程序运行中断并且在终端上打印出错信息。大多数情况下,这个函数不是由用户直接调用,而是由CV_Error()和CV_Error_()这两个宏调用的。

3.5 图像上简单绘图

3.5.1 绘制文字

图像上绘制文字可以用函数cv::putText()来实现,函数的原型为:

```
void putText(
    cv::Mat& img,             //绘制的图像
    const string& text,       //待绘制的文字
    cv::Point origin,         //文本框的左下角
    int fontFace,             //字体 (如cv::FONT_HERSHEY_PLAIN)
    double fontScale,         //字体尺寸因子,值越大字体越大
    cv::Scalar color,         //线条的颜色(BGR)
    int thickness = 1,        //线条宽度
    int lineType = 8,         //线型(4邻域或8邻域,默认8邻域)
    bool bottomLeftOrigin = false //图像坐标系(如图3-1所示)
);
```

字体类型fontFace的选项如表3-11所示:

表3-11 OpenCV字体选项

字体类型	字体描述
FONT_HERSHEY_SIMPLEX	正常大小无衬线字体
FONT_HERSHEY_PLAIN	小号无衬线字体

续表

字体类型	字体描述
FONT_HERSHEY_DUPLEX	正常大小无衬线字体 （比FONT_HERSHEY_SIMPLEX更复杂）
FONT_HERSHEY_COMPLEX	正常大小有衬线字体
FONT_HERSHEY_TRIPLEX	正常大小有衬线字体 （比FONT_HERSHEY_COMPLEX更复杂）
FONT_HERSHEY_COMPLEX_SMALL	FONT_HERSHEY_COMPLEX的小译本
FONT_HERSHEY_SCRIPT_SIMPLEX	手写风格字体
FONT_HERSHEY_SCRIPT_COMPLEX	FONT_HERSHEY_SCRIPT_SIMPLEX更复杂
FONT_ITALIC	斜体字

另外，在实际绘制文字之前，还可以使用cv::getTextSize()接口先获取待绘制文本框的大小，以方便放置文本框。具体调用形式如下：

```
cv::Size getTextSize(
        const string&text,      //要绘制的文本
        cv::Point origin,       //原点
        int fontFace,           //字体类型
        double fontScale,       //字体尺寸因子
        int thickness,          //线条宽度
        int* baseLine //最下面的文字点的Y坐标
);
```

代码3-5演示了如何在窗口中绘制简单文字，并让文字上下左右居中，其绘制结果如图3.3所示：

图3.3　简单文字绘制结果

代码3-5　图像上绘制文字综合实例

```
void DrawTextOnImage()
{
    //创建黑色图像用于绘制文字
    cv::Mat image = cv::Mat::zeros(cv::Size(500, 200), CV_8UC3);
    //设置绘制文本的相关参数
    std::stringtext = "Simple Text";
```

```
    int font_face = cv::FONT_HERSHEY_COMPLEX;
    double font_scale = 2;
    int thickness = 2;
    int baseline;
    //获取文本框的长宽
    cv::Size text_size = cv::getTextSize(text, font_face, \
        font_scale, thickness, &baseline);
    //将文本框在整个窗口居中绘制
    cv::Point origin;
    origin.x = image.cols / 2 - text_size.width / 2;
    origin.y = image.rows / 2 + text_size.height / 2;
    cv::putText(image, text, origin, font_face, font_scale, \
    cv::Scalar(0, 0, 255), thickness, 8, 0);
    //显示绘制结果
    cv::imshow("image", image);
    cv::waitKey(0);
}
```

3.5.2 绘制直线和矩形

OpenCV提供了cv::line()函数绘制直线，其函数原型如下：

```
void line(
    Mat& img,          //绘制的图像
    cv::Point pt1,     //起点坐标
    cv::Point pt2,     //终点坐标
    const Scalar& color, //线条颜色
    int thickness = 1, //线条宽度
    int lineType = 8,  //线条类型
    int shift = 0      //坐标点小数位数
);
```

OpenCV采用cv::rectangle()函数绘制矩形，其函数原型如下：

```
void rectangle(
        InputOutputArray img,  //绘制的图像
        cv::Point pt1,         //左上角顶点
        cv::Point pt2,         //右下角顶点
```

```
        const Scalar& color,     //线条颜色
        int thickness = 1,       //线条宽度
        int lineType = LINE_8, //线条类型
        int shift = 0             //坐标点小数位数
);
```

cv::line()函数和cv::rectangle()函数的原型基本类似。其中lineType表示线段的类型，可以取值8，4和CV_AA，分别代表8邻接连接线，4邻接连接线和反锯齿连接线，默认值为8邻接。为了获得更好的效果可以选用CV_AA(采用了反走样技术)。

代码3-6演示了在图像上绘制直线和矩形的流程，其结果如图3.4所示。

图3.4 图像上绘制直线和矩形

代码3-6 图像上绘制直线和矩形

```
void DrawLineOnImage()
{
    //创建空白图用于绘制文字
    cv::Mat image=cv::Mat::zeros(cv::Size(500,220),CV_8UC3);
    //绘制直线
    cv::line(image,cv::Point(0,0),cv::Point(100,100), \
    cv::Scalar(0,0,255),4,8,0);
    //绘制矩形
    cv::rectangle(image,cv::Point(100,100),cv::Point(400,200), \
    cv::Scalar(0,0,255),4,8,0);
    //显示绘制结果
    cv::imshow("image",image);
    cv::waitKey(0);
}
```

3.5.3 绘制折线

OpenCV提供了cv::polylines()函数绘制折线。其原型如下：

```
void polylines(
    nputOutputArray img,     //绘制的图像
    InputArrayOfArrays pts,  //曲线顶点集合
    bool isClosed,           //是否闭合曲
    const Scalar& color,     //多边形的颜色
    int thickness = 1,       //线条宽度
    int lineType = LINE_8, //线条类型
    int shift = 0 //坐标点小数位数
);
```

此函数以输入的pts为顶点，画一个多边形折线。如果isClosed参数为true，则连接首尾端点形成一个闭合区域，否则是一个断开折线。如果要对折线区域进行填充，则可以使用cv::fillPoly()函数，函数原型如下：

```
void fillPoly(
      InputOutputArray img,     //绘制的图像
      InputArrayOfArrays pts,   //曲线顶点集合
      const Scalar& color,      //多边形的颜色
      int lineType = LINE_8,    //填充的线型
      int shift = 0,            //坐标点小数位数
      cv::Point offset = cv::Point() //所有顶点的偏移量
);
```

折线绘制和区域填充代码如代码3-7所示，绘制结果如图3.5所示。需要注意的是，这里顶点的集合是InputArrayOfArrays类型，可以采用vector<vector<cv::Point>>类型的变量进行赋值。

图3.5　多边形绘制和填充实例

代码3-7　图像上绘制折线和填充区域

```
void DrawPolyLinesOnImage()
{
```

```
    //创建空白图用于绘制直线
    cv::Mat image = cv::Mat::zeros(cv::Size(250, 150), CV_8UC3);
    std::vector<cv::Point> vecPts;
    vecPts.push_back(cv::Point(50, 70));
    vecPts.push_back(cv::Point(90, 20));
    vecPts.push_back(cv::Point(160, 55));
    vecPts.push_back(cv::Point(124, 96));
    vecPts.push_back(cv::Point(78, 116));
    std::vector<std::vector<cv::Point>> rootPts;
    rootPts.push_back(vecPts);
    //画一条首尾相接的闭合红色折线

    cv::polylines(image,rootPts,1,Scalar(0,0,255),4);
    //封闭多边形区域填充蓝色
    cv::fillPoly(image,rootPts,Scalar(255,0,0));
    //显示绘制结果
    cv::imshow("image",image);
    cv::waitKey(0);
}
```

3.5.4　图像上绘制圆形和椭圆

OpenCV采用cv::circle()函数来绘制圆形，其函数原型如下：

```
void circle(
    InputOutputArray img,     //绘制的图像
    cv::Point center,               //圆心坐标
    int radius,               //圆的半径
    const Scalar& color,      //线条颜色
    int thickness = 1,              //线条宽度
    int lineType = LINE_8,           //线条类型
    int shift = 0                   //坐标点小数位数
);
```

采用cv::ellipse()函数来绘制椭圆，其函数原型为：

```
void ellipse(
        InputOutputArray img, //绘制的图像
```

```
        const RotatedRect& box,    //椭圆外接矩形
        const Scalar& color,      //线条颜色
        int thickness = 1,         //线条宽度
        int lineType = LINE_8 //线条类型
);
```

图像上绘制圆和椭圆如代码3-8所示，绘制结果如图3.6所示。

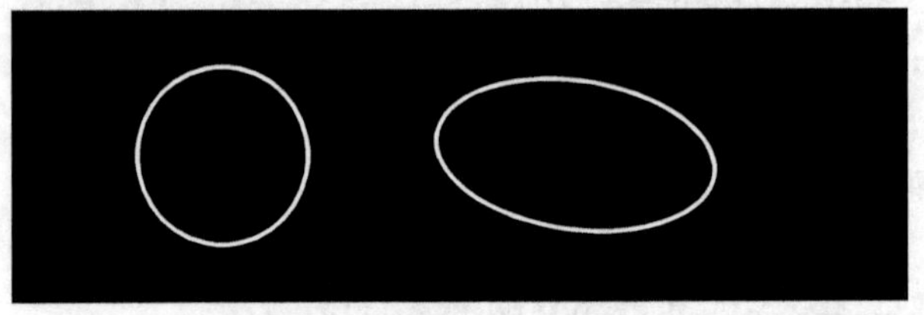

图3.6　圆和椭圆绘制实例

代码3-8　图像上绘制圆和椭圆

```
void DrawCircleOnImage()
{
    //创建空白图用于绘制文字
    cv::Matimage=cv::Mat::zeros(cv::Size(640,200),CV_8UC3);
    //绘制圆形
    cv::circle(image,cv::Point(150,100),60,
            cv::Scalar(0,0,255),\4,LINE_8,0);
    //绘制椭圆
    RotatedRect rRect=RotatedRect(Point2f(400,100), \
            Size2f(200,100),10);
    cv::ellipse(image,rRect,cv::Scalar(0,0,255),4,LINE_8);
    //显示绘制结果
    cv::imshow("image",image);
    cv::waitKey(0);
}
```

3.6　保存图像

OpenCV采用cv::imwrite()函数来保存图像，函数原型为：

```
Bool imwrite(
    const String& filename,             //文件名
    InputArray img,                     //要保存的图像
    //图像编码参数列表
    const std::vector<int>& params = std::vector<int>()
);
```

OpenCV支持的图像格式有以下几种：

(1)Windows位图图像，后缀名为*.bmp,*.dib;

(2)JPEG图像，后缀名为 *.jpeg, *.jpg, *.jpe;

(3)JPEG 2000图像，后缀名为 *.jp2,*.jpf,*.jpx;

(4)便携式网络图形图像，后缀名为 *.png;

(5)谷歌WebP格式，后缀名为 *.webp;

(6)可移植像素图格式，后缀名为 *.pbm, *.pgm, *.ppm;

(7)Sun rasters图像，后缀名为 *.sr, *.ras;

(8)标签图像文件格式TIFF，后缀名为 *.tiff, *.tif。

在保存图像时，通过制定文件的后缀名，就可以指定保存图像的格式。如果需要对保存图像添加更多选项，则需要在params参数中加以指定。params中的压缩参数以相似pairs类型的方式来保存，(paramId_1, paramValue_1),(paramId_2, paramValue_2)…，其中paramId_1就是标志符值，paramValue_1标识符值对应的参数设置。

在OpenCV中，主要对JPEG,PNG和PXM的编码方式进行了特别声明，这些参数名称存储在枚举变量ImwriteFlags中，常用的类型如表3-12所示。

表3-12　图像压缩参数列表

参数名称	参数含义	默认值
IMWRITE_JPEG_QUALITY	JPEG图像压缩质量参数(取值0～100,值越大图像压缩越小)	95
IMWRITE_PNG_COMPRESSION	PNG图像压缩水平参数(取值0～9,值越压缩比例越大)	1
IMWRITE_WEBP_QUALITY	WebP图像质量参数(取值1～100,值越大图像质量越好,大于或等于100时图像没有压缩)	100

图像保存实例如代码3-9所示，其中对人工创建的图像，使用不同的格式进行保存。针对这些不同格式保存的图像大小，实测如表3-13所示。可以看到，对于同一张图像，采用不同的压缩方式，图像文件大小相差很大，其中谷歌提出的WebP格式压缩比例最大；对于同一种编码方式，采用不同的压缩参数，保存得到的文件相差也很大，所以可以通过控制压缩参数的方式来控制最终得到的文件大小。

表3-13　不同格式保存的图像大小对比

图像格式	文件大小(KB)	备注
BMP	901	没有压缩
JPEG2000	10	默认参数

续表

图像格式	文件大小(KB)	备注
PNG	3	默认参数
WebP	1	默认参数
PPM	901	没有压缩
TIFF	19	默认参数
JPEG	12	压缩质量参数为95
JPEG	7	压缩质量参数为50

代码3-9 图像保存实例

```
void WriteImage()
{
    //创建空白图用于绘制文字
    cv::Mat image=cv::Mat::zeros(cv::Size(640,480),CV_8UC3);
    //绘制圆形
    cv::circle(image,cv::Point(100,100),50, \
        cv::Scalar(0,0,255),4,LINE_8,0);
    //绘制椭圆
    RotatedRect rRect=RotatedRect(Point2f(100,100), \
        Size2f(100,50),10);
    cv::ellipse(image,rRect,cv::Scalar(0,0,255),4,LINE_8);
    cv::imwrite("e:/exampe1.bmp",image); //保存为bmp类型
    cv::imwrite("e:/exampe1.jp2",image); //保存为jpeg2000类型
    cv::imwrite("e:/exampe1.png",image); //保存为png格式
    cv::imwrite("e:/exampe1.webp",image); //保存为webp格式
    cv::imwrite("e:/exampe1.ppm",image); //保存为ppm格式
    cv::imwrite("e:/exampe1.tif",image); //保存为TIFF格式
    std::vector<int>vecQuality;
    vecQuality.push_back(IMWRITE_JPEG_QUALITY); //设置JPEG质量参数
    vecQuality.push_back(50); //质量参数的值设置为50
    imwrite("e:/exampe1.jpg",image,vecQuality); //保存为JPEG图像
}
```

3.7 图像几何操作

图像的几何操作包括拉伸、缩小、扭曲和旋转等变换操作，这些操作会带来图像像素的调整。

3.7.1 图像均匀调整

图像均匀调整包括图像放大或图像缩小，都可以采用cv::resize()函数来操作。其函数原型为：

```
void resize(
    InputArray src,   //输入图像
    OutputArray dst, //目标图像
    Size dsize,          //目标图像的尺寸
    double fx = 0,   //x方向缩放比例
    double fy = 0,   //y方向缩放比例
    int interpolation = INTER_LINEAR //像素插值方法
);
```

图像缩放时输入图像和目标图像有相同的位深度。目标图像dst的大小可以通过dsize直接指定，这时fx和fy设置为0；也可以通过fx和fy来指定，这时dsize大小可以设置为cv::Size(0,0)。

图像缩放时，需要将目标图像中的坐标反向映射到源图像坐标，从原图像中插值取得相应像素值。如何计算反向坐标，以及如何插值取得目标像素值，这些因素决定了缩放之后图像的质量。cv::resize()函数最后一个参数interpolation是像素插值方法，默认为双线性插值，其他可以用的选项如表3-14所示：

表3-14 cv::resize()插值选项

值	插值选项	含义
0	INTER_NEAREST	最近邻插值
1	INTER_LINEAR	双线性插值
2	INTER_CUBIC	双三次插值
3	INTER_AREA	像素区域重采样
4	INTER_LANCZOS4	超过8x8区域的Lanczos插值

表3-14中的最近邻插值(INTER_NEAREST)方法计算最为简单，它根据缩放比例直接计算反向映射之后的坐标，如果坐标值是小数，则直接按四舍五入的方法来计算。双线性插值(INTER_LINEAR)方法用到了目标周围的2×2个源像素值，根据坐标的接近程度线性加权得到目标像素的值。双三次插值(INTER_CUBIC)可以得到更好的缩放效果，它在源图像中的4×4周围像素之间拟合3次样条，然后从拟合的样条中得到相应的目标像素值。Lanczos插值与双三次方法类似，使用的是像素周围8×8区域的信息，效果更好，但是计算复杂度更高。像素区域重采样(INTER_AREA)是基于区域像素关系的一种重采样或者插值方式，该方法是图像缩小的首选方法，它可以产生更少的失真，但是当图像放大时，它的效果与INTER_NEAREST效果相似。

3.7.2 仿射变换

仿射变换(Affine Transformation 或 Affine Map)是一种二维坐标(x, y)到二维坐标(u, v)的线性变换,图像处理中,可应用仿射变换对二维图像进行平移、缩放、旋转等操作。仿射变换的数学表达式形式如下:

$$\begin{cases} u = a_1 x + b_1 y + c_1 \\ v = a_2 x + b_2 y + c_2 \end{cases} \tag{3-1}$$

写成矩阵形式如式(3-2)所示:

$$\begin{bmatrix} u \\ v \end{bmatrix} = \begin{bmatrix} a_1 & b_1 & c_1 \\ a_2 & b_2 & c_2 \end{bmatrix} \begin{bmatrix} x \\ y \end{bmatrix} \tag{3-2}$$

对应的齐次坐标矩阵表示形式为:

$$\begin{bmatrix} u \\ v \\ 1 \end{bmatrix} = \begin{bmatrix} a_1 & b_1 & c_1 \\ a_2 & b_2 & c_2 \\ 0 & 0 & 1 \end{bmatrix} \begin{bmatrix} x \\ y \\ 1 \end{bmatrix} \tag{3-3}$$

仿射变换保持了图像的“平直性”(直线经仿射变换后依然为直线)和“平行性”(直线之间的相对位置关系保持不变,平行线经仿射变换后依然为平行线,且直线上点的位置顺序不会发生变化)。非共线的三对对应点确定一个唯一的仿射变换。

仿射变换通过一系列原子变换复合实现,具体包括:平移(Translation)、缩放(Scale)、旋转(Rotation)、翻转(Flip)和错切(Shear)。

平移操作如式(3-4)所示,其中$[t_x, t_y]^T$是平移向量。

$$\begin{bmatrix} u \\ v \\ 1 \end{bmatrix} = \begin{bmatrix} 1 & 0 & t_x \\ 0 & 1 & t_y \\ 0 & 0 & 1 \end{bmatrix} \begin{bmatrix} x \\ y \\ 1 \end{bmatrix} \tag{3-4}$$

缩放操作如式(3-5)所示,其中s_x, s_y是缩放系数。

$$\begin{bmatrix} u \\ v \\ 1 \end{bmatrix} = \begin{bmatrix} s_x & 0 & 0 \\ 0 & s_y & 0 \\ 0 & 0 & 1 \end{bmatrix} \begin{bmatrix} x \\ y \\ 1 \end{bmatrix} \tag{3-5}$$

旋转操作公式如式(3-6)所示,其中θ是旋转角度。

$$\begin{bmatrix} u \\ v \\ 1 \end{bmatrix} = \begin{bmatrix} \cos\theta & -\sin\theta & 0 \\ \sin\theta & \cos\theta & 0 \\ 0 & 0 & 1 \end{bmatrix} \begin{bmatrix} x \\ y \\ 1 \end{bmatrix} \tag{3-6}$$

翻转操作将图像上下左右颠倒,其公式如式(3-7)所示。

$$\begin{bmatrix} u \\ v \\ 1 \end{bmatrix} = \begin{bmatrix} 1 & 0 & 0 \\ 0 & -1 & N+1 \\ 0 & 0 & 1 \end{bmatrix} \begin{bmatrix} x \\ y \\ 1 \end{bmatrix} \tag{3-7}$$

错切操作如式(3-8)所示,包含水平错切和垂直错切,常用于产生弹性物体的变形处理。

$$\begin{bmatrix} u \\ v \\ 1 \end{bmatrix} = \begin{bmatrix} 1 & d_x & 0 \\ d_y & 1 & 0 \\ 0 & 0 & 1 \end{bmatrix} \begin{bmatrix} x \\ y \\ 1 \end{bmatrix} \tag{3-8}$$

基本的原子变换可以级联进行,连续多个变换可借助于矩阵的相乘最后用一个单独的3×3变换矩阵来表示,最后用到的实际上是3×3的前两行的2×3矩阵。

OpenCV中使用cv::warpAffine()函数来进行仿射变换,其函数原型为:

```
void warpAffine(
    InputArray src, //输入图像
    OutputArray dst, //输出图像,位深度与图像一致
    InputArray M, //仿射变换矩阵
    Size dsize, //输出图像大小
    int flags = INTER_LINEAR, //像素插值方法,默认是双线性插值
    int borderMode = BORDER_CONSTANT, //边界扩充方法,默认取常数
    const Scalar& borderValue = Scalar() //边界填充值
);
```

在warpAffine()函数当中,目标图像dst中的每个像素值都是从源图像中计算得到的,其计算公式如式(3-2)所示。一般来说,仿射变换之后得到的坐标值都不是整数,这就需要按照表3-6中的方法设置flags标记,对源图像相邻像素进行插值得到目标像素的值。若flags设置为cv::WARP_INVERSE_MAP,则表示从dst到src的反向仿射变换。

仿射变换的关键是确定仿射变换矩阵M,这里有几种方法可以确定,如果已知变换前后的多组特征点的坐标,矩阵M可以用cv::getAffineTransform()来确定,这里需要输入变换前后的3个点对;如果知道图像的旋转角度和缩放比例,则可以利用函数cv::getRotationMatrix2D()来确定;如果知道确切的仿射变换类型,则也可以根据式(3-4)到式(3-8)直接写出矩阵M。

cv::getAffineTransform()函数的原型为:

```
Mat getAffineTransform(
    const Point2f src[],  //变换前3个点的坐标
    const Point2f dst[]  //变换后3个点的坐标
);
```

cv::getRotationMatrix2D()函数的原型为:

```
Mat getRotationMatrix2D(
    Point2f center, //旋转中心
    double angle, //旋转角度
    double scale //缩放比例
);
```

代码3-10演示了如何对图像做仿射变换,其结果如图3.7所示。这个实例中使用了3种方法来做透视变换。第1种方法是给出3个点对,利用getAffineTransform函数找出透视变换矩阵,然后对图像进行透视变换,这里包括缩放操作和旋转操作;第2种方法给出旋转角度

和缩放比例，然后利用getRotationMatrix2D求出变换矩阵，这里只包括旋转操作；第3种方法是直接给出仿射变换矩阵，这里包括拉伸操作和错切操作。第2种方法的处理过程中，为了得到完整的图像，先进行了拷贝，然后再对拷贝之后的图像进行旋转操作。这3种方法都需要得到变换之后完整的图像大小，基本方法是计算变换之后原图像4个顶点的坐标，就可以得到目标图像的大小。

(a)原图像

(b)第1种仿射变换结果

(c)旋转-15度的结果

(d)拉伸和错切之后的结果

图3.7 仿射变换实例

代码3-10 仿射变换实例(扫码观看本代码视频讲解)

OpenCV
图像仿射
变换实例

```
void ImageAffineTransform()
{
    //加载原图像
    Mat src = imread("fruits.png", IMREAD_COLOR);
    cv::Point2f srcTri[] = {
        cv::Point2f(0, 0),  //原图像左上角坐标
        cv::Point2f(src.cols - 1, 0),  //原图像右上角坐标
        cv::Point2f(0, src.rows - 1）//原图像左下角坐标
    };
    cv::Point2f dstTri[] = {
        //目标图像左上角坐标
        cv::Point2f(src.cols*0.f, src.rows*0.33f),
        //目标图像右上角坐标
        cv::Point2f(src.cols*0.85f, src.rows*0.25f),
```

```
    //目标图像左下角坐标
    cv::Point2f(src.cols*0.15f, src.rows*0.7f)
};
//由3组点对得到仿射变换矩阵
cv::Mat m1 = cv::getAffineTransform(srcTri, dstTri);
cv::Mat dst1;
cv::warpAffine(src, dst1, m1, src.size()); //第1种仿射变换
cv::imshow("Image1",dst1);
float scale = 1.1;
float angle = -15;
float radian = (float)(angle / 180.0 * CV_PI); //将角度转换到弧度
//计算图像旋转之后包含图像的最大的矩形
float sinVal = abs(sin(radian))*scale; //sinθ
float cosVal = abs(cos(radian))*scale; //cosθ
//目标图像大小
int dstWidth = int(src.cols * cosVal + src.rows * sinVal);
int dstHeight = int(src.cols * sinVal + src.rows * cosVal);
//旋转中心位于目标图像中心
cv::Point2f center((float)(dstWidth / 2), \
         (float)(dstHeight / 2));
//求得仿射变换矩阵
cv::Mat m2 = getRotationMatrix2D(center, angle, scale);
int dx = (dstWidth - src.cols) / 2;
int dy = (dstHeight - src.rows) / 2;
cv::Mat dst2; //dst是旋转之后的图像
//将图像拷贝到目标图像中心,并扩大图像
copyMakeBorder(src, dst2, dy, dy, dx, dx, BORDER_CONSTANT);
//就地执行仿射变换,第2种仿射变换
warpAffine(dst2, dst2, m2, Size(dstWidth, dstHeight));
imshow("image2", dst2);
//仿射矩阵,由缩放操作和错切操作组成
cv::Matx23f m3(1.5,0.5,10,0.1,1,10);
//直接用公式计算仿射变换后图像大小
int nDstWid3 = int(m3(0,0)*src.cols + m3(0,1)*src.rows\
      + m3(0,2));
int nDstDep3 = int(m3(1,0)*src.cols + m3(1,1)*src.rows\
      + m3(1,2));
Size dstSize3 = Size(nDstWid3, nDstDep3);
```

```
    Mat dst3;
    warpAffine(src, dst3, m3, dstSize3); //第3种仿射变换
    imshow("image3", dst3);
    waitKey(0);
}
```

3.7.3 对数极坐标变换

图像处理中，极坐标变换以及对数极坐标变换也应用得比较多。极坐标变换可以将圆形图像变成方形图像，以方便处理。而对数极坐标变换可以用来模拟人类视觉系统。

直角坐标转换到极坐标的公式为：$(x,y)\leftrightarrow re^{i\theta}$，其中 $r=\sqrt{x^2+y^2}$，$\theta=\text{atan2}(y,x)$。OpenCV中可以利用cv::cartToPolar()函数实现直角坐标系到极坐标系的转换，其函数原型为：

```
void cartToPolar(
    InputArray x, //输入的x坐标矩阵
    InputArray y, //输入的y坐标矩阵
    OutputArray magnitude, //输出的向量长度矩阵
    OutputArray angle, //输出的向量角度矩阵
    //采用度表示角度(true)或弧度表示角度(false)
    bool angleInDegrees = false
    );
```

而函数cv:ploarToCart()可以用于将极坐标转换为直角坐标。

对于二维图像，对数极坐标变换是从直角坐标变换为对数极坐标。首先确定变换中心点 (x_c, y_c)，然后利用下列公式转换：

$$\begin{cases}\rho=\log\left(\sqrt{(x-x_c)^2+(y-y_c)^2}\right)\\ \theta=a\tan 2(y-y_c, x-x_c)\end{cases} \tag{3-10}$$

OpenCV中提供函数cv::logPoar()进行对数-极坐标变换，其函数原型为：

```
void logPolar(
    InputArray src, //输入图像
    OutputArray dst, //输出图像
    Point2f center, //变换中心点
    double M, //缩放因子
    intflags //填充像素的插值方式和图像填充模式
);
```

函数中src和dst分别表示输入的直角坐标系图像和输出的对数极坐标系图像。参数center表示变换的中心点(x_c, y_c)。M是比例因子，这个因子的设置原则应该便于最感兴趣的特征能够存在于图像的大部分区域。flags支持表3-14相同的插值方式。图像填充模式可以选择cv::WARP_FILL_OUTLIERS(填充未定的点)。

对数极坐标变换实例如代码3-11所示，其变换结果如图3.8所示。在变换时这里取缩放因子M的值为50，可以看到变换中心的像素细节得到放大显示，而离中心越远，像素压缩得越厉害。

代码3-11　对数极坐标变换实例

```
void LogPolarTransform()
{
    cv::Mat src = cv::imread("ploar_src.bmp", IMREAD_COLOR);
    imshow("src", src);
    //变换中心选择为图像中心
    cv::Point2f ptCenter = cv::Point2f(src.cols/2, src.rows/2);
    cv::Mat dst;
    //做对数极坐标变换，M值取50以放大显示中心区域
    cv::logPolar(src+1, dst, ptCenter, 50,cv::INTER_LINEAR
        |cv::WARP_FILL_OUTLIERS);
    imshow("log_polar", dst);
    waitKey(0);
}
```

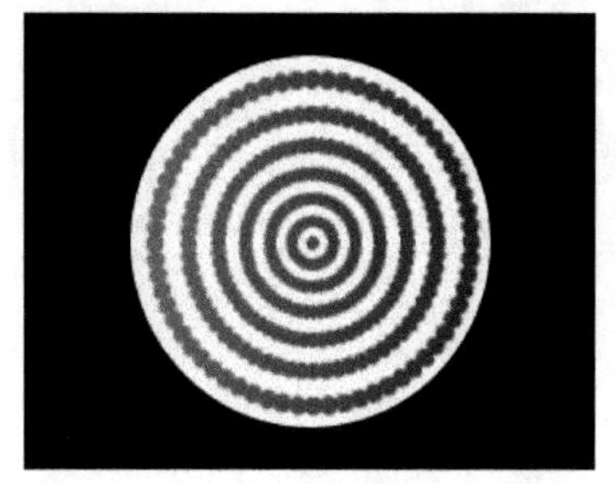

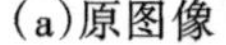

(a)原图像

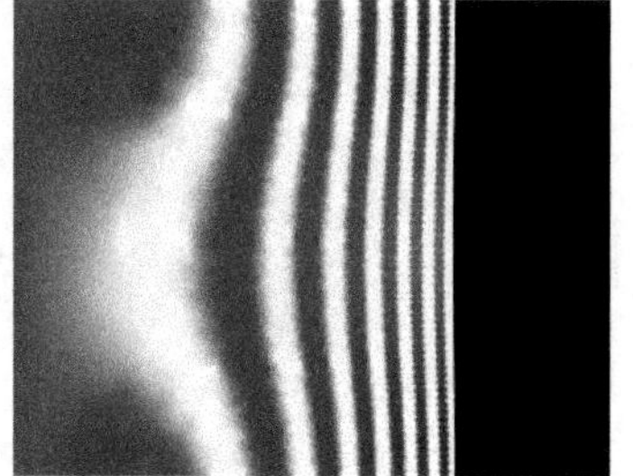

(b)对数极坐标变换之后的图像

图3.8　对数极坐标变换实例

3.8　总结

OpenCV中数字图像处理的基本组件，以cv::Mat类为核心，本章只是列出了cv::Mat类的基本用法，还有一些更高级的用法请查阅OpenCV的帮助文档和使用手册。OpenCV提供了

一系列相关的辅助类如cv::Point,cv::Size,cv::Rect和cv::Scalar等,还提供了一系列的数学计算、内存管理、性能优化和异常处理的函数,熟练掌握这些类和函数可以帮助提高应用程序的效率。在图像上进行绘图操作,可以帮助用户更好地理解图像的内容,可以作为图形用户界面接口(GUI)的一个扩充。图像的各种几何变换,跟计算机视觉的应用有着密切的联系,后续章节将会有更多的相关应用实例。

3.9 实习题

(1)编写程序读取并显示一张图片。当用户鼠标点击图片时,读取当前鼠标对应位置的像素值(注意像素存储顺序是BGR),以文本的形式在鼠标所在位置的左上角显示出来(显示当前坐标值和像素值)。当鼠标移动时,旧的文本框消失。

(2)创建一个尺寸为800×600的3通道RGB图像,将它的所有像素值都置为0。使用指针访问逐个访问其像素值,并以(200,50)和(400,200)为顶点绘制一个绿色平面。

(3)建立一个500×500大小的白色图像,并在此图像上创建一个ASCII数字打印机。可以在电脑上输入数字或字符,并在一个50×30的方块中显示数字。当输入字符时,字符从左到右逐个显示,每个字符的颜色都是随机的。当字符到达图像边缘时,另起一行从头开始显示。当输入回车时,另起一行显示。当输入退格键时,删除上次输入的字符。

第4章

数字图像灰度变换与空间滤波

在图像形成、传输和变换的过程中,由于多种因素的影响,会造成图像品质的下降,图像质量退化的表现主要有:对比度问题,对比度局部或全局偏低,影响图像视觉;噪声干扰问题,噪声使图像受到干扰和破坏;清晰度下降,使图像模糊不清,甚至严重失真。本章介绍的图像变换方法,只与像素本身相关,所以称为灰度变换;本章介绍的图像增强方法,只与图像的统计特征和图像的空间位置相关,所以称为空间滤波。

4.1 灰度变换的概念

一般数字图像成像系统具有一定的亮度响应范围,亮度的最大值与最小值之比称为对比度。也可以说对比度指的是一幅图像中明暗区域中最亮的白和最暗的黑之间不同亮度层级的度量,差异范围越大代表对比度越大,差异范围越小代表对比度越小。

由于成像系统的限制,常出现对比度不足的弊病,使人眼观看图像时视觉效果很差。灰度变换就是将原图像的灰度值按照某种映射关系变换为不同的灰度值,从而改变相应像素点之间的灰度差,达到将图像对比度增强的目的。图像灰度变换很多时候可以改善画质,使图像的显示效果更加清晰。图像的灰度变换处理是图像处理技术中的一种基础和直接的空间域图像处理方法,也是数字图像处理软件和数字图像显示软件的一个重要组成部分。

从图像输入装置得到的图像数据,以从白到黑的不同灰度表示,各个像素与某一灰度值相对应。假设源图像像素的灰度值$D=f(x,y)$,处理后图像像素的灰度值$D'=g(x,y)$,则灰度变换可表示为:

$$g(x,y)=T\left[f(x,y)\right]$$

其中,函数$T(D)$称为灰度变换函数,主要表示了输入灰度值和输出灰度值之间的转换关系。

灰度变换主要针对独立的像素点进行处理,通过改变原始图像数据所占据的灰度范围而使图像在视觉上得到良好的改变。如果选择的灰度变换函数不同,即使是同一图像也会得到不同的结果。因此,选择灰度变换函数应该根据图像的性质和处理的目的来决定。选择的标准是经过灰度变换后,像素的动态范围增加,图像的对比度扩展,使图像变得更加清晰、细腻,容易识别。

采用灰度变换法对图像进行处理可以大大改善图像的视觉效果。灰度变换法可以分为线性变换和非线性变换。

4.1.1 线性灰度变换

线性灰度变换就是按照线性映射关系对数字图像的灰度进行变换，用数学公式可以描述为：

$$D(x,y)=\alpha^{*}S(x,y)+\beta \tag{4-1}$$

上式中$S(x,y)$表示原始图像中像素点(x,y)处的灰度值，$D(x,y)$表示线性灰度变换后的图像中像素点(x,y)处的灰度值；α是正实数，表示线性灰度变换系数，对应对比度变化系数；β是整数，表示亮度调节系数。

对图像进行线性操作的效果主要有两点，一是可以调整对比度，二是可以调整亮度，在公式中体现在，α对应着对比度的变化，β对应着亮度的变化。这个与对比度的定义也相对应，当$\alpha<1$时，对比度减少，反之对比度增加；$\beta>0$时亮度增加，$\beta>0$时亮度减少。

利用式(4-1)可以直接对图像进行线性增强，如代码4-1所示，其效果如图4.1所示。可以看到，经过$\alpha=2.0$和$\beta=50$的线性变换，原图像整体亮度和对比度有着显著改善。

代码4-1 线性调整图像的亮度和对比度

```
void ChangeBrightnessContrast()
{
    Mat srcImg = imread("house.bmp", IMREAD_COLOR);
    if (srcImg.empty()){
        std::cout<<"Could not openthe image!"<<std::endl;
        return;
    }
    Mat dstImg = Mat::zeros(srcImg.size(), srcImg.type());
    double alpha = 2.0;  //对比度控制参数
    int beta = 50;          //亮度控制参数
    for (int y = 0; y<srcImg.rows; y++) {
        for (int x = 0; x<srcImg.cols; x++) {
            //对每个通道分别处理
            for (int c = 0; c<srcImg.channels(); c++) {
                uchar srcVal = srcImg.at<Vec3b>(y, x)[c];
                //饱和转换
                dstImg.at<Vec3b>(y, x)[c] =
                    saturate_cast<uchar>(alpha*srcVal + beta);
            }
        }
    }
```

```
    imshow("Original Image", srcImg);
    imshow("New Image", dstImg);
    waitKey(0);
}
```

(a)原图像　　(b)改变亮度和对比度之后的图像($\alpha=2,\beta=50$)

图4.1　线性改变亮度和对比度的实例

4.1.2　非线性灰度变换

非线性灰度变换就是按照非线性映射关系对图像的灰度进行变换，最常见的非线性灰度变换就是对数变换、伽马校正和对比度拉伸。

1.对数变换

对数变换主要用于将图像的低灰度值部分扩展，将其高灰度值部分压缩，以达到强调图像低灰度部分的目的。变换方法由下式给出。

$$t=c.\log(1+s) \tag{4-2}$$

如果使用OpenCV中的对数变换函数cv::Log()来计算上式，要注意其底数为自然常数e。

2.伽马校正

伽马校正也称为伽马变换，或幂次变换。伽马校正主要用于图像的校正，将漂白的图片或者是过黑的图片，进行修正。伽马校正也常用于显示屏的校正，这是一个非常有用的变换。变换所用数学式如下所示：

$$t=c\cdot s^{\gamma} \tag{4-3}$$

上式中c是常数，s是输入图像的值，t是输出图像的值，γ是幂次变换的指数值。若数字图像的值归一化到[0,1]，则其输出的值也在[0,1]范围内。对于不同的伽马值，其对应的变换曲线如图4.2所示。

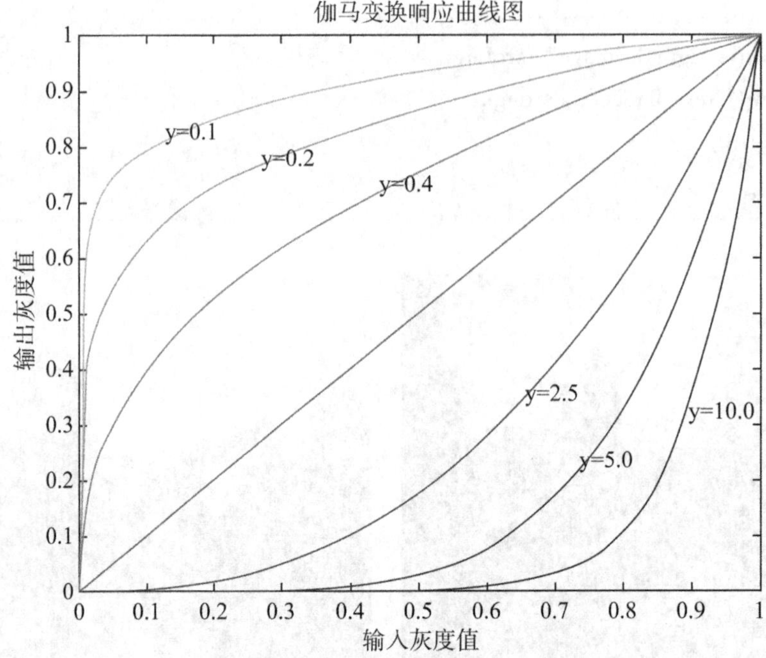

图4.2　伽马变换响应曲线图(c=1)

从图4.2可以看到，$\gamma<1$时，对低亮度部分进行拉伸，对高亮度部分进行压缩；$\gamma>1$时，对高亮度部分进行拉伸，对低亮度部分进行压缩。所以要分辨图像暗处的细节时，可以采用γ值小于1的伽马变换；而要强调图像明亮处的细节时，可以采用γ值大于1的伽马变换。

伽马校正的意义主要在于两点：

(1)为方便人眼辨识图像。人眼对外界光源的感光值与输入光强不是呈线性关系的，而是呈指数型关系的。在低照度下，人眼更容易分辨出亮度的变化，随着照度的增加，人眼不易分辨出亮度的变化。而摄像机感光与输入光强呈线性关系。如图4.3所示，图中直线是摄像机的感光曲线，而曲线是人的感光曲线。伽马校正可以通过改变图像的像素值来改善人眼对图像的辨识。

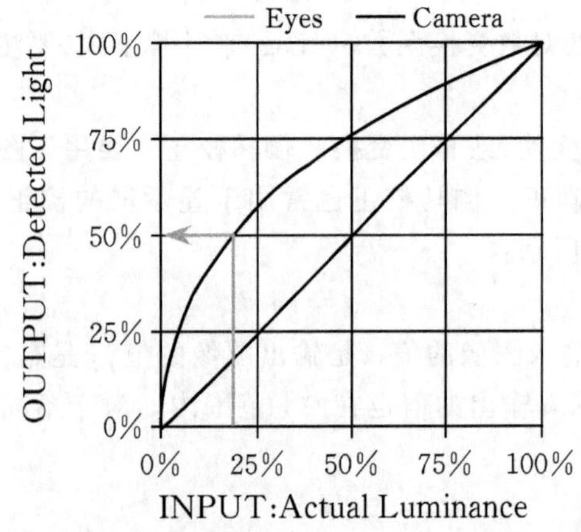

图4.3　人眼和摄像机的感光与实际输入光强的关系

(2)为能更有效地保存图像亮度信息。未经伽马校正和经过伽马校正保存图像信息如图4.4所示：

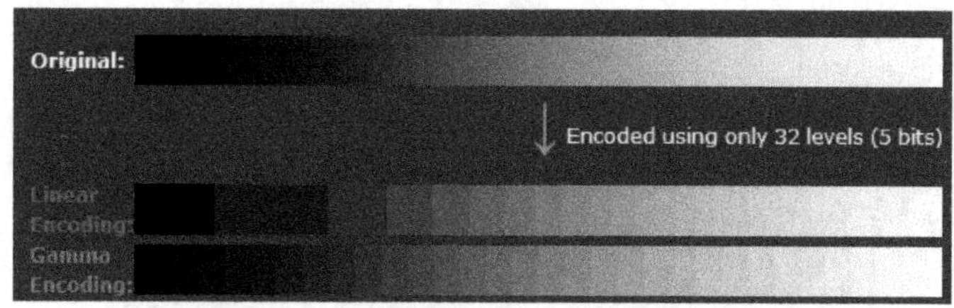

图4.4　未经伽马校正和经过伽马校正保存图像信息

图4.4描述了连续变化的灰度值，经过32级采样（5位采样）之后，采样之后的灰度值变化情况。从图4.4中可以观察到，如果使用线性编码（Linear Encoding），低灰度时，有较大范围的灰度值被保存成同一个值，造成信息丢失；同时高灰度值时，很多比较接近的灰度值却被保存成不同的值，造成空间浪费。而经过伽马校正后（GammaEncoding部分），低灰度部分得到了显著增强，高灰度部分对比度也得到了改善，从而改善了存储的有效性。

伽马校正函数可以用代码4-2描述，这里采用查找表算法，可以有效减少重复计算。

代码4-2　自定义伽马校正函数

```
void MyGammaCorrection(const Mat& src, Mat& dst, float fGamma)
{
    CV_Assert(src.data);
    //只处理位深度为8位的图像
    CV_Assert(src.depth()! = sizeof(uchar));
    //创建查找表
    unsigned char lut[256];
    for(int i = 0; i<256; i++){
    lut[i] = saturate_cast<uchar>(pow((float)(i/255.0), \
            fGamma)*255.0f);
    }
    dst = src.clone();
    const int channels = dst.channels();
    switch(channels){
    case1: //单通道灰度图像
        MatIterator_<uchar>it; //使用迭代器来访问像素值
        for(it = dst.begin<uchar>(); it! = dst.end<uchar>(); it++)
            *it = lut[(*it)];
        break;
    case 3: //3通道彩色图像
        MatIterator_<Vec3b>it; //使用迭代器来访问像素值
        for(it = dst.begin<Vec3b>(); it! = dst.end<Vec3b>(); it++){
            (*it)[0] = lut[((*it)[0])];
            (*it)[1] = lut[((*it)[1])];
            (*it)[2] = lut[((*it)[2])];
```

```
        }
        break;
    }
}
```

3.对比度拉伸

对比度拉伸也用于强调图像的某个部分,可以改善图像的动态范围,将原来低对比度的图像拉伸为高对比度图像。实现对比度拉伸的方法很多,其中最简单的一种就是如前所述的线性拉伸,而这里介绍的对比度拉伸变换函数,其所用数学公式如下式所示:

$$t=\frac{1}{1+(\frac{m}{s})^{E}} \tag{4-4}$$

输入图像的值为s,输出图像的值为t,E是幂次变换的指数,这里可以控制对比度拉伸变换曲线的斜率。这里m的值可以控制变换曲线的重心,通常可以取m的值为最大灰度值和最小灰度值的均值,即:

$$m=\frac{1}{2}(\min(s)+\max(s)) \tag{4-5}$$

由于输入像素值的范围为0~255,所以在式(4-4)中,需要给输入图像的值s加上一个常数eps以保证分母不为0。则当像素值取[0,255]时,输出值的范围变为:

$$\left[\frac{255}{1+\left(\frac{m}{eps}\right)^{E}},\frac{255}{1+\left(\frac{m}{255+eps}\right)^{E}}\right] \tag{4-6}$$

对应不同的m和E的值的对比度拉伸曲线如图4.5所示。从图中可以看到,m的值决定了对比度拉伸的中心位置,E的值决定了曲线的斜率。

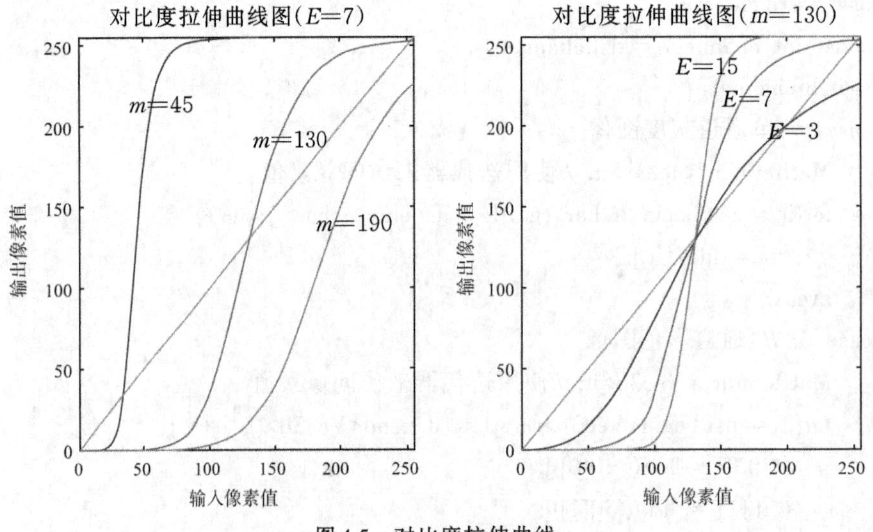

图4.5　对比度拉伸曲线

对比度拉伸的目的就是扩展图片的动态范围，将原本灰度范围是[min(s), max(s)]的图像变换到[0,255]内。如果要从原图像得到对应的拉伸曲线，那么就直接用输入图像的最大值与最小值，代入公式(4-6)，解出E就可以了。但是，通常输出范围(目标图像的取值范围)达不到[0,255]；而且，直接取的范围，会造成E非常大，从而变换曲线的斜率非常大，灰度扩展的结果并不是很好。所以，这里退一步，取的输出范围可适当缩小，如将输出范围限制到[12,240](约对应[0,1]范围内的[0.05,0.95])，则E的取值可以用下式计算得到：

$$\begin{cases} E_1 = \log_{\frac{m}{\min(s)}}\left(\dfrac{1}{0.05} - 1\right) \\ E_2 = \log_{\frac{m}{\max(s)}}\left(\dfrac{1}{0.95} - 1\right) \\ E = ceil(\min\{E_1, E_2\}) \end{cases} \tag{4-7}$$

4.2　直方图

直方图是统计数字图像中每一种灰度出现频率的图形。直方图能给出图像灰度范围，每个灰度的频度和灰度的分布，整幅图像的平均明暗和对比度等概貌性描述。灰度直方图是灰度级的函数,反映的是图像中具有该灰度级像素的个数,其横坐标是灰度级k,纵坐标是该灰度级出现的频数(即像素的个数)$h(r_k)$,整个坐标系描述的是图像灰度级的分布情况。由此可以看出图像的灰度分布特性，即若大部分像素集中在低灰度区域，图像整体偏暗；若像素集中在高灰度区域,图像整体偏亮。

直方图提供了图像的统计信息，为多种空间域图像增强技术提供了技术基础；此外，利用直方图操作也可以直接用于图像增强。目前大多数数字照相机都有显示所拍摄照片直方图的功能，直方图可以显示出整张照片的灰度分布情况，可以根据直方图所示的灰度分布判断图像曝光是否恰当，有助于拍摄前的各种参数设置，如感光度、光圈、快门速度和曝光时间等。

4.2.1　灰度直方图

(1)灰度图像的直方图定义为：

$$h(r_k) = n_k \tag{4-8}$$

其中r_k是第k级的灰度值，n_k是图像中灰度为r_k的像素的个数，$k = 0, 1, 2, \cdots, L-1$，这里L是灰度级数。

(2)图像的归一化直方图也称为概率直方图，定义为：

$$p(r_k) = \frac{n_k}{n} \tag{4-9}$$

其中$k = 0, 1, 2.....L-1$，n表示像素的总的个数。在归一化直方图中，所有灰度级别的概率之和为1。

图4.6中列出不同场景下的图像直方图，图(a)的缆车图像直方图的尖峰对应着雪山区域，由于雪山区域面积较大，所以对应着直方图中最高的一块区域，但是其他区域看起来偏暗。图(c)的Lena图像，其直方图基本横跨整个灰度区域，整幅图像层次分明。图(e)的沙漠图像，整个图像的灰度集中在中间的区域，所以看起来整幅图像偏亮。

图像的灰度直方图的两个性质：

(1)直方图表示一幅图像中不同灰度像素出现的统计信息，它只能反映该图像中不同灰度值出现的频数(概率)，而不能表示出像素的位置等其他信息。

(2)图像与直方图之间是多对一的映射关系，也就是说，不同的图像可能对应同一幅灰度直方图。

图像直方图在数字图像处理中的三个方面的应用：

(1)直方图可以用于判断一幅图像是否合理地利用了全部可能的灰度级。直观上来说，

(a)缆车

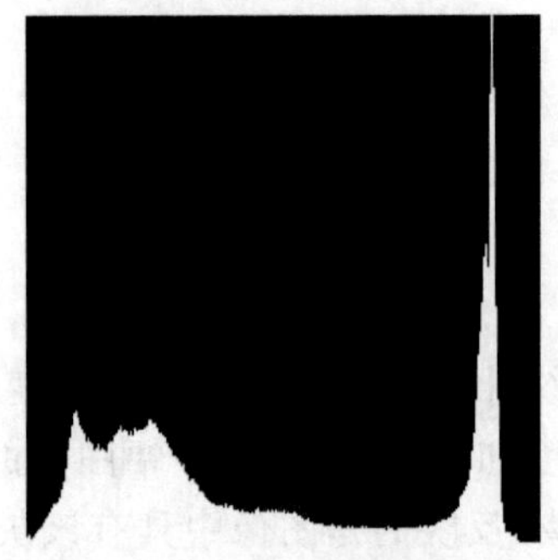

(b)图(a)的直方图(灰度级别为0–255)

(c)Lena

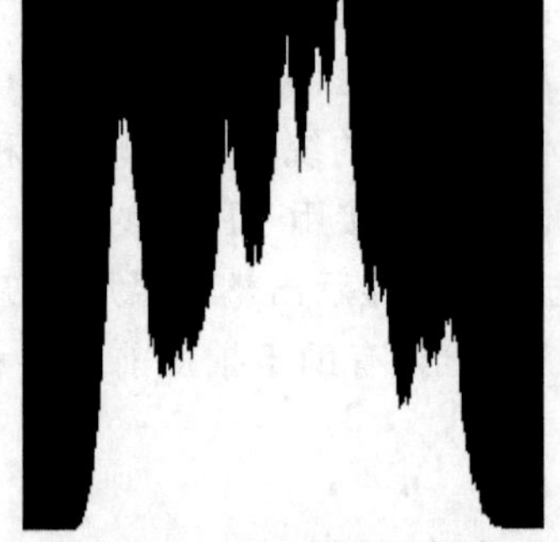

(d)图(c)直方图(灰度级别为0–255)

(e)沙漠

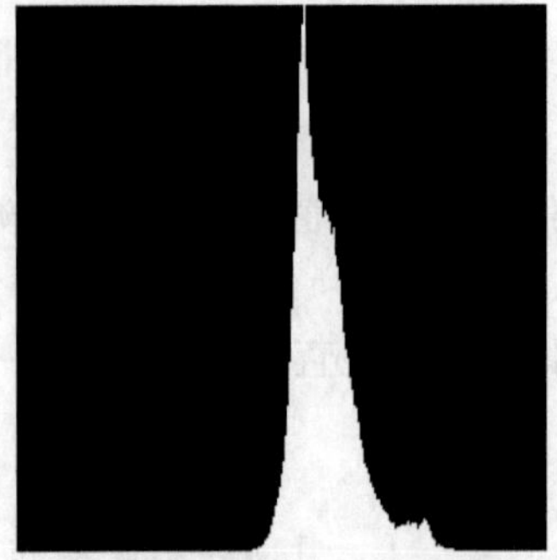

(f)图(e)直方图(灰度级别为0–255)

图4.6　典型图像及直方图

如果一幅图像的像素值充分占有整个灰度级范围并且分布比较均匀，则这样的图像具有高对比度和多灰度阶。通过检查灰度直方图，可以确定设备参数调整方向，或者灰度级变换规则，如伽马校正。

(2)图像的视觉效果与其直方图之间存在对应关系，改变直方图的形状对图像产生对应的影响。通过直方图可以推断出图像的一些性质：明亮图像的直方图倾向于灰度级高的一侧，灰暗图像的直方图倾向于灰度级低的一侧；低对比度图像的直方图集中于灰度级中很窄的范围，高对比度图像的直方图覆盖的灰度级很宽而且像素的分布比较均匀。因此，通过处理直方图可以起到图像增强的作用。

(3)利用直方图可以在图像分割中确定合适的阈值，并且能够根据直方图区域对像素进行统计。

在彩色图像中，每个像素的颜色是有3个分量数值组成的一个向量。因此所谓的彩色图像的直方图，其实是对图像中所有像素的R,G,B分量分别统计得到的3个分量的直方图。

4.2.2　累积直方图

累积直方图实际上就是归一化直方图$p\left(r_k\right)$关于灰度级r_k的累积概率分布，定义为：

$$C\left(r_k\right)=\sum_{j=0}^{k}p\left(r_j\right)=\sum_{j=0}^{k}\frac{n_j}{n} \tag{4-10}$$

其中，r_k表示第k个灰度级，n_k为频数，n为总数，$C\left(r_k\right)$表示灰度值落在区间$\left[0, r_k\right]$内的像素在图像中出现的总概率，L表示灰度级数。需要注意的是，累积直方图一定是递增的(不一定严格递增)，且第L个灰度级的累积概率值一定等于1。

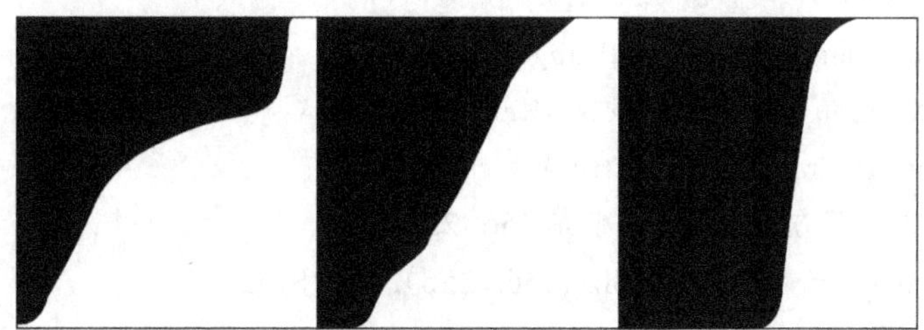

图4.7　图4.6中3张图像对应的累积直方图

4.2.3　OpenCV中灰度直方图的计算

OpenCV中提供了cv::calcHist()函数用来计算一系列图像的直方图，其函数原型为：

```
void calcHist(
    const Mat* images, //大小和深度相同的图像数组
    int nimages,          //输入图像的个数
    const int* channels,    //不同图像的通道数目
    InputArray mask, //指定ROI区域的掩模,默认Mat(),即全图像计算
```

```
        OutputArray hist,     //输出的直方图数组
        int dims, //直方图维数,彩色图像直方图为3维,灰度图像为1维
        const int* histSize, //直方图横坐标bin个数,如256或128
        const float** ranges, //指定计算每个直方图的区间范围
        bool uniform = true,  //直方图bin取值是否等距
        bool accumulate = false //是否从多个图像中计算得到一个直方图
);
```

代码4-3给出了灰度图像直方图的绘制方法,绘制结果如图4.6中的(b)、(d)、(f)所示。代码4-4给出了RGB彩色图像直方图的绘制方法,绘制结果如图4.8所示。

代码4-3 灰度图像直方图绘制函数

```
void DrawGrayImgHist(const Mat &srcImg)
{
    if (1 != srcImg.channels()){
        return;
    }
    int channels = 0;
    Mat dstHist;
    int histSize[] = { 256 };
    float midRanges[] = { 0, 256 };
    const float *ranges[] = { midRanges };
    calcHist(&srcImg, 1, &channels, Mat(), dstHist, \
        1, histSize, ranges, true, true);
    //最终绘制的直方图图像,大小是256×256
    Mat histImage = Mat::zeros(Size(256, 256), CV_8UC1);
    double dblHistMaxValue;
    //求得直方图的最大值
    minMaxLoc(dstHist, 0, &dblHistMaxValue, 0, 0);
    //将像素的个数整合到图像的最大范围内
    for (int i = 0; i<= 255; i++){
        int value = cvRound(dstHist.at<float>(i)\
            * 255 / dblHistMaxValue);
        line(histImage, Point(i, histImage.rows - 1), \
            Point(i, histImage.rows - 1 - value), Scalar(255));
    }
    imshow("直方图", histImage);
}
```

代码4-4 彩色图像直方图绘制方法

```
//RGB彩色直方图
void DrawRGBImgHist(const Mat &srcImg)
{
    if (srcImg.empty() || srcImg.channels() != 3){
        return;
    }
    //分割成3个单通道图像 ( R, G 和 B )
    vector<Mat> rgb_planes;
    split(srcImg, rgb_planes);
    // 设定bin数目
    int histSize = 256;
    /// 设定取值范围 ( R,G,B) )
    float range[] = { 0, 256 };
    const float* histRange = { range };
    bool uniform = true;
    bool accumulate = true;
    Mat r_hist, g_hist, b_hist;
    // 计算直方图:
    calcHist(&rgb_planes[0], 1, 0, Mat(), r_hist, 1, \
        &histSize, &histRange, uniform, accumulate);
    calcHist(&rgb_planes[1], 1, 0, Mat(), g_hist, 1, &histSize,\
        &histRange, uniform, accumulate);
    calcHist(&rgb_planes[2], 1, 0, Mat(), b_hist, 1, &histSize,\
            &histRange, uniform, accumulate);
    // 创建直方图画布
    int hist_w = 512; int hist_h = 200;
    int bin_w = cvRound((double)hist_w / histSize);
    Mat histImage(hist_h, hist_w, CV_8UC3, Scalar(0, 0, 0));
    // 将直方图归一化到范围 [ 0, histImage.rows ]
    normalize(r_hist, r_hist, 0, histImage.rows, NORM_MINMAX);
    normalize(g_hist, g_hist, 0, histImage.rows, NORM_MINMAX);
    normalize(b_hist, b_hist, 0, histImage.rows, NORM_MINMAX);
    //在直方图画布上画出直方图,3个直方图叠加在一起,用不同的颜色表示
    for (int i = 1; i<histSize; i++){
        line(histImage, Point(bin_w*(i - 1), hist_h - \
            cvRound(r_hist.at<float>(i - 1))),
            Point(bin_w*(i), hist_h - cvRound(r_hist.at<float>(i))),
```

```
            Scalar(0, 0, 255), 2, 8, 0);
        line(histImage, Point(bin_w*(i - 1), hist_h - \
            cvRound(g_hist.at<float>(i - 1))),
            Point(bin_w*(i), hist_h - cvRound(g_hist.at<float>(i))),
            Scalar(0, 255, 0), 2, 8, 0);
        line(histImage, Point(bin_w*(i - 1), hist_h - \
            cvRound(b_hist.at<float>(i - 1))),
            Point(bin_w*(i), hist_h - cvRound(b_hist.at<float>(i))),
            Scalar(255, 0, 0), 2, 8, 0);
    }
    // 显示直方图
    imshow("RGB彩色图像直方图", histImage);
    waitKey(0);
}
```

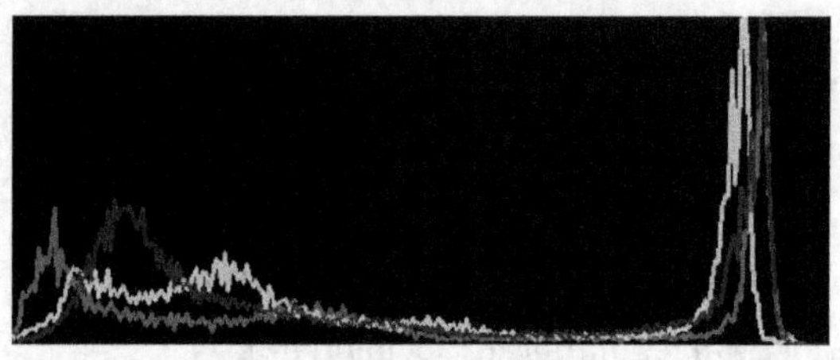

图4.8　RGB彩色图像直方图

4.3　直方图反向投影

4.3.1　原理

OpenCV中直方图反向投影算法来自于SWAIN M.J.1990年的论文。此论文详细描述了颜色直方图以及通过颜色直方图交叉来实现对象鉴别的方法。颜色直方图交叉可以实现对象背景区分、复杂场景中查找对象、去除不同光照条件影响等。假设M表示模板图像直方图数据，I表示源图像直方图数据，直方图交叉匹配可以被描述为如下：

$$\sum_{j=0}^{n}\min\left(I_j, M_j\right) \tag{4-11}$$

其中j表示直方图的范围，即bin的个数。最终得到结果是表示多少模板图像颜色像素与图像中的像素相同或者相似，值越大，表示越相似。上式可以归一化表示如下：

$$H(I,M)=\frac{\sum_{j=0}^{n}\min(I_j,M_j)}{\sum_{j=0}^{n}M_j} \tag{4-12}$$

这种方法对背景像素变换可以保持稳定性，同时对尺度变换也有一定抗干扰作用，但是无法做到尺度不变性特征。论文发现通过该方法也可以定位图像中已知物体的位置，这种方法叫做直方图反向投影（Back Projection）。

4.3.2　反向投影实例

设有灰度图像矩阵：image=$\begin{bmatrix}1&2&3&4\\5&6&7&7\\9&8&0&1\\5&6&7&6\end{bmatrix}$，将灰度值划分为如下四个区间(bin)：[0,2]，[3,5]，[6,7]，[8,10]。

很容易得到这个图像矩阵的直方图hist＝[4,4,6,2]。接下来计算反向投影矩阵。

反向投影矩阵的大小和原灰度图像矩阵的大小相同，原图像中坐标为(0,0)的灰度值为1，1位于区间[0,2]中，区间[0,2]对应的直方图值为4，所以反向投影矩阵中坐标为(0,0)的值记为4。按上面的计算方法，可以得到image的直方图反向投影矩阵为：

$$\text{back\_Projection}=\begin{bmatrix}4&4&4&4\\4&6&6&6\\2&2&4&4\\4&6&6&6\end{bmatrix}$$

通过反向投影，可以将原图像的256个灰度值被反向投影为很少的几个值，具体值的个数要看把0~255划分为多少个区间。反向投影矩阵中某点的值就是它对应的原图像中的点所在区间的灰度直方图的值。可以看出，一个灰度区间所包含的点越多，在反向投影矩阵中就越亮；从上述过程也可以看出，先求出原图像的直方图，再由直方图得到反向投影矩阵，由直方图到反向投影矩阵实际上就是一个反向计算的过程。

通过图像的反向投影矩阵，实际上把原图像简单化了，简单化的过程实际上就是提取出图像的某个特征。然后用这个特征来对比两幅图像，如果两幅图像的反向投影矩阵相似或相同，那么就可以判定这两幅图的这个特征是相同的。正是因为直方图反向投影有这样的能力，所以在经典的MeanShift与CameraShift跟踪算法中一直是通过直方图反向投影来实现已知对象物体的定位。

4.3.3　OpenCV中反向投影的实现

反向投影寻找目标的过程可以简单描述如下：

（1）拿到特征图像（或模板图像）；

（2）得到特征图像的直方图；

（3）拿到源图像，依据源图像的每个像素的值，在特征图像的直方图中找到对应的值，然后将直方图的值赋给新的图像，backproject算法就完成了。

OpenCV中采用cv::calcBackProject()来计算方向直方图，函数原型如下：

```
void cv::calcBackProject(
    const Mat* images, //有相同大小和深度的源图像数组
    int nimages, //源图像的数量
    const int* channels, //计算反向投影的通道列表
    InputArray hist, //输入直方图，即目标区域直方图
    //目标反向投影数组，与images[0]大小、深度相同的单通道数组
    OutputArray backProject,
    const float** ranges, //每个维度的直方图bin边界数组
    double scale = 1, //输出反向投影的可选比例因子
    bool uniform = true//直方图是否均匀的标志
);
```

利用反向投影，可以很方便地将前景从相差较大的背景图像中分离出来。如图4.9中空军基地图像，机库屋顶是蓝色，与周围颜色相差较大，可以利用反向投影的方法将其从背景中分割出来，代码如下：

代码4-6　反向投影代码

```
void histBackprojection(std::string strPicPath)
{
    Mat hist,backproj,hsv,hue;
    Ma tsrc=imread(strPicPath,CV_LOAD_IMAGE_COLOR);
    // 转换到 HSV 空间
    cvtColor(src,hsv,CV_BGR2HSV);
    //分离 Hue 通道
    hue.create(hsv.size(),hsv.depth());
    int ch[]={0,0};
    //将HSV空间中的图像第1个分量复制到hue变量中

    mixChannels(&hsv,1,&hue,1,ch,1);
    int histSize=60;
    float hue_range[]={0,180};
    const float* ranges={hue_range};
    //计算色调分量图像的直方图
    calcHist(&hue,1,0,Mat(),hist,1,&histSize,&ranges,\
    true,false);
    //将直方图bin的数值归一化到0-255
    normalize(hist,hist,0,255,NORM_MINMAX,-1,Mat());
```

```
    //计算反向投影
    calcBackProject(&hue,1,0,hist,backproj,&ranges,1,true);
    //显示反向投影图
    namedWindow("backprogection",WINDOW_AUTOSIZE);
    imshow("backprogection",backproj);
    waitKey(0);
}
```

得到的反向投影图像如图4.10所示。从图4.10中可以看到，只要选择合适的直方图bin数目（这里取bin=60），蓝色屋顶部分（大片黑色部分）能够很方便地从背景中识别出来。

图4.9　空军基地图像（彩图效果见前面插页）

图4.10　图4.9的反向投影图

4.4　直方图均衡化

4.4.1　均衡化原理

直方图均衡化（Histogram Equalization）又称直方图平坦化，实质上是对图像进行非线性拉伸，重新分配图像的像素值，使一定灰度范围内像素值的数量大致相等。这样，原来直方图峰顶部分对比度得到增强，而谷底部分对比度降低，输出图像的直方图是一个较平的分段直方图。如果输出数据分段值较小的话，会产生粗略分类的视觉效果。

图4.11所示就是直方图均衡化，即将随机分布的图像直方图修改成均匀分布的直方图。基本思想是对原始图像的像素灰度做某种映射变换，使变换后的图像灰度的概率密度呈均匀分布。这就意味着图像灰度的动态范围得到了增加，提高了图像的对比度。

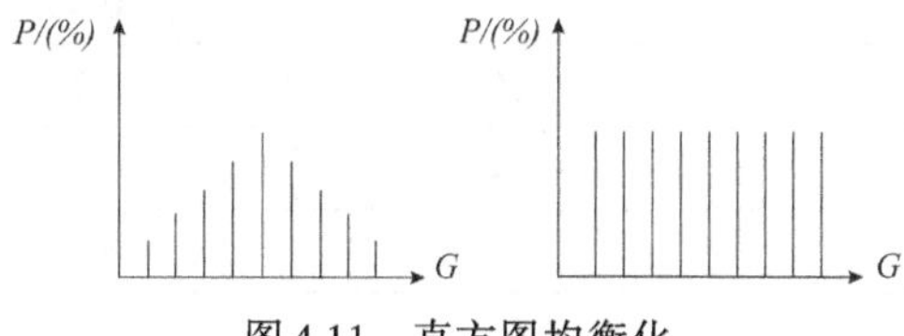

图4.11　直方图均衡化

通过这种技术可以清晰地在直方图上看到图像亮度的分布情况，并可按照需要对图像亮度调整。另外，这种方法是可逆的，如果已知均衡化函数，就可以恢复原始直方图。

直方图均衡化一般采用累积直方图进行。累积直方图能够保证变换的两个性质：一是能够保证变换之后图像中像素值的相对大小关系不变，较亮的区域，依旧是较亮的，较暗依旧暗，只是对比度增大，绝对不会明暗颠倒；二是变换之后像素映射函数的值域在0到255之间的，不会越界。这是因为累积分布函数是单调递增函数(控制大小关系)，并且值域是0到1(控制越界)。

利用累积直方图进行直方图均衡化的函数表达式为：

$$S_k = T\left(r_k\right) = \sum_{i=0}^{k-1}\frac{n_i}{n}, k=0,1,2,\cdots,L-1 \tag{4-13}$$

式中，k为灰度值，L为整个图像的灰度级别(如256级)。S_k的值域在0到1之间，最终得到变换之后的像素值k'的计算公式为：

$$k' = \begin{cases}0, & k=0\\(L-1)\times S_k, & k=1,2,\cdots L-1\end{cases} \tag{4-14}$$

4.4.2 实例

设256级灰度图像其像素值如图4.12所示：

1	3	9	9	8
2	1	3	7	3
3	6	0	6	4
6	8	2	0	5
2	9	2	6	0

图4.12　原图像像素值

其灰度直方图均衡化计算过程如表4-1所示，变换结果如图4.13所示。

表4.1　直方图均衡化计算过程(*L*=256)

像素值k	灰度直方图$h\left(r_k\right)$	归一化直方图$p\left(r_k\right)$	累积直方图$C\left(r_k\right)$	变换之后的像素值
0	3	0.12	0.12	0
1	2	0.08	0.20	51
2	4	0.16	0.36	92
3	4	0.16	0.52	133
4	1	0.04	0.56	143
5	1	0.04	0.60	153
6	4	0.16	0.76	194
7	1	0.04	0.80	204
8	2	0.08	0.88	224
9	3	0.12	1.00	255

51	133	255	255	224
92	51	133	204	133
133	194	0	194	143
194	224	92	0	153
92	255	92	194	0

图4.13　均衡化变换之后图像像素值

4.4.3 OpenCV直方图均衡化计算函数

```
void equalizeHist(
        InputArray src, //输入图像,8位单通道图像
        OutputArray dst //输出图像,8位单通道图像
  );
```

代码4-7　直方图均衡化实例

```
void HistEqualization()
{
    Mat image=imread("beauty.png",CV_LOAD_IMAGE_COLOR);
    if(image.empty()){
        std::cout<<"打开图片失败,请检查"<<std::endl;
        return;
    }
    imshow("原图像",image);
    Mat imageRGB[3];
    split(image,imageRGB); //原图像进行RGB通道分离
    for(int i =0;i<3;i++){
        //RGB三通道分别进行直方图均衡化
        equalizeHist(imageRGB[i],imageRGB[i]);
    }
    //RGB3张单通道图像合成一张三通道图像
    merge(imageRGB,3,image);
    imshow("直方图均衡化图像增强效果",image);
    waitKey(0);
}
```

代码4-7中对输入的彩色图像,首先进行RGB三通道分离,然后在每个通道分别进行直方图均衡化,均衡化的结果再重新组合成一个RGB图像。变换前后的图像如图4.14所示。从图中可以明显看出,变换之后原来图像左边看不清的细节部分,在变换之后的图像能够很

方便地进行分辨;从直方图上来看,原来集中分布在低亮度区域的直方图,均衡化后亮度分布更加均匀。所以直方图均衡化方法能够显著提高图像的对比度,改善显示效果。

(a)变换之前的图

(b)图像(a)的彩色直方图

(c)均衡化变换之后的图像

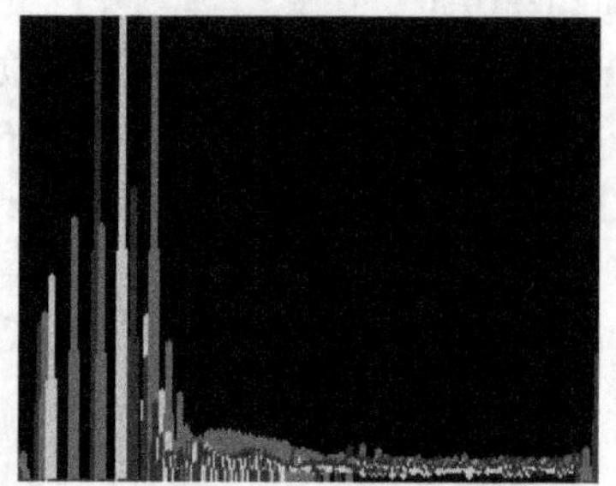

(d)图像(c)的彩色直方图

图4.14 直方图均衡化变换前后的图像

4.5 直方图规定化

4.5.1 概念

直方图均衡化可以自动确定变换函数,得到直方图均匀分布的图像,能够有效提升原图像的对比度。但是有些应用中这种自动的增强并不是最好的方法,有时候,需要图像具有某一特定的直方图形状,而不是均匀分布的直方图,这时候可以使用直方图规定化。

直方图规定化,也叫做直方图匹配,用于将图像变换为某一特定的灰度分布,也就是其最终的灰度直方图是已知的。这其实和均衡化很类似,均衡化后的灰度直方图也是已知的,是一个均匀分布的直方图;而规定化后的直方图可以任意指定,也就是在执行规定化操作时,首先要知道变换后的灰度直方图,这样才能确定变换函数。规定化操作能够有目的地增强某个灰度区间,相对于均衡化操作,规定化操作多了一个输入,但是其变换后的结果也更灵活。

可以利用均衡化后的直方图作为一个中间过程,然后求取规定化的变换函数。具体步骤如下:

(1)将原始图像的灰度直方图进行均衡化,得到一个变换函数$s=T(r)$,其中s是均衡化后的灰度值，r是原始灰度值。

（2）对规定的直方图进行均衡化，得到一个变换函数$v=G(z)$，其中v是均衡化后的灰度值，z是规定化的灰度值。

（3）上面都是对同一图像的均衡化，其结果应该是相等的，$s=v$，并且$z=G^{-1}(v)=G^{-1}(T(r))$

通过直方图均衡化作为中间过程，可以得到原始像素值r和规定化后像素值z之间的映射关系。

4.5.2　计算过程

对图像进行直方图规定化操作，原始图像的直方图和已经规定化后的直方图是已知的。假设$P_r(r)$表示原始图像的灰度概率密度，$P_z(z)$表示规定化图像的灰度概率密度（r和z分别是原始图像的灰度级，规定化后图像的灰度级）。

（1）对原始图像进行均衡化操作，则有

$$s_k=T\left(r_k\right)=\sum_{i=0}^{k}P_r\left(r_k\right)$$

（2）对规定化的直方图进行均衡化操作，则$v_k=G\left(z_k\right)=\sum_{m=0}^{k}P_z\left(z_m\right)$

（3）由于是对同一图像的均衡化操作，所以有$s_k=v_k$。

（4）规定化操作的目的就是找到原始图像的像素值s_k到规定化后图像像素值z_k之间的一个映射。有了上一步的等式后，可以得到$s_k=G(z_k)$，因此要想找到s_k相对应的z_k只需要在z进行迭代，找到使式子$G\left(z_m\right)-s_k$的绝对值最小即可。

上述描述只是理论的推导过程，在实际的计算过程中，不需要做两次的均衡化操作，具体的推导过程如下：

$$s_k=v_k$$

$$\sum_{i=0}^{k}P_r(r_i)=\sum_{j=0}^{m}P_z(z_j) \tag{4-15}$$

上面公式表示，假如s_k规定化后的对应灰度是z_m的话，需要满足的条件是s_k的累积概率和z_m的累积概率是最接近的。

表4-2是一个直方图规定化的具体计算的例子。原图像有0~7共8个灰度级别，其直方图集中在0~2的低灰度级别区域。规定化的直方图主要集中在高灰度级别区域，而0~2的低灰度级别区域直方图的值为0。规定化计算过程中，通过分别原始图像的累积直方图C_1和规定化的累积直方图C_2，并通过条件$\min\left|C_1-C_2\right|$找到原始图像和规定化之后的图像之间的映射关系。比较第5和第9步的计算结果就可以知道，变换之后的图像其直方图与规定的直方图相似，基本达到了直方图规定化的要求。

表4-2　直方图规定化计算过程

步骤	运算	各步骤运算结果							
1	原始图像灰度级别	0	1	2	3	4	5	6	7
2	原始图像各灰度级像素个数	790	1023	850	656	329	245	122	81

续表

步骤	运算	各步骤运算结果							
3	原始图像直方图$P(r)$	0.19	0.25	0.21	0.16	0.08	0.06	0.03	0.02
4	原始累积直方图C_1	0.19	0.44	0.65	0.81	0.89	0.95	0.98	1.00
5	规定直方图$P(z)$	0	0	0	0.15	0.20	0.30	0.20	0.15
6	规定累积直方图C_2	0	0	0	0.15	0.35	0.65	0.85	1.00
7	映射$\min\left\|C_1-C_2\right\|$	3	4	5	6	6	7	7	7
8	确定映射关系	0−>3	1−>4	2−>5	3−>6	3−>6	5−>7	6−>7	7−>7
9	规定化之后直方图	0	0	0	0.19	0.25	0.21	0.24	0.11

4.5.3 OpenCV实现

直方图规定化

代码4-8 直方图规定化(扫码观看本代码讲解视频)

```
//将原图像srcImg进行直方图规定化，使其直方图与dstImg保持一致，
//结果放在图像result中
void HistSpecify(const Mat &srcImg,const Mat &dstImg,Mat &result)
{
    if( 1!=srcImg.channels()||1!=dstImg.channels()){
        return;
    }
    int channels=0;
    Mat srcHist,dstHist;
    int histSize[]={256};
    float midRanges[]={0,256};
    const float *ranges[]={midRanges};
    //计算两张图像的直方图
    calcHist(&srcImg,1,&channels,Mat(),srcHist, \
        1,histSize,ranges,true,false);
    calcHist(&dstImg,1,&channels,Mat(),dstHist, \
        1,histSize,ranges,true,false);
    //计算归一化直方图
    srcHist/=(srcImg.rows*srcImg.cols);
    dstHist/=(dstImg.rows*dstImg.cols);
    //计算累积直方图
    for(int i=1;i<srcHist.rows;i++){
        srcHist.at<float>(i)+=srcHist.at<float>(i-1);
    }
```

```
    for(int i=1;i<dstHist.rows;i++){
        dstHist.at<float>(i)+=dstHist.at<float>(i-1);
    }
    //累积概率的差值

    float diff_cdf[256][256];
    for(int i=0;i<256;i++){
        for(int j=0;j<256;j++){
            diff_cdf[i][j]=fabs(srcHist.at<float>(i)-
            dstHist.at<float>(j));
        }
    }
    // 构建灰度级映射表
    Matlut(1,256,CV_8U);
    for(int i=0;i<256;i++){
        //查找原灰度级为 i 的映射灰度
        //和 i 的累积概率差值最小的规定化灰度
        float min=diff_cdf[i][0];
        inti ndex=0;
        for(int j=1;j<256;j++){
            if(min>diff_cdf[i][j]){
                min=diff_cdf[i][j];
                index=j;
            }
        }
        lut.at<uchar>(i)=static_cast<uchar>(index);
    }
    //最终图像
    result=Mat::zeros(srcImg.size(),srcImg.type());
    for(int j=0;j<result.rows;j++){
        for(int i=0;i<result.cols;i++){
            //ch是原图像的值
            uchar ch=srcImg.at<uchar>(j,i);
            //利用查找表得到映射之后的值
            result.at<uchar>(j,i)=lut.at<uchar>(ch);
        }
    }
    waitKey(0);
}
```

利用图4.6(c)中的Lena图像,对图4.6(e)中的沙漠图像进行规定化,得到的图像如图4.15(a)所示,其对应的直方图如图4.15(b)所示。从图中可以看到,进行规定化变换之后,图像的对比度有了很大的提高,其直方图与图4-3(d)中Lena图像的直方图基本相似,达到了直方图规定化的目的。

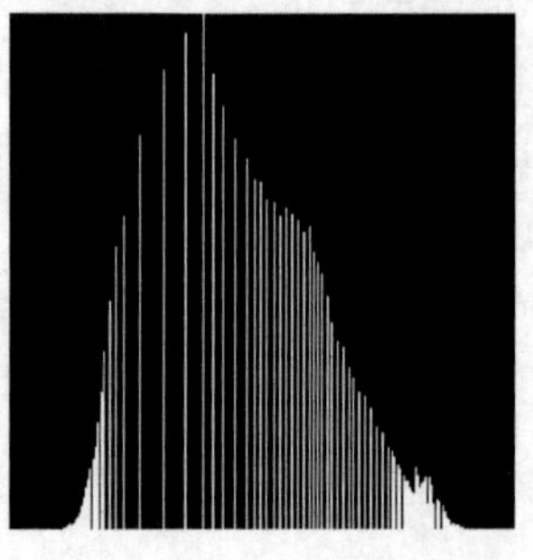

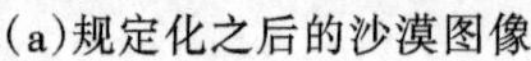

(a)规定化之后的沙漠图像　　(b)规定化之后的直方图

图4.15　直方图规定化实例

4.6　空间滤波

空间滤波是指利用像素及其邻域组成的空间关系为基础,通过卷积运算进行图像增强的方法。之所以用"滤波",是借助了频率域的概念。频率域中的"滤波"狭义地说是指改变信号中各个频率分量的相对大小,或者分离出来加以抑制,甚至全部滤除某些频率分量的过程。广义地说,滤波是把某种信号处理成为另一种信号的过程。在空间域中,滤波主要指对图像中的某些像素进行增强。

空间域滤波的机理主要是模板处理,在待处理图像中逐点移动滤波模板,在每一个像素点处,滤波器在该点的响应通过事先定义的关系来处理。根据事先定义的关系不同,可以分为线性空间滤波和非线性空间滤波。

4.6.1　线性空间滤波基本概念

线性空间滤波主要是点(x, y)邻域中的每个像素值乘以相应的系数,将结果求和,从而得到点(x, y)处的响应。若邻域的大小为m×n,则需要mn个系数。这些系数被排列为一个矩阵,称为滤波器(filter)、模板(template)、滤波模板(filter template)、核(kernel)、掩模(mask)或窗口(window),也用卷积滤波、卷积模板或卷积核等术语来表示。

对于一个尺寸为m×n的模板,一般假设m=2a+1,并n=2b+1,这里假设a,b为非负整数。也就是说,模板的长和宽都为奇数,最小的模板为1×3或3×1,常用的也有3×3,5×5,7×7等。

一般来说,在大小为M×N的图像f(x,y)上,用m×n大小的滤波器模板进行线性滤波由下式给出:

$$g(x, y)=\sum_{s=-a}^{a}\sum_{t=-b}^{b} w(s, t) f(x+s, y+t) \tag{4-16}$$

这里，$a=(m-1)/2, b=(n-1)/2$。为了得到一幅完整的经过滤波处理的图像，必须对$x=0,1,2,\cdots,M-1$和$y=0,1,2,\cdots,N-1$依次应用公式。这样就保证了对图像的所有像素进行了处理。

如线性滤波的邻域定义为3×3，则其滤波模板可以表示为图4.16的形式，相应的滤波公式为：

$$R=w_1z_1+w_2z_2+\cdots+w_9z_9=\sum_{i=1}^{9}w_iz_i \tag{4-17}$$

w_1	w_2	w_3
w_4	w_5	w_6
w_7	w_8	w_9

图4.16　一般3×3滤波器模板的矩阵表示方式

上式中，$w_1, w_2, \cdots, w_9$是模板系数，$z_1, z_2, \cdots, z_9$该系数对应的灰度值，R是滤波结果响应。

式(4-16)和式(4-17)所述运算就是模板卷积运算，它是实现线性空间滤波的主要方式，其主要步骤如下：

(1)将模板在图像中漫游，并将模板中心与图像中的某个像素位置重合。

(2)将模板上的各个系数与模板下的各对应像素的灰度值相乘。

(3)将所有乘积相加。

(4)将上述运算结果(模板的输出响应)赋给图像中对应模板中心位置的像素。

(5)将整个图像的运算结果进行线性拉伸处理，以保证灰度值在原来的灰度范围之内(如灰度值保持在0~255)。

在OpenCV中，使用cv::filter2D()函数来实现线性空间滤波，其函数原型为：

```
void filter2D(
        InputArray src, //输入图像
        OutputArray dst, //输出图像,大小和通道数目都与输入图像相同
        int ddepth, //指定的输出图像的位宽
        InputArray kernel, //指定的滤波器
        Point anchor = Point(-1,-1), //滤波器的锚点,默认在滤波器中心
        double delta = 0, //滤波之后添加在输出图像上的偏移量
        int borderType = BORDER_DEFAULT//边缘像素处理方式
);
```

cv::filter2D()函数可以用来处理任意的线性空间滤波，它是采用相关运算(对滤波器不进行折叠)而不是卷积运算(对滤波器进行折叠)来计算滤波结果。当滤波器小于11×11时，OpenCV采用直接运算方法来计算结果；当滤波器大于11×11，OpenCV采用基于DFT变换的方法来计算结果，即先在频率域内对图像和滤波器相乘，再重新变换到空间域(见第5章)。

针对线性滤波而言，卷积运算与相关运算的区别在于计算时的滤波器模板处理方式不一样，例如对于如图4.17所示的3×3滤波器模板，相关运算滤波器模板与原始滤波器模板相同，而卷积运算时要对原始滤波器模板翻转180度再进行运算。本章关于图像的空间域滤波运算都是相关运算，卷积运算将在第5章关于频率域的滤波运算会运用到卷积运算的相关知识。

-1	-2	-1
0	0	0
1	2	1

(a)原始滤波器模板(即相关运算模板)

1	2	1
0	0	0
-1	-2	-1

(b)卷积运算滤波器模板

图4.17 相关运算模板和卷积运算模板的区别

4.6.2 线性平滑滤波器

平滑滤波器能减弱或者消除图像中的高频分量,但并不影响低频分量。高频分量对应图像中的边缘或噪声等灰度值具有较大较快变化的部分,平滑滤波器将这些分量滤去可减少局部灰度的起伏,使图像变得比较平滑。实际中,平滑滤波器还可用于消除图像的噪声(噪声的空间相关性较弱,且对应较高的空间频率),以及在提取较小的目标前去除太小的细节或将目标内的小间断连接起来。

线性平滑滤波器所用卷积模板的系数均为正值。主要有以下两种:

1.均值滤波

最简单的平滑滤波是用一个像素邻域内的平均值作为滤波结果,即邻域平均,此时滤波器模板的所有系数都为1,如图4.18所示的3×3平均滤波器。为保证输出图仍在原来的灰度范围内,要对计算得到的响应值除以模板系数总和。

$$\frac{1}{9}\times\begin{bmatrix}1 & 1 & 1\\ 1 & 1 & 1\\ 1 & 1 & 1\end{bmatrix}$$

图4.18 3×3平均滤波器

在OpenCV中,可以使用cv::boxFilter()函数来实现均值滤波,其函数原型为:

```
void boxFilter(
        InputArray src, //输入图像
        OutputArray dst, //输出图像,大小和格式与输入图像相同
        int ddepth, //输出图像的位宽,默认与输入图像相同
        Size ksize,     //均值滤波器的大小
        Point anchor = Point(-1,-1), //滤波器锚点,默认是中心点
        bool normalize = true, //滤波器是否被归一化
        int borderType = BORDER_DEFAULT //边缘处理方式
);
```

cv::boxFilter()函数对图像进行均值滤波,其滤波模板可以表示如下式所示。即当normalize参数为true时,是归一化的均值滤波器;当normalize=false时,是普通的均值滤波器,滤波器系数不进行归一化操作。

$$k=\begin{cases}\dfrac{1}{\text{kernel.width}\times\text{kernel.height}}\begin{bmatrix}1 & 1 & \cdots & 1 & 1\\1 & 1 & & 1 & 1\\ \vdots & & \ddots & & \vdots\\1 & 1 & \cdots & 1 & 1\\1 & 1 & & 1 & 1\end{bmatrix} & \text{normalize}=\text{true}\\ 1 & \text{其他}\end{cases}$$

当cv::boxFilter()函数中的归一化参数normalize参数取为true时，cv::boxFilter()函数等价于cv::blur()函数。cv::blur()函数原型如下：

```
void blur(
    InputArray src, //输入图像，格式为CV_8U，CV_16U等
    OutputArray dst, //输出图像
    Size ksize, //均值滤波器的大小
    Point anchor = Point(-1,-1), //滤波器锚点,默认是中心点
    bool normalize = true, //滤波器是否被归一化
    int borderType = BORDER_DEFAULT //边缘处理方式
);
```

均值滤波实例如代码4-9所示，滤波结果如图4.19所示。可以看到随着滤波器的变大，图像变得越来越模糊。

代码4-9　均值滤波

```
void AverageFilter()
{
   Mat srcImg = imread("pills.tif", IMREAD_GRAYSCALE);
   imshow("原图像", srcImg);
   Mat dstImg;
   boxFilter(srcImg, dstImg, CV_8U, Size(3, 3), cv::Point(-1, -1), true);
   imshow("3x3盒滤波器滤波结果", dstImg);
   blur(srcImg, dstImg, Size(11, 11), cv::Point(-1, -1), true);
   imshow("11x11均值滤波结果", dstImg);
   waitKey(0);
}
```

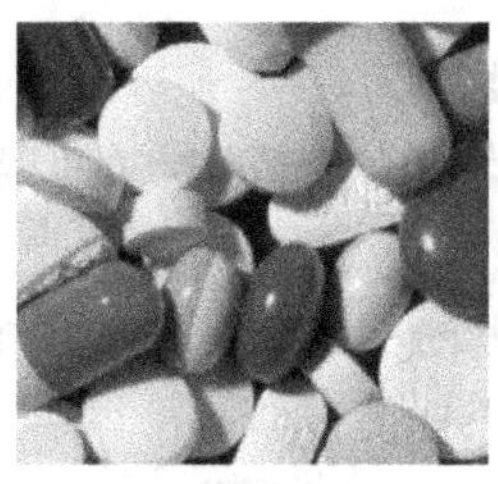
(a)原图像

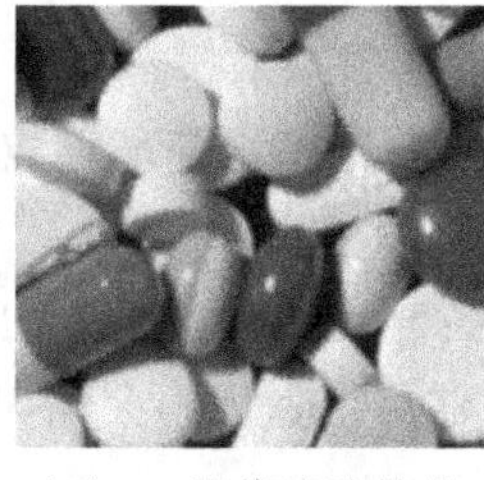
(b)3×3均值滤波结果

(c)11×11均值滤波结果

图4.19　均值滤波结果

2.加权平均

对同一尺寸的模板,可对不同位置的系数采用不同的数值,即加权平均。一般认为离模板中心像素近的像素对滤波结果有较大贡献,所以接近模板中心的系数比较大;而模板边缘的像素对滤波结果的贡献较小,所以系数比较小。实际应用中,为保证各模板系数均为整数以减少计算量,常取模板周边最小的系数为1,而内部其他系数按比例依次增加,模板中心的系数最大。

一种常用的加权平均方法是根据系数与模板中心的距离,反比地确定其系数的值,如图4.20所示。另一种常用方法是根据高斯概率分布来确定各系数值,这时常使用尺寸较大的模板,如图4.21所示。

$$\frac{1}{16}\times\begin{bmatrix}1 & 2 & 1\\ 2 & 4 & 2\\ 1 & 2 & 1\end{bmatrix}$$

图4.20 一个加权平均模板

$$\frac{1}{273}\times\begin{bmatrix}1 & 4 & 7 & 4 & 1\\ 4 & 16 & 26 & 16 & 4\\ 7 & 26 & 41 & 26 & 7\\ 4 & 16 & 26 & 16 & 4\\ 1 & 4 & 7 & 4 & 1\end{bmatrix}$$

图4.21一个高斯加权平均模板

二维高斯函数可以写成如下形式:

$$G(x,y)=e^{\frac{-(x-u_x)^2}{2\sigma_x^2}+\frac{-(y-u_y)^2}{2\sigma_y^2}} \tag{4-18}$$

其中u_x,u_y对应滤波器中心位置,$x-u_x$是卷积点与滤波器中心在x方向距离,$y-u_y$是卷积点与滤波器中心在y方向的距离(当前点与滤波器中心对齐)。σ_x是滤波器在x方向的标准差,σ_y是滤波器在y方向的标准差。其函数响应曲线如图4.22所示,满足权值随距离而逐渐减小的特性。

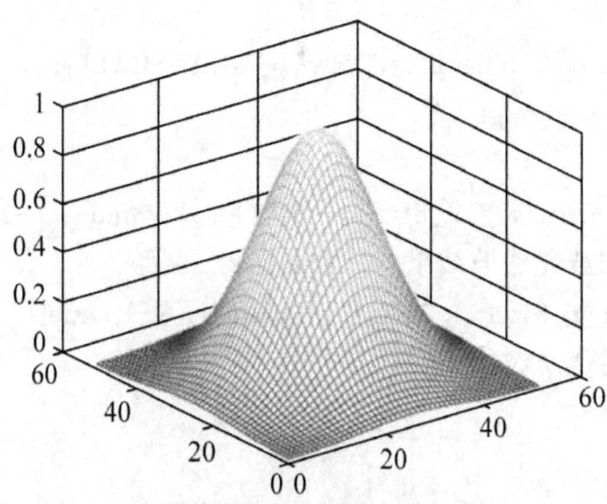

图4.22 二维高斯函数响应曲线

高斯滤波器是最常用的平滑滤波器,其具有下面这些性质:

(1)高斯函数是单值函数,高斯滤波用像素邻域加权均值来代替该点的像素值,像素权重会随着距离的变化而单调递减,以减少失真。

(2)高斯函数具有旋转对称性,高斯函数在各个方向上的平滑程度是相同的,大多数噪声很难估计其方向性,利用高斯滤波器可以保证不会偏向于任何方向。

(3)高斯函数的傅里叶变换频谱是单瓣的,高斯滤波使得平滑图像不会被不需要的高频信号所影响,同时保留了大部分所需信号。

(4)高斯滤波平滑程度是由标准差σ决定的。σ越大,频带越宽,平滑范围越广;σ越小,频带越窄,平滑范围越小。

(5)高斯函数具有可分性,二维高斯函数相关运算可以两步来进行,首先将图像与一维高斯函数进行相关运算,然后将相关运算结果与方向垂直的相同一维高斯函数进行相关运算。

图4.20和图4.21所示的加权平滑滤波器,可以直接用在cv::filter2D()函数中直接进行滤波。如果对图像进行高斯平滑,可以直接调用GussianBlur()函数,函数原型如下:

```
void GaussianBlur(
    InputArray src, //输入图像,可以是多通道图像,每个通道独立处理
    OutputArray dst, //输出图像,与输入图像同等大小和同样类型
    Size ksize, //高斯卷积核的大小
    double sigmaX, //x方向高斯卷积核的标准差
    double sigmaY = 0, //y方向高斯卷积核的标准差
    int borderType = BORDER_DEFAULT //边缘像素处理方式
);
```

利用加权平均算子对图像进行平滑运算的代码如代码4-10所示,图像处理结果如图4.23所示。对比图4.19和图4.23,可以看到加权平均算子滤波结果在对图像进行平滑的同时,更多地保留了图像的细节部分。在对细节要求高的图像处理中,高斯平滑有更多的用途。

代码4-10　加权平滑滤波器

```
void WeightedAverage()
{
   Mat srcImg = imread("pills.tif", IMREAD_GRAYSCALE);
   imshow("原图像", srcImg);
   Mat dstImg;
   //3×3滤波器系数
   float A[3][3] = {1, 2, 1, \
                    2, 4, 2, \
                    1, 2, 1};
   //滤波器模板
   Mat kernel(3, 3, CV_32F, A);
   kernel=kernel/ 16;
   //对源图像进行加权平均滤波
   filter2D(srcImg, dstImg, CV_32F, kernel);
```

```
    //归一化处理
    normalize(dstImg, dstImg, 0, 255, NORM_MINMAX);
    convertScaleAbs(dstImg, dstImg); //转换到8位图像
    imshow("3x3加权平均滤波结果", dstImg);
    //高斯平滑
    GaussianBlur(srcImg, dstImg, Size(11, 11), 2);
    imshow("11x11高斯平滑结果", dstImg);
    waitKey(0);
}
```

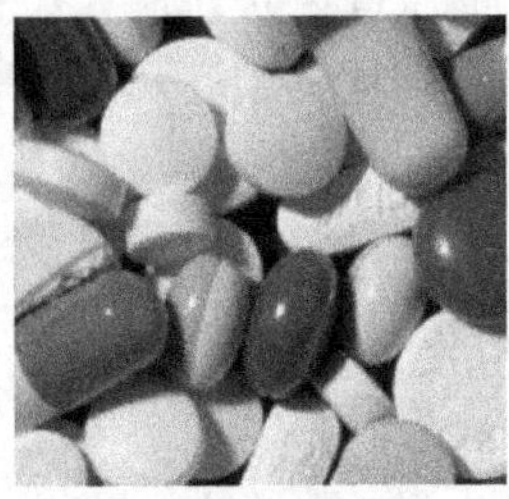
(a)原图像

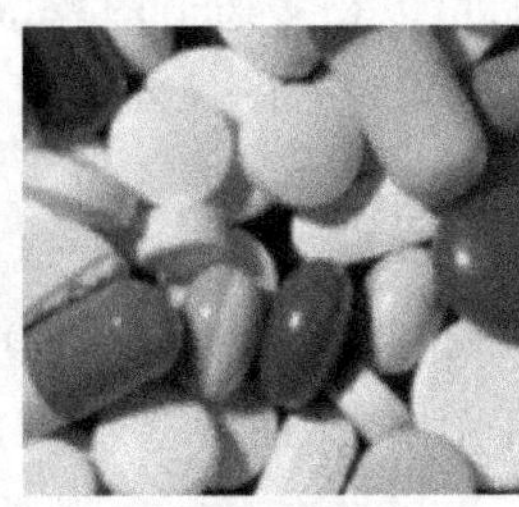
(b)3×3加权滤波

(c)11×11高斯平滑

图4.23　加权平均算子平滑结果

4.6.3　线性锐化滤波器

邻域平均或加权平均对应图像的局部积分操作,可以用来平滑图像;相反可以利用的局部微分操作,用来对图像进行锐化滤波。最简单的锐化滤波器就是线性锐化滤波器。

线性锐化滤波器上的微分通常定义在两相邻像素之间,对于二元图像函数$f(x,y)$一阶微分的定义是一个差值:

$$\begin{cases}\dfrac{\partial f(x,y)}{\partial x}=f(x+1,y)-f(x,y)\\ \dfrac{\partial f(x,y)}{\partial y}=f(x,y+1)-f(x,y)\end{cases}\tag{4-19}$$

二阶微分同样可以用差分来定义:

$$\begin{cases}\dfrac{\partial^2 f(x,y)}{\partial x^2}=\dfrac{\partial f(x,y)}{\partial x}-\dfrac{\partial f(x-1,y)}{\partial x}=f(x+1,y)+f(x-1,y)-2f(x,y)\\ \dfrac{\partial^2 f(x,y)}{\partial y^2}=\dfrac{\partial f(x,y)}{\partial y}-\dfrac{\partial f(x,y-1)}{\partial y}=f(x,y+1)+f(x,y-1)-2f(x,y)\end{cases}\tag{4-20}$$

数字图像的一阶微分和二阶微分通常有以下一些性质

(1)一阶微分处理通常会产生较宽的边缘,分别对应灰度变化区域;

(2)二阶微分处理对细节有较强的响应,如图像中的细线和孤立点;

(3)一阶微分处理一般对灰度阶梯有较强的响应；

(4)二阶微分处理对灰度级阶梯变化产生双响应，分别在变化的起点和终点。

在大多数应用中，对图像增强来说，二阶微分处理比一阶微分好一些，因为形成增强细节的能力好一些。最简单的二阶各向同性微分算子是拉普拉斯算子，一个二元图像$f(x,y)$的拉普拉斯变换定义为：

$$\nabla^2 f(x,y)=\frac{\partial^2 f(x,y)}{\partial x^2}+\frac{\partial^2 f(x,y)}{\partial y^2} \tag{4-21}$$

由式4-19、4-20可以得到二阶离散拉普拉斯算子的表达式如下：

$$\nabla^2 f(x,y)=f(x+1,y)+f(x-1,y)+f(x,y+1)+f(x,y-1)-4f(x,y) \tag{4-22}$$

式(4-22)所对应的滤波器模板如图4.24所示，这里两组系数互为相反数，都可以使用。

0	1	0
1	−4	1
0	1	0

0	−1	0
−1	4	−1
0	−1	0

图4.24　离散拉普拉斯变换对应的模板

对角线方向也可以加入到离散拉普拉斯变换中，则式(4-22)变成如下形式：

$$\begin{aligned}\nabla^2 f(x,y)=&f(x-1,y-1)+f(x,y-1)+f(x+1,y-1)+\\&f(x-1,y)+f(x+1,y)+f(x-1,y+1)+\\&f(x,y+1)+f(x+1,y+1)-8f(x,y)\end{aligned} \tag{4-23}$$

式(4-23)所对应的滤波器模板如图4.25所示：

1	1	1
1	−8	1
1	1	1

−1	−1	−1
−1	8	−1
−1	−1	−1

图4.25　包括对角线邻域的离散拉普拉斯变换模板

当拉普拉斯锐化模板与图像卷积时，在灰度值是常数或者变化很小的区域，其输出为0或很小；在图像灰度值变化较大的区域处，其输出会比较大，即将原图像灰度变化突出，达到锐化的效果。

单纯的锐化操作虽然会达到加强显示细节的效果，但是会丢失图像的背景。将原始图像和拉普拉斯图像叠加在一起，在保护锐化效果的同时，又能复原背景信息。这种方法对应的复合拉普拉斯变换公式可表示为下式：

$$g(x,y)=\begin{cases}f(x,y)-\nabla^2(f,y) & \text{如果拉普拉斯模板中心系数为负数}\\ f(x,y)+\nabla^2(f,y) & \text{如果拉普拉斯模板中心系数为正数}\end{cases} \tag{4-24}$$

复合拉普拉斯变换的滤波器模板如图4.26所示：

0	−1	0
−1	5	−1
0	−1	1

−1	−1	−1
−1	9	−1
−1	−1	−1

图4.26　复合拉普拉斯滤波器

OpenCV中采用cv::Laplacian()函数来实现对图像的拉普拉斯变换，默认采用的是图4.24左边的滤波器模板，其函数原型为：

```
void Laplacian(
    InputArray src, //输入图像
    OutputArray dst, //输出图像
    int ddepth, //输出图像的位宽
    int ksize = 1, //滤波器的半径,实际大小为(2ksize+1)×(2ksize+1)
    double scale = 1, //变换系数
    double delta = 0, //偏移量
    int borderType = BORDER_DEFAULT //边缘处理方式
);
```

图4.27是锐化滤波器滤波效果，其中(b)是拉普拉斯变换之后的图像，采用的图4.24中左边所示的滤波器模板，(c)是增强拉普拉斯变换之后的图像，采用的图4.26中的滤波器模板。从中可以看出，单纯的拉普拉斯变换图像，会对图像边缘进行增强，但是会丢失图像的整体灰度信息；复合拉普拉斯变换，在增强图像边缘的同时，也会保持图像的灰度信息，可以达到更好的视觉效果。

代码4-11　锐化滤波器增强实例

```
void SharpenImage()
{
    Mat srcImg = imread("pills.tif", IMREAD_GRAYSCALE);
    imshow("原图像", srcImg);
    Mat dstImg;
    Laplacian(srcImg, dstImg, CV_16S);
    convertScaleAbs(dstImg, dstImg);
    imshow("拉普拉斯变换之后的图像", dstImg);
    //复合拉普拉斯滤波器模板
    int A[3][3] = {-1, -1, -1, \
                   -1,  9, -1, \
                   -1, -1, -1 };
    //滤波器模板
    Mat kernel(3, 3, CV_16S, A);
    //对源图像进行加权平均滤波
    filter2D(srcImg, dstImg, CV_16S, kernel);
    convertScaleAbs(dstImg, dstImg);
    imshow("复合拉普拉斯增强变换之后的图像", dstImg);
    waitKey(0);
}
```

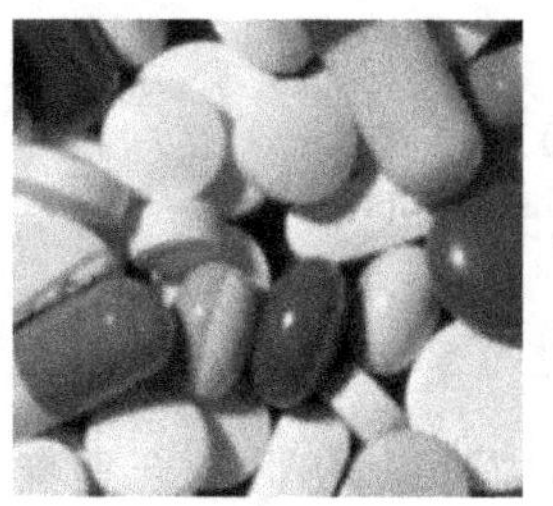
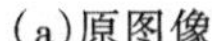

(a)原图像

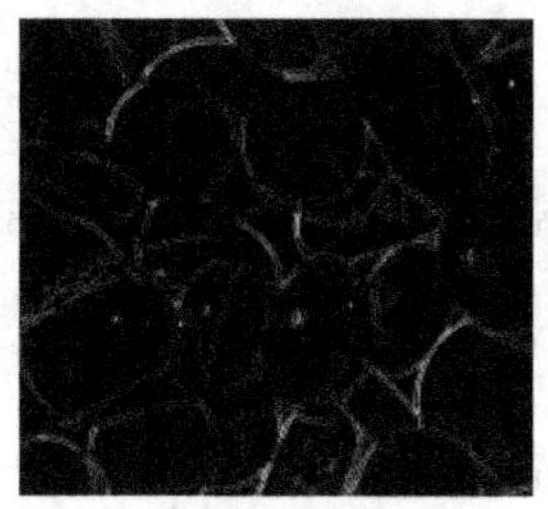

(b)拉普拉斯变换结果

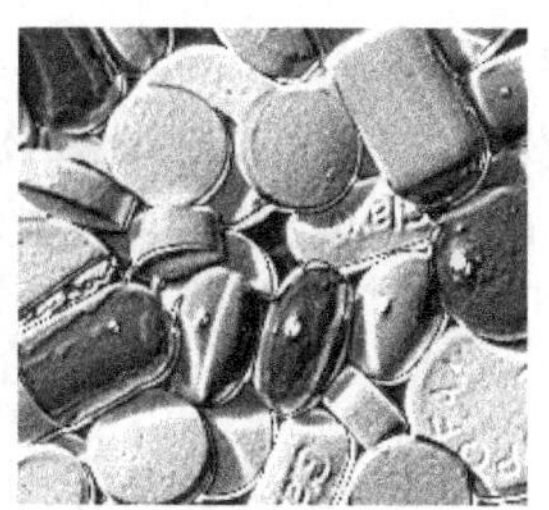

(c)复合拉普拉斯变换结果

图4.27 锐化滤波器滤波效果

4.6.4 非线性平滑滤波器

1.中值滤波

线性平滑滤波器在消除图像噪声的同时也会模糊图像的细节,利用非线性平滑滤波器可以在消除图像中噪声的同时较好地保持图像的细节。最常用的非线性平滑滤波器是中值滤波器。

二维中值滤波器的输出可以写为:

$$g_{median}(x,y)=\underset{(s,t)\in N(x,y)}{median}\left[f(s,t)\right] \tag{4-25}$$

上式中$f(x,y)$表示原图像上的一个点,其输出值为$g_{median}(x,y)$,$N(x,y)$表示当前点的邻域。

对一个所用模板尺寸大小为$n\times n$的中值滤波器,其输出值应大于等于模板中$(n^2-1)/2$个像素的值,又应小于等于模板中$(n^2-1)/2$个像素的值,即输出值应当是模板对应像素值的中间值,这也是中值滤波名称的由来。例如,如果中值滤波器使用5×5的模板,则此时中值是排行第13位的值。一般情况下,图像中尺寸小于模板尺寸一半的突变区域将会在滤波后被清除掉。

参照前面模板卷积的计算步骤,中值滤波可用如下步骤完成:

(1)将模板在图像中漫游,并将模板中心与图像中某个像素位置重合;

(2)读取模板下各对应像素的灰度值;

(3)将这些灰度值从小到大进行排序;

(4)找出这些值中排在中间的值;

(5)将这个中间值赋给对应模板中心位置的像素,作为输出结果。

中值滤波的主要功能就是让与周围像素灰度值的差比较大的像素改取与周围像素值接近的值,所以它对孤立的噪声像素的消除能力是很强的。由于它不是简单地取均值,所以产生的模糊比较少。换句话说,中值滤波器既能消除噪声又能保持图像的细节。

OpenCV中采用cv::medianBlur()函数对图像进行中值滤波,其内部的边缘处理方式默认为BORDER_REPLICATE,即采用边缘复制的方式处理边缘像素。如果输入图像是多通道图像,则对每个通道分别单独处理。其函数原型如下:

```
void medianBlur(
    InputArray src,   //输入图像,可以是1通道、3通道或4通道图像
```

```
    OutputArray dst, //输出图像,与输入图像大小和类型相同
    int ksize//滤波器半径大小,必须是奇数,可以是3、5、7等
);
```

代码4-12和图4.28演示了中值滤波的用法,从图4.28中可以看到,被严重椒盐噪声污染的图像,经过中值滤波之后,可以很好去除这些噪声。事实上,中值滤波经常用于去除突发的、随机的、孤立点的噪声点。

代码4-12 中值滤波代码

```
void MedianFilterImage()
{
    Mat srcImg = imread("pills_withsaltandpeppernoise.bmp", \
            IMREAD_GRAYSCALE);
    Mat dstImg;
    medianBlur(srcImg, dstImg, 3); //中值滤波
    imshow("3x3中值滤波结果", dstImg);
    waitKey(0);
}
```

(a)被椒盐噪声污染的图像

(b)中值滤波之后的图像

图4.28 图像中值滤波实例

2.双边滤波

双边滤波也是一种非线性滤波方法。出于减轻图像去噪后模糊的问题,双边滤波不仅考虑权重随着距离衰减,同样也认为像素值相差越多,所占的权重应该越小。双边滤波器也给每一个邻域像素分配一个加权系数。这些加权系数包含两个部分,第一部分加权方式与高斯滤波一样,第二部分的权重则取决于该邻域像素与当前像素的灰度差值。双边滤波时的权值由下式给出:

$$w\left(i,j,k,l\right)=\exp\left(-\frac{\left(i-k\right)^{2}+\left(j-l\right)^{2}}{2\sigma_{d}^{2}}-\frac{\left\|I\left(i,j\right)-I\left(k,l\right)\right\|^{2}}{2\sigma_{r}^{2}}\right) \tag{4-26}$$

上式中，$w(i,j,k,l)$表示以点(i,j)为滤波中心时，点(k,l)处的滤波模板系数。这个系数由高斯函数来决定，高斯函数包含两个部分，前面一部分考虑空间位置关系，即当点(k,l)靠近点(i,j)时，权值比较大，其滤波器参数为σ_d；后面一部分考虑像素间的灰度差值，其中$I(i,j)$和$I(k,l)$分别是点(i,j)、(k,l)处的灰度值，‖*‖表示2-范数计算，这部分滤波器参数为σ_r。

由式(4-26)计算出的权值系数需要进行归一化操作才能实际用于滤波操作，归一化后的滤波操作，公式为：

$$I_d\left(i,j\right)=\frac{\sum_{k,l}I\left(k,l\right)w\left(i,j,k,l\right)}{\sum_{k,l}w\left(i,j,k,l\right)} \tag{4-27}$$

式(4-27)中$I_d\left(i,j\right)$就是滤波之后的像素值。双边滤波的好处便是能够在去噪和抗模糊化中取得一种比较好的折中效果。为简单起见，滤波器参数σ_r和σ_d可以取相同的值，当这两个值比较小时(>10)，滤波器不会产生过多的效果；当这两个值较大时(<150)，滤波器会产生类似于卡通片的效果。

另外一方面，滤波器的大小(d的值)对速度影响很大。当d>5时，滤波器速度会很慢，所以对于一般实时操作，取d=5；对于离线操作，可以取d=9以获得良好的滤波效果。

OpenCV中双边滤波函数为cv::bilateralFilter()，其原型为：

```
void bilateralFilter(
    InputArray src, //输入图像，单通道或3通道图像
    OutputArray dst, //输出图像，格式与输入图像相同
    int d, //像素邻域的直径
    double sigmaColor, //颜色空间滤波器σ参数
    double sigmaSpace, //位置空间滤波器σ参数
    int borderType = BORDER_DEFAULT //边缘处理方式
);
```

代码4-13和图4.29演示了双边滤波结果。从图中可以看到，双边滤波结果对原图像的边缘信息保持得比较好。在sigma值较小时，滤波器的模糊效果不明显；当sigma值较大时，滤波器的模糊效果比较明显。

代码4-13 双边滤波代码

```
void MedianFilterImage()
{
    Mat srcImg = imread("pills.tif", IMREAD_GRAYSCALE);
    Mat dstImg;
    bilateralFilter(srcImg, dstImg, 9, 5, 5);
```

```
    imshow("sigma=5 双边滤波结果", dstImg);
    bilateralFilter(srcImg, dstImg, 9, 50, 50);
    imshow("sigma=50 双边滤波结果", dstImg);
    waitKey(0);
}
```

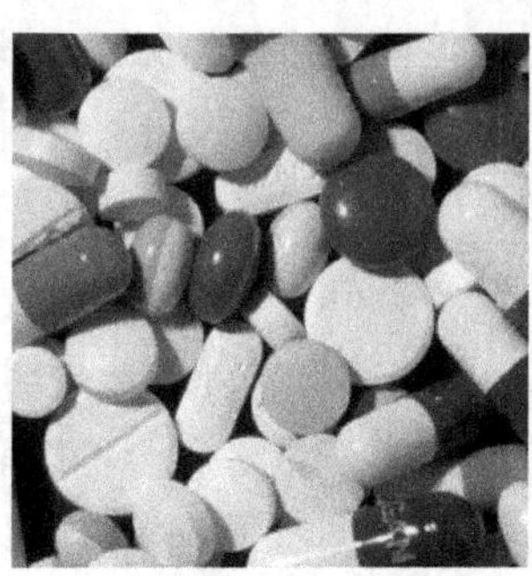

(a)d=9,sigma=5

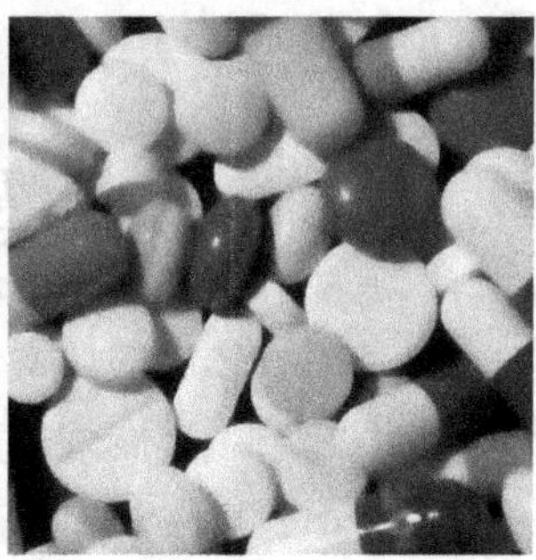

(b)d=9,sigma=50

图4.29 双边滤波实例

4.6.5 非线性锐化滤波器

非线性锐化滤波器常借助于图像的一阶微分来实现,微分结果的非线性组合可以用来构造非线性锐化滤波器。

图像处理中最常用的微分方法是利用梯度(基于一阶微分)。对于函数$f(x,y)$,其坐标(x,y)处的梯度定义为一个二维向量:

$$\nabla f(x,y)=\begin{bmatrix}G_x\\G_y\end{bmatrix}=\begin{bmatrix}\dfrac{\partial f(x,y)}{\partial x}\\\dfrac{\partial f(x,y)}{\partial y}\end{bmatrix} \tag{4-28}$$

在离散空间中,微分用差分实现,常用的Sobel梯度算子差分模板如图4.28所示:

−1	−2	−1
0	0	0
1	2	1

(a)x方向梯度模板

−1	0	1
−2	0	2
−1	0	1

(b)y方向梯度模板

图4.30 Sobel梯度算子模板

如图4.30所示的Sobel梯度算子模板,可以用来计算图像的梯度。

若使用如图4.31的符号来表示3×3区域的图像点,则中心点z_5表示$f(x,y)$,中心点对应的梯度可以表示为式(4-29):

$$\nabla f(x,y)\approx\left|(z_7+2z_8+z_9)-(z_1+2z_2+z_3)\right|+\left|(z_3+2z_6+z_9)-(z_1+2z_4+z_7)\right| \tag{4-29}$$

上式中前后两个部分,分别对应水平梯度模板和垂直梯度模板运算结果,相当于图4.30中两个梯度模板的叠加。

z_1	z_2	z_3
z_4	z_5	z_6
z_7	z_8	z_9

图4.31　3×3区域像素标记符号

OpenCV中采用cv::Sobel()函数来计算图像梯度,函数原型为:

```
void Sobel(
    InputArray src, //输入图像
    OutputArray dst, //输出图像
    int ddepth,     //输出图像的位宽
    int dx,         //x方向微分阶数
    int dy,         //y方向微分阶数
    int ksize = 3, //滤波器的大小,取值必须为1、3、5、7
    double scale = 1, //梯度计算结果的比例因子,默认为1
    double delta = 0, //梯度计算结果的偏移因子,默认为0
    int borderType = BORDER_DEFAULT//边缘处理方式
);
```

在这个函数中,如果取ksize=3,则当dx=1、dy=0时对应图4.30中的x方向梯度;当取dx=0、dy=1时对应图4.30中的y方向梯度;当取dx=1、dy=1时,对应式(4-28)中的一阶梯度计算。

代码4-14演示了Sobel梯度滤波结果,其结果如图4.32所示。从图中可以看到,x方向和y方向梯度分别会得到不同的图像。如果将x方向梯度和y方向梯度叠加,得到的梯度结果更为完整。

代码4-14　Sobel滤波器实例

```
void SobelImage()
{
    Mat srcImg = imread("lighthouse.bmp", IMREAD_GRAYSCALE);
    Mat xBorder, yBorder, bothBorder;
    //x方向
    Sobel(srcImg, xBorder, CV_16S, 1, 0, 3);
    convertScaleAbs(xBorder, xBorder); //转换到8位图像
    imshow("x方向sobel梯度", xBorder);
    Sobel(srcImg, yBorder, CV_16S, 0, 1, 3);
    convertScaleAbs(yBorder, yBorder); //转换到8位图像
    imshow("y方向sobel梯度", yBorder);
```

```
    //两个方向的梯度叠加
    addWeighted(xBorder, 0.5, yBorder, 0.5, 0, bothBorder);
    imshow("两个方向sobel梯度", bothBorder);
    waitKey(0);
}
```

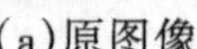
(a)原图像

(b)x方向梯度

(c)y方向梯度

(d)两方向梯度叠加

图4.32 Sobel梯度图像

4.6.6 空间滤波中的边缘扩展方式

如4.6.1所示空间滤波采用的是模板运算。模板运算的操作过程在于不断移动模板，将模板系数与图像区域重叠，以得到模板中心位置所对应像素的响应值。如果模板覆盖区域像素都位于图像内部，则模板所覆盖区域都有像素值与其对应；但是如果模板区域像素有一部分位于图像外部，则没有像素值与这些模板系数对应。这时候就需要对原图像边缘区域进行扩展，以便于模板运算能够覆盖整个图像的所有像素。

OpenCV对图像边缘的扩展处理方式，有7种处理方式，如表4-3所示：

表4-3 OpenCV图像边缘扩展处理方式

值	BorderTypes	处理方式
0	BORDER_CONSTANT	以常数填充边缘
1	BORDER_REPLICATE	复制边缘像素填充
2	BORDER_REFLECT	以边缘为轴，镜像复制边界像素
3	BORDER_WRAP	以行、列或对角线为周期进行复制
4	BORDER_REFLECT_101	以最边缘像素为轴对称填充
6	BORDER_REFLECT101	等同BORDER_REFLECT_101
7	BORDER_DEFAULT	等同BORDER_REFLECT_101

图4.33以实例的方式说明了图像中的各种边缘处理方式。在实际计算中，可以利用cv::copyMakeBorder()函数来对图像边缘进行扩展，此函数的原型为：

```
void copyMakeBorder(
    InputArray src, //原图像
    //处理结果,大小为Size(src.cols+left+right,src.rows+top+bottom)
    OutputArray dst,
    int top, //上面填充像素行数
    int bottom, //下面填充的像素行数
    int left,  //左边填充的像素列数
    int right, //右边填充的像素列数
    int borderType, //边缘像素处理方式
    //如果处理方式选BORDER_CONSTANT时,边缘像素的值
    const Scalar& value = Scalar()
);
```

cv::copyMakeBorder()函数是将原图像src中的像素值拷贝到目标图像dst中,并且在dst的上下左右边缘扩充像素,所以目标图像的尺寸与原图像的尺寸有可能不一致。borderType参数决定了如何计算扩充边缘的像素值。扩充边缘的大小由top,bottom,left和right这4个参数来决定,分别表示上面扩充的行数、下面扩充的行数、左边扩充的列数、右边扩充的列数。

1	2	3	4
5	6	7	8
9	10	11	12
13	14	15	16

(a)原图像(4×4)

1	1	1	2	3	4	4	4
1	1	1	2	3	4	4	4
1	1	1	2	3	4	4	4
5	5	5	6	7	8	8	8
9	9	9	10	11	12	12	12
13	13	13	14	15	16	16	16
13	13	13	14	15	16	16	16
13	13	13	14	15	16	16	16

(b)BORDER_REPLICATE

6	5	5	6	7	8	8	7
2	1	1	2	3	4	4	3
2	1	1	2	3	4	4	3
6	5	5	6	7	8	8	7
10	9	9	10	11	12	12	11
14	13	13	14	15	16	16	15
14	13	13	14	15	16	16	15
10	9	9	10	11	12	12	11

(c)BORDER_REFLECT

11	12	9	10	11	12	9	10
15	16	13	14	15	16	13	14
3	4	1	2	3	4	1	2
7	8	5	6	7	8	5	6
11	12	9	10	11	12	9	10
15	16	13	14	15	16	13	14
3	4	1	2	3	4	1	2
7	8	5	6	7	8	5	6

(d)BORDER_WRAP

11	10	9	10	11	12	11	10
7	6	5	6	7	8	7	6
3	2	1	2	3	4	3	2
7	6	5	6	7	8	7	6
11	10	9	10	11	12	11	10
15	14	13	14	15	16	15	14
11	10	9	10	11	12	11	10
7	6	5	6	7	8	7	6

(e)BORDER_REFLECT_101

0	0	0	0	0	0	0	0
0	0	0	0	0	0	0	0
0	0	1	2	3	4	0	0
0	0	5	6	7	8	0	0
0	0	9	10	11	12	0	0
0	0	13	14	15	16	0	0
0	0	0	0	0	0	0	0
0	0	0	0	0	0	0	0

(f)BORDER_CONSTANT

图4.33 图像中的各种边缘处理方式

4.7 图像修复

图像特别是照片可能因为各种各样的原因造成损坏,或留有划痕,图像修复可以部分消除这些损坏的图像。图像修复通过摄取被损坏区域边缘的色彩和纹理,然后传播混合至损坏区域的内部。待修复区域应当不是很密集,并且损坏区域周边残留很多源图中的纹理和色彩,如果损坏区域过大,则不容易得到理想的结果。

OpenCV中提供cv::inpaint()函数来做图像修复,其函数原型为:

```
void inpaint(
    InputArray src, //输入图像,8位单通道或3通道
    InputArray inpaintMask, //8位单通道mask图像,待修复区域ROI
    OutputArray dst,//输出图像
    double inpaintRadius, //修复时考虑周围像素的半径
    int flags //修复方法,选择INPAINT_TELEA或INPAINT_NS
);
```

这里输入图像必须是8位的灰度图像或彩色图像。inpaitMask是一个8位的单通道图像,大小与src相同,待修复区域的像素值被标记为非0值,其他区域被标记为0值。实际应用时,可以用手工交互方法选取inpaintMask区域,然后结合二值化方法对要修复的像素进行标记。dst为输出图像,与src大小和位深度都相同。inpaintRadius是修复时要考虑的周围像素的半径大小,过大的数值会导致周围像素出现模糊。参数flags决定修复的方法,可以选择INPAINT_NS(Navier-Stokes方法)或INPAINT_TELEA(A.Telea's方法)。

代码4-15演示了使用cv::inpaint()函数修复图像的实例。原图像中具有人工涂画的文字和线条(图4.34(a)),这些线条可以使用简单的阈值方法进行分割,分割的结果显示在图4.34(b)中。虽然简单的阈值方法并不能非常精确地得到mask图像(mask图像中有一些可见的不规则噪声),但还是很成功地将图像中的划痕去掉了,然后得到了比较理想的效果,见图4.34(c)。

代码4-15　图像修复实例

```
void InpaintExample()
{
    cv::Mat srcImg = imread("Parrot_lines.bmp", IMREAD_COLOR);
    cv::imshow("原图像", srcImg);
    cv::Mat dstImg;
    cv::Mat maskImg;
    //把彩色图像转换到灰度图像
    cv::cvtColor(srcImg, maskImg, COLOR_BGRA2GRAY);
    //根据灰度值,通过阈值化处理生成Mask
    threshold(maskImg, maskImg, 250, 255, THRESH_BINARY);
    Mat Kernel = getStructuringElement(MORPH_RECT, Size(3, 3));
    dilate(maskImg, maskImg, Kernel);  //对Mask膨胀处理
    imshow("mask", maskImg);
    //执行修复操作
    inpaint(srcImg, maskImg, dstImg, 3, INPAINT_TELEA);
    imshow("目标图像", dstImg);
    waitKey(0);
}
```

(a)有划痕的图像

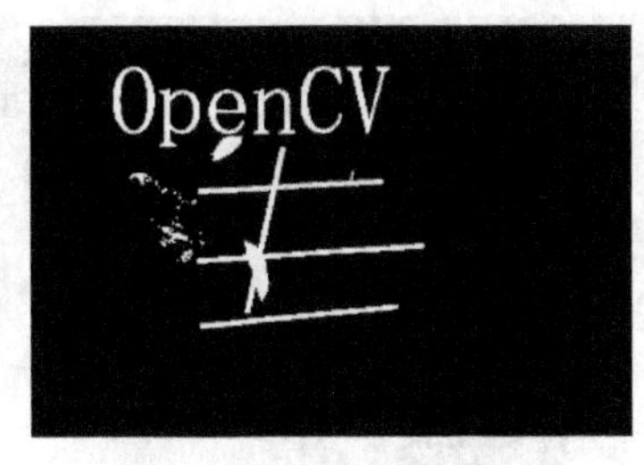

(b)mask图像

(c)修复的图像

图4.34　图像修复实例

4.8　总结

灰度变换和空间滤波是最基本的数字图像处理方法,有着直观的数学意义和算法解释。OpenCV中提供了丰富的空间域数字图像处理函数,利用这些函数,可以对数字图像进行初步的处理。本章提供的函数和算法,在后面的学习中将会经常用到,需要对这些技术和方法熟练掌握。

4.9 实习题

(1)如图4.35所示是一幅脸部图像,请用拉普拉斯算法找出图像中瞳孔的位置。

图4.35 脸部图像

(2)背光图像增强。如图4.36所示是一张背光图像。大多数相机都会拍到这样的照片:光照的地方曝光良好,但阴影区太暗;或者阴影区曝光正常,但光照的地方曝光过度。创建一个自适应滤波器调节图像的平衡,也就是提升灰暗区域的强度,降低明亮区域的亮度。

图4.36 背光图像

第5章

频域图像处理

虽然空间域数字图像处理提供了很多有用的方法,但是很多时候通过图像变换来处理更加容易。图像变换是将图像从空间域变换到某变换域(如傅里叶变换中的频域)的数字变换,在变换域中进行处理,然后通过反变换把处理结果返回到空间域。所有形式的图像变换都要求是二维可逆的正交变换,除了常用的傅里叶变换,还有离散余弦变换、沃尔什-哈达玛变换、斜变换、霍特林变换、哈尔变换、小波变换等,本课程仅介绍傅里叶变换。

图像变换的意义在于以下几个方面:

(1)图像在空间域上具有很强的相关性,借助于正交变换可使在空间域的复杂计算转换到频域后得到简化。图像的变换过程类似于数学上的去相关处理,在空间域相互交叉难以描述的特征,在频域往往可以得到更为直观的表达。

(2)借助于频域特性的分析,将更有利于获得图像的各种特性和对图像进行特殊处理。利用频率成分和图像显示之间的对应关系,一些在空间域表达困难的图像增强或图像复原任务,在频域中变得非常普通。

(3)理论上可以在频率域指定滤波器,通过反变换,以其空间域响应作为构建空间滤波器的指导。一旦通过频域实验选择了空间滤波器,具体实施可在空间域进行。

如果不了解傅里叶变换和图像频域处理中的基本知识,要彻底理解数字图像处理这门技术也是不太可能的。本章从二维傅里叶变换开始,阐述二维离散傅里叶变换的基本性质,以及频域中的各种数字图像处理方法。

5.1 二维DFT及其反变换

傅里叶变换是将时域信号分解为不同频率的正弦信号或余弦信号叠加之和的一种数学处理方式,也称为对信号的频谱分析。时域分析只能反映信号的幅值随时间变化的情况,除单频率分量的简谐波外,很难对信号频率的组成及各频率分量的大小进行详细分析;而信号的频谱分析提供了比时域信号波形更直观、更丰富的信息。

5.1.1 二维DFT和IDFT定义

令 $f(x,y)$ 表示一幅大小为 $M\times N$ 的图像，其中 $x=0,1,2,\cdots,M-1,y=0,1,2,\cdots,N-1$,则其傅里叶变换 $F(u,v)$表示为：

$$\Im[f(x,y)]=F(u,v)=\sum_{x=0}^{M-1}\sum_{y=0}^{N-1}f(x,y)e^{-j2\pi(ux/M+vy/N)} \tag{5-1}$$

上式中 $\Im[\bullet]$表示傅里叶变换,$F(u,v)$是傅里叶变换结果；而 $u=0,1,2,\cdots,M-1$和 $v=0,1,2,\cdots,N-1$。$F(u,v)$的坐标构成了频域系统,其中 u 和 v 是频率变量。此变换是在数字图像的二维离散域上进行的,所以也被称为离散傅里叶变换(Discrete Fourier Transform,缩写为DFT)。

利用欧拉公式可以计算傅里叶变换,欧拉公式为：

$$e^{jx}=\cos x+j\sin x \tag{5-2}$$

二维离散傅里叶逆变换IDFT(Inverse Discrete Fourier Transform)由下式给出：

$$f(x,y)=\frac{1}{MN}\sum_{u=0}^{M-1}\sum_{v=0}^{N-1}F(u,v)e^{j2\pi(ux/M+vy/N)} \tag{5-3}$$

$F(u,v)$在这里称为傅里叶系数。在原点处的傅里叶系数 $F(0,0)$称为直流分量,是 $f(x,y)$的像素和：

$$F(0,0)=\sum_{x=0}^{M-1}\sum_{y=0}^{N-1}f(x,y) \tag{5-4}$$

傅里叶变换的频谱定义为：

$$|F(u,v)|=\left[R^2(u,v)+I^2(u,v)\right]^{1/2} \tag{5-5}$$

其中 $R(u,v)$是 $F(u,v)$的实部,而 $I(u,v)$是 $F(u,v)$的虚部。傅里叶频谱也被称为幅度谱。

傅里叶变换的相位谱定义为：

$$\varphi(u,v)=\arctan[I(u,v)/R(u,v)] \tag{5-6}$$

傅里叶变换的功率谱为：

$$P(u,v)=|F(u,v)|^2=R^2(u,v)+I^2(u,v) \tag{5-7}$$

5.1.2 二维DFT的中心化操作

由于傅里叶变换的周期性,如果直接对原图像进行傅里叶变换,则在变换之后的 $M\times N$区域内得到的是4个紧邻的1/4周期,这4个1/4周期交汇于区域中心。即原始的傅里叶变化结果中,4个角和4条边对应着频谱中的低频分量,区域中心对应着频谱中的高频分量。

通常在进行傅里叶变换之前用 $(-1)^{x+y}$乘以输入的图像函数来进行中心化操作。由于指数的性质,很容易得到：

$$\Im\left[f(x,y)(-1)^{x+y}\right]=F\left(u-\frac{M}{2},v-\frac{N}{2}\right) \tag{5-8}$$

式(5-8)说明 $f(x,y)(-1)^{x+y}$傅里叶变换的原点 $F(0,0)$被设置在 $u=\frac{M}{2}$和 $v=\frac{N}{2}$上。换句话说,用 $(-1)^{x+y}$乘以 $f(x,y)$将 $F(u,v)$原点变换到频率坐标下的$(\frac{M}{2},\frac{N}{2})$,它是二维

DFT设置的$M \times N$区域的中心。将此频域的范围指定为频率矩形，它从$u=0$到$u=M-1$，从$v=0$到$v=N-1$(u,v是整数，是频率变量)。为了确保移动后的坐标为整数，要求M和N为偶数。

经过这样操作之后，就可以实现二维DFT的中心化，即在最后的频谱中，低频分量位于频率矩形的中心，而高频分量位于频率矩形的4个角。

5.1.3 OpenCV中DFT和IDFT的实现

OpenCV中使用cv::dft()函数来计算图像的傅里叶变换与反变换，函数原型为：

```
void dft(
    InputArray src, //输入图像，可以是实数也可以是复数
    OutputArray dst, //输出矩阵，与src相同的数据类型
    int flags = 0, //变换类型和输出控制，其取值请见表5-1
    int nonzeroRows = 0 //非零行的个数
);
```

表5-1 cv::dft()函数中flags参数取值

flags参数类型	取值	参数含义与用法
默认值	0	计算傅里叶变换
DFT_INVERSE	1	计算傅里叶反变换
DFT_SCALE	2	将计算结果除以元素总个数
DFT_ROWS	4	对输入的每行数据分别计算傅里叶变换
DFT_COMPLEX_OUTPUT	16	计算结果输出的是一个复数矩阵
DFT_REAL_OUTPUT	32	计算结果输出的是一个实数矩阵
DFT_COMPLEX_INPUT	64	输入是一个复数矩阵

上述flags参数标记可以组合使用，以达到各种不同的计算要求。

代码5-1中，首先加载灰度图像，并对其进行中心化操作，然后对其进行傅里叶变换，最后对得到的傅里叶变换结果进行实部和虚部分离，并计算得到幅度谱。由于幅度谱的值大小相差较大，为了在同一幅图像中显示出来，首先对其进行对数变换，然后转换到0~255的灰度值范围内进行显示。代码5-1的运行结果如图5.1所示。

DFT变换的性能，并不是输入大小的单调函数，由于OpenCV中采用快速傅里叶变换(Fast Fourier Transform，FFT)来计算DFT，所以在某些特定尺寸上DFT的速度最快。当输入大小是2的倍数时，DFT变换的性能更高；或者当输入大小是2、3和5这3个数字的乘积时，DFT变换的性能也很高。代码5-1中，用到了函数cv::getOptimalDFTSize()，其作用是根据输入的数值，确定最佳的傅里叶变换尺寸大小。实际计算时通常采用cv::copyMakeBorder()函数对原图像边缘加0的方式来使得一个新的图像，新的图像其尺寸符合上述性质，在新的图像上进行的DFT速度要快得多。函数cv::magnitude()用来计算二维向量的幅度谱，而函数

cv::phase()用来计算二维向量的相位谱，输入的是傅里叶变换结果的实部和虚部。如图5.1所示是代码5-1得到的幅度谱和相位谱。

代码5-1 图像傅里叶变换实例

```
void ImageDFT()
{
    Mat input = imread("kodim03.png", IMREAD_GRAYSCALE);
    imshow("原图像", input);
    int w = getOptimalDFTSize(input.cols); //获得最佳DFT宽度
    int h = getOptimalDFTSize(input.rows); //获得最佳DFT高度
    Mat padded;
    //输入图像拷贝到padded图像中，并对超出的图像补0
    copyMakeBorder(input, padded, 0, h - input.rows, \
        0, w - input.cols, BORDER_CONSTANT, Scalar::all(0));
    imshow("padded", padded);
    //将输入的图像转换为float类型
    padded.convertTo(padded, CV_32FC1);
    //中心化操作, f(x,y) = f(x,y)*Pow(-1, x+y);
    for (int i = 0; i<padded.rows; i++) {
        float *ptr = padded.ptr<float>(i);
        for (int j = 0; j<padded.cols; j++)
            ptr[j] *= pow(-1, i + j);
    }
    //plane有两个平面，分别用来存储复数的实数部分和虚数部分
    Mat plane[] = { padded, Mat::zeros(padded.size(), CV_32FC1) };
    Mat complexImg;
    merge(plane, 2, complexImg);
    dft(complexImg, complexImg); //傅里叶变换
    split(complexImg, plane);
    Mat matMag, matPha;
    //计算傅里叶变换的幅度谱
    magnitude(plane[0], plane[1], matMag);
    //计算傅里叶变换的相位谱
    phase(plane[0], plane[1], matPha);
    //所有元素都加1，以保证在做对数变换时最小值是0
    matMag+=Scalar::all(1);
    //对幅值做对数变换
    log(matMag, matMag);
    //做归一化操作
```

```
    normalize(matMag, matMag, 0, 255, NORM_MINMAX);
    normalize(matPha, matPha, 0, 255, NORM_MINMAX);
    convertScaleAbs(matMag, matMag);
    convertScaleAbs(matPha, matPha);
    imshow("幅度谱", matMag);
    imshow("相位谱", matPha);
    waitKey(0);
}
```

(a)原图像

(b)原始傅里叶变换的频谱

(c)中心化操作之后的频谱

(d)中心化操作之后的相位谱

图5.1　图像傅里叶变换

5.2　二维DFT的性质

设$f(x,y)$和$F(u,v)$构成一对傅里叶变换，即

$$f\left(x,y\right)\Leftrightarrow F\left(u,v\right) \tag{5-9}$$

则有以下一些性质成立。

5.2.1　平移性质

傅里叶变换的平移性质可以写成以下两式（a,b,c和d均为标量）

$$f(x-a,y-b) \Leftrightarrow e^{-j2\pi(au+bv)}F(u,v) \tag{5-10}$$

$$F(u-c,v-d) \Leftrightarrow e^{j2\pi(cx+dy)}f(x,y) \tag{5-11}$$

式(5-10)表明将$f(x,y)$在空间域平移，相当于把其傅里叶变换在频域与一个指数项相乘。式(5-11)表明将$f(x,y)$在空间域与一个指数项相乘，相当于把其傅里叶变换在频域平移。另外，由于上两式中的指数项只影响相位，不影响幅值，所以对$f(x,y)$的平移不影响其傅里叶变换的幅值。

图5.2是图像平移实例。在图5.2(a)中，白色方块位于左上角；而在图5.2(b)中，白色方块位于图像中心。图(c)和图(d)分别是两张图像中心化之后的幅度谱，图(e)和图(f)分别是两张图像中心化之后的相位谱。从中可以看出，图像平移之后，其幅度谱与原图像是相同的，但是相位谱与原图像有所差异。

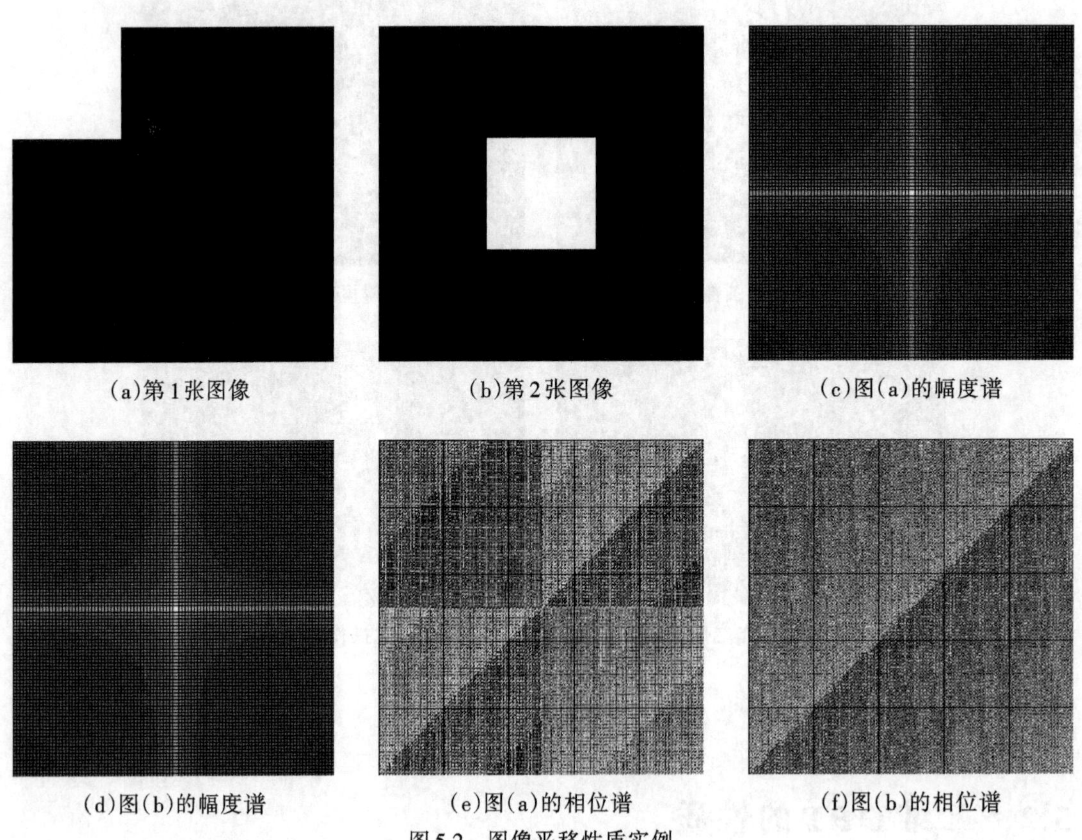

(a)第1张图像　(b)第2张图像　(c)图(a)的幅度谱

(d)图(b)的幅度谱　(e)图(a)的相位谱　(f)图(b)的相位谱

图5.2　图像平移性质实例

5.2.2　旋转性质

为了考察傅里叶变换的旋转性质，需要引入极坐标系：

$$x=r\cos\theta,\ y=r\sin\theta,\ u=\omega\cos\varphi,\ v=\omega\sin\varphi$$

则$f(x,y)$和$F(u,v)$分别变成$f(r,\theta)$和$F(\omega,\varphi)$。在傅里叶变换的定义中直接替换得到：

$$f(r,\theta+\theta_0) \Leftrightarrow F(\omega,\varphi+\theta_0) \tag{5-12}$$

从式(5-12)可以看到,原图像以θ_0角度旋转,则傅里叶变换之后的频谱也以相同角度旋转,如图5.3所示。

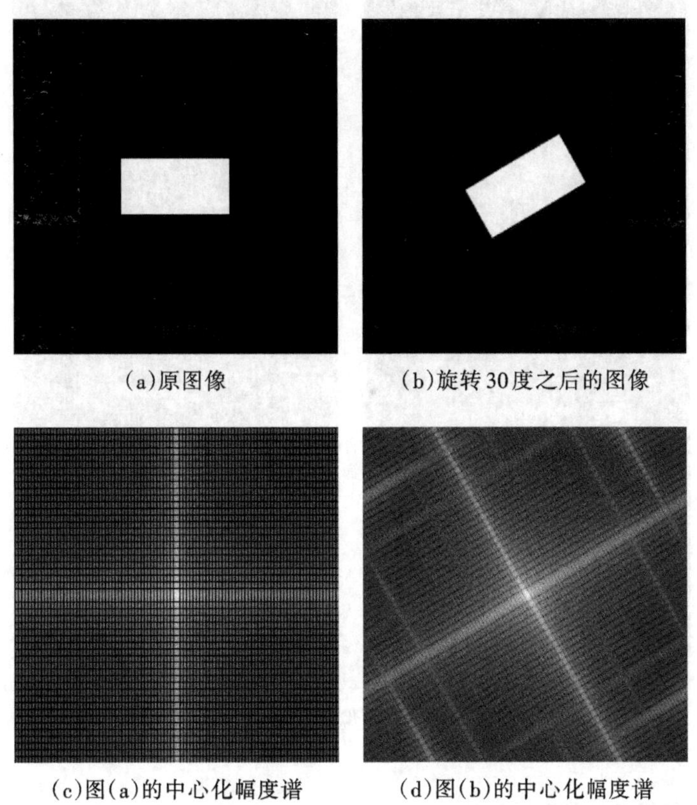

(a)原图像　(b)旋转30度之后的图像

(c)图(a)的中心化幅度谱　(d)图(b)的中心化幅度谱

图5.3　图像旋转实例

5.2.3 比例变换特性

傅里叶变换在幅度变化和尺度变化时的性质,可用下列两式表示(其中a和b均为标量):

$$af(x,y) \Leftrightarrow aF(u,v) \tag{5-13}$$

$$f(ax,by) \Leftrightarrow \frac{1}{|ab|}F\left(\frac{u}{a},\frac{v}{b}\right) \tag{5-14}$$

上两式表明,对$f(x,y)$在幅度方面的成比例缩放导致对其傅里叶变换$F(u,v)$在幅度方面的相同比例缩放;而对$f(x,y)$在空间尺度方面的变化(对应x,y坐标的缩放)则导致对其傅里叶变换$F(u,v)$在频域尺度方面的相反方向缩放。式(5-14)还表明,对$f(x,y)$的收缩(对应$a>1$,$b>1$)不仅导致$F(u,v)$的膨胀,而且会使$F(u,v)$的幅度减小。

如图5.4所示,可以看到随着中心白色方块的加大(对应尺度减小),其中心化频谱网格在频谱空间缩小,同时傅里叶频谱的幅度也加大了(表现在中心点更亮)。

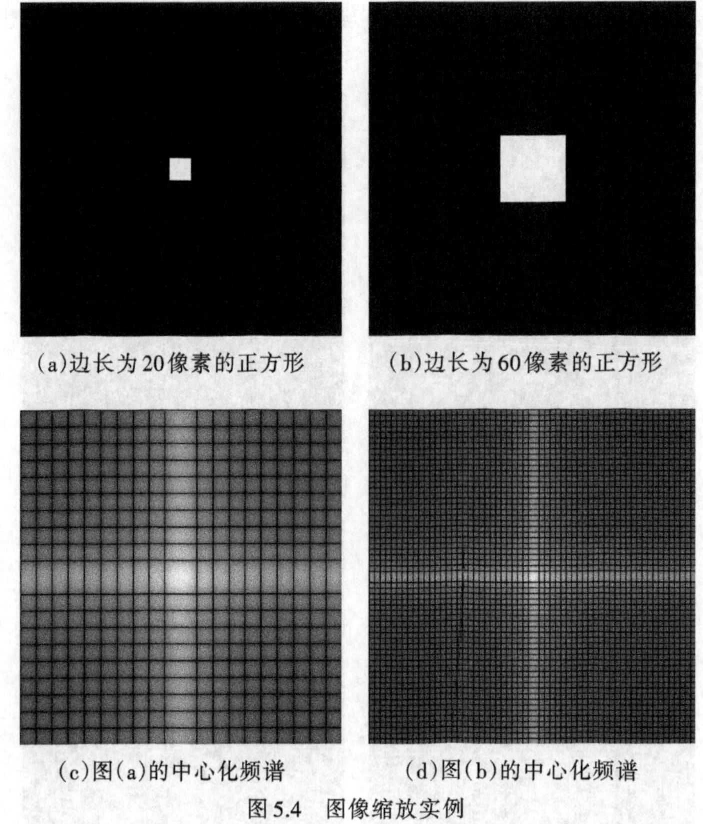

(a)边长为20像素的正方形　(b)边长为60像素的正方形

(c)图(a)的中心化频谱　(d)图(b)的中心化频谱

图5.4　图像缩放实例

5.2.4　周期性和对称性

对于大小为$M \times N$的图像$f(x,y)$与其傅里叶变换$F(u,v)$,有如下周期性性质:

$$F(u,v)=F(u+M,v)=F(u,v+N)=F(u+M,v+N) \tag{5-15}$$

反变换也是周期性的:

$$f(x,y)=f(x+M,y)=f(x,y+N)=f(x+M,y+N) \tag{5-16}$$

由傅里叶变换的基本公式以及复共轭的性质可以得到:

$$F(u,v)=F^*(-u,-v) \tag{5-17}$$

其中$F^*(u,v)$是$F(u,v)$的复共轭。所以可以得到下式:

$$|F(u,v)|=|F^*(-u,-v)| \tag{5-18}$$

即傅里叶变换的频谱也是关于原点对称的。

5.2.5　卷积定理

大小为$M \times N$的两个函数$f(x,y)$和$g(x,y)$的离散卷积表示为$f(x,y)*g(x,y)$,由下面的表达式所定义:

$$f(x,y)*g(x,y)=\frac{1}{MN}\sum_{m=0}^{M-1}\sum_{n=0}^{N-1}f(m,n)g(x-m,y-n) \tag{5-19}$$

卷积定理指出：两个函数在空间域的卷积与它们的傅里叶变换在频域的乘积构成一个傅里叶变换对(式5-20)，而两个函数在空间的乘积与它们的傅里叶变换在频域的卷积构成一个傅里叶变换对(式5-21)：

$$f(x,y)*g(x,y) \Leftrightarrow F(u,v)G(u,v) \tag{5-20}$$

$$f(x,y)g(x,y) \Leftrightarrow F(u,v)*G(u,v) \tag{5-21}$$

卷积是空间域运算和频域运算之间的纽带，可以把空间域的滤波运算转换成频域的相乘运算。

5.2.6 相关定理

两个函数$f(x,y)$和$g(x,y)$的相关性定义如下：

$$f(x,y)\circ g(x,y)=\frac{1}{MN}\sum_{m=0}^{M-1}\sum_{n=0}^{N-1}f^*(m,n)g(x+m,y+n) \tag{5-22}$$

这里f^*表示f的复共轭，一般处理的是实函数(图像)，则有$f^*=f$。

相关定理指出：两个函数在空间的相关与它们的傅里叶变换(其中一个为其复共轭)在频域上的乘积构成一对变换，而两个函数(其中一个为其复共轭)在空间的乘积与它们的傅里叶变换在频域的相关构成一对变换：

$$f(x,y)\circ g(x,y) \Leftrightarrow F^*(u,v)G(u,v) \tag{5-23}$$

$$f^*(x,y)g(x,y) \Leftrightarrow F(u,v)\circ G(u,v) \tag{5-24}$$

如果$f(x,y)$和$g(x,y)$是同一个函数，则称为自相关；如果$f(x,y)$和$g(x,y)$不是同一个函数，则称为互相关。

相关的重要用途在于图像匹配。在匹配中，$f(x,y)$是一幅包含物体或区域的图像，如果想要确定$f(x,y)$是否包含有感兴趣的物体或区域$g(x,y)$，则可以让$f(x,y)$与$g(x,y)$做相关运算，如果匹配，则两个函数的相关值会在$g(x,y)$找到$f(x,y)$中相应点的位置上达到最大。

5.3 频域滤波过程

频域滤波以5.2.5节所述卷积定理为基础，即采用式(5-20)来进行频域滤波。但是实际操作中，需要注意一系列问题。

5.3.1 混叠误差与周期拓展

由5.2.4节可以看到，DFT变换中默认把输入函数看成周期性的，并且周期等于函数的长度。在利用式(5-20)在频域内进行卷积滤波时，若不考虑周期性问题，将会出现混叠误差，其结果就是在图像边缘有数据错误，在图像结尾将丢失数据。

解决混叠误差的办法是对原图像进行周期延拓。设$f(x,y)$大小为$A\times B$，$g(x,y)$大小为$C \times D$。将$f(x,y)$与$g(x,y)$分别在x方向与y方向进行填0延拓，以具有相同的周期。设x方向周期为P,y方向周期为Q，则当P、Q满足下式时，$f(x,y)$和$g(x,y)$的卷积会消除混叠现象：

$$\begin{cases} P \geqslant A + C - 1 \\ Q \geqslant B + D - 1 \end{cases} \tag{5-25}$$

若滤波器$g(x,y)$大小未知，则一般可取$f(x,y)$的长宽的2倍分别作为P、Q的大小。

扩展$f(x,y)$和$g(x,y)$形成如下周期性系列：

$$f_e(x,y) = \begin{cases} f(x,y) & 0 \leqslant x \leqslant A-1 \text{且} 0 \leqslant y \leqslant B-1 \\ 0 & A \leqslant x \leqslant P \text{或} C \leqslant y \leqslant Q \end{cases} \tag{5-26}$$

$$g_e(x,y) = \begin{cases} g(x,y) & 0 \leqslant x \leqslant C-1 \text{且} 0 \leqslant y \leqslant D-1 \\ 0 & C \leqslant x \leqslant P \text{或} D \leqslant y \leqslant Q \end{cases} \tag{5-27}$$

$f(x,y)$是图像，则对其可以简单填0，扩充到$P \times Q$大小，将$f(x,y)$放置在图像左上角，然后进行傅里叶变换得到$F(u,v)$。$g(x,y)$是滤波器，若是空间域滤波器，则将其直接扩充填0，再傅里叶变换即可得到$G(u,v)$；若是频域滤波器，则要对其进行傅里叶反变换，用0延拓，然后再进行傅里叶正变换得到$G(u,v)$。

若对图像边缘的滤波结果不做精确要求，也可以不考虑混叠误差的影响，直接在原图像上进行滤波处理。

5.3.2 从空间域滤波器得到频域滤波器

有时候需要在频域内观察各种空间域滤波器的性质，这时候可以从空间域滤波器直接得到频域滤波器。其基本步骤有：

(1)首先构造目标大小的空间滤波器h,初始化为0；

(2)然后将指定的空间域滤波器系数赋值到左上角；

(3)对h滤波器进行中心变换(此步骤可选)；

(4)对中心化后的h进行傅里叶变换即可以得到频域滤波器H。

代码5-2演示了从空间域滤波器(3×3均值滤波器)直接构造频域滤波器的过程，函数CustomFilter()最后得到的H变量即要求的频域滤波器。

代码5-2 从空间域滤波器直接构造频域滤波器

```
void CustomFilter()
{
    //目标滤波器的大小为300×300
    Mat averageBlur(Size(300,300), CV_32FC1, Scalar(0, 0));
    //对应的空间滤波器是3×3均值滤波器
    //将空间滤波器的系数值复制到目标滤波器左上角
    for (int i = 0; i< 3; i++){
        float *p = averageBlur.ptr<float>(i);
```

```
        for (int j = 0; j< 3; j++) {
            p[j] = 1.0f/9; //1/9是3x3均值滤波器的系数值
        }
    }
    //对空间域滤波器进行中心化处理
    for (int i = 0; i<averageBlur.rows; i++) {
        float *ptr = averageBlur.ptr<float>(i);
        for (int j = 0; j<averageBlur.cols; j++)
            ptr[j] *= pow(-1, i + j);
    }
    //plane有两个平面,分别用来存储复数的实数部分和虚数部分
    Mat plane[] = { averageBlur, Mat::zeros(averageBlur.size(), CV_32FC1) };
    Mat H;//H就是所求的频域滤波器
    merge(plane, 2, H);
    dft(H, H); //空间域滤波器做傅里叶变换就得到频域滤波器
    return;
}
```

5.3.3 直接生成频域滤波器

在图像的频域滤波处理中,更常见的情况是没有或很难描述对应的空间滤波器,而是在频域内直接生成滤波器。

如前所述,图像经过二维傅里叶变换后,默认情况下,频率矩形的原点在左上角,低频区域位于频率矩形的4个角,高频区域位于频率矩形的中心。为了直接生成频域滤波器,必须计算频率矩形中每个点到原点的距离,可以使用下列公式来计算:

$$U=\begin{cases} u & 0\leqslant u\leqslant \dfrac{M}{2} \\ u-M & u>\dfrac{M}{2} \end{cases}(u=0,1,2\cdots M)$$

$$V=\begin{cases} v & 0\leqslant v\leqslant \dfrac{N}{2} \\ v-N & v>\dfrac{N}{2} \end{cases}\quad(v=0,1,2\cdots N)$$

$$D(u,v)=\sqrt{U^2+V^2} \tag{5-28}$$

上式中M,N分别是图像的列数和行数,$D(u,v)$表示频域坐标系中一点(u,v)到原点的距离。利用式(5-28)可以生成整个频率矩形内的频域滤波器的网格矩阵,将其应用在5.4节描述的公式中,就可以得到频域内的各种滤波器。通过这种方法得到的频域滤波器,是没有经过中心化的滤波器,滤波器的4个角对应低频部分。为了对滤波器进行中心化操作,可以对滤波器的系数交换象限,如图5.5所示。第1象限的系数与第4象限的系数交换,第2象限

的系数与第3象限的系数交换。这也是OpenCV的中心化操作步骤，与5.1.2节所述的中心化操作是等价的。

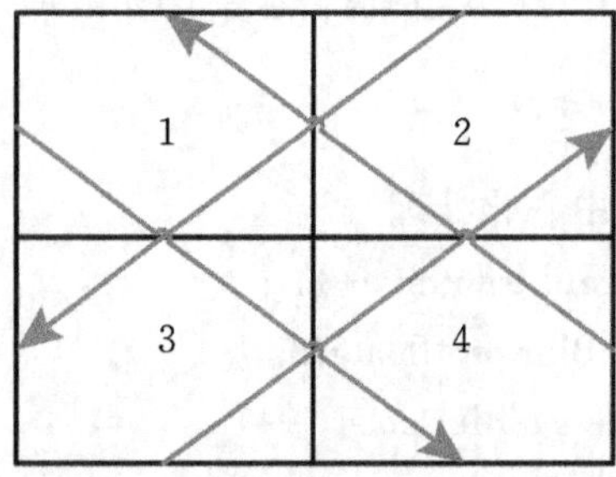

图5.5　滤波器系数象限交换示意图

在实际操作时需要注意的一点是，在OpenCV中的复数是实部和虚部两个通道分别存储的，对应的在构造滤波器时，也需要在分两实部和虚部两个通道分别赋值，实部的值是滤波器的响应值，虚部的值都为0。

5.3.4　频域滤波的基本步骤

频域DFT滤波的基本步骤为：

(1)根据原图像的大小计算得到图像的扩充参数。

(2)得到使用扩充之后的傅里叶变换(如果对边缘像素没有精准要求，也可以不扩充原图像，直接使用原图像大小进行变换)。

(3)生成得到一个大小与填充之后大小相同的滤波函数H。

(4)将傅里叶变换结果乘以滤波函数。

(5)获得滤波结果的傅里叶逆变换的实部，并将其左上角的矩形修剪为原图像大小。

5.4　低通滤波器

频域基本滤波模型可以表示为：

$$G(u,v)=H(u,v)F(u,v) \tag{5-29}$$

其中$F(u,v)$是输入图像的傅里叶变换，$H(u,v)$是滤波器变换函数,也称为传递函数。频域滤波就是选择不同的传递函数，达到不同的滤波目的。低通滤波器中的传递函数具有通过低频分量、衰减高频分量的特性，对图像具有平滑作用。

5.4.1　理想低通滤波器

一个二维理想低通滤波器(Ideal Low Pass Filter，ILPF)的传递函数满足下列条件：

$$H(u,v)=\begin{cases}1 & D(u,v)\leqslant D_0\\0 & D(u,v)>D_0\end{cases} \tag{5-30}$$

上式中D_0是一个非负整数，称为截止频率。$D(u,v)$是从点(u,v)到频率平面原点的距离，$D(u,v)=\sqrt{u^2+v^2}$。理想低通滤波器说明，傅里叶频谱中小于D_0的频率可以完全不受影响地通过滤波器，而大于D_0的频率则被滤波器完全阻止。理想低通滤波器在计算机上可以模拟实现，但在实际上不能用电子器件实现。一个理想低通滤波器的实例如图5.6所示。

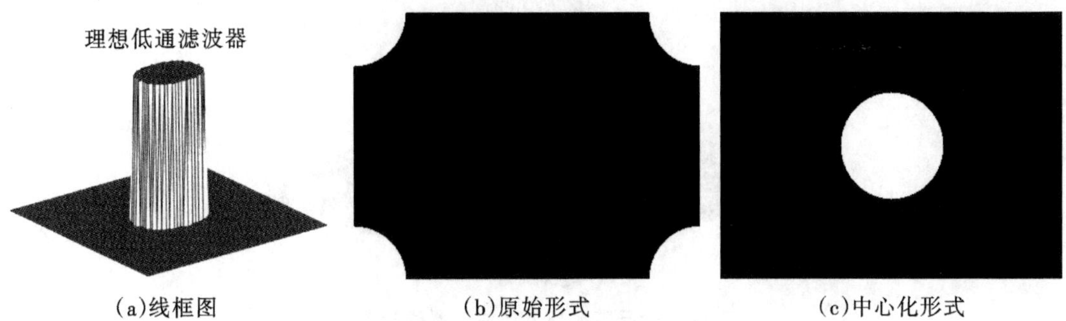

(a)线框图　　(b)原始形式　　(c)中心化形式

图5.6　理想低通滤波器的各种表现形式(截止频率为图像宽度的20%)

理想低通滤波器滤波结果如图5.7所示。从图5.7可以看出，理想低通滤波器有着严重的振铃效应，表现在图像就是有一圈一圈的波纹。产生振铃效应的原因在于，理想低通滤波器的傅里叶逆变换在空间域上表现为sinc函数，其两边的余波会对图像产生振铃现象。

(a)截止频率为图像宽度的5%　(b)截止频率为图像宽度的10%

图5.7　理想低通滤波器滤波结果

5.4.2　巴特沃斯低通滤波器

巴特沃斯低通滤波器(Butterworth Low Pass Filter, BLPF)是物理上可以实现的一种滤波器。n阶巴特沃斯低通滤波器的传递函数定义为：

$$H(u,v)=\frac{1}{1+\left[D(u,v)/D_0\right]^{2n}} \tag{5-31}$$

与理想低通滤波器不同，巴特沃斯低通滤波器并不是在截止频率D_0处突然不连续，而是随着频率增长，传递函数的值逐渐下降，下降的速率由n的值决定。典型巴特沃斯低通滤波器如图5.8所示，可以看到随着巴特沃斯滤波器阶数的增加，巴特沃斯滤波器响应值逐渐向理想低通滤波器靠拢。

巴特沃斯低通滤波器的滤波结果如图5.9所示，从(a)到(d)的滤波器阶数分别为2、2、10和20，而滤波器截止频率分别为图像宽度的5%、10%、10%和10%。巴特沃斯低通滤波器也有振铃效应，特别当滤波器阶数高时比较明显。

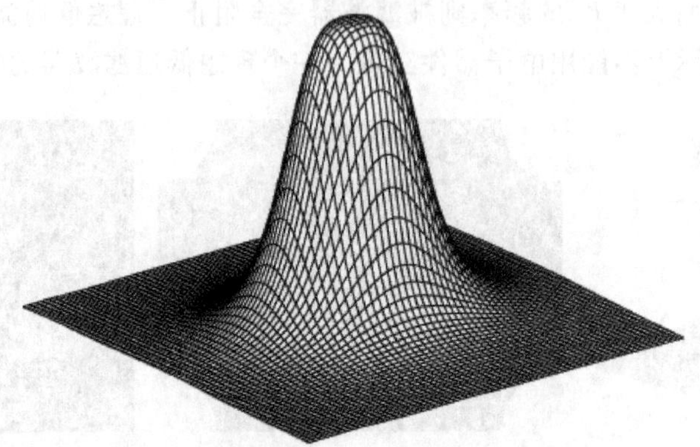

(a)2阶巴特沃斯低通滤波器线框图

(b)图像形式2阶巴特沃斯低通滤波器

(c)图(a)的中心化形式

(d)中心化的10阶巴特沃斯低通滤波器

(e)中心化的50阶巴特沃斯低通滤波器

图5.8　巴特沃斯低通滤波器

(a)$D_0=0.05W, n=2$

(b)$D_0=0.10W, n=2$

(c)$D_0=0.10W, n=10$

(d)$D_0=0.10W, n=20$

图5.9 巴特沃斯低通滤波器滤波结果

5.4.3 高斯低通滤波器

高斯低通滤波器(Gaussian Low Pass Filter, GLPF)的传递函数定义为：

$$H(u,v)=e^{-D^2(u,v)/2\sigma^2} \tag{5-32}$$

上式中，σ为标准差，控制着高斯滤波器的下降速率，大的σ值对应快速下降，小的σ值对应缓慢下降。若设$\sigma=D_0$，则高斯低通滤波器的传递函数表达式变为：

$$H(u,v)=e^{-D^2(u,v)/2D_0^2} \tag{5-33}$$

当$D(u,v)=D_0$时，滤波器由其最大值1降为0.607。

如图5.10是几个高斯低通滤波器的实例。从这些图中可以看到，随着σ值的增大，滤波器的下降逐渐变得平缓，滤波器覆盖区域变大，对应的结果就是滤波之后图像变得更加模糊。

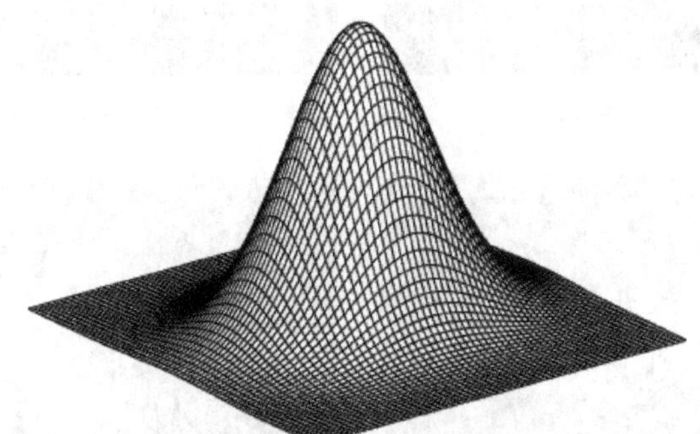

(a)高斯低通滤波器线框图

(b)高斯低通滤波器($\sigma=10$)

(c)图(b)的中心化形式($\sigma=10$)

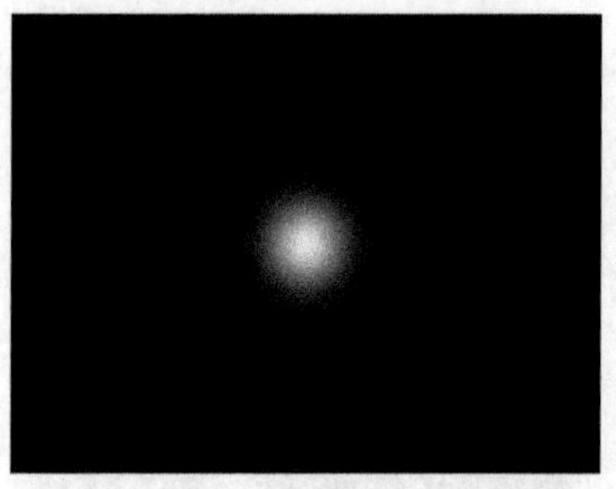

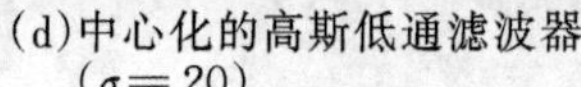

(d)中心化的高斯低通滤波器 ($\sigma=20$)

(e)中心化的高斯低通滤波器 ($\sigma=50$)

图5.10 高斯低通滤波器

图5.11是高斯低通滤波结果，图中高斯低通滤波器采用式(5-33)来创建，滤波器标准差直接用D_0来代替。从(a)到(b)，D_0的取值分别是图像宽度的1%、5%、10%和50%。从图中可以看到，当D_0取值很小时，滤波器快速下降，图像丢失了绝大部分高频信息，则滤波之后的图像变得很模糊，如(a)和(b)所示；当D_0取值增大时，滤波器下降变得平滑，图像保留了大部分的高频信息，则滤波结果逐渐变得清晰，如(c)和(d)所示。

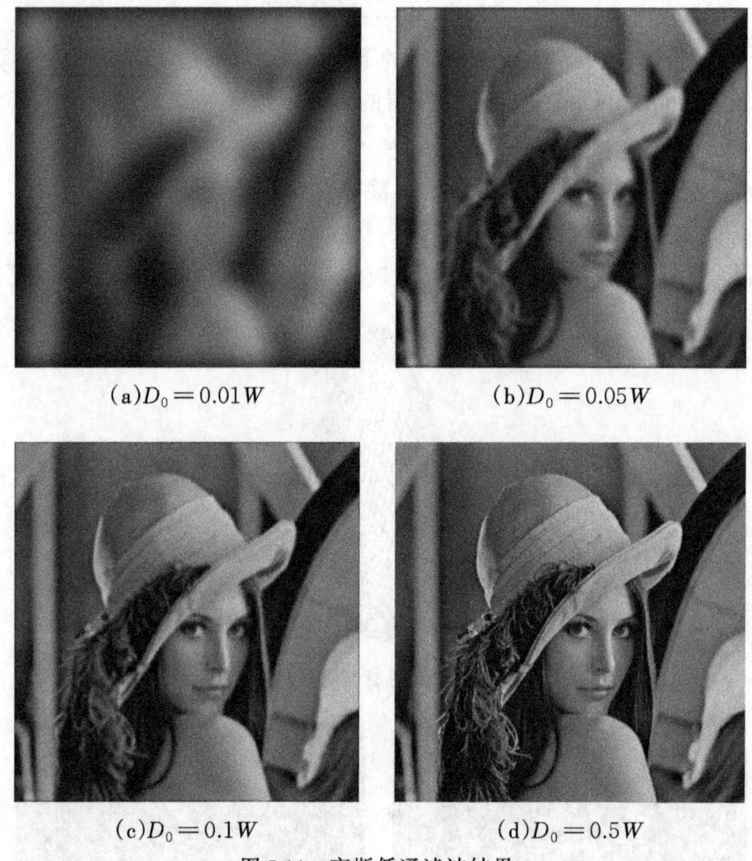

(a)$D_0=0.01W$　(b)$D_0=0.05W$

(c)$D_0=0.1W$　(d)$D_0=0.5W$

图5.11 高斯低通滤波结果

5.4.4　低通滤波器的实现

代码5-3　低通滤波器实现代码

```
//获取低通滤波器的函数
//nRows, nCols,滤波器的大小nRowsxnCols
//nFilterType:滤波器类型,0:理想低通滤波器,1:巴特沃斯低通滤波器,
//2:高斯低通滤波器
//matFilter:输出的滤波器矩阵,是CV_32FC1类型
//nOder:滤波器的阶数,默认值为2
void GetLowPassFilter(const int nRows, const int nCols,\
    const int nFilterType, Mat &matFilter, int D0, int nOrder=2)
{
    if (nRows<= 2 || nCols<= 2) {
        return;
    }
    matFilter=Mat::zeros(Size(nCols, nRows), CV_32FC1);
    float d = 0.f, U, V;
    for (int i = 0; i<nRows; i++){
        U = i;
        if (i>= nRows / 2) {
            U = U - nRows; //U是水平频率值
        }
        float *p = matFilter.ptr<float>(i);
        for (int j = 0; j<nCols; j++) {
            V = j;
            if (j>= nCols / 2) {
                V = V - nCols; //V是垂直频率值
            }
            d = sqrt(U * U + V * V);//d是频率值
            float fResponse = 0.f;
            switch (nFilterType){
            case 0: //理想低通滤波器
                fResponse = d>D0 ? 0: 1;
                break;
            case 1: //巴特沃斯低通滤波器
                fResponse = 1.f / (1 + pow(d/D0, 2 * nOrder));
                break;
```

```
            case 2: //高斯低通滤波器
                fResponse = expf(-(d*d)/ (2.0f * D0 * D0));
                break;
            default:
                fResponse = 0.f;
                break;
            }
            p[j] = fResponse;
        }//end for
    }//end for
}
```

从代码中得到的理想低通滤波器如图5.6所示。根据式(5-31)和式(5-32)修改代码5-3中的系数生成方式,可以分别得到巴特沃斯低通滤波器(图5.8)和高斯低通滤波器(图5.10)。

5.4.5 低通滤波

低通滤波代码如代码5-4所示。代码首先加载灰度图像,然后对图像进行扩充填0操作,这里扩充的大小是原图像长宽的2倍;第2步调用代码5-3中的GetLowPassFilter()函数得到对应的频域滤波器;第3步将滤波器和原图像的傅里叶变换结果相乘;第4步将相乘结果取傅里叶反变换;第5步取傅里叶反变换的实部,并在左上角取与原图像相同大小的区域作为最终结果。低通滤波过程需要用到的图像如图5.9所示,不同参数的低通滤波结果如图5.10所示。

以上步骤中,后面3个步骤集成在自定义函数Filter2DFreq()中,输入图像和频域滤波器,输出频域滤波结果。

代码5-4 低通滤波实例

```
//InputImg是输入图像,outputImg是滤波结果,H是频域滤波器
void Filter2DFreq(const Mat&inputImg, Mat&outputImg, const Mat&H)
{
    //图像傅里叶变换的两个平面,实部是inputImg,虚部全部设置为0
    Mat planes[2] = { Mat_<float>(inputImg.clone()), \
        Mat::zeros(inputImg.size(), CV_32F) };
    Mat complexI;
    //将实部和虚部合二为一
    merge(planes, 2, complexI);
    //求输入图像的傅里叶变换
```

```
    dft(complexI, complexI, DFT_SCALE);
    //滤波器傅里叶变换的两个平面,实部是H,虚部是0
    Mat planesH[2] = { Mat_<float>(H.clone()),\
                    Mat::zeros(H.size(), CV_32F) };
    Mat complexH;
    //滤波器实部和虚部合二为一
    merge(planesH, 2, complexH);
    Mat complexIH;
    //滤波器和图像的傅里叶变换结果按逐个做乘法运算得到滤波结果
    mulSpectrums(complexI, complexH, complexIH, 0);
    //滤波结果做傅里叶反变换
    idft(complexIH, complexIH);
    //分离实部和虚部
    split(complexIH, planes);
    //输出图像只取实部
    outputImg=planes[0];
}
int LowPassImageFiltering()
{
    //以灰度图像方式加载原图像
    Mat input = imread("lena512color.tiff", IMREAD_GRAYSCALE);
    imshow("input", input);
    //获得最佳DFT变换尺寸
    int w = getOptimalDFTSize(input.cols)*2;
    int h = getOptimalDFTSize(input.rows)*2;
    Mat padded;
    //输入图像拷贝到padded图像中,并对超出的图像补0
    copyMakeBorder(input, padded, 0, h - input.rows, \
        0, w - input.cols, BORDER_CONSTANT, \
        Scalar::all(0));
    imshow("padded", padded);
    Mat H;
    //获得理想低通滤波器,截止频率为0.05*w
    GetLowPassFilter(h, w, 0, H, 0.05*w);
    cv::MatmatReal;
    //对图像进行频域滤波
    Filter2DFreq(padded, matReal, H);
    //取左上角与输入图像相同大小的部分作为最终结果
    matReal=matReal(cv::Rect(0, 0, input.cols, input.rows));
```

```
    //将输出图像转换到uchar类型
    convertScaleAbs(matReal, matReal);
    imshow("理想高通滤波器滤波结果", matReal);
    waitKey(0);
    return 0;
}
```

5.5 高通滤波器

低通滤波器会削弱图像傅里叶变换的高频分量，但保持低频分量相对不变，从而使图像变得模糊；与之对应的，高通滤波器会削弱图像傅里叶变换的低频分量，但保持高频分量相对不变，从而使图像变得锐利。

5.5.1 基本的高通滤波器

基本高通滤波器可以通过相应的低通滤波器获得，其传递函数有如下形式：

$$H_{hp}(u,v)=1-H_{lp}(u,v) \tag{5-34}$$

其中$H_{lp}(u,v)$是指定形式低通滤波器的传递函数，$H_{hp}(u,v)$是相应类型的高通滤波器的传递函数。根据式(5-34)，可以得到理想高通滤波器传递函数表达式如下：

$$H(u,v)=\begin{cases}0 & D(u,v)\leqslant D_0\\ 1 & D(u,v)>D_0\end{cases} \tag{5-35}$$

可以得到n阶巴特沃斯高通滤波器传递函数表达式如下：

$$H(u,v)=1-\frac{1}{1+\left[D(u,v)/D_0\right]^{2n}} \tag{5-36}$$

也可以得到高斯高通滤波器传递函数表达式如下：

$$H(u,v)=1-e^{-D^2(u,v)/2D_0^2} \tag{5-37}$$

各种高通滤波器的线框图如图5.12所示，以图像形式显示的高通滤波器如图5.13所示。

(a)理想高通滤波器

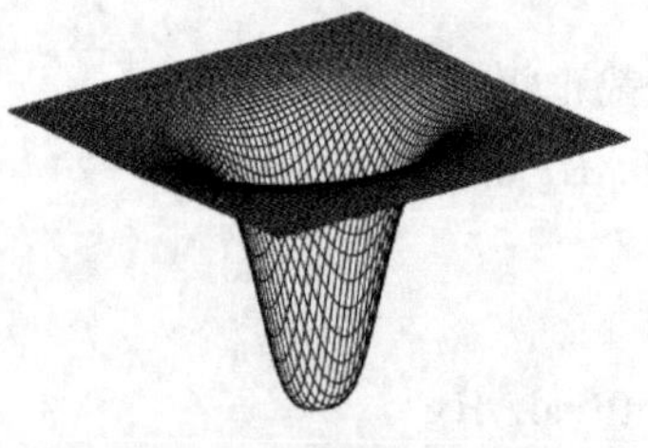

(b)2阶巴特沃斯高通滤波器

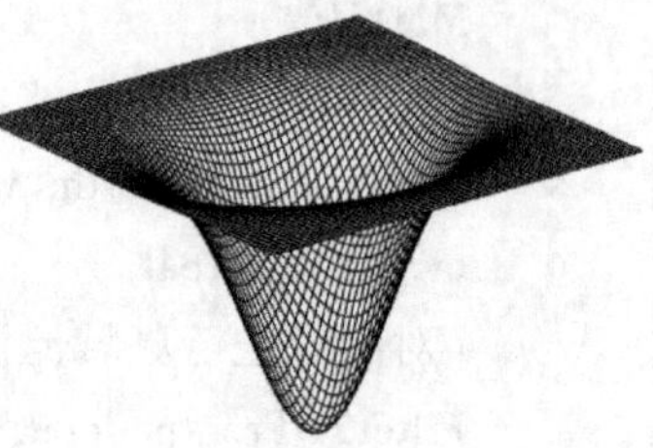

(c)高斯高通滤波器

图5.12 各种高通滤波器的线框图

(a)图像形式的理想高通滤波器　(b)图a)的中心化形式　(c)图像形式的巴特沃斯高通滤波器　(d)图像形式的高斯高通滤波器

图5.13　各种高通滤波器的图像形式显示

5.5.2　高通滤波结果

高通滤波结果如图5.13所示。由于高通滤波去掉了低频分量,而低频分量集中了图像的大部分能量,所以高通滤波的结果会导致图像整体变暗,而图像边缘和突变区域变得更加明亮。

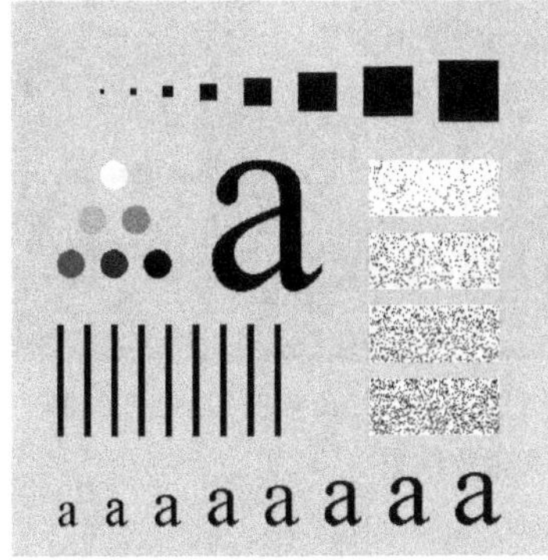

(a)原始图像

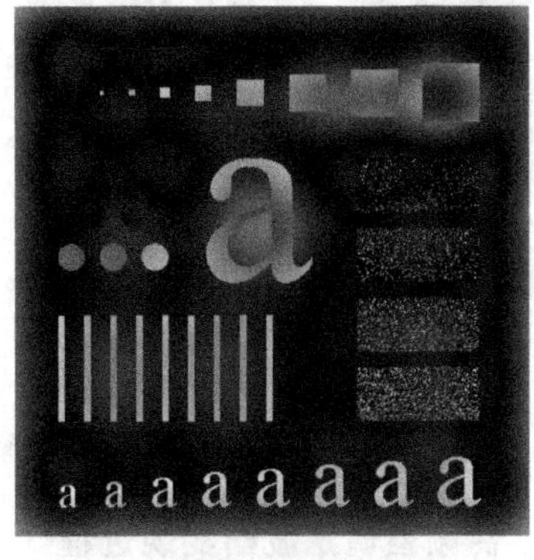

(b)理想高通滤波结果($D_0=0.01W$)

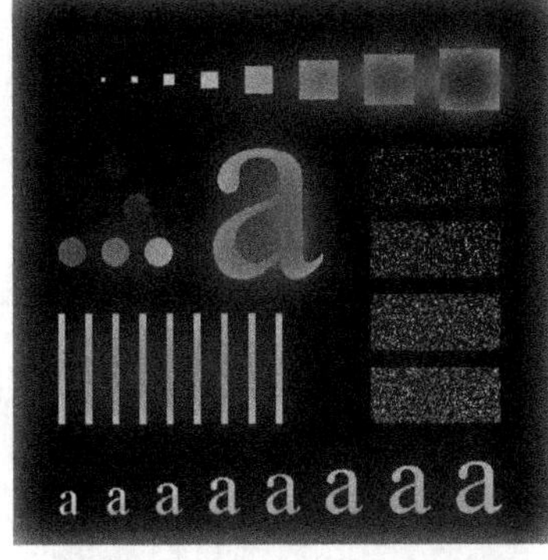

(c)2阶巴特沃斯高通滤波结果($D_0=0.01W$)

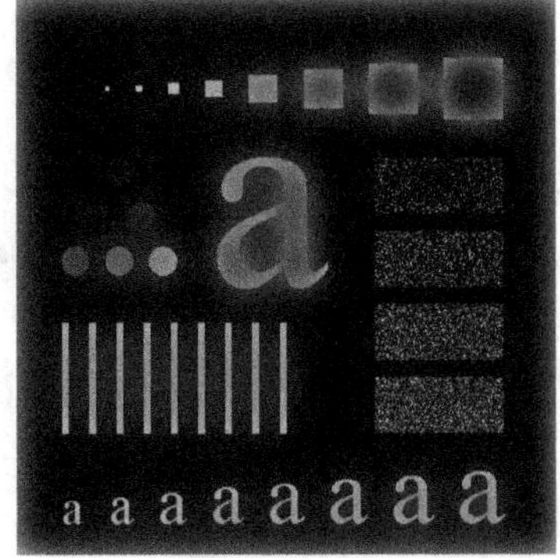

(d)高斯高通滤波结果($D_0=0.01W$)

图5.13　高通滤波结果

5.5.3　高频强调滤波器

如图5.13所示,高通滤波器会过滤掉图像的低频分量,从而会导致滤波之后图像整体变暗。一种补偿方法是给高通滤波器加上一个较小的常数项偏移量，同时滤波器乘以一个较大的常数项系数，这种滤波器称为高频强调滤波器。高频强调滤波器的传递函数为：

$$H_{hfe} = a + bH_{hp}(u, v) \tag{5-38}$$

式(5-38)式中a是偏移量，b是乘数，要求$b > a$，$H_{hp}(u, v)$是对应的高通滤波器的传递函数。如图5.14是代码5-5的高频强调滤波结果，(a)和(b)分别对应不同的系数值。比较图5.13和图5.14，可以看到，高频强调滤波时，合理地选择常数项和乘数的值可以使得图像整体亮度增强，同时对图像高频部分进行增强，但是过大的常数偏移量会导致图像过曝。常用的偏移量a的取值是0.25～0.5，乘数b的取值是1.5～2。值得注意的是，代码5-5没有对原图像进行扩充填0，所以在图像边缘像素有一些失真；在对图像质量要求不高的时候而对计算速度要求比较高的时候，可以使用这种方法。

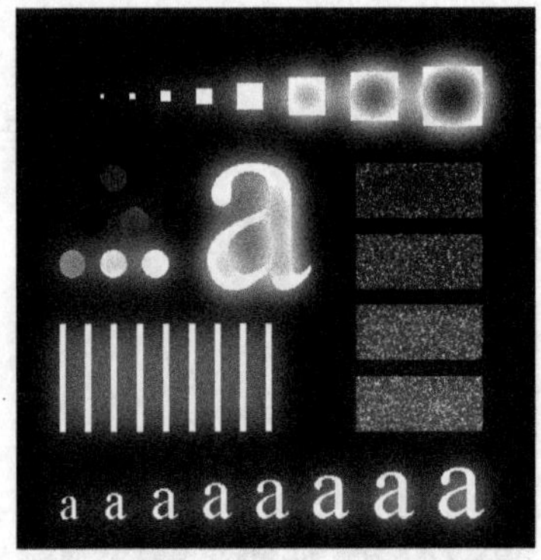

(a)$a = 0.1, b = 2, D_0 = 0.01W$

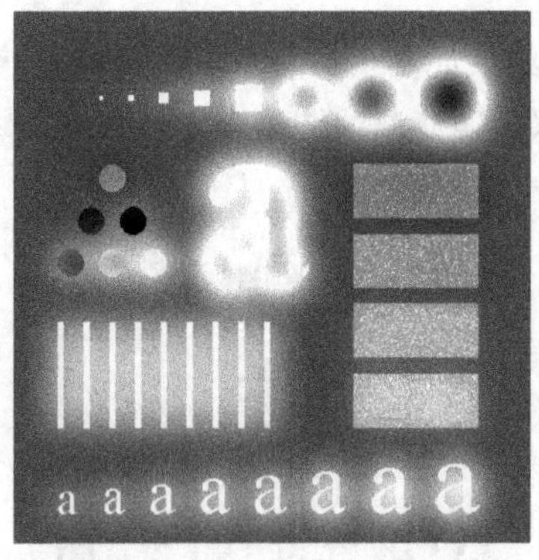

(b)$a = 0.5, b = 2, D_0 = 0.01W$

图5.14 高频强调滤波结果

代码5-6 高频强调滤波器实现过程

```
void HighEnhanceImageFiltering()
{
    //以灰度方式加载原图像
    Mat input = imread("test_pattern.tif", IMREAD_GRAYSCALE);
    imshow("input", input);
    //获得最佳DFT变换尺寸
    int w = getOptimalDFTSize(input.cols);
    int h = getOptimalDFTSize(input.rows);
    Mat padded;
    //输入图像拷贝到padded图像中，并对超出的图像补0
    copyMakeBorder(input, padded, 0, h - input.rows, \
        0, w - input.cols, BORDER_CONSTANT, Scalar::all(0));
    imshow("padded", padded);
    //将输入的图像转换为float类型
    padded.convertTo(padded, CV_32FC1);
    //创建高斯高通滤波器，其截止频率是0.01倍的图像宽度
```

```
    Mat matFilter;
    GetHighPassFilter(h, w, 2, matFilter, 0.01*w, 2);
    float a = 0.1; //常数偏移量
    float b = 2;   //乘数项
    for (int i = 0; i<matFilter.rows; i++) {
        float *p = matFilter.ptr<float>(i);
        for (int j = 0; j<matFilter.cols; j++) {
            //高频强调滤波器的响应值
            float fResponse = a + b*p[j];
            p[j] = fResponse;
        }//end for
    }//end for
    Mat matReal; //只取实部
    Filter2DFreq(padded, matReal, matFilter);
    //取左上角与图像大小相同的部分
    matReal=matReal(cv::Rect(0, 0, input.cols, input.rows));
    convertScaleAbs(matReal, matReal);
    imshow("高频强调滤波器滤波结果", matReal);
    waitKey(0);
}
```

5.6 带通带阻滤波器

低通滤波和高通滤波分别消除或减弱图像中的高频和低频分量。实际应用中也可以通过滤波消除或减弱图像中某个频率范围内的分量，这时所用的滤波器称为带阻滤波器。与带阻滤波器相反的是带通滤波器，后者只允许特定频率范围内的信号通过。本节只论述带阻滤波器的构造方法，至于从带阻滤波器转换到带通滤波器的方法，如同从低通滤波器转换到高通滤波器的方法，这里不再详述。

理想带阻滤波器的表达式为：

$$H(u,v)=\begin{cases}1, & D(u,v)<D_0-\dfrac{W}{2}\\ 0, & D_0-\dfrac{W}{2}\leqslant D(u,v)\leqslant D_0+\dfrac{W}{2}\\ 1, & D(u,v)>D_0+\dfrac{W}{2}\end{cases} \tag{5-39}$$

其中$D(u,v)$是当前频率点到频率矩形中心原点的距离，W是带阻频率的带宽，D_0是频带中心的频率。

n阶巴特沃斯带阻滤波器的表达式为：

$$H(u,v)=\frac{1}{1+\left[\frac{D(u,v)W}{D^2(u,v)-D_0^2}\right]^{2n}} \tag{5-40}$$

高斯带阻滤波器的表达式为：

$$H(u,v)=1-e^{\frac{1}{2}\left[\frac{D^2(u,v)-D_0^2}{D(u,v)W}\right]^2} \tag{5-41}$$

如图5.15是以图像形式显示的带阻滤波器，其中频带中心频率$D_0=0.20\times cols$，其中$cols$是图像宽度，带阻频率宽度$W=50$，代码5-6是带阻滤波器实现代码。

利用图5.15中的各种带阻滤波器对图5.13(a)中的图像进行滤波，得到的图像如图5.16所示。从中可以看出，理想带阻滤波器还是有着明显的振铃效应，而高斯带阻滤波器没有振铃效应，平滑效果更好。

(a)图像形式显示的理想带阻滤波器　(b)图(a)的中心化形式　(c)2阶巴特沃斯带阻滤波器　(d)高斯带阻滤波器

图5.15　图像形式显示的带阻滤波器

代码5-6　带阻滤波器实现代码

```
//nRows, nCols,滤波器的大小nRowsxnCols
//nFilterType:滤波器类型，0:理想带阻滤波器，1:巴特沃斯带阻滤波器，
//2:高斯带阻滤波器
//matFilter:输出的滤波器矩阵，是CV_32FC1类型
//D0是截止带阻中心的频率，W是带阻频率的宽度
//nOder:滤波器的阶数，默认值为2
void GetBandEliminationFilter(const int nRows, const int nCols, \
const int nFilterType, Mat &matFilter, int D0, int W,int nOrder = 2)
{
    if (nRows<= 2 || nCols<= 2) {
        return;
    }
    matFilter=Mat::zeros(Size(nCols, nRows), CV_32FC1);
    float d = 0.f, U, V;
    float fTemp;
    for (int i = 0; i<nRows; i++) {
        U = i;
```

```
        if (i>= nRows / 2) {
            U = U - nRows;
        }
        float *p = matFilter.ptr<float>(i);
        for (int j = 0; j<nCols; j++) {
            V = j;
            if (j>= nCols / 2) {
                V = V - nCols;
            }
            //d是频率值
            d = sqrt(U * U + V * V);
            float fResponse = 0.f;
            switch (nFilterType)
            {
            case 0: //理想带阻滤波器
                if (d<D0 - W / 2 || d>D0 + W / 2)
                    fResponse = 1;
                else
                    fResponse = 0;
                break;
            case 1: //巴特沃斯带阻滤波器
                fTemp = (d*W) / (d*d - D0 * D0 + FLT_MIN);
                fResponse = 1.f / (1.f + pow(fTemp, 2 * nOrder));
                break;
            case 2: //高斯带阻滤波器
                fTemp = (d*d - D0 * D0) / (d*W + FLT_MIN);
                fResponse = 1 - expf(-fTemp*fTemp/2);
                break;
            default:
                fResponse = 0.f;
                break;
            }
            p[j] = fResponse;
        }//end for
    }//end for
}
```

(a)理想带阻滤波器滤波结果

(b)高斯带阻滤波器滤波结果

图5.16 带阻滤波器滤波结果

5.7 陷波滤波器

陷波滤波器阻止事先定义的中心频率邻域内的频率。由于傅里叶变换是对称的，要获得有效结果，陷波滤波器必须以对称的形式出现。半径为D_0，中心在(u_0, v_0)且在$(-u_0, -v_0)$对称的理想陷波带阻滤波器的传递函数为：

$$H(u,v)=\begin{cases}0 & D_1(u,v)\leqslant D_0 \text{或} D_2(u,v)\leqslant D_0 \\ 1 & \text{其他}\end{cases} \tag{5-42}$$

$$\text{这里，}\begin{cases}D_1(u,v)=\left[\left(u-\dfrac{M}{2}-u_0\right)^2+\left(v-\dfrac{N}{2}-v_0\right)^2\right]^{1/2} \\ D_2(u,v)=\left[\left(u-\dfrac{M}{2}+u_0\right)^2+\left(v-\dfrac{N}{2}+v_0\right)^2\right]^{1/2}\end{cases} \tag{5-43}$$

上式中，首先将频率矩形的中心移动到$\left(\dfrac{M}{2},\dfrac{N}{2}\right)$，然后对应的陷波频率中心分别在$\left(\dfrac{M}{2}-u_0,\dfrac{N}{2}-v_0\right)$和$\left(\dfrac{M}{2}+u_0,\dfrac{N}{2}+v_0\right)$。理想陷波滤波器线框图如图5.17所示。

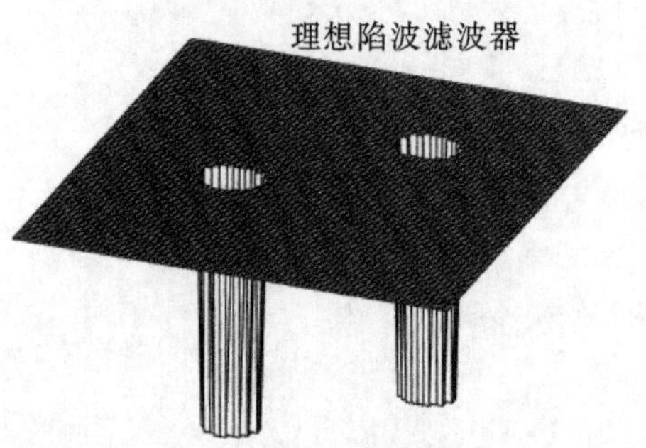

图5.17 理想陷波滤波器线框图

n阶巴特沃斯陷波带阻滤波器的传递函数如式5-44所示。其线框图如图5.18所示：

$$H(u,v)=\frac{1}{1+\left[\frac{D_0^2}{D_1(u,v)D_2(u,v)}\right]^n} \tag{5-44}$$

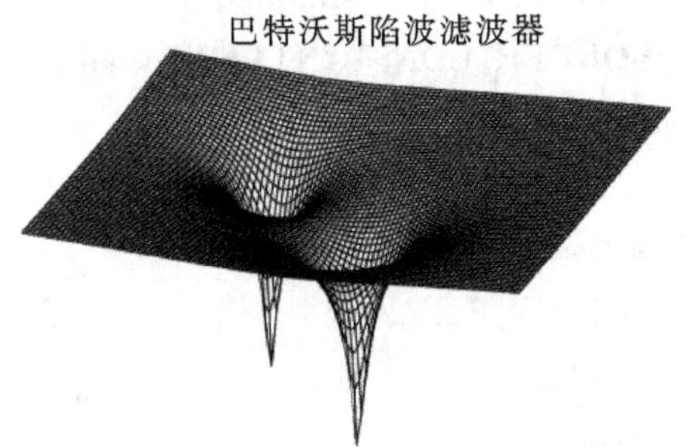

图5.18　巴特沃斯陷波滤波器线框图

高斯陷波带阻滤波器的传递函数如式5-45所示，其线框图如图5.19所示。

$$H(u,v)=1-e^{-\frac{1}{2}\left[\frac{D_1(u,v)D_2(uv)}{D_0^2}\right]} \tag{5-45}$$

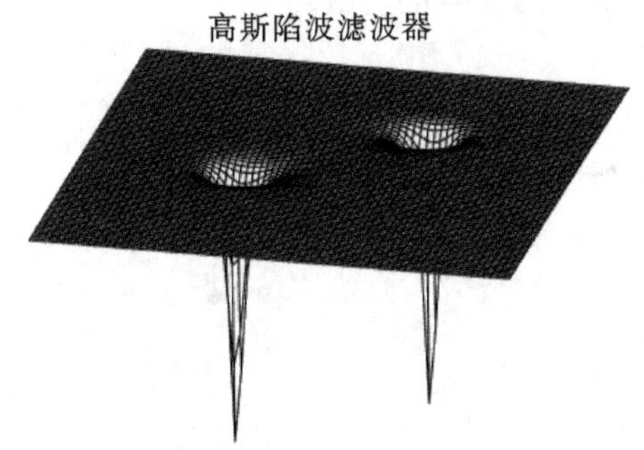

图5.19　高斯陷波滤波器线框图

代码5-7演示了陷波滤波器的用法，这里使用的是二阶巴特沃斯陷波滤波器，其运行结果显示在图5.20。对于图5.20(a)中的图像，被周期性噪声强烈污染，其傅里叶频谱如图(b)所示，可以看到频谱中有两个亮点，分别对应频率为(32,32)和(-32,-32)位置(图中为了更清晰，手工对这两个亮点进行了加强)。在频域设计的陷波滤波器如图(c)所示，在上述两个频率周围其响应值趋近于0。对(a)应用此滤波器进行复原，其结果如图(d)所示。可以看到，基本消除了周期性噪声的影响，图像质量有了很大改善。扫描二维码观看讲解视频。

陷波滤波器应用实例

代码5-7　陷波滤波器应用实例

```
voidNotchFilterExample()
{
    cv::Matsrc = cv::imread("aerial_noise.bmp", IMREAD_GRAYSCALE);
    imshow("input", src);
    int w = getOptimalDFTSize(src.cols); //获得最佳DFT宽度
    int h = getOptimalDFTSize(src.rows); //获得最佳DFT高度
```

```
Mat padded;
//输入图像拷贝到padded图像中,并对超出的图像补0
copyMakeBorder(src, padded, 0, h - src.rows, \
    0, w - src.cols, BORDER_CONSTANT, Scalar::all(0));
imshow("padded", padded);
//waitKey(0);
//将输入的图像转换为float类型
padded.convertTo(padded, CV_32F);
const int M = padded.cols;
const int N = padded.rows;
//周期性噪声的中心频率为(32,32)
int u0 = 32;
int v0 = 32;
const float d0 = 20; //滤波器半径为20
const int nOrder = 2; //滤波器的阶数为2
//H是频域滤波器
Mat H(Size(padded.cols, padded.rows), CV_32FC1, Scalar(0));
for (int i = 0; i<M; i++) {
    int u = i;
    if (u>M / 2) {
        u = u - M;
    }
    for (int j = 0; j<N; j++) {
        int v = j;
        if (v>N / 2) {
            v = v - N;
        }
        //d1是(u,v)到(u0,v0)的距离
        float d1 = sqrt(pow(u- u0, 2) + pow(v - v0, 2));
        //d2是(u,v)到(-u0,-v0)的距离
        float d2 = sqrt(pow(u+ u0, 2) + pow(v + v0, 2));
        //response是2阶巴特沃斯陷波滤波器的响应值
        float response = 1.f / (1 + pow((d0*d0)/(d1*d2),nOrder));
        H.at<float>(j, i) = response;
    }
}
cv::MatmatOutput;
Filter2DFreq(padded, matOutput, H);
```

```
    //做归一化操作
    convertScaleAbs(matOutput, matOutput);
    imshow("修复的图像", matOutput);
    waitKey(0);
}
```

(a)被周期性噪声污染的图像

(b)图a)中图像的傅里叶频谱

(c)陷波滤波器

(d)图a)复原结果

图5.20　陷波滤波器应用实例

5.8　同态滤波器

同态滤波是一种在频域内将图像亮度范围进行压缩，同时将图像对比度进行增强的方法，同态滤波也可用于消除图像中的乘性噪声。

数字图像$f(x,y)$可以表示为照射分量$i(x,y)$和反射分量$r(x,y)$的乘积，即：

$$f(x,y)=i(x,y)r(x,y) \tag{5-46}$$

为了对图像的照射分量和反射分量分别进行处理，需要对式(5-46)中的照射分量和反射分量进行分离，可以借助于对图像的对数运算来进行。整个同态滤波的流程如图5.21所示：

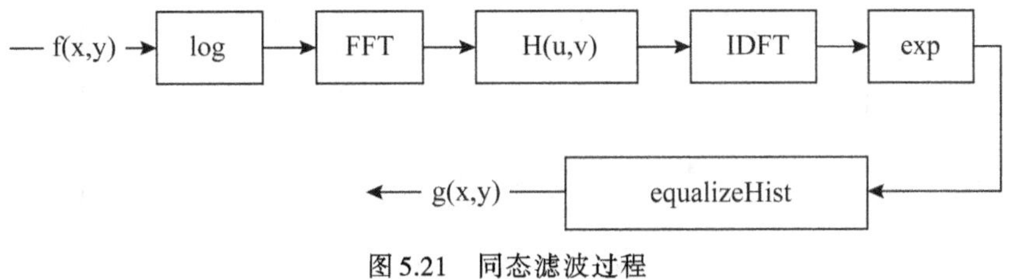

图5.21　同态滤波过程

整个流程简述如下：

(1)对式(5-46)两边取对数，得到：

$$\ln f(x,y)=\ln i(x,y)+\ln r(x,y) \tag{5-47}$$

(2)对式(5-47)两边做傅里叶变换，得到：

$$F(\ln f(x,y)=F(\ln i(x,y)+F(\ln r(x,y) \tag{5-48}$$

化简得到：

$$Z(u,v)=I(u,v)+R(u,v) \tag{5-49}$$

其中$Z(u,v)=F(\ln f(x,y),I(u,v)=F(\ln i(x,y),R(u,v)=F(\ln r(x,y)$。

(3)设用一个频域增强函数$H(u,v)$去处理$Z(u,v)$,得到：

$$H(u,v)Z(u,v)=H(u,v)I(u,v)+H(u,v)R(u,v) \tag{5-50}$$

(4)将变换结果做傅里叶反变换,得到：

$$h_z(x,y)=h_i(x,y)+h_r(x,y) \tag{5-51}$$

(5)再将反变换结果式(5-51)的两边取指数,得到：

$$g(x,y)=\exp(h_f(x,y))=\exp(h_i(x,y))\cdot\exp(h_r(x,y)) \tag{5-52}$$

(6)反变换得到的图像可能在低灰度值处集中,可以利用直方图均衡化方法对图像对比度进行增强,以达到改善视觉效果的目的。

最终得到的$g(x,y)$就是要求的同态滤波结果。

这里$H(u,v)$称作同态滤波函数,它可以分别作用于照射分量和反射分量上。图像照射分量通常以空间域的缓慢变化为特征,而反射分量往往会引起突变,特别在不同物体的连接部分。这些特征导致图像对数的傅里叶变换的低频部分与照度相关,而高频部分与反射联系在一起。

通过构造不同的$H(u,v)$,可以实现对傅里叶变换高低频成分的控制,从而控制最终的滤波效果。一般选择低频部分滤波系数$\gamma_L<1$,选择高频部分滤波系数$\gamma_H>1$,这样滤波的结果是动态范围的压缩和对比度的增强,可以用来增强图像的细节,也可以用来处理由于逆光而光照不足的图像。如图5.22所示是同态滤波器的基本形状。

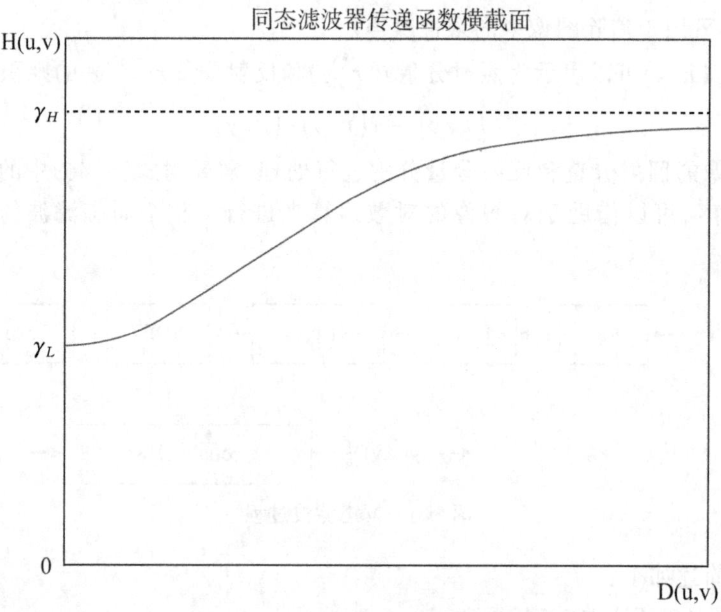

图5.22　一个圆对称同态滤波函数的横截面

同态滤波函数与高通滤波器的转移函数有着类似的形状。事实上,可以用高通滤波器传递函数来逼近同态滤波器转移函数，只要在原来[0,1]区间定义的高通滤波器映射到$[\gamma_L, \gamma_H]$区间，再加上γ_L即可。同态滤波器其传递函数可以由下式给出：

$$H_{homo}(u,v)=[\gamma_H-\gamma_L]H_{high}(u,v)+\gamma_L \tag{5-53}$$

其中$H_{homo}(u,v)$是同态滤波器传递函数，$H_{high}(u,v)$是高通滤波器传递函数，γ_L和γ_H分别对应低频和高频部分滤波系数。若采用高斯型高通滤波器，则同态滤波器有如下形式：

$$H_{homo}(u,v)=(\gamma_H-\gamma_L)\left[1-e^{-c\left(\frac{D^2(u,v)}{D_0^2}\right)}\right]+\gamma_L \tag{5-54}$$

其中常数c被引入来控制滤波器函数斜面的锐化程度，$\gamma_L \leqslant c \leqslant \gamma_H$。

图5.23是一个同态滤波实例，图(a)是严重背光的图像，前景(人像)都淹没在背景的强光中，看不清细节。经过同态滤波之后，原图像的对比度得到大幅度改善，前景亮度得到大幅度提升，能够看清前景的细节。同态滤波的参数如下：c=2，$D_0=0.05W$，$\gamma_H=2.0$，$\gamma_L=0.5$。其具体实现细节请见代码5-8，在这里为了简单起见，没有对边缘进行扩充填0操作。

(a)原图像

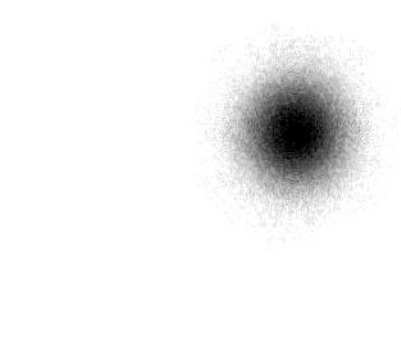

(b)中心化的同态滤波器

(c)对原图像直接灰度均衡化结果

(d)同态滤波结果

图5.23　同态滤波实例

代码5-8 同态滤波实例

```
void HomomorphicFiltering()
{
    //以灰度图像方式加载原图像
    Mat input = imread("HomomorphicFiltering_03.jpg", IMREAD_GRAYSCALE);
    imshow("input", input);
```

```
input.convertTo(input, CV_32FC1);
input=input+ 1.0f;
log(input, input); //对原图像进行对数变换
//plane有两个平面,分别用来存储复数的实数部分和虚数部分
Mat plane[] = {input, Mat::zeros(input.size(),CV_32FC1) };
Mat complexImg;
merge(plane, 2, complexImg);
dft(complexImg, complexImg); //傅里叶正变换
//创建同态滤波器,其截止频率是的图像宽度5%
Mat matFilter = Mat::zeros(input.size(), CV_32FC2);
float d = 0.f, U, V;
int nRows = input.rows;
int nCols = input.cols;
const float D0 = 0.05*nCols;
const float gammaH = 2.0f;
const float gammaL = 0.5f;
const float c = 2.0f;
for (int i = 0; i<nRows; i++) {
    U = i;
    if (i>= nRows / 2) {
        U = U - nRows;
    }
    float *p = matFilter.ptr<float>(i);
    for (int j = 0; j<nCols; j++) {
        V = j;
        if (j>= nCols / 2) {
            V = V - nCols;
        }

        d = sqrt(U * U + V * V);//d是当前点频率值
        float fResponse  = (gammaH- gammaL)*(1 - \
            exp(-(c*d*d) / (2.0f * D0 * D0))) + gammaL;
        p[2 * j + 0] = fResponse;
        p[2 * j + 1] = fResponse;
    }//end for
}//end for
//矩阵元素对应相乘法,对图像进行滤波
multiply(complexImg, matFilter, complexImg);
```

```
    //傅里叶反变换
    idft(complexImg, complexImg, DFT_SCALE);
    //分量傅里叶反变换的实部和虚部
    split(complexImg, plane);
    Mat matReal = plane[0]; //只取实部
    exp(matReal, matReal);
    //取左上角与图像大小相同的部分
    matReal=matReal(cv::Rect(0, 0, input.cols, input.rows));
    //做归一化操作
    normalize(matReal, matReal, 0, 255, NORM_MINMAX);
    convertScaleAbs(matReal, matReal);
    //equalizeHist(matReal, matReal);
    imshow("同态滤波器滤波结果", matReal);
    waitKey(0);
}
```

5.9 频域图像处理的应用-维纳滤波

维纳滤波是一种最早也最为熟知的线性图像复原方法。维纳滤波器寻找一个使统计误差函数e^2最小的估计函数,其中

$$e^2 = E\left\{\left(f - \hat{f}\right)^2\right\} \tag{5-55}$$

这里E是数学期望操作,f是未退化的图像,$\hat{f}$是复原之后的图像。上式在频域中可以表示为:

$$\hat{F}(u,v) = \left[\frac{1}{H(u,v)} \cdot \frac{\left|H(u,v)\right|^2}{\left|H(u,v)\right|^2 + \dfrac{S_\eta(u,v)}{S_f(u,v)}}\right] G(u,v) \tag{5-56}$$

上式中,$H(u,v)$表示退化函数,描述了图像质量下降的原因;

$\left|H(u,v)\right|^2 = H^*(u,v)H(u,v)$表示退化函数的功率谱,$H^*(u,v)$是$H(u,v)$的复共轭;

$S_\eta(u,v) = \left|N(u,v)\right|^2$表示噪声的功率谱;

$S_f(u,v) = \left|F(u,v)\right|^2$表示未退化图像的功率谱。

比例$\dfrac{S_\eta(u,v)}{S_f(u,v)}$称为噪信功率比,通常这个值用图像的平均噪声功率$\eta_A$和平均图像功率$f_A$之比来代替,这里

$$\eta_A = \frac{1}{MN}\sum_u\sum_v S_\eta(u,v)$$

$$f_A = \frac{1}{MN}\sum_u\sum_v S_f(u,v)$$

M,N分别表示图像和噪声的垂直和水平大小。η_A和f_A都是标量，它们的比例称为信噪比$SNR=\frac{f_A}{\eta_A}$，SNR可以用来近似代替式(5-56)中的$\frac{S_f(u,v)}{S_\eta(u,v)}$，以估算噪声影响的大小，则式(5-56)可以变为：

$$\hat{F}(u,v)=\left[\frac{H^*(u,v)}{\left|H(u,v)\right|^2+\frac{1}{SNR}}\right]G(u,v) \tag{5-57}$$

其中$H^*(u,v)$是$H(u,v)$的复共轭。

若退化函数$H(u,v)$已知或可以估算，则式(5-57)可以用来对图像进行修复。以下以离焦图像的修复为例说明维纳滤波器的使用方法。

离焦模糊图像即摄像时焦距没有对准的图像，如图5.24(a)就是一个实例。离焦模糊图像的复原是图像复原领域中的一个研究热点。离焦模糊在刑事侦查、交通违章确认、卫星遥感图像等领域经常会出现，在日常生活中也会由于调焦不准、手的抖动或成像系统的质量问题等而造成图像离焦模糊，事实上大多数成像过程中都存在或轻或重的离焦情况。

对离焦模糊图像进行复原时，常采用的模型称为圆盘离焦模型，该模型基于几何光学提出，可以很好地模拟点扩散函数。由几何光学可知，理想的成像系统对点光源成像可用δ函数表示，即仍为一个点。当成像系统的像距、焦距和物距不满足理想条件时，通过该成像系统的点光源成像不再是一个点，而是呈弥散状且灰度值分布均匀的圆盘。这时点扩散函数(Point Spread Function, PSF)就可以用一个灰度均匀分布的圆形光斑来表示，可表示为式(5-58)，其函数图像如5.24(b)所示。

$$h(x,y)=\begin{cases}0, & \sqrt{x^2+y^2}>R\\ \frac{1}{\pi R^2}, & \sqrt{x^2+y^2}\leqslant R\end{cases} \tag{5-58}$$

对离焦模糊图像进行复原时，常采用的模型称为圆盘离焦模型，该模型基于几何光学提出，可以很好地模拟点扩散函数，如图5.24(b)所示，即成像时每个点都影响周围一圈像素。这个PSF只有扩散半径R一个参数。

手工设定和调整PSF中的R参数和式(5-57)中的SNR参数，就可以利用式(5-57)对离焦图像进行复原，其复原结果可以交互式地进行观察，具体如代码5-9所示。复原结果如图5.24(c)所示，这里取的点扩散参数R=10，信噪比参数为10000。由复原结果可以看出，基本消除了离焦图像模糊。需要注意的是，这里的R和SNR参数需要经过多次尝试才能获取，对复原结果影响最大的是R参数。所以要先确定R参数，再尝试不同的SNR参数，SNR参数一般可以取得比较大。

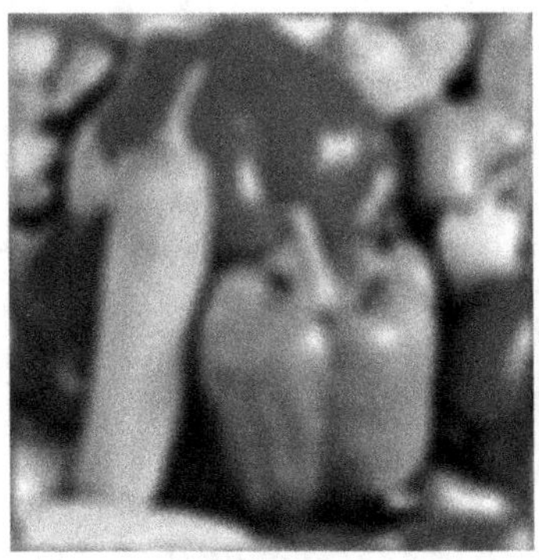

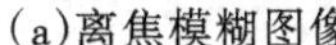

(a)离焦模糊图像

(b)点扩散函数

(c)维纳滤波复原之后的图像

图5.24　维纳滤波复原后的图像(R=10,SNR=10000)

代码5-9　离焦图像复原

```
//维纳滤波过程
//G是模糊图像的傅里叶变换,H是PSF的傅里叶变换,SNR是信噪比
Mat WnrFiltering(const Mat &G, const Mat &H, float SNR)
{
    Mat out = Mat::zeros(G.size(), G.type());
    Mat planes[2];//用于存放矩阵的实部和虚部
    split(H, planes);
    Mat mag; //滤波器的幅度谱
    magnitude(planes[0], planes[1], mag);
    pow(mag, 2, mag);  //mag是功率谱
    planes[1] = (−1）*planes[1]; //求共轭复数
    divide(planes[0], mag+ 0.001f, planes[0]);
    divide(planes[1], mag+ 0.001f, planes[1]);
    Mat conjMat;
    merge(planes, 2, conjMat);
    Mat dst;
    //维纳滤波过程
    mulSpectrums(G, conjMat, dst, 0);
    return dst;
}
//计算点扩散函数PSF,返回PSF的傅里叶变换
Mat CalcPSF(Size filterSize, int R)
{
    //h是点扩散函数PSF
    cv::Math(filterSize, CV_32FC1, Scalar(0));
    cv::Pointpoint(filterSize.width / 2, filterSize.height / 2);
```

```
    cv::circle(h, point, R, 1, -1, 8);
    cv::Scalarsumma = sum(h);
    h=h/summa[0]; //归一化
    fftshift(h, h); //对h进行中心化
    Mat planes[2] = { Mat_<float>(h.clone()),\
    Mat::zeros(h.size(), CV_32F) };
    Mat H;
    cv::merge(planes, 2, H);
    cv::dft(H, H);
    return H;
}
//主函数,输入点扩散半径R和信噪比SNR
void OutofFocusImageDeblur(int R, int SNR)
{
    cv::Matsrc = imread("peppers_blured.bmp", IMREAD_GRAYSCALE);
    imshow("原图像", src);
    //Hw是离焦模糊函数的傅里叶变换
    cv::Mat Hw = CalcPSF(src.size(), R);
    src.convertTo(src, CV_32F);
    Matplanes[2] = { Mat_<float>(src.clone()), Mat::zeros(src.size(), CV_32F) };
    Mat G; //G是输入模糊图像的傅里叶变换
    merge(planes, 2, G);
    //计算输入图像的傅里叶变换
    dft(G, G);
    //对输入的模糊图像做维纳滤波
    Mat complexIH = WnrFiltering(G, Hw, SNR);
    //对结果取傅里叶反变换
    idft(complexIH, complexIH);
    split(complexIH, planes);
    Mat imgOut = planes[0];
    normalize(imgOut, imgOut, 0, 255, NORM_MINMAX);
    imgOut.convertTo(imgOut, CV_8U);
    imwrite("peppers_deblured.bmp", imgOut);
    imshow("result", imgOut);
    waitKey(0);
}
```

5.10 总结

与Matlab相比，OpenCV提供的函数库函数以效率见长，只提供了一些基本的傅里叶变换相关函数，并没有提供过多的频域处理相关函数。本章所给出的各种数字图像处理方法，不仅要理解其算法原理，也要仔细阅读代码以了解其实现细节，这是利用频域方法对数字图像进行处理的基础。

5.11 实习题

(1)相位相关方法求取图像平移参数。

假设$f_1(x,y)$和$f_2(x,y)$为两个图像信号，它们满足平移关系(如图5.2中(a)和(b)所示)，即

$$f_2(x,y)=f_1(x-x_0,y-y_0);$$

根据傅里叶变换性质可以得到：

$$F_2(u,v)=F_1(u,v)e^{-j(ux_0+vy_0)};$$

式中$F_1(u,v)$和$F_2(u,v)$分别是$f_1(x,y)$和$f_2(x,y)$的傅里叶变换，它们的互功率谱为：

$$\frac{F_1^*(u,v)F_2^*(u,v)}{\left|F_1^*(u,v)F_2^*(u,v)\right|}=e^{-j(ux_0+vy_0)}$$

上式的傅里叶反变换为一个二维脉冲函数$\delta(x-x_0,y-y_0)$，在点(x_0,y_0)处取得峰值，此即所要求得的平移参数。根据以上原理，编写一个OpenCV程序，用来求得两幅图像的平移参数。

(2)已知运动模糊的点扩散函数PSF如图5.25所示。图中的实心圆点为图片上受视觉惰性影响的像素点，(x_0,y_0)为当前中心像素点的坐标；L为模糊半径，即运动方向上感光亮度消失的最大距离，由运动速率决定；β为运动方向与图像水平方向的夹角。

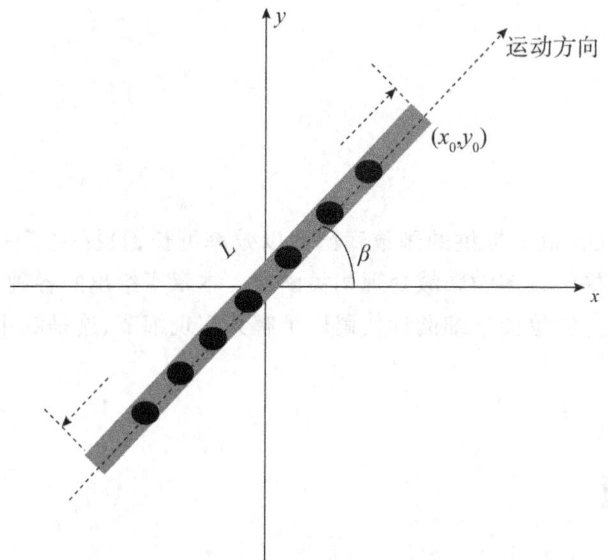

图5.25 运动模糊的点扩散函数

PSF用公式可以表示为：

$$\begin{cases} PSF(x_0,y_0)=\dfrac{1}{L}, \text{ 如果} y_0=x_0\tan\beta, \text{且} \sqrt{x_0^2+y_0^2}\leqslant\dfrac{L}{2} \\ PSF(x_0,y_0)=0, \quad \text{其他} \end{cases} \tag{5-59}$$

试估计图5.26的运动参数，并用维纳滤波器对该图进行复原。

图5.26 被运动模糊的图像

第 6 章

彩色图像处理

相对于图像灰度，人的眼睛对图像的颜色更为敏感。人的眼睛只能分辨几十种灰度层次，却能分辨几千种颜色，因此图像的彩色信息对图像分析非常重要。随着高清摄像头和智能手机等设备的普及，人们每天都在产生海量的彩色图像和彩色视频信息，彩色图像处理技术的应用也变得越来越广泛。彩色图像处理技术主要分为两个主要领域：真彩色处理和伪彩色处理，真彩色图像由真彩色传感器获取，像素值直接对应其显示的RGB值；而伪彩色图像即索引图像，对特定的单一亮度或者亮度范围赋予一种颜色。由于真彩色传感器的普及，现代民用图像采集设备捕获的几乎都是真彩色图像，因此本章只讨论真彩色图像的处理技术。

6.1 彩色基础

基本上，人类和某些动物接收一个物体的颜色是由物体反射光的性质决定的。而可见光在电磁波谱中只占比较窄的一部分（波长为380nm到780nm的波段）。一个物体的反射光如果在所有可见光波长范围内是平衡的，则显示的颜色是白色的。若一个物体对有限范围内的可见光谱反射，其他光谱吸收，则物体呈现特定的颜色。

彩色光源的质量用3个基本量来描述：辐射率，光强和亮度。辐射率是从光源流出能量的总量，通常用瓦特（W）度量；光强用流明（lm）度量，它给出了观察者从光源接收的能量总和的度量；而亮度（坎德拉/平方米，cd/m^2）是一个主观描述子，是一个发光体表面发光强弱的物理量。

根据人眼结构，人类视网膜中存在3种基本的颜色感知锥细胞，人对颜色感知是3种细胞共同作用的结果。大约65%的锥状细胞对红光敏感，33%对绿光敏感，只有2%对蓝光敏感。由于人眼的这种吸收特性，被看到的彩色其实是所谓的原色红（R）、绿（G）、蓝（B）的各种组合。为了标准化起见，CIE（International Commission on illumination，国际照明委员会）在1931年设计了下面的特定波长值为主原色：蓝=435.8nm，绿=546.1nm，红=700nm。当把红、绿、蓝三色光混合时，通过改变三者各自的强度比例可得到白色以及各种彩色：

$$C = rR + gG + bB \tag{6-1}$$

其中C代表某一特定颜色，R, G, B表示三基色，r, g, b代表比例系数，有：

$$r + g + b = 1 \tag{6-2}$$

光原色相加可产生二次色，如红加蓝产生深红色，绿加蓝会产生青色，红加蓝会产生黄色。以相等的比例把三原色或者一种二次色与其相反的原色相混合可产生白光。如图6.1所示。

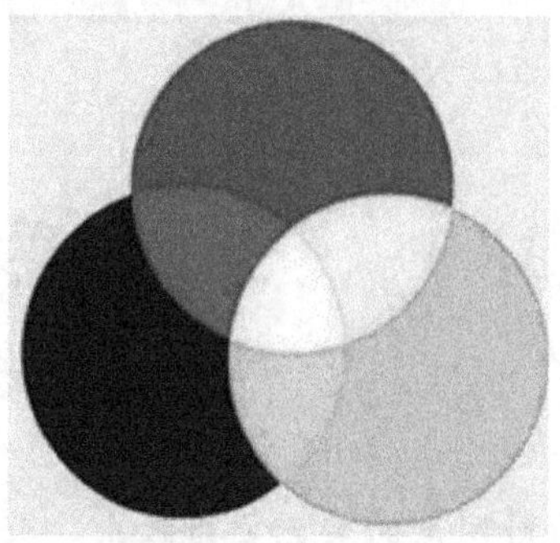

图6.1　光原色相加产生二次色(彩图效果见前面插页)

而颜料或着色剂的原色是深红色、青色和黄色，颜料混合产生的二次色是纯色。如深红色加青色产生蓝色，青色加黄色产生绿色，黄色加深红色产生红色。如图6.2所示。

通常用以区别颜色的特性是亮度、色调和饱和度。亮度(Brightness)是色彩明亮度的概念；色调(Hue)表示观察者接收的主要颜色，是光波中与主波长有关的属性；饱和度(Saturation)也称作纯度，是指色彩的鲜艳程度。物体的颜色主要是指其色调，如红色，绿色，黄色，青色等；饱和度与所加白光数量成反比，如纯谱色是全饱和的，而粉红色(红加白)和淡紫色(紫加白)是欠饱和的。

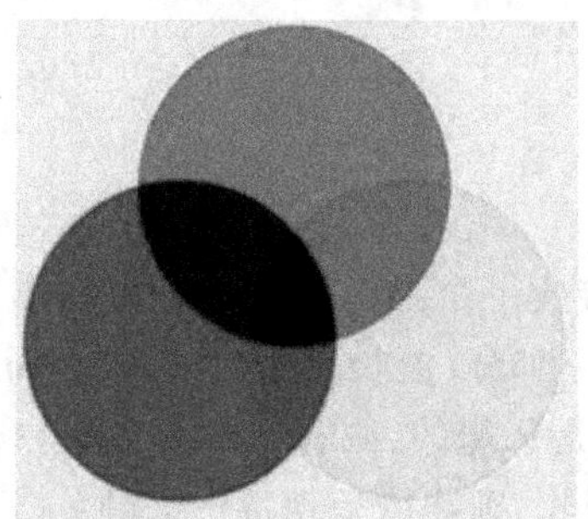

图6.2　颜料原色相加产生二次色(彩图效果见前面插页)

色调与饱和度一起称为彩色，因此，颜色用亮度和彩色表征。形成任何特殊颜色需要的红、绿、蓝的量称作三色值，并分别表示为X，Y和Z。一种颜色由三色值系数定义为：

$$\begin{cases} x=\dfrac{X}{X+Y+Z} \\ y=\dfrac{Y}{X+Y+Z} \\ z=\dfrac{Z}{X+Y+Z} \end{cases} \tag{6-3}$$

从式(6-3)可以得到：

$$x+y+z=1 \tag{6-4}$$

确定颜色的另一种方法是CIE色度图，如图6.3所示。该图以x(红)和y(绿)函数表示颜色组成。对于x和y的任何值，其相应的蓝色值分量可以从式(6-4)得到，$z=1-x-y$。

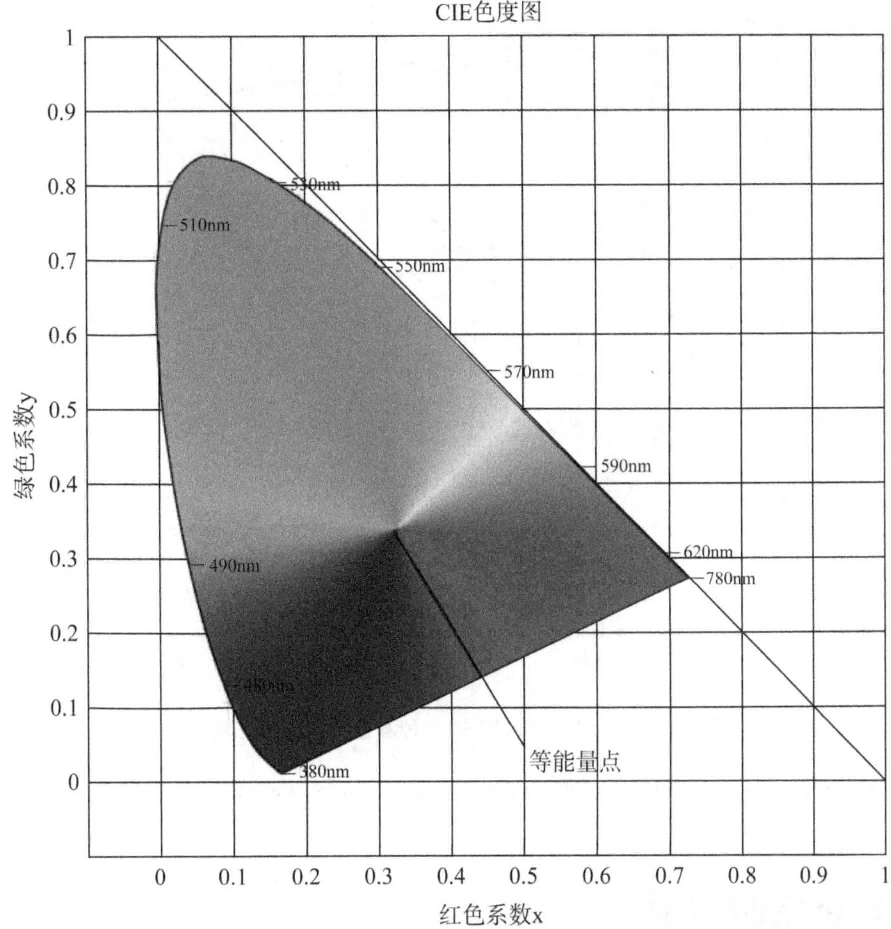

图6.3　CIE色度图(彩图效果见前面插页)

从380nm的紫色到780nm的红色的各种谱色的位置标在舌形色度图周围的边界上。这些都是标示于图6.3中的纯色。任何不在边界而在色度图内部的点都表示谱色的混合色。图6.3中的等能量点与三原色百分率相对应,它表示相对于白光的CIE标准。位于色度图边界上的任何点都是全饱和的。如果一点离开边界并接近等能量点,就在颜色中加入了更多的白光,该颜色就变成欠饱和的了。等能量点的饱和度为0。

图6.3所示色度图是理想的彩色系统,实际使用中由于技术上产生高饱和度颜色较为困难,所以各种彩色复原系统,都只能复原CIE色度图中的一部分。如图6.4是PAL、NTSC和HDTV三种彩色制式色度三角形,可以看到都只包含了CIE色度三角形的一部分。

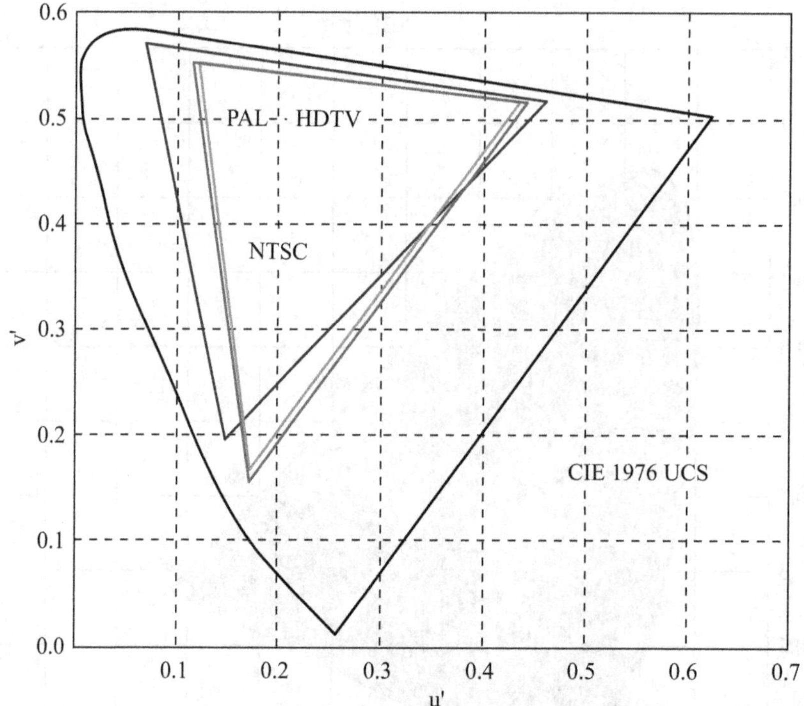

图6.4 PAL、HDTV和NTSC三种彩色制式色度三角形

(Handbook of Visual Display TechnologyEditors:Chen,Janglin,Cranton, Wayne,Fihn, Mark (Eds.))

6.2 彩色空间模型

彩色空间模型就是描述用一组数值来描述颜色的数学模型。为了正确有效地表达色彩信息，需要建立和选择合适的彩色空间模型。人们已经提出多种彩色空间模型，但至今没有一种彩色模型能够满足所有彩色使用者的全部要求。彩色空间可以看作是3维的坐标系统，其中每个空间点都代表某一种特定的彩色。在彩色空间模型中，根据不同的应用场景，可以分成面向硬件设备的彩色空间模型，和面向视觉感知或以彩色处理分析为目的的彩色空间模型两大类。

6.2.1 面向硬件设备的彩色空间模型

这类模型也称为基于物理的模型，非常适合于图像输出显示等场合使用。

1.RGB模型

RGB模型又称为三基色模型，是最典型、最常用的面向硬件的彩色空间模型。电视、摄像机和彩色扫描仪等硬件设备都根据RGB彩色空间模型来工作。计算机中的位图文件也大多数采用RGB彩色空间模型来存储图像。

RGB模型可以建立在笛卡尔坐标系统里，其中三个坐标轴分别表示为红色(R)、绿色

(G)和蓝色(B),如图6.5所示。图中R、G和B位于3个角上,青色、深红和黄色位于另外3个角上(作为补色)。黑色在原点处,白色位于离原点最远的角上,在该模型中,灰度等级沿着这两点的连线分布。在RGB模型中,不同的颜色处在立方体表面或其内部,并可用从原点出发的向量来定义。一般为了方便起见,总将立方体归一化为单位立方体,这样所有的R,G,B的值都在区间[0,1]之中。

如果R、G、B的位深度为8位,则所有R、G、B的值都是在[0,255]之间,每一个RGB彩色像素可以用24比特深度来表示,这就是大多数计算机图像的颜色表示模式;如红色对应颜色值为(255,0,0),绿色对应颜色值为(0,255,0),蓝色对应颜色值为(0,0,255),深红对应颜色值为(255,0,255),黄色对应颜色值为(255,255,0),青色对应颜色值为(0,255,255),白色对应颜色值为(255,255,255),黑色对应颜色值为(0,0,0)。24比特彩色图像常称为全彩色图像或真彩色图像。在24比特RGB图像中的颜色总数为$(2^8)^3$=16777216种。图6.6显示了与图6.5相对应的24比特彩色立方体。

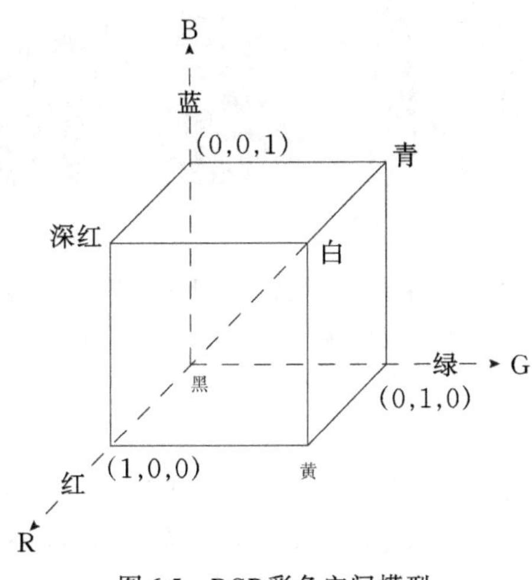

图6.5 RGB彩色空间模型

图6.6 RGB24比特彩色立方体
(彩图效果见前面插页)

需要注意的是,与RGB24相近的另外一种常用的真彩色图像格式是RGB32格式。RGB32格式也称为RGBA格式,在RGBA图像中,除了RGB三通道外,还有Alpha通道。阿尔法通道(Alpha Channel)是一个8位的灰度通道,该通道用256级灰度来记录图像中的透明度信息,定义透明、不透明和半透明区域,其中白表示不透明,黑表示透明,灰表示半透明。

2.CMY和CMYK模型

CMYK代表印刷上用的4种颜色,C代表青色(Cyan),M代表洋红色(Magenta),Y代表黄色(Yellow),K代表黑色(Black)。如前所述,青色、深红色和黄色是光的二次色(又称为光的三补色),或者说它们是颜料的原色。例如,当青色涂料覆盖的表面用白光照射时,该表面反射的是从白光中减去红色,得到的是青色(青色+红色=白色)。

由三补色得到的CMY模型主要用于彩色打印,这3种补色可分别从白光中减去3种基色得到。这一转换就是执行一个简单操作:

$$\begin{bmatrix} C \\ M \\ Y \end{bmatrix} = \begin{bmatrix} 1 \\ 1 \\ 1 \end{bmatrix} - \begin{bmatrix} R \\ G \\ B \end{bmatrix} \tag{6-5}$$

式(6-5)中假设所有的彩色值都归一化到[0,1]范围,它显示了涂青色颜色表面反射的光不包含红色,纯深红色的表面不包含绿色,纯黄色的表面不反射蓝色。

图6.7 RGB彩色图像
(彩图效果见前面插页)

根据图6.2所示,等量的3种颜料原色相加可以产生黑色。在实际应用中,青色、洋红色和黄色很难叠加形成真正的黑色,最多不过是褐色而已。实际上,为打印组合这些颜色而产生的黑色是不纯的。因此为了产生真正的黑色(在打印中起主要作用的颜色)才引入了第4种颜色—黑色(K),提出了CMYK彩色模型。在出版界的"四色打印",是指CMY彩色模型的三种原色再加上黑色。

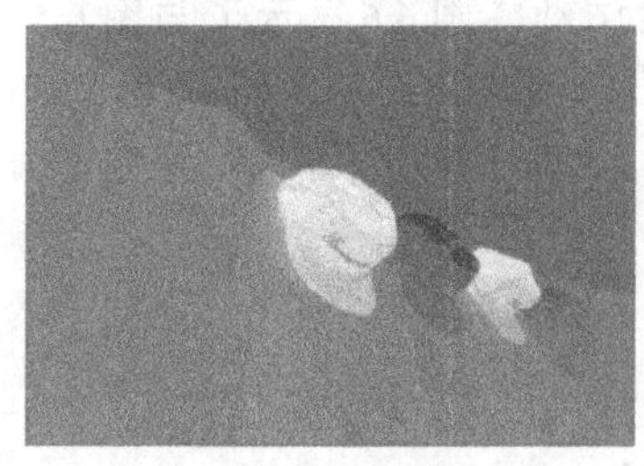

图6.8 图6.7对应的C、M、Y分量图像

如图6.7所示的RGB彩色图像,其对应的CMY分量图像如图6.8所示,分量图像根据式(6-5)得到。实际操作时,对8位RGB彩色图像,分别用255减去R、G、B分量的值,就可以得到C、M、Y分量图像。

3.电视系统彩色模型

彩色电视系统所采用的彩色空间模型也是基于RGB的不同组合。在PAL制式电视系统(中国、英国等国家采用PAL制式)中采用的是YUV模型,其中Y代表明亮度(Luminance、Luma),U和V则是色度、浓度(Chrominance、Chroma),U和V分别正比于色差B-Y和R-Y,都称为色差分量。Y、U、V的值可由归一化的R、G、B值经过如下计算得到:

$$\begin{aligned} R' &= R^{\gamma} \\ G' &= G^{\gamma} \\ B' &= B^{\gamma} \end{aligned} \tag{6-6}$$

$$\begin{bmatrix} Y \\ U \\ V \end{bmatrix} = \begin{bmatrix} 0.299 & 0.587 & 0.114 \\ -0.147 & -0.289 & 0.436 \\ 0.615 & -0.515 & -0.100 \end{bmatrix} \begin{bmatrix} R' \\ G' \\ B' \end{bmatrix} \tag{6-7}$$

即原图像的R、G、B值经过式(6-6)的伽马校正之后,再经过式(6-7)线性变换可以得到Y、U、V的值。式(6-6)中计算R'、G'、B'值时γ常取的值有0.36、0.45或0.5等值,对不同的摄像机γ取值常不相同。$R'=G'=B'=1$时对应基准白色。

图6.9是图6.7对应的YUV分量图像。其中Y分量对应图像的亮度信息,U分量和V分量对应图像的色差信息。

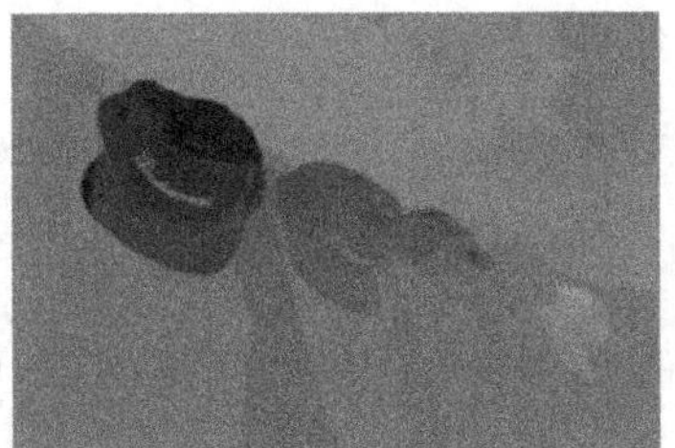
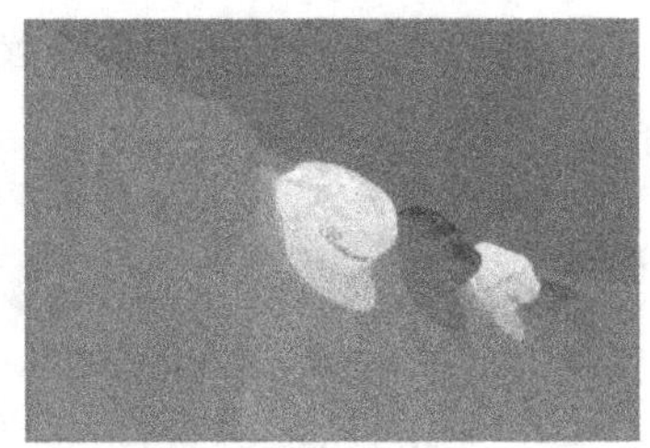

图6.9　图6.7对应的YUV图像（从左到右依次为Y、U、V分量图像）

RGB彩色空间到YUV彩色空间的转换，可以利用OpenCV的cv::cvtColor()函数来进行，其函数原型为：

```
void cvtColor(
    InputArray src, //RGB图像，可以是8位、16位或浮点数
    OutputArray dst, //目标图像，与源图像格式相同
    int code,  //转换格式，见表6-1
    int dstCn = 0  //目标图像中的通道数目，由源图像和转换格式决定
);
```

表6-1　OpenCV常用色彩空间转换代码

代码	值	含义
COLOR_BGR2BGRA	0	图像中增加Alpha通道
COLOR_BGRA2BGR	1	去掉4通道图像中的Alpha通道
COLOR_BGR2RGB	4	调整图像中RGB三通道的顺序
COLOR_BGR2GRAY	6	BGR图像转换到灰度图像
COLOR_BGR2XYZ	32	BGR色彩空间转换到XYZ色彩空间
COLOR_XYZ2BGR	34	XYZ色彩空间转换到BGR色彩空间
COLOR_BGR2YCrCb	36	BGR色彩空间转换到YCrCb色彩空间
COLOR_YCrCb2BGR	38	YCrCb色彩空间转换到BGR色彩空间
COLOR_BGR2HSV	40	BGR色彩空间转换到HSV色彩空间
COLOR_HSV2BGR	54	HSV色彩空间转换到BGR色彩空间
COLOR_BGR2Lab	44	BGR色彩空间转换到Lab色彩空间
COLOR_Lab2BGR	56	Lab色彩空间转换到BGR色彩空间
COLOR_BGR2YUV	82	BGR色彩空间转换到YUV色彩空间
COLOR_YUV2BGR	84	YUV色彩空间转换到BGR色彩空间

一般3通道RGB图像数据在内存中的存储顺序是BGR，而4通道RGBA图像在内存中的存储顺序是BGRA，所以在做色彩空间转换时，源图像的色彩空间需要选择BGR格式或BGRA格式。RGB图像转换到YUV图像的实例代码如下所示：

代码6-1　RGB图像转换到YUV图像

```
void RGB2YUV()
{
    Mat src = imread("kodim03.png", IMREAD_COLOR);
    Mat dst ;
    cvtColor(src, dst, COLOR_BGR2YUV); //色彩空间转换
    std::vector<Mat> vecYIQ;
    split(dst, vecYIQ); //将图像3个通道进行分离
    imshow("Y", vecYIQ[0]);
    imshow("U", vecYIQ[1]);
    imshow("V", vecYIQ[2]);
    waitKey(0);
}
```

而在NTSC制式电视系统（日本、美国,加拿大、墨西哥等国采用）中使用的是YIQ彩色空间模型，其中Y仍代表亮度分量，I代表In-phase，色彩从橙色到青色，Q代表Quadrature-phase，色彩从紫色到黄绿色。从式(6-6)中得到的R'、G'、B'经过式(6-8)计算可以得到YIQ的值：

$$\begin{bmatrix} Y \\ I \\ Q \end{bmatrix} = \begin{bmatrix} 0.299 & 0.587 & 0.114 \\ 0.596 & -0.275 & -0.321 \\ 0.212 & -0.523 & 0.311 \end{bmatrix} \begin{bmatrix} R' \\ G' \\ B' \end{bmatrix} \tag{6-8}$$

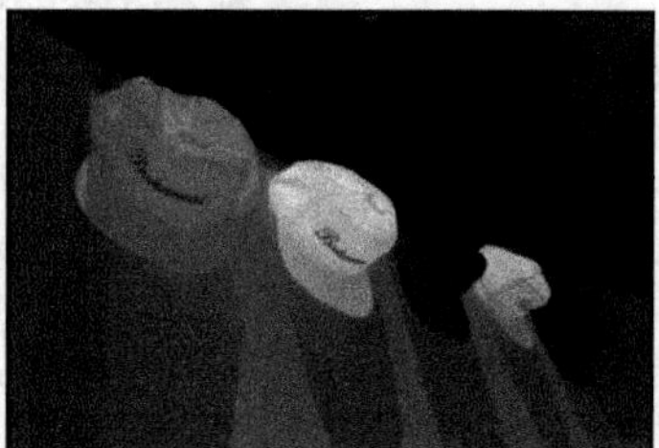
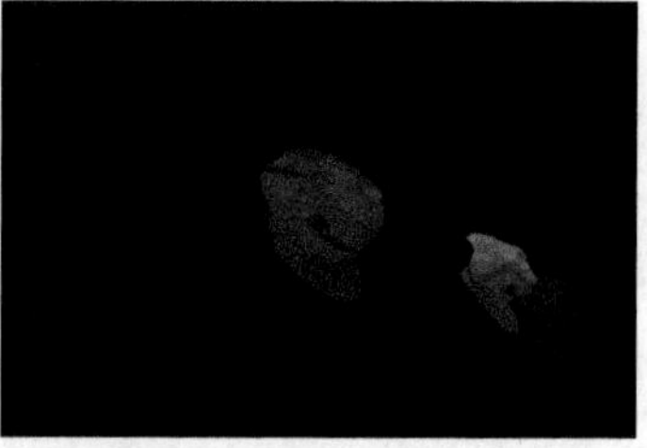

图6.10　图6.7对应的YIQ图像（从左到右依次为Y、I、Q分量图像）

图6.10是图6.7对应的YIQ分量图像。与图6.9相比，可以看到Y分量与图6.9完全相同。在两个分量图像中，Q分量图像能量明显小于I分量图像能量，所以在做图像传输时，Q分量所需的带宽可比I分量小，这样能够更有效地压缩图像。

OpenCV没有提供RGB色彩空间到YIQ色彩空间的转换代码，按照式(6-8)实现的代码如下所示。这里不考虑式(6-6)中的伽马校正，或者说假设RGB图像中的像素值都是经过伽马校正之后的像素值。

代码6-2　RGB到YIQ色彩空间转换

```
void RGB2YIQ()
{
```

```
    Mat src = imread("kodim03.png", IMREAD_COLOR);
    Mat dst = src.clone();
    dst.convertTo(dst, CV_8UC3);
    //逐行逐列逐像素点的转换
    for (int i = 0; i<src.rows; i++){
        for (int j = 0; j<src.cols; j++) {
            uchar r = src.at<Vec3b>(i, j)[2];
            uchar g = src.at<Vec3b>(i, j)[1];
            uchar b = src.at<Vec3b>(i, j)[0];
            dst.at<Vec3b>(i, j)[0] = saturate_cast<uchar>(0.299*r \
                + 0.587*g + 0.114*b); //Y
            dst.at<Vec3b>(i, j)[1] = saturate_cast<uchar>(0.596*r \
                - 0.274*g - 0.322*b); //I
            dst.at<Vec3b>(i, j)[2] = saturate_cast<uchar>(0.211*r \
                - 0.523*g + 0.312*b); //Q
        }
    }
    std::vector<Mat>vecYIQ;
    split(dst, vecYIQ);
    imshow("Y", vecYIQ[0]);
    imshow("I", vecYIQ[1]);
    imshow("Q", vecYIQ[2]);
    waitKey(0);
}
```

4.YCbCr彩色空间模型

YCbCr彩色空间模型是在CCIR(International Radio Consultative Committee,国际无线电咨询委员会)1982年制定彩色视频数字化标准研制过程中作为ITU-R BT.601标准的一部分,其实是PAL-YUV经过缩放和偏移的翻版。其中Y与PAL-YUV中的Y含义一致,指亮度分量;Cb指蓝色色差分量;Cr指红色色差分量。YCbCr是在计算机系统中应用最多的彩色空间模型,其应用领域很广泛,JPEG图像编码、MPEG视频编码均采用此模型。一般人们所讲的YUV大多是指YCbCr,而不是指PAL-YUV。

从RGB彩色空间模型转换到YCbCr彩色空间模型,其转换公式如式(6-9)所示。与式(6-7)相比,其中亮度Y分量的计算方式相同,C_b和C_r的计算方式与U、V的计算方式不同。

$$\begin{bmatrix} Y \\ C_b \\ C_r \end{bmatrix} = \begin{bmatrix} 0.299 & 0.587 & 0.114 \\ -0.1687 & -0.3313 & 0.500 \\ 0.500 & -0.4187 & -0.0813 \end{bmatrix} \begin{bmatrix} R \\ G \\ B \end{bmatrix} + \begin{bmatrix} 0 \\ \text{delta} \\ \text{delta} \end{bmatrix} \tag{6-9}$$

式(6-9)中,对于不同的图像位深度,delta取值不同。对于8位图像,delta=128;对于浮点数图像,delta=0.5;对于16位图像,delta=32768。

在实际的图像压缩或视频压缩中，YCbCr有许多取样格式，如4∶4∶4，4∶2∶2或4∶2∶0，如图6.11所示。图中圆圈符号代表色差分量，交叉符号代表亮度分量。由于人的眼睛对视觉分量更敏感，所以在所有采样模式中，亮度分量都是全采样；而人的眼睛对色差分量分辨能力较差，所以色差分量可以采用较小的采样频率。

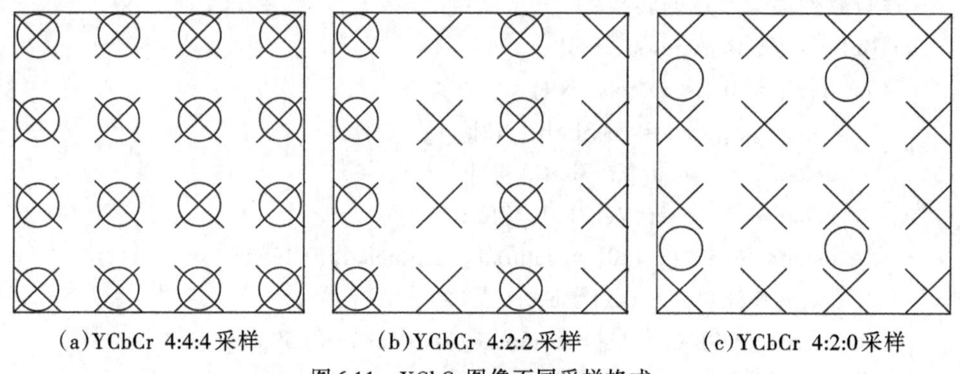

(a)YCbCr 4:4:4采样　(b)YCbCr 4:2:2采样　(c)YCbCr 4:2:0采样

图6.11　YCbCr图像不同采样格式

(1)YCbCr4:4:4采样。YCbCr3个通道的采样率相同，因此在生成的图像里，每个像素3个分量信息完整(每个分量通常8比特，未经压缩的每个像素占用3个字节。如图6.11(a)所示，16个像素占用48字节空间。

如下面的4个像素为：[Y0 Cb0 Cr0] [Y1 Cb1 Cr1] [Y2 Cb2 Cr2] [Y3 Cb3 Cr3]。

则编码之后的码流为：Y0 Cb0 Cr0 Y1 Cb1 Cr1 Y2 Cb2 Cr2 Y3 Cb3 Cr3

(2)YCbCr4:2:2采样。每个色差通道的采样率是亮度通道的一半，所以水平方向的色差分量采样率只4:4:4的一半。对非压缩的8比特量化的图像来说，每个由2个水平方向相邻的像素组成的像素块需要占用4字节内存。如图6.11(b)所示，16个像素占用32字节空间。

下面的4个像素为：[Y0 Cb0 Cr0] [Y1 Cb1 Cr1] [Y2 Cb2 Cr2] [Y3 Cb3 Cr3]

存放的码流为：Y0 Cb0 Y1 Cr1 Y2 Cb2 Y3 Cr3

映射出像素点为：[Y0 Cb0 Cr1] [Y1 Cb0 Cr1] [Y2 Cb2 Cr3] [Y3 Cb2 Cr3]

(3)YCbCr4:2:0采样。4:2:0并不意味着只有Y，Cb而没有Cr分量。它指的是对每行扫描线来说，只有一种色差分量以2:1的抽样率存储。相邻的扫描行存储不同的色差分量，也就是说，如果一行是4:2:0的话，下一行就是4:0:2，再下一行是4:2:0，以此类推。对每个色差分量来说，水平方向和竖直方向的抽样率都是2:1，所以可以说色差的抽样率是4:1。对非压缩的8比特量化的视频来说，每个由2×2个(2行2列)相邻的像素组成的像素块需要占用6字节内存。如图6.11(c)所示，16个像素占用20个字节空间。

如8个像素为：[Y0 Cb0 Cr0] [Y1 Cb1 Cr1] [Y2 Cb2 Cr2] [Y3 Cb3 Cr3]
[Y4 Cb4 Cr4] [Y5 Cb5 Cr5] [Y6 Cb6 Cr6] [Y7 Cb7 Cb7]

存放的码流为：Y0 Cb0 Y1 Y2 Cb2 Y3Y4 Cr4 Y5 Y6 Cr6 Y7

映射出的像素点为：[Y0 Cb0 Cr4] [Y1 Cb0 Cr4] [Y2 Cb2 Cr6] [Y3 Cb2 Cr6][Y4 Cb0 Cr4] [Y5 Cb0 Cr4] [Y6 Cb2 Cr6] [Y7 Cb2 Cr6]

6.2.2　面向视觉感知的彩色模型

面向硬件设备的彩色模型与人的视觉感知有一定的差距，而且使用时不太方便，如给定一个彩色信号，除非借助于专业仪器，人眼很难判定其中的R、G、B值。而面向视觉感知的彩色空间模型独立于显示设备，与人类颜色视觉感知更接近，有利于人眼对颜色分辨。

1.HSI彩色空间模型

HSI彩色空间模型是最常用的一种面向视觉感知的彩色空间模型，其中H(Hue)代表色调，与光波的波长有关，它表示人的感官对不同颜色的感受，如红色、绿色、蓝色等，它也可表示一定范围的颜色，如暖色、冷色等；S(Saturation)指饱和度，表示颜色的纯度，纯光谱色是完全饱和的，加入白光会稀释饱和度，饱和度越大，颜色看起来就会越鲜艳，反之亦然；I(Intensity)对应成像亮度和图像灰度，是颜色的明亮程度。

HSI色彩空间模型在彩色图像处理中有其独特的优点。首先在HSI彩色模型中，亮度分量是与色度分量分开的，I分量与图像的彩色信息无关；在处理彩色图像时，可仅对I分量进行处理，结果不改变原图像中的彩色种类。其次在HSI模型中，色调H和饱和度S的概念互相独立，完全反映了人感知颜色的基本属性，与人感知颜色的结果一一对应。这些特点使得HSI色彩空间模型非常适合基于人的视觉系统对彩色感知特性进行分离处理的图像算法。

HSI彩色空间模型与RGB彩色空间模型的对应关系可以用图6.12来表示。图中点O是RGB三角形的中心，对于任意一点P，其与红轴的夹角对应就是色调H。线段OP的长度就是饱和度S，越长越饱和，处在三角形边上的点代表纯的饱和色。

如果把亮度分量I也考虑进去，则完整的HSI色彩空间模型如图6.13所示，其中每个横截面都与图6.12中的平面三角形相似。这里的I的值是沿一根通过各三角形中心并垂直于三角形平面的直线来测量的。它由与最下面的黑点的距离来表示（常取黑点处的I值为0，而白点处的I为1）。

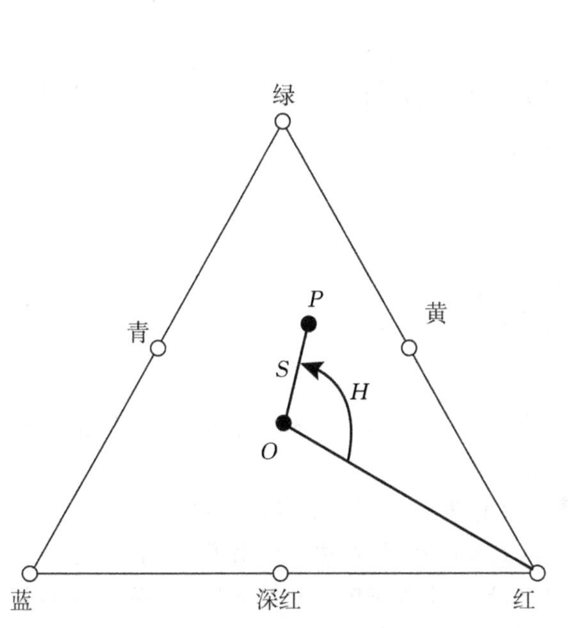

图6.12 HSI彩色空间模型与RGB彩色空间模型的对应关系

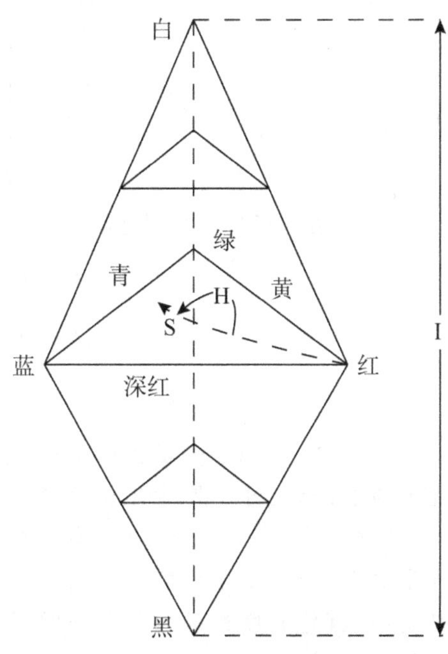

图6.13 基于三角形平面的HSI彩色空间模型

在RGB空间的彩色图像可以方便地转换到HSI空间。对3个归一化到[0,1]的R,G,B值，其对应的HSI模型中的H,S,I分量可由下面的公式计算：

$$H=\begin{cases}\arccos\left\{\dfrac{(R-G)+(R-B)}{2\sqrt{(R-G)^2+(R-B)(G-B)}}\right\} & B<G\\ 2\pi-\arccos\left\{\dfrac{(R-G)+(R-B)}{2\sqrt{(R-G)^2+(R-B)(G-B)}}\right\} & B>G\end{cases} \tag{6-10}$$

$$S=1-\frac{3}{(R+G+B)}\min(R,G,B) \tag{6-11}$$

$$I=\frac{R+G+B}{3} \tag{6-12}$$

需要注意的是，当$S=0$时，对应$R=G=B$，此时对应像素值没有色差，则$H=0$。另外当$I=0$时，$R=G=B=0$，则$S=0$；当$I=1$时，$R=G=B=1$，则$S=0$，这3种情况对应的像素都没有色差，$H=0$。

另一方面，如果已知HSI空间像素点的H,S,I分量，也可将其转换到RGB空间。转换时，需要限制S,I的值在[0,1]之间，得到的R,G,B的值也在[0,1]之间，则从HSI到RGB的转换公式为：

(1)当H在$[0^\circ,120^\circ]$之间：

$$\begin{cases}B=I(1-S)\\ R=I\left[1+\dfrac{S\cos H}{\cos(60^\circ-H)}\right]\\ G=3I-(B+R)\end{cases} \tag{6-13}$$

(2)当H在$[120^\circ,240^\circ]$之间：

$$\begin{cases}B=I(1-S)\\ R=I\left[1+\dfrac{S\cos(H-120^\circ)}{\cos(180^\circ-H)}\right]\\ G=3I-(B+R)\end{cases} \tag{6-14}$$

(3)当H在$[240^\circ,360^\circ]$之间：

$$\begin{cases}B=I(1-S)\\ R=I\left[1+\dfrac{S\cos(H-240^\circ)}{\cos(300^\circ-H)}\right]\\ G=3I-(B+R)\end{cases} \tag{6-15}$$

若R,G,B这3个分量各用8比特表示，则将式(6-13)、式(6-14)、式(6-15)计算得到的结果乘以255就可以得到[0,255]范围内的RGB值。

图6.7对应的HSI分量图像如图6.14所示。从色度分量图像上可以看到，右边深红色帽子所对应的区域H的值最高；从饱和度分量图像上可以看到，左边绿色帽子对应区域色彩比较纯净，其饱和度最高；I分量图像基本与YUV、YIQ图像中的Y分量对应，只是细节上有差异。

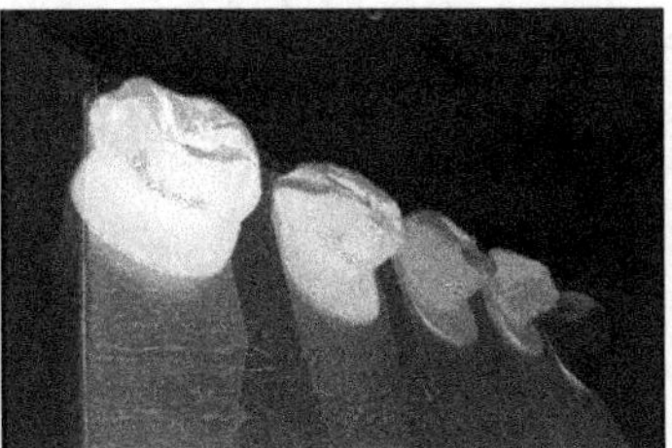

图6.14　图6.7对应图像的HSI分量图像(从左到右依次为H、S、I分量)

2.HSV彩色空间模型

HSV彩色空间模型与HSI彩色空间模型类似,但是与人类对颜色的感知更接近。HSV彩色空间模型中H代表色调,S代表饱和度,V代表亮度。HSV也采用圆柱坐标系统,但一般用六棱锥来表示,如图6.15所示。对于六棱锥中的任意一点P,其与中心点的连线到红轴的角度定义为色调H,其到中心点的长度定义为饱和度S,白色的亮度定义为1,黑色的亮度定义为0。

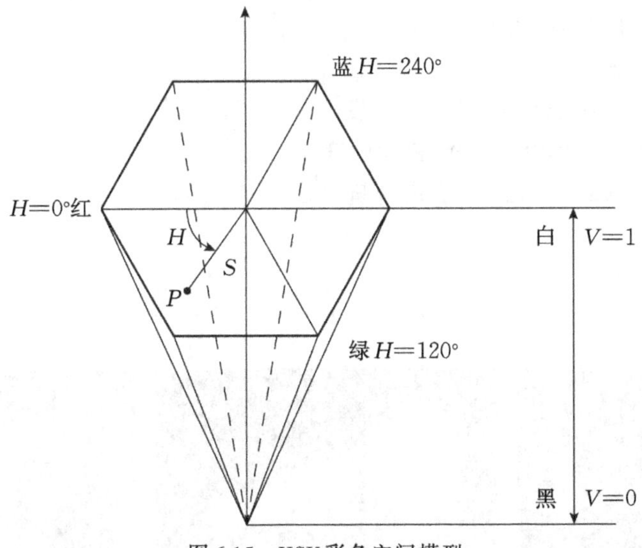

图6.15　HSV彩色空间模型

从RGB空间转换到HSV空间,其转换公式如下:

$$V=\max(R,G,B) \tag{6-16}$$

$$S=\begin{cases}\dfrac{\max(R,G,B)-\min(R,G,B)}{\max(R,G,B)} & V\neq 0\\ 0 & V=0\end{cases} \tag{6-17}$$

$$H=\begin{cases}0 & \text{如果}R=G=B\\ \dfrac{60(G-B)}{V-\min(R,G,B)} & \text{如果}V=R\\ 120+\dfrac{60(B-R)}{V-\min(R,G,B)} & \text{如果}V=G\\ 240+\dfrac{60(R-G)}{V-\min(R,G,B)} & \text{如果}V=B\end{cases} \tag{6-18}$$

式(6-18)中,若H<0,则H=H+360。上面三个公式中,R、G、B的值都在[0,1]之间,而计算得到的值0≤V≤1,0≤S≤1,0≤H≤360。如果要将HSV的值存储在8位内存空间中,则变换公式如下:

$$\begin{cases} V = 255*V \\ S = 255*S \\ H = H/2 \end{cases} \tag{6-19}$$

OpenCV中RGB图像转换到HSV图像的实例代码如下所示:

代码6-3　RGB图像到HSV图像转换实例

```
void RGB2HSV()
{
    Mat src = imread("kodim03.png", IMREAD_COLOR);
    Mat dst;
    cvtColor(src, dst, COLOR_BGR2HSV); //RGB转换到HSV
    std::vector<Mat> vecHSV;
    split(dst, vecHSV);
    imshow("H", vecHSV[0]); //色调分量
    imshow("S", vecHSV[1]); //饱和度分量
    imshow("V", vecHSV[2]); //亮度分量
    waitKey(0);
}
```

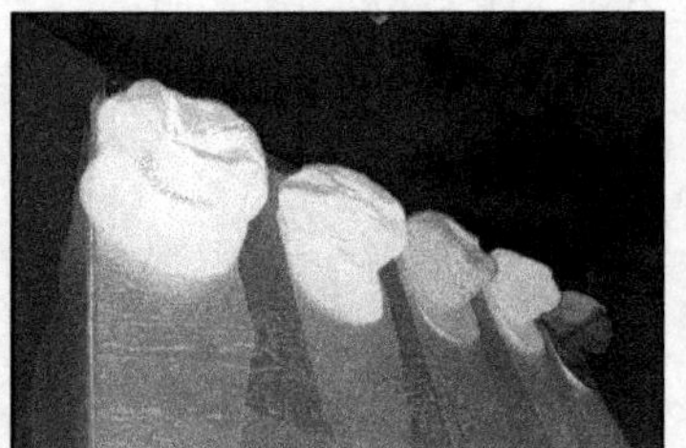

图6.16　图6.7对应HSV分量图像(从左到右分别是H,S,V分量)

图6.16是图6.7所对应的H、S、V分量图像。对照图6.12,可以看到三个分量图像基本相似,只存在细微差异。

3.$L^*a^*b^*$彩色空间模型(CIELAB彩色空间模型)

$L^*a^*b^*$彩色空间模型是由CIE(国际照明委员会)制定的一种色彩模型。自然界中任何一点色都可以在$L^*a^*b^*$空间中表达出来,它的色彩空间比RGB空间还要大。另外,这种模式是以数字化方式来描述人的视觉感应,与设备无关,所以它弥补了RGB和CMYK模式必须依赖于设备色彩特性的不足。它不仅包含了RGB,CMYK的所有色域,还能表现它们不能表现的色彩。人的肉眼能感知的色彩,都能通过$L^*a^*b^*$模型表现出来。另外,$L^*a^*b^*$色彩模型的绝妙之处还在于它弥补了RGB色彩模型色彩分布不均的不足,因为RGB模型在蓝色到绿色之

间的过渡色彩过多，而在绿色到红色之间又缺少黄色和其他色彩。如果想在数字图像的处理中保留尽量宽阔的色域和丰富的色彩，最好选择$L^*a^*b^*$色彩空间模型。

L*a*b*三个基本坐标的含义分别是，L^*表示颜色的亮度，$L^*=0$生成黑色而$L^*=100$指示白色；a^*表示在红色/品红色和绿色之间的位置，a^*负值指示绿色，a^*正值指示品红；b^*表示在黄色和蓝色之间的位置，b^*负值指示蓝色，b^*正值指示黄色。OpenCV中从RGB色彩空间转换到L*a*b*色彩空间需要借助于XYZ色彩空间来进行，其转换公式如下：

$$\begin{bmatrix} X \\ Y \\ Z \end{bmatrix} = \begin{bmatrix} 0.412453 & 0.357580 & 0.180423 \\ 0.212671 & 0.715160 & 0.072169 \\ 0.019334 & 0.119193 & 0.950227 \end{bmatrix} \cdot \begin{bmatrix} R \\ G \\ B \end{bmatrix} \tag{6-20}$$

$$\begin{cases} X = \dfrac{X}{X_n}, X_n = 0.950456 \\ Z = \dfrac{Z}{Z_n}, Z_n = 1.088754 \end{cases} \tag{6-21}$$

$$L^* = \begin{cases} 116 * Y^{\frac{1}{3}} - 16 & Y > 0.008856 \\ 903.3 * Y & Y \leqslant 0.008856 \end{cases} \tag{6-22}$$

$$a^* = 500\big(f(X) - f(Y)\big) + delta \tag{6-23}$$

$$b^* = 200\big(f(Y) - f(Z)\big) + delta \tag{6-24}$$

$$\text{其中}, f(t) = \begin{cases} t^{1/3} & t > 0.008856 \\ 7.787t + \dfrac{16}{116} & t \leqslant 0.008856 \end{cases} \tag{6-25}$$

$$\text{而 delta} = \begin{cases} 128 & \text{8位图像} \\ 0 & \text{浮点数图像} \end{cases} \tag{6-26}$$

通过以上公式计算得到的结果$0 \leqslant L \leqslant 100, -127 \leqslant a \leqslant 127, -127 \leqslant b \leqslant 127$。对于8位图像，可以通过下式来对$L^*, a^*, b^*$的值进行规范化，以保证值在[0,255]范围内：

$$\begin{cases} L^* = L^* * \dfrac{255}{100} \\ a^* = a^* + 128 \\ b^* = b^* + 128 \end{cases} \tag{6-27}$$

在OpenCV中，cvtColor函数中转换代码取值COLOR_BGR2Lab就可以将RGB图像转换到L*a*b*彩色空间。对于图6.7中的彩色图像，其转换到L*a*b*彩色空间中得到的分量图像如图6.17所示：

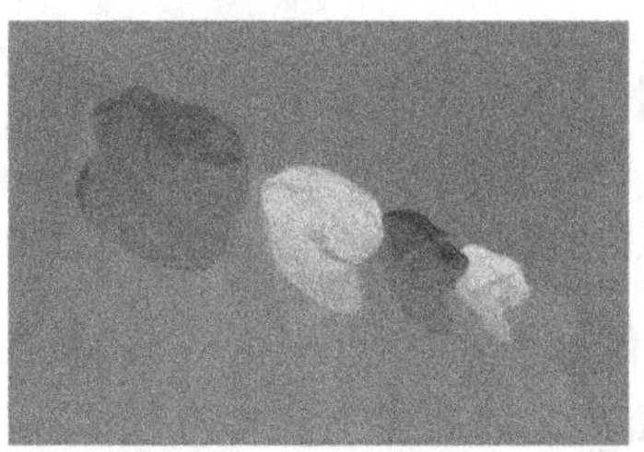
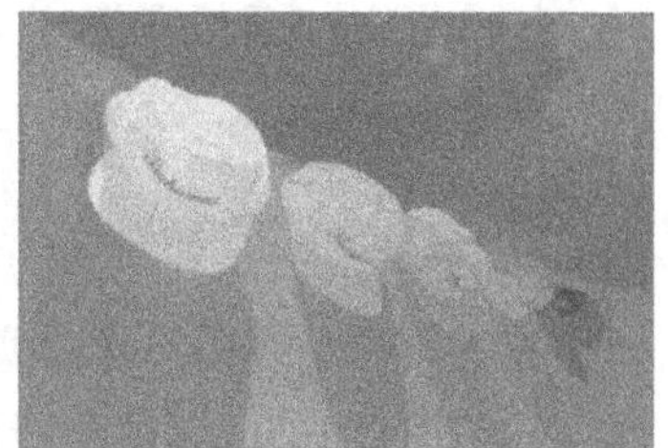

图6.17 图6.7的L*a*b*分量图像（从左到右分别是L^*, a^*, b^*分量）

6.3 彩色图像增强

6.3.1 彩色图像直方图均衡化

一般地，图像对比度都是在灰度图上进行增强，最常用的办法就是直方图均衡化，彩色图像的对比度增强原理基本相同。彩色图像直方图均衡化可以借助于4.4.3中的方法，首先对RGB三通道进行分离，然后分别进行均衡化之后再合成为彩色图像；也可以采用本节的方法，首先将RGB图像转到YCbCr分量，然后对Y分量上的图像进行直方图均衡化，最后进行彩色图像合成。两种方法对比，三通道分别增强的方法有可能会改变图像的色相，引起图像颜色失真，图像亮度色差通道分开处理的方法更为常用。除了可以分离到YCbCr通道之外，也可以分离到YIQ通道、HSV通道、$L^*a^*b^*$通道或其他类型模型再进行处理。YCbCr通道彩色图像直方图均衡化代码如下所示：

代码6-4 彩色图像直方图均衡化

```
//彩色图像直方图均衡化
void ColorImageEqualHist()
{
    Mat src = imread("1553913114520.jpg", IMREAD_COLOR);
    Mat dst;
    cvtColor(src, dst, COLOR_BGR2YCrCb);
    std::vector<Mat>vecYCbCr;
    split(dst, vecYCbCr);
    imshow("源图像", src);
    equalizeHist(vecYCbCr[0], vecYCbCr[0]); //灰度直方图均衡化
    Mat matTemp;
    merge(vecYCbCr, matTemp);
    cvtColor(matTemp, dst, COLOR_YCrCb2BGR); //色彩空间转换到RGB
    imshow("目标图像", dst);
    waitKey(0);
}
```

彩色图像直方图均衡化实例如图6.18所示，其中(a)是均衡化之前的源图像，(b)是均衡化之后的图像。可以看到，均衡化之后图像对比度有较大提升，能看清更多图像中树木部分的细节。

(a)源图像

(b)均衡化之后的图像

图6.18 彩色图像直方图均衡化(彩图效果见前面插页)

6.3.2 彩色图像锐化

4.6节灰度图像所用的锐化方法,通常都可以用于彩色图像。以拉普拉斯图像锐化方法为例,代码6-5说明了彩色图像局部增强的方法,这里采用复合拉普拉斯滤波器模板,中心系数取6,而四周的系数之和为-4,这样可以增强处理之后原图像的亮度。彩色图像拉普拉斯增强的结果如图6.19所示,可以看到处理之后的图像边缘更加锐利。

代码6-5 彩色图像拉普拉斯变换

```
//彩色图像拉普拉斯变换
void ColorImageLapacain()
{
    Mat src = imread("ManOnCamel.bmp", IMREAD_COLOR);
    imshow("原图像", src);
    Mat dst;
    //复合拉普拉斯滤波器模板
    //0    -1    0
    //-1    6   -1
    //0    -1    0
    Mat kernel = (Mat_<float>(3, 3)<< 0,-1, 0,-1,6,-1,0,-1,0);
    filter2D(src, dst, CV_8UC3, kernel);
    imshow("拉普拉斯算子图像增强效果", dst);
    waitKey(0);
}
```

(a)原图像

(b)拉普拉斯增强结果

图6.19 彩色图像拉普拉斯增强(彩图效果见前面插页)

6.3.3 手动交互控制颜色

可以用滑动条控制彩色分量的方法,交互地改变彩色图像的值。其代码如6-6所示,其中用到了BGR2HSV和HSV2BGR两个彩色空间变换。其运行界面截图如图6.20所示,在图中拖动色度、饱和度和亮度3个滑动条,就可以动态改变彩色图像的显示。

代码6-6 手动交互控制色彩

```
static string window_name = "HSVAdjust";
static int hue = 90;   //默认色度滑动条的位置在中间
static int saturation = 50; //默认饱和度滑动条的位置在中间
static int brightness = 50; //默认亮度滑动条的位置在中间
Mat src; //RGB空间中的原图像
Mat hsv; //HSV空间的原图像
static void callbackAdjust(int, void *)
{
    //获取色度滑动条的值,值的范围是(0-180)
    int nHuePos = getTrackbarPos("hue", window_name);
    //获取饱和度滑动条的值,值的范围是(0-100)
    int nSaturation = getTrackbarPos("saturation", window_name);
    //获取亮度滑动条的值,值的范围是(0-100)
    int nBrightness = getTrackbarPos("brightness", window_name);
    //色度调整比例,范围是(-0.5,0.5)
    float fHueRatio = (nHuePos - 90) / float(180);
    //饱和度调整比例,范围是(-0.5,0.5)
    float fSatRatio = (nSaturation - 50) / float(100);
    //亮度调整比例,范围是(-0.5,0.5)
    float fBriRatio = (nBrightness - 50) / float(100);
    Mat dst = Mat::zeros(src.rows, src.cols, CV_8UC3);
```

```
    //对整个图像逐点计算
    for (int i = 0; i<src.rows; i++) {
        for (int j = 0; j<src.cols; j++) {
            uchar h = hsv.at<Vec3b>(i, j)[0]; //色度
            uchar s = hsv.at<Vec3b>(i, j)[1]; //饱和度
            uchar v = hsv.at<Vec3b>(i, j)[2]; //亮度
            //按比例调整色度,色度值在(0,180)之间
            h = min(int(h + h * fHueRatio), 180);
            //按比例调整饱和度,饱和度值在(0,255)之间
            s = min(int(s + s * fSatRatio), 255);
            //按比例调整亮度,亮度值在(0,255)之间
            v = min(int(v + v * fBriRatio), 255);
            //计算结果赋值给dst矩阵
            dst.at<Vec3b>(i, j)[0] = h;
            dst.at<Vec3b>(i, j)[1] = s;
            dst.at<Vec3b>(i, j)[2] = v;
        }
    }
    //色彩空间转换,从HSV色彩空间转换到RGB色彩空间
    cvtColor(dst, dst, COLOR_HSV2BGR);
    imshow(window_name, dst);
    waitKey(10);
}
void main()
{
    src=imread("kodim03.png", IMREAD_COLOR);
    if (!src.data) {
        cout<<"error read image"<<endl;
        return;
    }
    //原图像转换到HSV彩色空间,并保存在hsv中
    cvtColor(src, hsv, COLOR_BGR2HSV);
    //创建主窗口
    namedWindow(window_name);
    //分别创建3个滑动条,其回调函数都是callbackAdjust
    createTrackbar("hue", window_name, &hue, 180, callbackAdjust);
    createTrackbar("saturation", window_name, &saturation, 100, \
        callbackAdjust);
```

```
    createTrackbar("brightness", window_name, &brightness, 100, \
        callbackAdjust);
    callbackAdjust(0, 0); //调用一次回调函数
    imshow(window_name, src);
    waitKey(0);
}
```

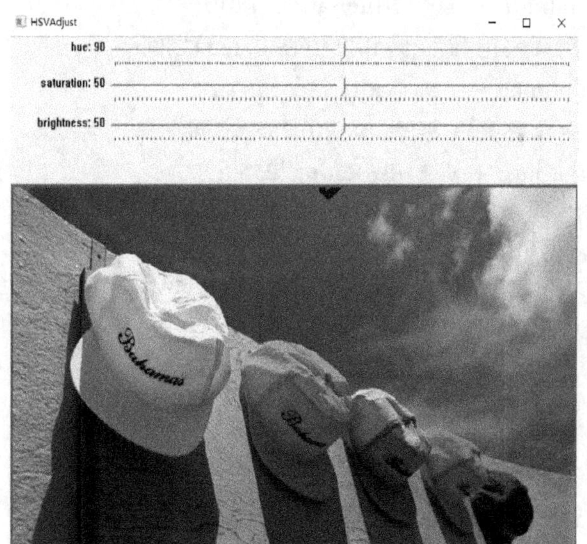

图6.20　手工改变彩色图像交互界面截图(彩图效果见前面插页)

6.4　彩色图像分割

基于颜色空间的图像分割时,可以将每个颜色空间表示成一个图像,这时每个通道上每个像素的数值都作为分割特征来考虑。考虑到这些数字特征,可以使用线性边界(例如,每个通道一个线性界面,3个通道就是一个3维线性界面),然后根据每个像素所在的分区对其进行分类,这样就可以得到具有预定义特征的像素集合。这个朴素的想法可以用来分割感兴趣的图像对象。

OpenCV提供cv::inRange()函数检查输入图像的像素的每个通道值是否位于上边界和下边界之间。在基于色彩空间分割应用时,cv::inRange()函数允许检查src中的每个像素值,如果像素值的每个通道值都位于下边界和下边界之间,则对应dst像素值为1,否则为0。

下面的示例展示了如何在图像中检测可以认为是皮肤的像素。据观察,肤色在亮度上的差别比色度小。因此通常情况下,亮度分量不适用于皮肤检测。这个事实使得在以RGB表示的图片中很难检测到皮肤,因为RGB颜色空间每个通道对亮度的依赖性很强,实际上HSV和YCbCr颜色空间模型更为常用。值得注意的是,对于这种类型的分割,有必要预先知

道或获取每个通道的边界值。在这里根据实验获取上下边界范围HSV值分别是(10,10,120)和(15,150,255)。根据实验可以知道,在这里起控制作用的主要是色度H分量,较小的范围可以更精确地分割图像。分割过程如代码6-7所示,分割结果如图6.21所示。

代码6-7 HSV彩色空间图像分割

```
void HSVSkinSegmentation()
{
    //加载原图像
    Mat src = imread("hand.bmp");
    namedWindow("原图像", WINDOW_AUTOSIZE);
    imshow("原图像", src); //显示原图像
    Mat hsv;
    //彩色空间转换
    cvtColor(src, hsv, COLOR_BGR2HSV);
    Mat bw;
    //图像分割,在上下边界之间的像素在前景中对应白色
    inRange(hsv, Scalar(10, 10, 120), Scalar(15, 150, 255), bw);
    //显示图像分割结果
    namedWindow("前景图像", WINDOW_AUTOSIZE);
    imshow("前景图像", bw);
    waitKey(0);
}
```

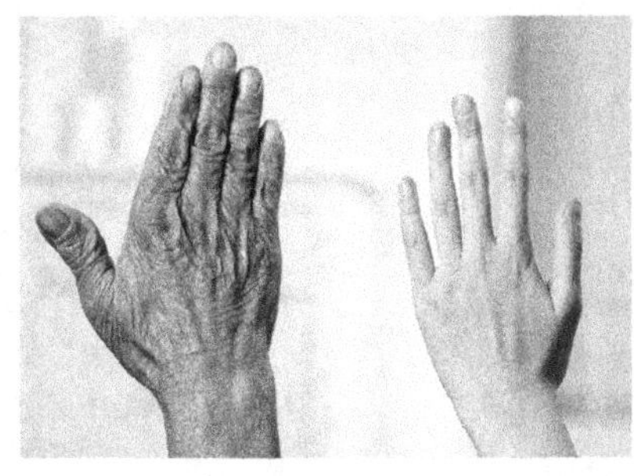
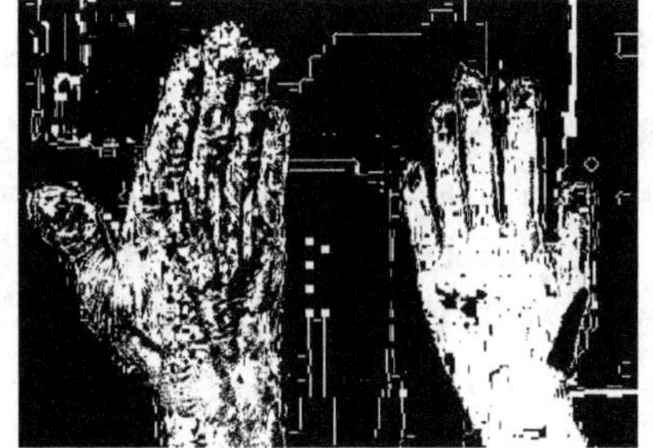

图6.21 HSV彩色空间图像分割(彩图效果见前面插页)

6.5 颜色迁移

彩色图像间的颜色迁移,即将一幅图像A的颜色信息转移到另一幅图像B上,使得新生成的图像C既保留原图像B的形状信息又具有图像A的色彩信息。目前较为流行的算法是Reinhard等人提出的,先通过RGB->$L^*a^*b^*$彩色空间转换,进而对$L^*a^*b^*$作统计对比,使源图

像和目标图像的$L^*a^*b^*$平均值和方差相匹配,从而达到颜色转换的目的。其基本步骤如下:

(1)输入源图像srcImg和目标图像targetImg;

(2)将两个图像从RGB空间转为$L^*a^*b^*$空间水平;

(3)计算源图像和目标图像每个通道的均值和方差;

(4)根据公式(6-28)得到合成图像(composedImage)中每个像素的值:

$$I_k = \frac{\sigma_s^k}{\sigma_t^k}\left(T^k - mean\left(T^k\right)\right) + mean\left(S^k\right) \quad k = (l,\ a,\ b) \tag{6-28}$$

式(6-28)中k表示通道,有L^*,a^*,b^*,3个色彩通道;I_k是合成图像第k个通道的值;σ_t^k是目标图像第k个通道的标准差,σ_s^k是原图像第k个通道的标准差;S^k是原图像第k个通道的值,T^k是目标图像第k个通道的值;$mean(S^k)$是原图像第k个通道的均值,$mean(T^k)$是目标图像第k个通道的均值。

(5)将composedImage转回到RGB空间显示。

图像彩色迁移的具体实现步骤如代码6-8所示,其运行结果如图6.22所示,其中图(a)是要参照的图像,图(b)是需要转换的目标图像,图(c)是目标图像的最终合成结果。从图6.22中可以看到,图(a)中的色调、饱和度等彩色信息都被叠加到了图(b)中的图像上,最终图(c)是图(b)的形状信息加图(a)的色彩信息,即图(a)的色彩迁移到了图(b)中。扫描二维码可以观看讲解视频。

颜色迁移实例

代码6-8 颜色迁移实例

```
voidColorTransfter()
{
    //加载原图像和目标图像
    Mat src = imread("bandon.tif");
    Mat target = imread("kodim03.png");
    //转换到Lab色彩空间
    Mat src_lab, tar_lab;
    cvtColor(src, src_lab, COLOR_BGR2Lab);
    cvtColor(target, tar_lab, COLOR_BGR2Lab);
    //图像数据转换到32位浮点数类型
    src_lab.convertTo(src_lab, CV_32FC1);
    tar_lab.convertTo(tar_lab, CV_32FC1);
    cvtColor(target, tar_lab, COLOR_BGR2Lab);
    src_lab.convertTo(src_lab, CV_32FC1);
    tar_lab.convertTo(tar_lab, CV_32FC1);
    //计算每个图像每个通道的均值和均方差
    Mat mean_src, mean_tar, stdd_src, stdd_tar;
    meanStdDev(src_lab, mean_src, stdd_src);
    meanStdDev(tar_lab, mean_tar, stdd_tar);
    //对Lab彩色空间中每个通道进行分离
    vector<Mat>src_chan, tar_chan;
```

```
    split(src_lab, src_chan);
    split(tar_lab, tar_chan);
    //在每个通道内计算色彩分布
    for (int i = 0; i< 3; i++) {
        tar_chan[i]-=mean_tar.at<double>(i);
        tar_chan[i]*= (stdd_src.at<double>(i) /
                stdd_tar.at<double>(i));
        tar_chan[i]+=mean_src.at<double>(i);
    }
    //对通道进行合并,每个通道先转换到CV_8UC1类型,再转换到BGR
    Mat output;
    merge(tar_chan, output);
    output.convertTo(output, CV_8UC1);
    cvtColor(output, output, COLOR_Lab2BGR);
    //显示图像
    namedWindow("原图像", WINDOW_AUTOSIZE);
    imshow("原图像", src);
    namedWindow("目标图像", WINDOW_AUTOSIZE);
    imshow("目标图像", target);
    namedWindow("合成图像", WINDOW_AUTOSIZE);
    imshow("合成图像", output);
    waitKey(0);
}
```

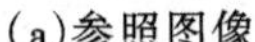
(a)参照图像

(b)要转换的图像

(c)合成结果图像

图6.22 图像彩色迁移实例(彩图效果见前面插页)

6.6 彩色图像白平衡及其实现

一幅彩色图像数字化后,在显示时颜色经常看起来有些不正常,这是颜色通道的不同敏感度、增益因子和偏移量等原因导致的,称为三基色不平衡。将三基色不平衡进行校正的过程就是彩色平衡,白平衡是常用的彩色平衡方法。

6.6.1 色温与白平衡

人眼之所以能够看到物体的颜色,除了人眼本身的生理机能,还必须有光的照射以及物体对入射光进行有选择地吸收和反射。色温是描述光的不同色彩的一个重要概念,它借用完全辐射体的温度来表示光源的光谱成分,以绝对黑体温度K来度量。

物体在不同的光源照射下呈现的颜色是不同的。这是由光源的不同色温决定的,它使得物体的反射光谱较真实色彩有一定的偏差。对同一个白色物体而言,在低温光源照明下,其反射变得偏红;反之,在高温光源下变得偏蓝。人类视觉由于人眼具有的颜色恒常性,可以不管照明光的光谱成分如何变化,人们通常能像在白光下一样来分辨物体的颜色。但是图像采集设备则不然,它采集到的是物体在给定光源下的反射光,这就导致同一个物体在不同的光源下其表现的颜色不同,获得的图像不可避免会出现色彩上的偏差。

为了补偿不同光源引起的颜色不同,能真实、正确地再现现实世界中各种色彩的图像,需要采用白平衡技术。白平衡技术的核心,是通过调整由传感器得到的一个彩色视觉信号分量增益(如R,B),使得其组成颜色更接近真实色彩。如果原始场景中的某些像素点应该是白色的,但是由于所获得图像中的相应像素点存在色偏,这些点的R,G,B三个分量的值不再保持相同,通过调整这三个颜色分量的值,使之达到平衡,由此获得对整幅图像的彩色平衡影射关系,通过该映射关系对整幅图像进行处理,即可达到彩色平衡的目的。

6.6.2 自动白平衡算法

1.灰度世界(gray-world)算法

灰度世界算法以灰度世界假设为基础,该假设认为:对于一幅有着大量色彩变化的图像,R、G、B三个分量的平均值趋于同一灰度值$\overline{Gray}$。从物理意义上讲,灰色世界法假设自然界景物对于光线的平均反射的均值在总体上是个定值,这个定值近似地为“灰色”。颜色平衡算法将这一假设强制应用于待处理图像,可以从图像中消除环境光的影响,获得原始场景图像。

算法执行步骤:

(1)确定$\overline{Gray}$。首先计算图像R、G、B三通道平均值$\bar{R}$,$\bar{G}$,$\bar{B}$,然后取$\overline{Gray}=\dfrac{\bar{R}+\bar{G}+\bar{B}}{3}$;

(2)计算R、G、B三个通道的增益系数:

$$\begin{cases} k_r=\dfrac{\overline{Gray}}{\bar{R}} \\ k_g=\dfrac{\overline{Gray}}{\bar{G}} \\ k_b=\dfrac{\overline{Gray}}{\bar{B}} \end{cases} \tag{6-29}$$

(3)对于图像中的每个像素C,调整其R、G、B分量值:

$$\begin{cases} C\left(R'\right)=C(R)*k_r \\ C\left(G'\right)=C(G)*k_g \\ C\left(B'\right)=C(B)*k_b \end{cases} \tag{6-30}$$

(4)饱和度计算。对每一个像素I,按照下列公式计算其饱和度:

$$Saturation(I)=\frac{\max(R,G,B)-\min(R,G,B)}{\max(R,G,B)} \tag{6-31}$$

只要当饱和度$Saturation(I) < saturation_thresh$时才执行上述校正过程,否则不执行。当$saturation_thresh$位置为1时,则所有像素都处理;当$saturation_thresh$设为0时,则所有像素都不处理。

这种算法简单快速,但是当图像场景颜色并不丰富时,尤其出现大块单色物体时,该算法常会失效。

2.其他白平衡方法

OpenCV还提供了其他两种白平衡方法:

其中一种是简单的白平衡方法:分别计算R、G、B三个分量上的直方图,将大于threshold_max的像素值设置为255,将小于threshold_min的像素值设置为0,对在threshold_min和threshold_max之间的像素值进行线性拉伸,映射到[0,255]之间的值。

另一种是基于学习的白平衡算法:其基本思想也是对不同的通道给予不同的增益调整,但是处理起来更复杂一些。对于每个像素,只考虑修正$\frac{\max(R,G,B)}{range_max_val} < saturation_thresh$的像素,对其他值不做考虑。其中$\max(R,G,B)$是像素R、G、B三分量的最大值,$range_max_val$是输入图像像素的最大值(如8位图像最大值为255),$saturation_thresh$是给定的阈值。

6.6.3 白平衡实例

OpenCV contrib的xphoto模块提供了上述三种白平衡方法,对应的类分别是xphoto::SimpleWB,xphoto::GrayworldWB和xphoto::LearningBasedWB。利用上述三种类分别对同一个图像进行白平衡的实例如代码6-9所示。

代码6-9 不同方法白平衡实例

```
#include "xphoto.hpp"
void WhiteBalanceExample()
{
    const float wb_thresh = 0.5f;
    Ptr<xphoto::GrayworldWB> grayworldWB = \
            xphoto::createGrayworldWB();
    Ptr<xphoto::SimpleWB> simpleWB = xphoto::createSimpleWB();
```

```
    Ptr<xphoto::LearningBasedWB> learnbasedWB = \
            xphoto::createLearningBasedWB();
    simpleWB->setP(0.2); //设置直接处理的像素比例为20%
    grayworldWB->setSaturationThreshold(wb_thresh); //设置饱和度阈值
    learnbasedWB->setSaturationThreshold(wb_thresh); //设置饱和度阈值
    Mat src = imread("girl.jpg", IMREAD_COLOR);
    Mat simpleResult, grayworldResult, learnbasedResult;
    simpleWB->balanceWhite(src, simpleResult);
    grayworldWB->balanceWhite(src, grayworldResult);
    learnbasedWB->balanceWhite(src, learnbasedResult);
    imshow("src", src);
    imshow("simple_dst", simpleResult);
    imshow("grayworld_dst", grayworldResult);
    imshow("learnbased_dst", learnbasedResult);
    waitKey(0);
}
```

如图6.23,图6.24所示,是两张图像采用不同的方法进行白平衡处理之后的结果。图6.23中,原图整体偏绿,经过白平衡校正之后,恢复到了正常颜色,天空的蓝色和树叶的绿色都得到了很好的还原。图6.24中,原图整体偏黄,经过白平衡校正之后,围巾和帽子恢复了原有的白色。

不同处理方法的效果对比中也可以看到,简单白平衡方法在两张图像中都取得了不错的效果,而LearningBased方法处理的结果图像偏暗,GrayWorld方法处理的结果介于两者之间。所以也可以看到,对于不同的图像,白平衡处理并没有一个完全统一的方法,为了达到自己满意的效果,只能人工交互多次尝试不同的方法和不同的参数。在实际应用中,通常需要借助于专门的硬件(如数码相机的白平衡感测器)来实现白平衡调整。

(a)原图像

(b)简单白平衡(阈值为0.2)

(c)GrayWorld白平衡(阈值为0.5)

(d)LearningBased白平衡(阈值为0.5)

图6.23 不同方法白平衡处理图像实例一(彩图效果见前面插页)

(a)原图像

(b)简单白平衡(阈值为0.2)

(c)GrayWorld白平衡(阈值为0.5)

(d)LearningBased白平衡(阈值为0.5)

图6.24 不同方法白平衡处理图像实例二(彩图效果见前面插页)

6.7 总结

这一章的内容主要以彩色图像的基本概念以及彩色模型为基础,介绍了彩色图像的各种概念和一些简单应用。本章最重要的内容是各种彩色空间模型,在图像压缩和视频压缩中都得到广泛应用。另外,各种图像分割和图像处理算法也是在图像变换到不同空间中去进行的,所以熟练掌握这些彩色空间模型对理解彩色图像十分重要。颜色迁移可以用来对图像做一些智能处理,以满足不同艺术风格的需要。白平衡算法在很多智能相机中都有采用,而且有很多不同版本的算法,本章介绍的白平衡算法只是OpenCV中所采用的一些实验性算法,效果并不一定是最优的。

6.8 实习题

(1)彩色图像直方图规定化。参照6.3.1所示的彩色图像直方图均衡化过程,对给定的彩色图像(6.25图中(a))进行直方图规定化,使得其直方图与目标图像(图中6.25(b))相同。

(a)原始图像

(b)目标图像

图6.25 直方图规定化用到的图像(彩图效果见前面插页)

(2)彩色分割。试设计一种方法(可以使用人机交互),根据颜色特征,将图6.26所示的水果图像中的几种水果分开。

图6.26 水果图像(彩图效果见前面插页)

第7章

图像分割

所谓图像分割是指根据灰度、彩色、空间纹理、几何形状等特征把图像划分成若干个互不相交的区域,使得这些特征在同一区域内表现出一致性或相似性,而在不同区域间表现出明显的不同。简单地说就是在一副图像中,把目标从背景中分离出来。图像分割是由图像处理到图像分析的关键步骤。现有的图像分割方法主要分以下几类:基于阈值的分割方法、基于区域的分割方法、基于边缘的分割方法以及基于特定理论的分割方法等。从数学角度来看,图像分割是将数字图像划分成互不相交的区域的过程,图像分割的过程也是一个标记过程,即把属于同一区域的像素赋予相同的编号。

7.1 边缘检测

7.1.1 边缘检测的基本原理

边缘是图像中亮度剧烈变化的像素点组成的集合。边缘代表着图像中的高频分量,往往带有更多的信息量,如文字、物体轮廓等都用强烈的边缘来表示。边缘检测大大减少了源图像的数据量,剔除了与目标不相关的信息,保留了图像的轮廓等重要结构属性,有利于图像中的目标检测、定位和识别,也是图像处理与计算机视觉的重要技术。

图像中边缘的形成主要有以下几种原因:

(1)目标物体呈现在图像的不同平面上,深度不连续;

(2)目标物体本身不平整,表面方向不连续;

(3)目标物体材料不均匀,反射光线不均匀;

(4)外部光线不均匀,在目标物体表面形成边缘。

边缘检测算子是利用图像边缘的突变性质来检测边缘的。根据边缘形成的原因,对图像各像素点求一阶微分或二阶微分可以检测出灰度不连续的点。通常可以将边缘检测算子分为以下三种类型:

(1)一阶导数为基础的边缘检测,通过计算图像的梯度值来检测图像边缘,如Sobel算子、Prewitt算子、Roberts算子等。

(2)二阶导数为基础的边缘检测,通过寻求二阶导数中的过零点来检测边缘,如拉普拉斯算子、高斯拉普拉斯算子(LOG算子)、Canny算子等。

(3)混合一阶导数与二阶导数为基础的边缘检测,如Marr-Hildreth边缘检测算子等。

如图7.1左边所示是一幅有着均匀渐变的灰度图像,渐变区域在图像的中间,右边的图像显示了图像的一条水平灰度级剖面线。对灰度剖面的一阶导数在进入和离开灰度渐变区域都有一个向上的阶跃,渐变区域对应一阶导数为正,所以一阶导数图像的中间区域值都为白色;而在灰度不变区域,其一阶导数都为0。在边缘与黑色一边相关的跃变点二阶导数为正,在边缘与亮色一边相关的跃变点其二阶导数为负,沿着斜坡和灰度为常数的区域二阶导数为0;二阶导数不为0的区域对应二阶导数图像上的两条细线,一条是白色,对应正的二阶导数,另一条是黑色,对应负的二阶导数。

由图7.1的结果可以得到的结论是:一阶导数可以用于检测图像中的一个点是否处于边缘上;而二阶导数可以用于判断一个边缘像素是在边缘亮的一边还是暗的一边。注意到围绕一条边缘,二阶导数的另外两个性质:一是对图像中的每条边缘其二阶导数生成两个值,一个为正一个为负;二是一条连接二阶导数正极值和负极值的虚构直线将在边缘中点附近穿过零点,这个过零点通常用来确定边缘的中心位置。

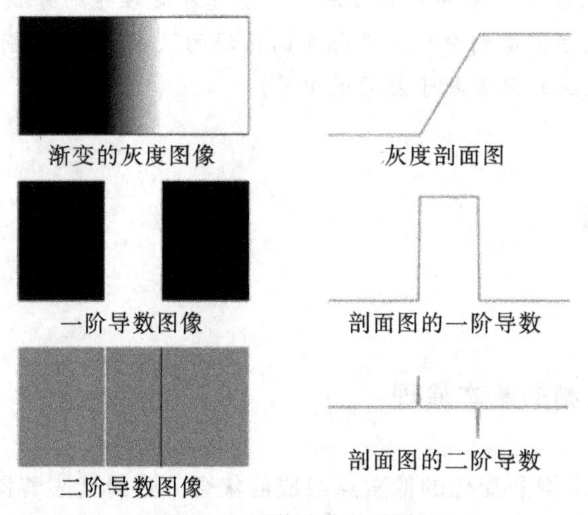

图7.1　图像边缘和导数

实际应用中的图像都带有噪声或各种各样的干扰。在对图7.1所示的标准图像添加了均值为0,方差为10.0的高斯噪声之后,得到如图7.2所示的结果。可以看到在噪声环境中,二阶导数比一阶导数更为敏感,图7.2中的二阶导数几乎淹没在噪声中,无法确定其极值的位置。相对而言,一阶导数对边缘检测更为稳定,为了避免噪声的干扰,可以采用阈值化的方法,一阶导数响应值大于某一个阈值的像素点就认为处于边缘区域。

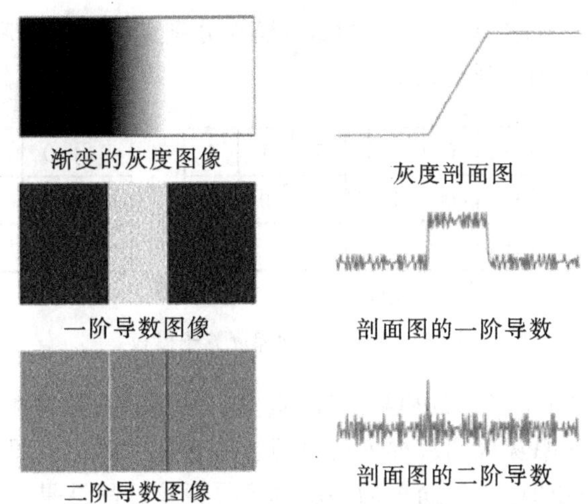

图7.2　噪声图像的边缘和导数(图7.1中灰度图像添加了均值为0,标准差为10.0的高斯噪声)

7.1.2　一阶导数算子

数字图像的一阶导数是各种二维梯度的近似值。图像$f(x,y)$在位置(x,y)的梯度可以定义为一个矢量(两个分量分别是沿X和Y方向的一阶导数):

$$\nabla f(x,y)=\left[G_x, G_y\right]^T=\left[\frac{\partial f}{\partial x}\frac{\partial f}{\partial y}\right]^T \tag{7-1}$$

其中G_x表示$f(x,y)$在水平方向的偏导数,G_y表示$f(x,y)$在垂直方向的偏导数。这个矢量的幅值和方向角分别为:

$$mag(\nabla f)=\|\nabla f\|_2=\sqrt{G_x^2+G_y^2} \tag{7-2}$$

$$\varnothing(x,y)=\arctan\left(\frac{G_y}{G_x}\right) \tag{7-3}$$

上式中的幅值计算是以梯度的2-范数(对应欧式距离)来计算的,由于涉及平方和开方运算,计算量比较大。在实际中为了计算简便,常采用1-范数(对应街区距离)来近似,即:

$$mag(\nabla f)\approx\|\nabla f\|_1=|G_x|+|G_y| \tag{7-4}$$

或用∞-范数(对应棋盘距离)来代替,即:

$$mag(\nabla f)\approx\|\nabla f\|_\infty=\max\{|G_x|,|G_y|\} \tag{7-5}$$

为了求得每个位置的梯度,需要计算每个像素的偏导数,如同6.3节所示,可以用相邻像素的差分来计算一阶偏导数,即:

$$\begin{cases}G_x=\dfrac{\partial f(x,y)}{\partial x}=f(x+1,y)-f(x,y)\\G_y=\dfrac{\partial f(x,y)}{\partial y}=f(x,y+1)-f(x,y)\end{cases} \tag{7-6}$$

在实际应用中常用小区域模板来近似计算导数,对G_x和G_y各用一个模板,需要两个模板组合起来以构成一个梯度算子。根据模板的大小,以及模板中系数值的不同,有多种不同的算子。最简单的梯度算子是Roberts交叉算子,它的2×2模板如图7.3(a)所示;常用的梯度算子还有Prewitt算子和Sobel算子，它们的3×3模板分别如图7.3(b)和图7.3(c)所示，其中Sobel算子效果比较好，得到广泛运用。

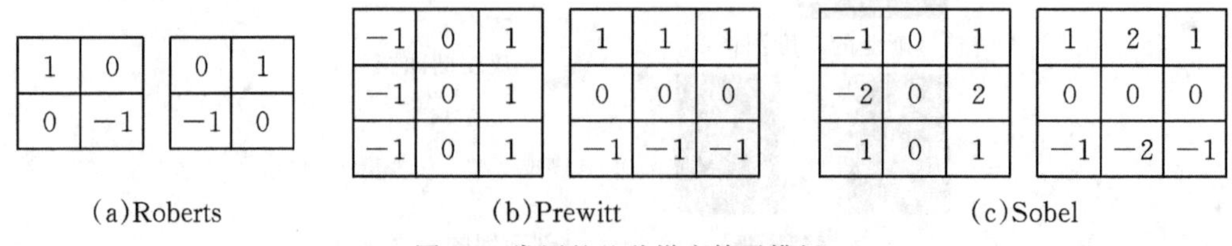

(a)Roberts

1	0
0	−1

0	1
−1	0

(b)Prewitt

−1	0	1
−1	0	1
−1	0	1

1	1	1
0	0	0
−1	−1	−1

(c)Sobel

−1	0	1
−2	0	2
−1	0	1

1	2	1
0	0	0
−1	−2	−1

图7.3　常用的几种梯度算子模板

算子运算采用第4.6.1节类似的模板运算，将模板在图像上移动并在每个位置计算对应中心像素的梯度值，对一幅灰度图求梯度所得的结果就是一幅梯度图。在灰度边缘比较尖锐并且图像中噪声比较小时，这些简单的梯度算子得到较好的结果。一个典型的边缘图像如图7.4所示，这里将边缘的幅值和方向分成开表示成两幅图像，实际应用幅值图像的时候更多一些。

(a)灰度图像

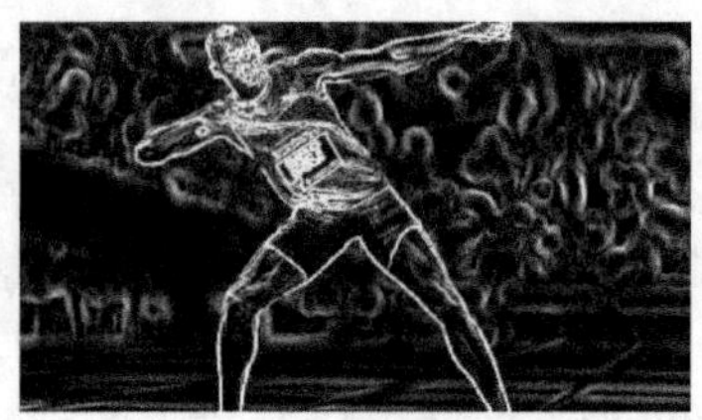

(b)边缘幅值图像

(c)边缘方向图像

图7.4　一个边缘图像的实例

7.1.3　二阶导数算子

由图7.1可知，二阶导数也可以检测边缘。用二阶导数算子检测边缘需要将算子与图像卷积并确定过零点。

1.拉普拉斯算子

拉普拉斯算子是一种常用的二阶导数算子。如4.6.3节所示，拉普拉斯算子可以定义为：

$$\nabla^2 f(x,y)=\frac{\partial^2 f(x,y)}{\partial x^2}+\frac{\partial^2 f(x,y)}{\partial y^2} \tag{7-7}$$

在图像中，计算拉普拉斯值一般借助于如图7.5所示的模板来实现。这里对模板的基本要求是对应中心像素的系数是正的，而邻近像素的系数应是负的，而且它们的和应该是0。

0	−1	0
−1	4	−1
0	−1	0

−1	−1	−1
−1	8	−1
−1	−1	−1

图7.5　拉普拉斯算子的模板

拉普拉斯算子通常不直接用于计算边缘，主要有以下原因：首先作为一个二阶导数，拉普拉斯算子对噪声有无法接受的敏感性，如图7.2所示；其次拉普拉斯算子的幅值产生双边缘，这是复杂的分割不希望的结果；最后，拉普拉斯算子不能检测边缘的方向。由于以上3点原因，拉普拉斯算子在边缘检测中所起的作用主要在于利用它的零交叉性质进行边缘定位，以及用来确定像素在边缘亮的一侧还是在暗的一侧。

2.高斯-拉普拉斯(LoG)算子

由于拉普拉斯算子对噪声比较敏感，为了减少噪声影响，可先对待检测图像进行平滑然后再进行拉普拉斯运算。常用的平滑函数是高斯函数，所以这种算子也称为高斯型的拉普拉斯算子（Laplacian of a Guassian，LoG）。

高斯加权平滑函数可以定义如下：

$$h(r)=e^{-\frac{r^2}{2\sigma^2}} \tag{7-8}$$

其中 $r^2=x^2+y^2$ 表示当前点到卷积中心的距离，σ 是标准差。用该函数模糊卷积一幅图像，图像的模糊程度由 σ 值来决定。σ 值越大，则模糊程度越高，消除噪声效果越好；σ 越小，则模糊程度越低，消除噪声效果越差。

函数 $h(r)$ 的拉普拉斯算子是：

$$\nabla^2 h(r)=\left[\frac{r^2-\sigma^2}{\sigma^4}\right]e^{-\frac{r^2}{2\sigma^2}} \tag{7-9}$$

式(7-9)即高斯-拉普拉斯滤波器的传递函数，它是一个轴对称函数。图7.6显示了LoG函数的三维曲线、图像、一个精确的5×5滤波器系数矩阵，以及一个近似5×5模板，这种近似不是唯一的。从这个模板中可以看到LoG的基本形状，即一个负的中心项，周围被一个相邻的正值区域围绕，并被一个0值的外部区域所包围。系数的总和也为0，以便于在灰度级不变的区域中模板的响应为0。由于图像的形状像一个倒扣的帽子，LoG函数有时也被称为墨西哥草帽函数。与拉普拉斯算子类似，LoG算子的目的也是提供一幅用零交叉确定边缘位置的图像。

LoG算子响应曲线（$\sigma=10$）

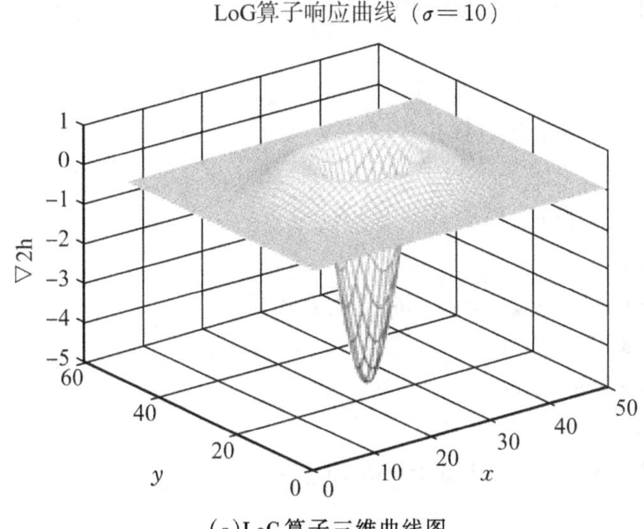

(a)LoG算子三维曲线图

LoG算子对应图像

(b)图像(黑色对应负值，灰色对应0值，白色对应正值)

0.0056	0.0192	0.0483	0.0192	0.0056
0.0192	0.2758	0.2426	0.2758	0.0192
0.0483	0.2426	−2.4429	0.2426	0.0483
0.0192	0.2758	0.2426	0.2758	0.0192
0.0056	0.0192	0.0483	0.0192	0.0056

c)一个5×5LoG滤波器(σ=0.6)

0	0	1	0	0
0	1	2	1	0
1	2	−16	2	1
0	1	2	1	0
0	0	1	0	0

d)5×5LoG滤波器模板

图7.6 LoG算子和相应模板

LoG算子过零点检测代码如代码7-1所示，在这里首先对原图像图7.4(a)进行11×11的高斯平滑，然后对平滑结果进行3×3的拉普拉斯运算，最后对边缘响应大于最大值10%的像素值进行过零点检测。计算结果如图7.7所示，从图中可以看到，较大的高斯平滑模板对应较好的平滑结果，能够得到比较平滑的图像边缘检测结果，而过滤了大部分的噪声。过零点检测能够得到比较准确的图像边缘，在图7.7中可以看到图像边缘大都呈现单像素宽度。

代码7-1 LoG算子过零点边缘图像检测实例

```
//图像LoG算子运算
Mat LoG_Image(const Mat &image, int kervalue=3, double sigma=1.0f)
{
    //首先对图像做高斯平滑
    Mat matTemp;
    GaussianBlur(image, matTemp, Size(kervalue, kervalue), \
    sigma, sigma, BOR DER_DEFAULT);
    //通过拉普拉斯算子做边缘检测
    Mat laplacian = Mat::zeros(image.rows, image.cols, CV_32FC1);
    Laplacian(matTemp, laplacian, CV_32FC1, 3);
    //求得最大边缘值
    doubledblMaxVal = 0;
    minMaxLoc(laplacian, NULL, &dblMaxVal);
    Mat dstImg;
    convertScaleAbs(laplacian, dstImg);
    imwrite("edge.bmp", dstImg);
    Mat result = Mat::zeros(image.rows, image.cols, CV_8UC1);
    //过零点交叉，寻找边缘像素
    for (int i = 1; i<result.rows - 1; i++){
        for (int j = 1; j<result.cols - 1; j++){
            if (laplacian.at<float>(i, j) < 0.1*dblMaxVal) {
                continue;
            }
            //水平、垂直、45度方向，135度4个方向过零点判定
            if (laplacian.at<float>(i - 1, j) \
```

```
                *laplacian.at<float>(i + 1, j) < 0)
                result.at<uchar>(i, j) = 255;
            if (laplacian.at<float>(i, j + 1) \
                * laplacian.at<float>(i, j - 1) < 0)
                result.at<uchar>(i, j) = 255;
            if (laplacian.at<float>(i + 1, j + 1) \
                * laplacian.at<float>(i - 1, j - 1) < 0)
                result.at<uchar>(i, j) = 255;
            if (laplacian.at<float>(i - 1, j + 1) \
                * laplacian.at<float>(i + 1, j - 1) < 0)
                result.at<uchar>(i, j) = 255;
        }
    }
    return result;
}
```

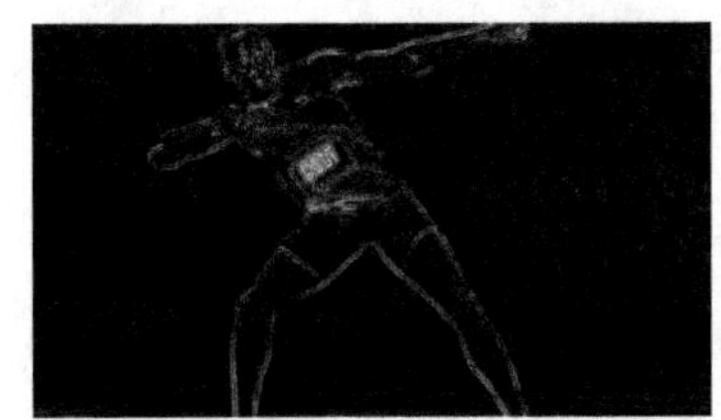

(a)拉普拉斯得到的边缘图像　　　　(b)过零点边缘图像

图7.7　图7.4(a)LoG算子过零点检测运算结果

3.Canny算子

Canny边缘检测于1986年由JohnF.Canny首次在论文《A Computational Approach to Edge Detection》中提出。

Canny边缘检测是从不同视觉对象中提取有用的结构信息并大大减少要处理的数据量的一种技术，目前已广泛应用于各种计算机视觉系统。Canny发现，在不同视觉系统上对边缘检测的要求较为类似，因此，可以实现一种具有广泛应用意义的边缘检测技术。边缘检测的一般标准包括：

(1)以低的错误率检测边缘，也即意味着需要尽可能准确地捕获图像中尽可能多的边缘。

(2)检测到的边缘应精确定位在真实边缘的中心。

(3)图像中给定的边缘应只被标记一次，并且在可能的情况下，图像的噪声不应产生假的边缘。

为了满足这些要求，Canny使用了变分法。Canny检测器中的最优函数使用四个指数项的和来描述，它可以由高斯函数的一阶导数来近似。在目前常用的边缘检测方法中，Canny边缘检测算法是具有严格定义的，可以提供良好可靠检测的方法之一。由于它具有满足边缘检测的三个标准和实现过程简单的优势，成为边缘检测最流行的算法之一。

Canny边缘检测算法可以分为以下5个步骤：

(1)使用高斯滤波器,以平滑图像,滤除噪声。

(2)计算图像中每个像素点的梯度强度和方向。

(3)应用非极大值抑制(Non-Maximum Suppression,NMS),以消除边缘检测带来的杂散响应。

(4)应用滞后阈值法(Hysteresis Thresholding)来检测边缘。

(5)边缘跟踪得到单像素宽度的边缘图像。

这些步骤详解如下：

(1)图像高斯平滑。高斯平滑如同4.6.2节所示,其作用主要是用来消除噪声。一个常用的5×5高斯平滑模板如图7.8所示(对应标准差σ=1.4)：

$$\frac{1}{159}\times\begin{bmatrix}2 & 4 & 5 & 4 & 2\\4 & 9 & 12 & 9 & 4\\5 & 12 & 15 & 12 & 5\\4 & 8 & 12 & 9 & 4\\2 & 4 & 5 & 4 & 2\end{bmatrix}$$

图7.8 Canny算子所用高斯平滑模板

(2)计算梯度和方向。如同7.1.2所示,图像灰度值的梯度使用一阶导数来近似,水平和垂直两个方向各用一个模板,两个模板组合起来以构成一个梯度算子。Canny算子中使用的Sobel模板如图7.3所示,这里定义：

$$G_x=\begin{bmatrix}-1 & 0 & 1\\-2 & 0 & 2\\-1 & 0 & 1\end{bmatrix}, G_y=\begin{bmatrix}-1 & -2 & -1\\0 & 0 & 0\\1 & 2 & 1\end{bmatrix}$$

其中G_x是水平梯度模板,G_y是垂直梯度模板。利用式(7-2)和式(7-3)可以分别计算当前像素点的梯度和方向。代码7-2说明了如何计算梯度幅值和方向：

代码7-2 Canny算子中计算梯度幅值和方向

```
//计算图像的梯度和方向
void CannyEdgeAndDirection(const Mat &src)
{
    Mat magX = Mat(src.rows, src.cols, CV_32FC1);
    Mat magY = Mat(src.rows, src.cols, CV_32FC1);
    Mat slopes = Mat(src.rows, src.cols, CV_32FC1);
    Sobel(src, magX, CV_32FC1, 1, 0, 3); //水平梯度
    Sobel(src, magY, CV_32FC1, 0, 1, 3); //垂直梯度
    //梯度方向
    divide(magY, magX, slopes);
    //梯度幅值
    Mat magnitude;
    sqrt(magX*magX+magY*magY, magnitude);
}
```

（3）非极大值抑制（Non-Maximum Suppression，NMS）。图像梯度矩阵中的元素值越大，说明图像中该点的梯度值越大，但这并不能直接用来判断为该点处的边缘。非极大值抑制操作可以剔除伪边缘信息，被广泛用于图像边缘检测中，其原理是通过像素邻域的局部最优值，将非极大值点所对应的灰度值设置为背景像素点，如果像素邻域满足梯度值局部最优则判断该像素为边缘，对其余非极大值的相关信息进行抑制，利用该准则可以剔除大部分伪边缘点。

如图7.9所示，中心像素点为P0,梯度方向α与其8-邻域交点为PM与PN，根据非极大值抑制原理，要确定P0点像素值是否满足邻域内最大，需要判断P0与邻域像素值和梯度方向PM与PN对应的值，即要把当前位置的梯度值与梯度方向上的两侧的梯度值进行比较。在实际应用中，PM与PN是非8-邻域点，计算该值需要进行线性插值，同时还得考虑梯度方向的变化。若满足P0的像素值是邻域内的最大值且梯度值最大，可判断该点是边缘像素点，否则P0像素点不是局部最优值，可剔除伪边缘。非极大值抑制过程实现将非边缘点剔除，疑似为边缘的局部灰度极大值保存下来，为后续进一步判断提供基础。

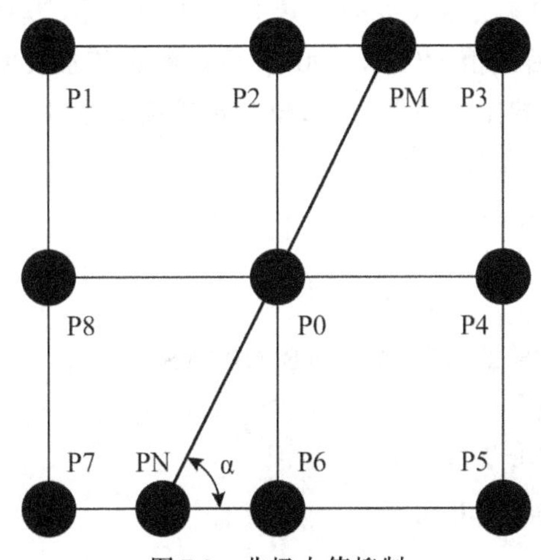

图7.9　非极大值抑制

（4）滞后阈值法检测。经过极大值抑制后图像中仍然有很多噪声点。Canny算法中应用了一种叫滞后阈值（Hysteresis Thresholding）的技术。即设定一个高阈值和低阈值（OpenCV中通常由人为指定），图像中像素点的梯度如果大于高阈值则认为必然是边界（称为强边界，strong edge），梯度小于低阈值则认为必然不是边界，两者之间的则认为是候选项（称为弱边界，weak edge），需进行进一步处理。

Canny算法的双阈值中，高阈值检测出的图像去除了大部分噪声，但是也损失了有用的边缘信息，低阈值检测得到的图像则保留着过多的边缘信息，推荐的高阈值与低阈值的比例在2:1和3:1之间。

（5）边缘跟踪。假设图像中的重要边缘都是连续的曲线，这样就可以跟踪给定曲线中模糊的部分，并且避免将没有组成曲线的噪声像素当成边缘。Canny检测器的边缘跟踪从大于高阈值的像素点开始，使用边缘像素的方向信息，在图像中跟踪整个边缘。在跟踪的时候，使用低阈值，这样就可以跟踪曲线的模糊部分直到回到起点形成一个封闭的曲线。跟踪过程完成之后，就可以得到了一个单像素宽度的二值边缘图像，每个像素点表示一个边缘点。

OpenCV中提供了cv::Canny函数来计算Canny边缘，函数原型如下：

```
void Canny(
    InputArray image, //8位的输入图像，
    OutputArray edges, //8位的输出边缘图像
    double threshold1, //滞后阈值中的阈值1
    double threshold2, //滞后阈值中的阈值2
    int apertureSize = 3, //Sobel算子的大小
    bool L2gradient = false //计算梯度时是否使用L2范式来计算
);
```

调用cv::Canny()函数时，需要输入threshold1和threshold2两个参数，函数会根据这两个参数自动确定高阈值和低阈值。

代码7-3计算得到图7.4(a)的Canny边缘如图7.10所示，其中左边图像的滞后阈值为(100,200)，右边图像的滞后阈值为(200,400)。可以看到随着阈值的加大，图像边缘数量逐渐减少，这样可以突出图像的主要轮廓边缘，减少背景细节边缘。

代码7-3　Canny算子检测边缘

```
void CalCannyImage()
{
   Mat src = imread("bolt.jpg", IMREAD_GRAYSCALE);
   Mat edge;
   canny(src, edge, 100, 200, 3);
   imshow("canny edge", edge);
   waitKey(0);
}
```

图7.10　图7.4(a)的Canny边缘图像

7.2　几何形状检测

理想情况下，前述方法都能产生位于边缘上的像素。因为存在噪声、不均匀照明等因素

引起的边缘断裂，以及引入杂散灰度不连续等其他效应，实际上得到的像素通常并不能完整地表征边缘，因此在执行边缘检测算法之后，通常会使用连接过程来把边缘像素组装成有意义的边缘，这就是几何形状检测方法，常用的主要方法是霍夫变换(Hough Fransformation)。

霍夫变换是一种在图像中寻找直线、圆以及其他简单形状的方法。原始的霍夫变换是一种直线变换，即在二值图像中寻找直线的一种相对快速方法，可以推广到其他普通的情况，而不仅仅是简单的直线。

7.2.1　霍夫直线变换

霍夫直线变换的基本思想是二值图像中的任何前景点都可能是图像中候选直线的一部分，所有这些前景点都满足直线的参数方程。如果直线的参数方程采用斜截式$y=ax+b$，则直线参数方程的参数是斜率a和截距b，原始二值图像上的一个前景点会变换为(a, b)平面上的一条轨迹，轨迹上的点对应着所有过该点的直线。如果把输入图像的所有前景点所对应的轨迹进行叠加，则输入图像中的直线则在参数平面上以局部最大值出现。因为将每个点的贡献相加，因此(a, b)平面通常也被称为累加平面。

但是利用直线的斜截式来求直线有实际困难，因为当直线趋近于垂直方向时，斜率a的值趋向于无穷大，无法对其进行量化。在霍夫变换中，是使用极坐标系下参数方程来表示直线：

$$\rho=x\cos\theta+y\sin\theta \tag{7-10}$$

其中ρ表示直线到原点的距离，θ表示直线与y轴的夹角，如图7.11所示。水平直线的$\theta=90^\circ$，ρ等于y轴正截距；或$\theta=-90^\circ$，ρ等于y轴负截距；垂直线的$\theta=0^\circ$，ρ等于x轴正截距。图中经过一个前景点P的直线有很多条，1,2,3,4都表示经过前景点P的直线，它们区别在于ρ和θ的值不一样。

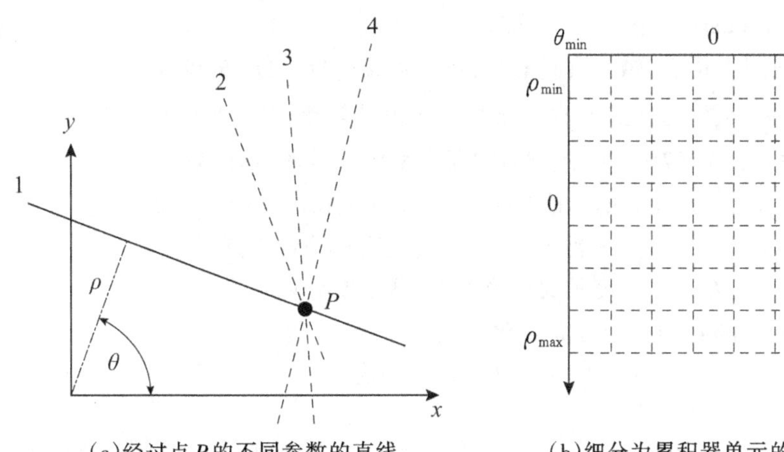

(a)经过点P的不同参数的直线　　(b)细分为累积器单元的$\rho\theta$平面

图7.11　霍夫变换基本原理图

霍夫变换计算上的优点是可以把$\rho\theta$参数空间细分为所谓的累积器单元，如图7.11(b)所示，其中$[\rho_{max}, \rho_{min}]$和$[\theta_{max}, \theta_{min}]$是预期的数值范围。通常，$\rho$值和$\theta$值的范围是$-D\leqslant\rho\leqslant D$和$0\leqslant\theta\leqslant180^\circ$，其中$D$是图像中两个对角之间的最大距离。坐标$(i, j)$处的单元，其累加器

的值是$A(i,j)$,它对应于与参数空间坐标(ρ_i,θ_j)相关联的正方形。开始的时候,所有累加器单元的值都被设置为0。然后,对于图像平面(即图7.11(a)中的xy平面)中的每个前景点(x_k,y_k),当θ取充分小的细分值时,使用公式(7-10)得到相应的ρ值,即$\rho=x_k\cos\theta+y_k\sin\theta$,将$\rho$值取整之后就可以得到相应的累积器单元索引,将相应的累积器单元的值加1。在这个过程的最后,单元$A(i,j)$中的值为Q就意味着xy平面中的Q个点位于直线$\rho_i=x\cos\theta_j+y\sin\theta_j$上。$\rho\theta$平面中的细分数决定了这些点共线的精度。

OpenCV的霍夫变换算法并没有将这个算法显式地展示给用户,只是简单地返回$\rho\theta$平面的局部最大值,但是了解霍夫变换的原理和过程有助于更好地理解霍夫变换中的各个参数的意义。

OpenCV支持3种不同的霍夫线变换,它们分别是:标准霍夫变换(Standard Hough Transform,SHT)、多尺度霍夫变换(Multi-Scale Hough Transform,MSHT)和累计概率霍夫变换(Progressive Probabilistic Hough Transform,PPHT)。其中,多尺度霍夫变换(MSHT)为经典霍夫变换(SHT)在多尺度下的一个变种。累计概率霍夫变换(PPHT)算法是标准霍夫变换(SHT)算法的一个改进,它在一定的范围内进行霍夫变换,计算单独线段的方向以及范围,从而减少计算量,缩短计算时间。之所以称PPHT为“概率”的,是因为并不将累加器平面内的所有可能的点累加,而只是累加其中的一部分,该想法是如果峰值足够高,只用一小部分时间去寻找它就够了。这样猜想的话,可以实质性地减少计算时间。在OpenCV中,可以用cv::HoughLines()函数来调用标准霍夫变换SHT和多尺度霍夫变换MSHT,而cv::HoughLinesP()函数用于调用累计概率霍夫变换PPHT。累计概率霍夫变换执行效率很高,所以相比于cv::HoughLines()函数,更倾向于使用cv::HoughLinesP()函数。

函数cv::HoughLines()的原型为:

```
void HoughLines(
    InputArray image, //输入二值图像
    OutputArray lines, //输出直线向量,每个直线向量由(ρ, θ)组成
    double rho, //图7.11(b)中ρθ累加器中距离分辨率,单位为像素
    double theta, //图7.11(b)中ρθ累加器中角度分辨率,单位为弧度
    int threshold, //累积器单元检测阈值,大于此值认为检测到直线
    double srn = 0, //多尺度霍夫变换参数,是距离分辨率因子
    double stn = 0, //多尺度霍夫变换参数,是角度分辨率因子
    double min_theta = 0, //累加器最小角度
    double max_theta = CV_PI //累加器最大角度
);
```

而函数HoughLinesP的原型为:

```
void HoughLinesP(
   InputArray image, //输入二值图像
```

```
    //输出直线向量(x1,y1,x2,y2),分别表示直线的起止端点
    OutputArray lines,
    double rho, //图 7.11(b)中 ρθ 累加器中距离分辨率,单位为像素
    double theta, //图 7.11(b)中 ρθ 累加器中角度分辨率,单位为弧度
    int threshold, //累积器单元检测阈值,大于此值,认为检测到直线
    double minLineLength = 0, //检测到的最小直线长度
    double maxLineGap = 0 //属于同一直线的前景点最大间断距离
);
```

代码7-4显示了OpenCV中使用霍夫变换检测直线的基本程序,运行结果如图7.12所示。从图中可以看到,经过Canny边缘检测之后的图像中存在着大量无关噪声点,无法直接得到直线;而霍夫变换利用统计的方法,能够准确地从这些看似无关的前景点中把原图像中的,直线检测出来。

代码7-4 霍夫变换检测直线

```
void DetectLines()
{
    Mat matSrc = imread("Hough_src_clr.png", IMREAD_GRAYSCALE);
    Mat matEdge;
    //Canny算子计算图像边缘
    Canny(matSrc, matEdge, 250, 200, 3, false);
    imshow("原图像", matSrc);
    imshow("Canny边缘", matEdge);
    std::vector<Vec2f>linesSHT;
    //标准霍夫变换检测直线,距离精度为1像素,角度精度为1度,阈值为300
    HoughLines(matEdge, linesSHT, 1, CV_PI / 180, 300);
    Mat matSHT = matSrc.clone();
    for (size_ti = 0; i<linesSHT.size(); i++){
        //直线的rho和theta值
        float rho = linesSHT[i][0], theta = linesSHT[i][1];
        //pt1和pt2是直线的两个端点,计算方法见图7.13
        Point pt1, pt2;
        double a = cos(theta), b = sin(theta);
        double x0 = a*rho, y0 = b*rho;//图7.13中的P0
        pt1.x = cvRound(x0 - 2000 * (b)); //图7.13中的P1
        pt1.y = cvRound(y0 + 2000 * (a));
        pt2.x = cvRound(x0 + 2000 * (b)); //图7.13中的P2
        pt2.y = cvRound(y0 - 2000 * (a));
```

```
        line(matSHT, pt1, pt2, Scalar(255), 4);
    }
    imshow("SHT直线检测结果", matSHT);
    Mat matPPHT = matSrc.clone();
    std::vector<Vec4i>linesPPHT;
    //累计概率霍夫变换检测直线,得到的是直线的起止端点
    HoughLinesP(matEdge, linesPPHT, 1, CV_PI / 180, 300, 100, 50);
    for (size_ti = 0; i<linesPPHT.size(); i++){
        //直接绘制直线
        line(matPPHT, Point(linesPPHT[i][0], linesPPHT[i][1]),\
        Point(linesPPHT[i][2], linesPPHT[i][3]), Scalar(255), 4, 8);
    }
    imshow("PPHT直线检测结果", matPPHT);
    waitKey(0);
}
```

(a)原始图像

(b)Canny算子边缘检测结果

(c)标准霍夫变换直线检测结果

(d)累计概率霍夫变换直线检测结果

图7.12　霍夫变换检测直线实例

上述代码值得注意的是,在使用累计概率霍夫变换函数中,直接得到图像中直线的端点坐标。而在使用标准霍夫变换检测函数HoughLines检测直线时,只能得到直线的ρ和θ参数,需要手工计算直线的端点,计算方法如图7.13所示。图中P_0的坐标采用ρ和θ直接计算

得到，P_1是直线上P_0的左边距离P_0长度为2000的点的坐标，P_2是直线上P_0的右边距离P_0长度为2000的点的坐标。这里2000是经验值，可以取其他值，只要满足直线长度覆盖所有组成直线的所有前景像素即可。P_1和P_1的坐标采用下列公式得到：

$$
\begin{aligned}
P_1.x &= x_0 - 2000 \times \sin\theta \\
P_1.y &= y_0 + 2000 \times \cos\theta \\
P_2.x &= x_0 + 2000 \times \sin\theta \\
P_2.y &= y_0 - 2000 \times \cos\theta
\end{aligned} \tag{7-11}
$$

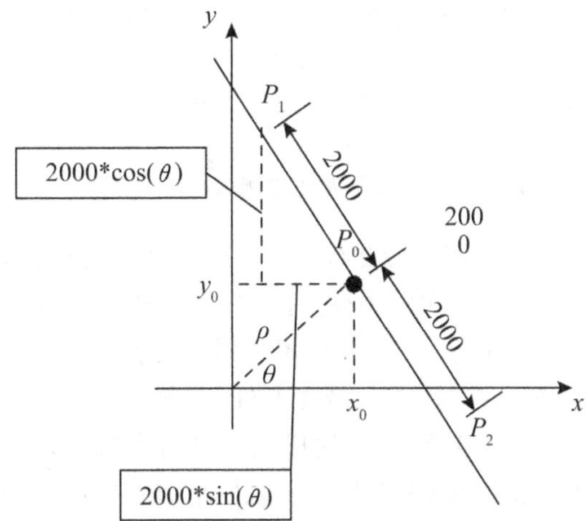

图7.13　标准霍夫变换直线端点的确定

7.2.2　霍夫圆检测技术

霍夫圆变换的基本原理与霍夫线变换原理类似。圆的参数方程可以表示为：

$$(x-a)^2+(y-b)^2=r^2$$

其中(a, b)表示圆心坐标，r表示圆半径。对直线而言，一条直线可由极坐标(ρ, θ)来确定，而对于圆来说，就需要(a, b, r)这3个参数来确定一个圆，因此霍夫圆检测就是在这3个参数组成的三维空间内进行检测。同二维霍夫直线变换原理一样，三维空间曲线中相交于一点的边缘点集越多，那么它们经过的共同圆上的像素点就越多，可以设定阈值判断一个圆是否被检测到，这就是标准霍夫圆变换的原理。但是由于三维空间的计算量大大增加，标准霍夫圆变换很难被应用到实践中，从二维空间变换到三维空间变换，增加了很大的计算复杂度，OpenCV提供了根据霍夫圆变换改进的霍夫梯度算法来实现相关圆检测算法。

霍夫梯度法的基本原理是圆心一定出现在圆周上每个点的法线向量上，圆上法线向量交点就是圆心所在的位置。霍夫梯度法的第一步就是找到这些圆心，这样三维累加平面就转化为二维累加平面；第二步是根据所有非零边缘像素点对候选圆心的支持程度来确定半径。如图7.14所示，圆周上的C1、C2、C3、C4、C5和C6点，其法线方向都指向圆心点C7，则在C7点对应的累积平面值就很大；而其他8~12点对应的累加平面值相对就较小。

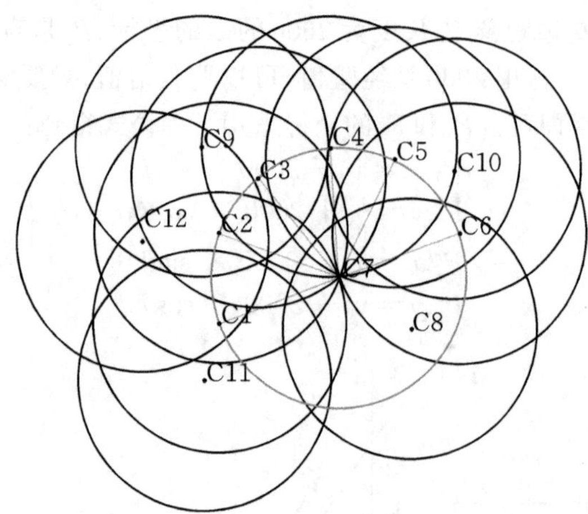

图7.14 霍夫梯度法检测圆心基本原理

霍夫梯度法首先利用Canny算子做边缘检测，对边缘中的非零点，根据Sobel水平与垂直方向计算其局部梯度，梯度方向就是法线方向；然后对边缘上的非零像素点进行累计，标记边缘像素点中非零像素点的位置；其次通过累加器中的值来计算候选圆心，候选圆心需要满足给定阈值（有足够的像素点支持）及邻域距离（距离前期被选择的圆心的距离足够大）。

检测圆半径的方法是从圆心到圆周上的任意一点的距离（即半径）是相同的，事先确定一个阈值，只要到圆心相同距离的像素数量大于该阈值，就认为该距离就是该圆心所对应的圆半径。该方法只需要计算半径直方图，不使用霍夫变换。

从上面的分析可以看出，霍夫梯度法把标准霍夫变换的3维霍夫空间缩小为2维霍夫空间，因此无论在内存的使用上还是在运行效率上，霍夫梯度法都远远优于标准霍夫变换。但该算法有一个不足之处就是由于圆半径的检测完全取决于圆心的检测，因此如果圆心检测出现偏差，那么圆半径的检测肯定也是错误的。霍夫梯度法检测圆的具体步骤为：

第一阶段：检测圆心。

(1)对输入图像做Canny边缘检测；

(2)计算边缘图像中非零像素点的梯度，其圆周的梯度就是它的法线；

(3)在二维霍夫空间内，绘出所有图像的梯度直线，某坐标点上累加和的值越大，说明在该点上直线相交的次数越多，也就是越有可能是圆心；

(4)在霍夫空间的4邻域内进行非最大值抑制；

(5)设定阈值，霍夫空间内累加和大于该阈值的点就对应一个圆心。

第二阶段：检测圆半径。

(1)计算某一个圆心到所有圆周线的距离，这些距离中就有该圆心所对应的圆的半径的值，这些半径值当然是相等的，并且这些圆半径的数量要远远大于其他距离值相等的数量；

(2)设定两个阈值，定义为最大半径和最小半径，保留距离在这两个半径之间的值，这意味着检测的圆不能太大，也不能太小；

(3)对保留下来的距离进行排序；

(4)找到距离相同的那些值，并计算相同值的数量；

(5)设定一个阈值，只有相同值的数量大于该阈值，才认为该值是该圆心对应的圆半径；

(6)对每一个圆心，完成上面的(1)~(5)步骤，得到所有的圆半径。

OpenCV中提供函数HoughCircles实现霍夫圆检测,其函数原型为:

```
void HoughCircles(
    InputArray image, //8位单通道灰度图像
    OutputArray circles, //输出表示圆的(x,y,r)三元组向量
    int method, //检测方法,当前只实现了梯度方法HOUGH_GRADIENT
    //第一阶段所使用的霍夫空间的分辨率,dp=1时表示霍夫空间与输入
    //图像空间的大小一致,dp=2时霍夫空间是输入图像空间的一半
    double dp,
    //圆心之间的最小距离,如果检测到的两个圆心之间距离小于该值,
    //则认为它们是同一个圆心
    double minDist,
    //为边缘检测时使用Canny算子的高阈值,低阈值是高阈值的一半
    double param1 = 100,
    double param2 = 100, //第一阶段检测圆心时所使用的阈值
    int min Radius = 0, //最小圆半径
    int maxRadius = 0 //最大圆半径
);
```

代码7-5是霍夫圆检测实例代码。检测结果如图7.15所示,可以看到,图中大部分围棋棋子都被检测出来了,得到了准确的位置。也有一些棋子由于粘连和光照的原因,没有被检测出来,需要使用其他手段才能找到这些棋子。

代码7-5　霍夫圆检测代码

```
void DetectCircles()
{
    Mat src;
    src=imread("HoughCircles_src_clr.jpg", IMREAD_GRAYSCALE);
    vector<Vec3f> circles;
    //霍夫圆检测
    HoughCircles(src,circles,HOUGH_GRADIENT, 1, 10, 60, 40, 20, 40);
    //在原图中画出圆心和圆
    for (size_ti = 0; i<circles.size(); i++){
        //提取出圆心坐标
        Point center(round(circles[i][0]), round(circles[i][1]));
        //提取出圆半径
        int radius = round(circles[i][2]);
        //绘制圆心
        circle(src, center, 3, Scalar(255), -1, 4, 0);
```

```
        //绘制圆周
        circle(src, center, radius, Scalar(255), 3, 4, 0);
    }
    imshow("Circle", src);
    waitKey(0);
}
```

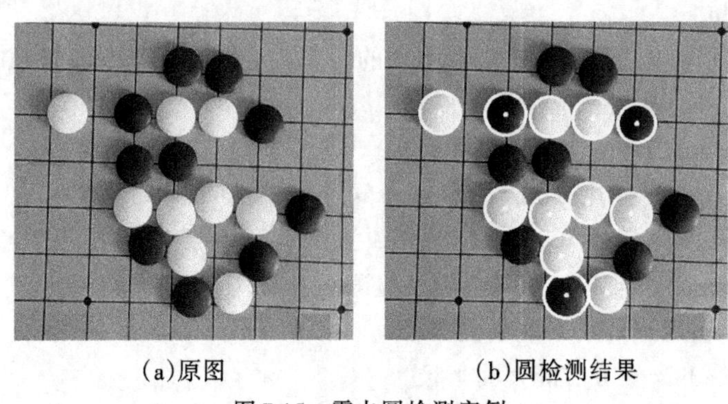

(a)原图　　　　(b)圆检测结果

图7.15　霍夫圆检测实例

7.3 阈值分割

阈值分割就是利用图像像素点值的分布规律，设定阈值进行像素点分割，进而得到二值图像的过程，通常也称为二值化处理。

图像的二值化处理就是将图像像素点的像素值简化为0或255（也可用0、1来表示），也就是将整个图像呈现出明显的黑白效果，简化之后仍然可以反映图像整体和局部特征。在数字图像处理中，二值图像占有非常重要的地位，特别是在早期实际的图像处理中以二值图像为处理对象的系统是很多的，如指纹识别、字符识别等。灰度图像二值化之后，图像的处理就变得简单，而且数据的处理和压缩量也变小。为了得到理想的二值图像，一般采用封闭、连通的边界定义不交叠的区域。所有灰度大于或等于阈值的像素被判定为属于特定物体（前景），其灰度值用255（或1）表示；否则这些像素点被排除在物体区域以外，灰度值为0，表示背景或者其他物体区域。

简单的阈值分割主要与灰度图像的直方图相关，如果某特定物体在内部有基本均匀一致的灰度值，并且图像中背景的灰度值也比较均匀，这时候使用单阈值T就可以得到比较好的分割效果，如图7.16（a）所示；如果图像中有多个不同灰度级别的物体，则需要使用多阈值法进行分割，如图7.16（b）所示有两个分割阈值T_1和T_2。如果物体同背景的差别表现不在灰度值上（比如纹理不同），则可以将这个差别特征转换为灰度的差别，然后选取适当阈值来分割该图像。

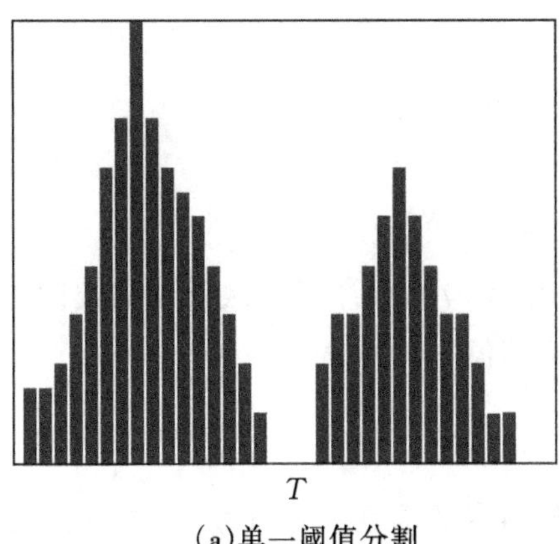

(a)单一阈值分割

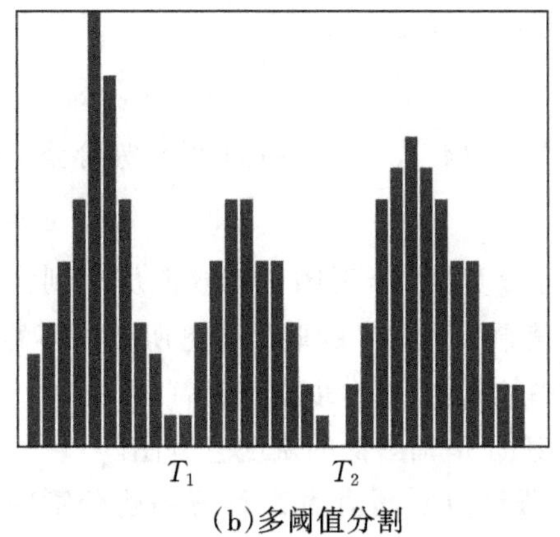

(b)多阈值分割

图7.16 基于直方图的阈值分割

由上述讨论可知,阈值分割方法的关键问题是选取合适的阈值。阈值一般可写成如下形式:

$$T=T\left[x,y,f\left(x,y\right),q(x,y)\right] \tag{7-12}$$

上式中,$f(x,y)$是在像素点(x,y)处的灰度值,$q(x,y)$是该点邻域的某种局部性质。换句话说,阈值T可以看做是(x,y)、$f(x,y)$和$q(x,y)$的函数。借助于上式,可以将阈值分割方法大致分成3类:

(1)全局阈值:分割阈值仅取决于图像灰度值$f(x,y)$本身。

(2)局部阈值:根据像素的本身性质$f(x,y)$和像素周围局部性质$q(x,y)$来选取合适的阈值。

(3)动态阈值:根据像素的本身性质$f(x,y)$,像素周围局部性质$q(x,y)$和像素位置坐标(x,y)来选取得到的阈值(与此相对应,可将前两种阈值称为固定阈值)。

7.3.1 OTSU全局阈值分割

全局阈值方法中,最常用的是OTSU方法(大津算法),是由日本学者OTSU(大津展之)在1979年提出的一种高效阈值分割算法,也称为最大类间方差方法。

OTSU方法是按图像的灰度特性,将图像分成背景和目标两部分。背景和目标之间的类间方差越大,说明构成图像的两部分的差别越大,当部分目标错分为背景或部分背景错分为目标都会导致两部分差别变小。因此,使类间方差最大的分割意味着错分概率最小。对于图像$f\left(x,y\right)$,前景(即目标)和背景的分割阈值记作T,属于前景的像素点数占整幅图像的比例记为ω_0,其平均灰度μ_0;背景像素点数占整幅图像的比例为ω_1,其平均灰度为μ_1。图像的总平均灰度记为μ,类间方差记为g。假设图像的背景较暗,并且图像的大小为$M\times N$,图像中像素的灰度值小于阈值T的像素个数记作N_0,像素灰度大于阈值T的像素个数记作N_1,则有:

$$\begin{cases}\omega_0=\dfrac{N_0}{M\times N}\\ \omega_1=\dfrac{N_1}{M\times N}\end{cases} \tag{7-13}$$

其中,$N_0+N_1=M\times N,\ \omega_0+\omega_1=1$

则有：$\mu = \omega_0\mu_0 + \omega_1\mu_1$ (7-14)，

$$g = \omega_0(\mu_0 - \mu)^2 + \omega_1(\mu_1 - \mu)^2 \quad (7\text{-}15)。$$

将式(7-14)代入式(7-15)，得到等价公式：

$$g = \omega_0\omega_1(\mu_0 - \mu_1)^2 \quad (7\text{-}16)$$

实际计算时，分割阈值 T 取值从小到大，根据式(7-16)计算每次得到的类间方差 g 的值，在 g 值最大时的 T 的取值就是所要求得的分割阈值。

OTSU算法的基本步骤如下：

(1)统计整幅图像的灰度直方图。

(2)假设分割阈值为T，计算当前分割阈值条件下的前景和背景概率、前景像素均值和背景像素均值，通过目标函数计算得到类间方差。

(3)遍历所有可能的分割阈值，得到最大类间方差时所对应的分割阈值就是所要求得的分割阈值。

OTSU方法原理性代码如代码7-6所示，此代码有利于对算法的理解，OpenCV在实际使用时对算法进行了多种优化和加速。图像二值化结果如图7.17所示，可以看到，此算法很好地区分了前景和背景。

代码7-6　OTSU方法对256级灰度图像进行二值化

```
void Otsu()
{
    Mat src = imread("rice.tif", IMREAD_GRAYSCALE);
    long lPixCnt = src.rows * src.cols;
    long histogram[256] = { 0 }; //histogram是灰度直方图
    for (int i = 0; i<src.rows; i++){
        for (int j = 0; j<src.cols; j++){
            unsigned char nCurVal = src.at<uchar>(i, j);
            histogram[nCurVal]++;
        }
    }
    int nThreshold = 0;
    long sum0 = 0, sum1 = 0; //存储前景的灰度总和和背景灰度总和
    long cnt0 = 0, cnt1 = 0; //前景像素总个数和背景像素总个数
    double w0 = 0, w1 = 0; //前景和背景所占整幅图像的比例
    double u0 = 0, u1 = 0;  //前景和背景的平均灰度
    double variance = 0; //类间方差
    double maxVariance = 0; //最大类间方差
    for (int i = 1; i< 256; i++) //遍历所有灰度级别
    {
        sum0 = 0;     cnt0 = 0;  w0 = 0;
```

```
        sum1 = 0;     cnt1 = 0;   w1 = 0;
        for (int j = 0; j<i; j++) {
            cnt0 += histogram[j]; //前景像素总和
            sum0 += j * histogram[j]; //前景灰度值总和
        }
        //前景部分平均灰度
        u0 = cnt0> 0 ? double(sum0) / cnt0 : 0;
        w0 = (double)cnt0 / lPixCnt; //前景部分所占的比例
        for (int j = i; j<= 255; j++) {
            cnt1 += histogram[j]; //背景像素个数
            sum1 += j * histogram[j]; //背景部分灰度值总和
        }
        //背景部分平均灰度
        u1 = cnt1> 0 ? double(sum1) / cnt1 : 0;
        w1 = 1 - w0;  //背景部分所占的比例
        //分割阈值为i时的类间方差
        variance = w0 * w1 *  (u0 - u1) * (u0 - u1);
        if (variance>maxVariance) {
            maxVariance = variance;
            nThreshold = i;
        }
    }
    //遍历每个像素,对图像进行二值化
    Matdst = Mat::zeros(src.rows, src.cols, CV_8UC1);
    for (int i = 0; i<src.rows; i++) {
        for (int j = 0; j<src.cols; j++) {
            if (src.at<uchar>(i, j) >nThreshold)
                dst.at<uchar>(i, j) = 255;
        }
    }
    imshow("二值图像", dst);
    waitKey(0);
}
```

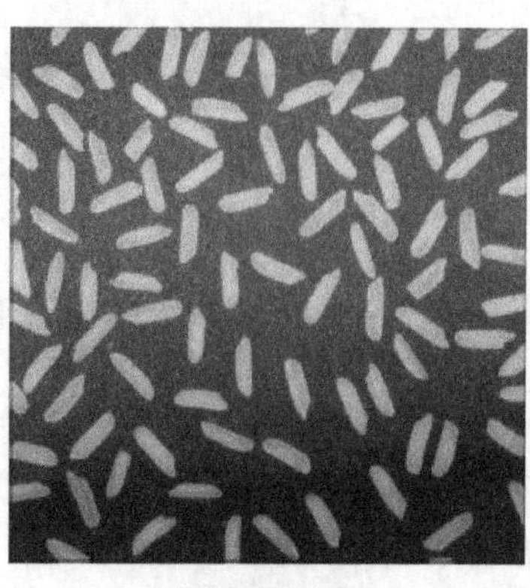
(a)灰度图像

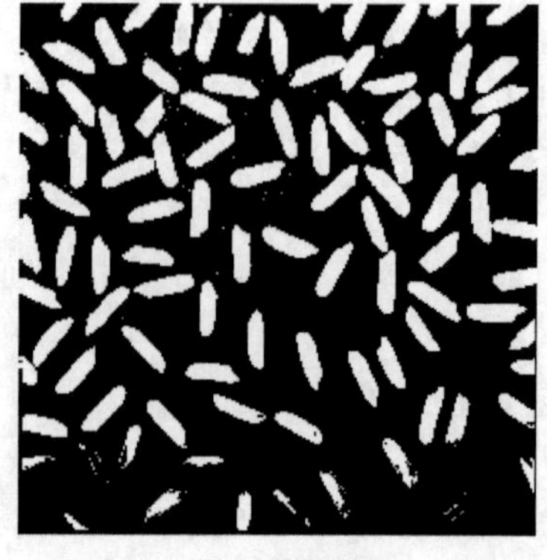
(b)二值图像

图7.17 OTSU方法图像二值化

7.3.2 三角法全局阈值分割

三角法求阈值最早见于Zack的论文《Automatic measurement of sister chromatid exchange frequency》(1977),主要是用于染色体的研究。该方法是使用直方图数据,基于纯几何方法来寻找最佳阈值,它的成立条件是假设直方图最大波峰在靠近最亮的一侧,然后通过三角形求得最大直线距离,根据最大直线距离对应的直方图灰度等级即为分割阈值,如图7.18所示。

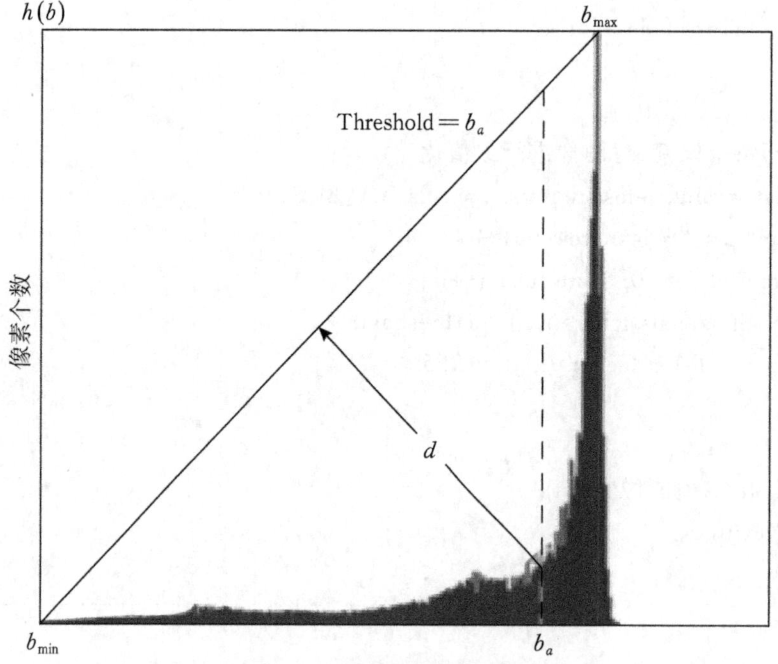

图7.18 三角法求阈值原理

在图7.18中,在直方图上从最高峰处b_{max}到最低处b_{min}构造一条直线p,从b_{min}处开始计算每个对应的直方图b到直线p的垂直距离,直到b_{max}为止,其中最大距离对应的直方图位置b_a处即为图像二值化对应的阈值T。有时候直方图最高峰对应位置不在直方图最亮一侧，而在暗的一侧，这样就需要翻转直方图，翻转之后求得值，用255减去即得到为阈值 T。

用三角法对灰度图像球分割阈值的算法基本步骤如下：

(1)计算图像灰度直方图；

(2)寻找直方图中两侧边界；

(3)寻找直方图最高峰；

(4)检测最高峰是否在亮的一侧，否则翻转；

(5)根据图7.18计算阈值得到阈值 T，如果翻转则阈值为 $255-T$。

三角法二值化的原理如代码7-7所示，其结果如图7.19所示，可以看到，三角法二值化也能得到比较理想的效果。

代码7-7　三角法二值化原理

```
void TriangleBinary()
{
    Mat src = imread("defective_weld.tif", IMREAD_GRAYSCALE);
    long lPixCnt = src.rows * src.cols;
    long histogram[256] = { 0 }; //histogram是灰度直方图
    for (int i = 0; i<src.rows; i++) {
        for (int j = 0; j<src.cols; j++) {
            unsigned char nCurVal = src.at<uchar>(i, j);
            histogram[nCurVal]++;
        }
    }
    //左右边界
    int left_bound = 0, right_bound = 0;
    //直方图最高峰和相应的灰度值
    int max_ind = 0, maxPeak = 0;
    int temp;
    bool isflipped = false;
    // 找到最左边零的位置
    for (int i = 0; i< 256; i++){
        if (histogram[i] > 0){
            left_bound = i;
            break;
        }
    }
    //位置再移动一个步长，即为最左侧零位置
    if (left_bound> 0)
        left_bound--;
    // 找到最右边零点位置
```

```
for (int i = 255; i> 0; i--){
    if (histogram[i] > 0){
        right_bound = i;
        break;
    }
}
// 位置再移动一个步长,即为最右侧零位置
if (right_bound< 255)
    right_bound++;
// 在直方图上寻找最亮的点Hmax
for (inti = 0; i< 256; i++){
    if (histogram[i] >maxPeak){
        maxPeak = histogram[i];
        max_ind = i;
    }
}
// 如果最大值落在靠左侧这样就无法满足三角法求阈值,
//所以要检测最大值是否靠近左侧
// 如果靠近左侧则通过翻转到右侧位置。
if (max_ind - left_bound<right_bound - max_ind){
    isflipped = true;
    int i = 0;
    int j = 255;
    // 左右交换
    while (i<j){
        temp = histogram[i];
        histogram[i] = histogram[j];
        histogram[j] = temp;
        i++; j--;
    }
    left_bound = 255 - right_bound;
    max_ind = 255 - max_ind;
}
// 计算求得阈值
double thresh = left_bound;
double maxDist = 0, tempDist;
double peakIdxBound = left_bound - max_ind;
for (int i = left_bound + 1; i<= max_ind; i++)
```

```
        {
            // 计算距离
            tempDist = maxPeak * i + peakIdxBound * histogram[i];
            if (tempDist>maxDist){
                maxDist = tempDist;
                thresh = i;
            }
        }
    thresh--;
    if (isflipped) {
        thresh = 255 - thresh;
    }
    //遍历每个像素,对图像进行二值化
    Mat dst = Mat::zeros(src.rows, src.cols, CV_8UC1);
    for (int i = 0; i<src.rows; i++) {
        for (int j = 0; j<src.cols; j++) {
            if (src.at<uchar>(i, j) >thresh)
                dst.at<uchar>(i, j) = 255;
        }
    }
    imshow("二值图像", dst);
    waitKey(0);
}
```

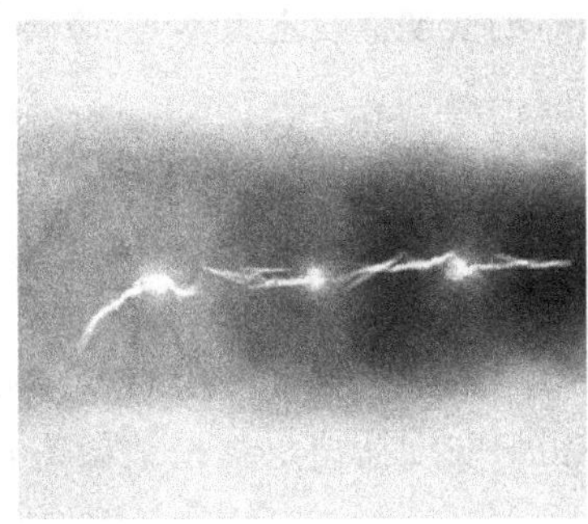
(a)焊缝灰度图像

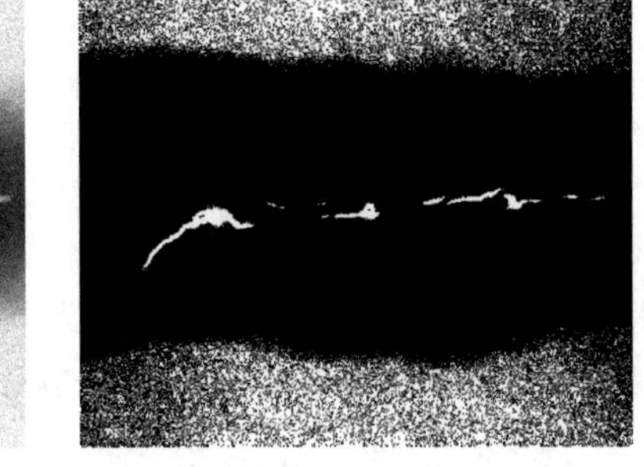
(b)三角法二值化结果

图7.19　三角法二值化实例

7.3.3 OpenCV阈值化函数

OpenCV中提供了阈值化函数cv::threshold(),用来对灰度图像进行二值化,该函数的原型为:

```
double threshold(
    InputArray src, //输入图像,单通道8位图像或32位浮点数图像
    OutputArray dst, //输出图像,格式与输入图像相同
    double thresh, //给定阈值
    double maxval, //二值化图像的最大值(最小值为0)
    int type //二值化类型
);
```

cv::threshold()函数应用在单通道图像的固定二值化处理中,通常是为了得到二值化图像或为了去除噪声。有以下阈值化类型参数可供选择。

1.THESH_BINARY 常规阈值化

对灰度图像应用该阈值进行操作时,预先设定好特定的阈值thresh,阈值化操作只需要将大于thresh的灰度值设定为maxval,将低于thresh的灰度值设定为0,该阈值化类型如下式所示:

$$\operatorname{dst}(x,y)=\begin{cases}\max \mathrm{val} & \operatorname{src}(x,y)>\mathrm{thresh}\\ 0 & \text{其他}\end{cases}$$

2.THRESH_BINARY_INV 反向阈值化

对灰度图像应用该阈值进行操作时,预先设定好特定的阈值thresh,阈值化操作只需要将大于thresh的灰度值设定为0,将低于thresh的灰度值设定为maxval,该阈值化类型如下式所示:

$$\operatorname{dst}(x,y)=\begin{cases}\max \mathrm{val} & \operatorname{src}(x,y)\leqslant \mathrm{thresh}\\ 0 & \text{其他}\end{cases}$$

3.THRESH_TRUNC 截断阈值化

对灰度图像应用该阈值进行操作时,预先设定好特定的阈值thresh,阈值化操作只需要将大于thresh的灰度值设定为thresh,将低于thresh的灰度值设定为不变,该阈值化类型如下式所示:

$$\operatorname{dst}(x,y)=\begin{cases}\mathrm{thresh} & \operatorname{src}(x,y)>\mathrm{thresh}\\ \operatorname{src}(x,y) & \text{其他}\end{cases}$$

4.THRESH_TOZERO 阈值化为0

对灰度图像应用该阈值进行操作时,预先设定好特定的阈值thresh,阈值化操作只需要将大于thresh的灰度值设定为不变,将低于thresh的灰度值设定为0,该阈值化类型如下式所示:

$$\operatorname{dst}(x,y)=\begin{cases}\operatorname{src}(x,y) & \operatorname{src}(x,y)>\mathrm{thresh}\\ 0 & \text{其他}\end{cases}$$

5.THRESH_TOZERO_INV 反向阈值化为0

对灰度图像应用该阈值进行操作时,预先设定好特定的阈值thresh,阈值化操作只需要将大于thresh的灰度值设定为0,将低于thresh的灰度值设定为不变,该阈值化类型如下式所示:

$$\mathrm{dst}(x,y)=\begin{cases}0 & \mathrm{src}(x,y)>\mathrm{thresh}\\ \mathrm{src}(x,y) & \text{其他}\end{cases}$$

6.THRESH_OTSU 和 THRESH_TRIANGLE

这两个类型参数用来指定阈值的计算方法，如果设定 THRESH_OTSU，则使用 OTSU 方法来计算分割阈值；如果设定 THRESH_TRIANGLE，则使用三角法来计算分割阈值。这两种类型可与上面的类型联合使用，如 THESH_BINARY|THRESH_OTSU 或 THESH_BINARY_INV|THRESH_TRIANGLE 等。代码 7-8 演示了函数 threshold 的基本用法，其结果显示在图 7.20 中。

代码 7-8　全局阈值化函数 threshold 的用法

```
void GlobalBinbary()
{
    Mat src = imread("Aligned.tif", IMREAD_GRAYSCALE);
    Mat binImg;
    //采用OTSU方法计算阈值，前景设置为白色
    threshold(src, binImg, 0, 255, THRESH_BINARY|THRESH_OTSU);
    imshow("OTSU二值化", binImg);
    //采用三角法计算阈值，前景设置为黑色
    threshold(src, binImg, 0, 255, THRESH_BINARY_INV | THRESH_TRIANGLE);
    imshow("三角法二值化", binImg);
    waitKey(0);
}
```

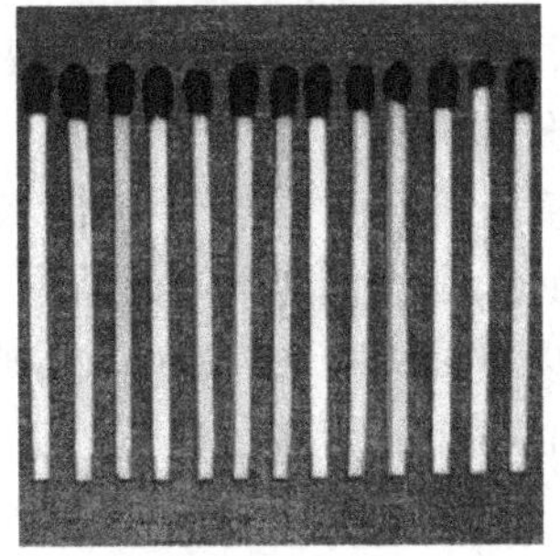

(a)灰度图像

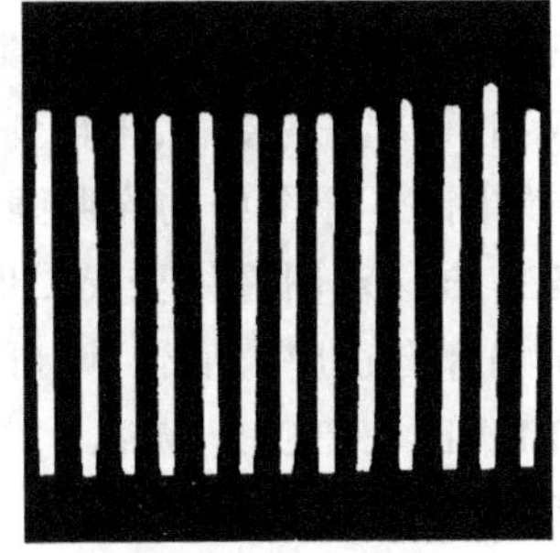

(b)OTSU 阈值化结果（前景高亮显示）

(c)三角法阈值化结果（背景高亮显示）

图 7.20　图像阈值化实例

7.3.4　局部自适应阈值化

当图像中有不同的阴影（如由于照度不均匀的影响），或各处对比度不同时，如果只用一个固定的全局阈值对整幅图像进行分割，则由于不能兼顾图像各处的光照情况而会使分割

效果受到影响。有一种解决办法是用坐标相关的一系列阈值来对图像进行分割，这种与坐标相关的阈值称为动态阈值，也称为自适应阈值。其基本思想是首先将图像分解成一系列子图像，这些子图像可以互相重叠。如果子图像比较小，则由阴影或对比度的空间变化带来的问题就比较小，可以对每个子图像计算一个阈值。此时阈值的选择一般采用比较简单的方法来选取，以提高计算效率。

OpenCV中提供了自适应阈值化函数cv::adaptiveThreshold()，该函数有两种自适应阈值类型参数可以选择，用来对当前像素点与邻域像素块进行阈值计算。cv::adaptiveThreshold()函数原型如下：

```
void adaptiveThreshold(
      InputArray src, //输入图像,单通道8位图像
      OutputArray dst, //输出二值图像,单通道8位
      double maxValue, //二值化后的前景图像
      int adaptiveMethod, //自适应方法,详见下面解释
      int thresholdType, //二值化类型,同threshold类型一样
      int blockSize,   //邻域块大小,一般选择为3,5,7…
      double C //常数C,用来控制阈值的选择
);
```

自适应阈值化计算大概过程是为每一个像素点单独计算的阈值，即每个像素点的阈值都是不同的，就是将该像素点周围blockSize×blockSize区域内的像素加权平均，然后减去常数C，从而得到该点的阈值。adaptiveMethod参数指定的自适应阈值方法有两种：

ADAPTIVE_THRESH_MEAN_C，局部邻域块的平均值作为阈值。该算法是先求出邻域块中的均值，再减去常数C，从而得到分割阈值。

ADAPTIVE_THRESH_GAUSSIAN_C，局部邻域块的高斯加权和作为阈值。该算法是计算像素(x,y)周围像素值的高斯加权和，再减去常数C，来得到分割阈值。

图7.21是局部自适应二值化效果图。原图中的光照强度呈现正弦分布，致使图像上出现明暗相间的条纹。如果使用OTSU方法对图像做全局二值化，则会得到中间的结果，可以看到很多文字细节被丢失；若使用局部自适应二值化，则可以有效去除光照影响，得到比较完整的文字图像。图中采用ADAPTIVE_THRESH_MEAN_C的局部自适应二值化方法，常数C取值为10，邻域大小为7。详细请见代码7-9。

代码7-9　局部自适应二值化实例

```
void AdaptiveBinary()
{
    Mat src = imread("sine_shaded_text_image.tif", IMREAD_GRAYSCALE);
    Mat binImg;
    threshold(src, binImg, 0, 255, THRESH_OTSU|THRESH_BINARY_INV);
    imshow("OTSU方法二值化结果", binImg);
```

```
    //采用OTSU方法计算阈值,前景设置为白色
    adaptiveThreshold(src, binImg, 255, ADAPTIVE_THRESH_MEAN_C,\
        THRESH_BINARY_INV, 7, 10);
    imshow("局部自适应二值化结果",binImg);
    waitKey(0);
}
```

(a)灰度图像

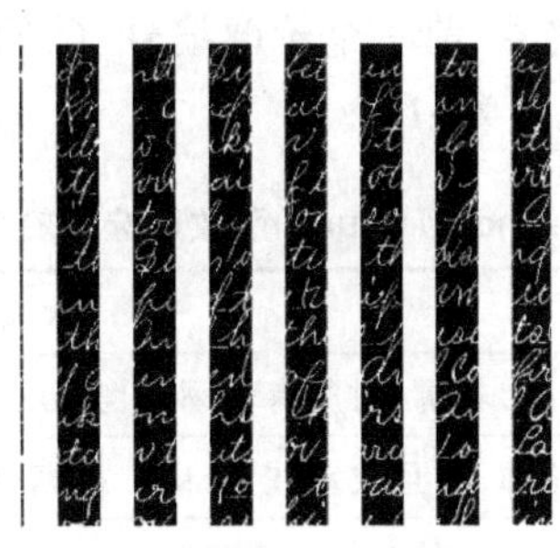
(b)全局二值化结果

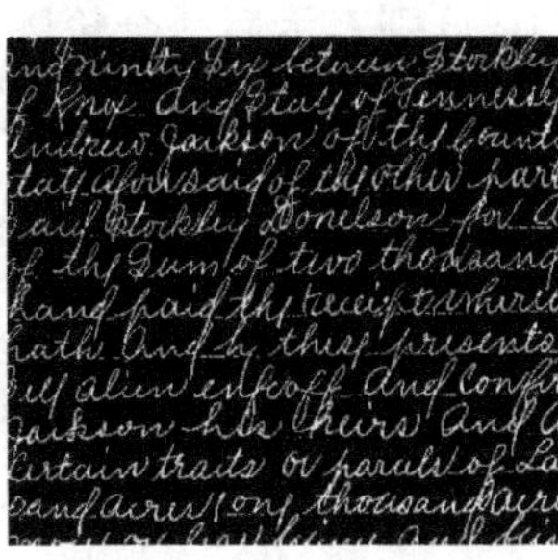
(c)局部自适应二值化结果

图7.21　局部自适应二值化方法效果

7.4　轮廓检测与绘制

轮廓形状是物体最开始的印象,图像中目标物体的形状检测是图像识别中的重要技术之一。物体识别时首先提取物体的轮廓信息,然后再通过轮廓点集选择相应的算法进行处理,最后可得到物体的形状信息。轮廓提取的原理首先是通过对原图像进行二值化,然后利用边缘点连接的层次差别,提取位于结构特征高的区域点集构成的集合,这部分最可能是物体的轮廓。

一个轮廓一般对应一系列的点,也就是图像中的一条曲线。轮廓的表示方法可能根据不同情况而有所不同。有多种方法可以表示曲线。在OpenCV中一般用点向量(vector<Point>)来存储轮廓信息,向量中每一个元素就是曲线中的一个点的位置。

OpenCV中使用cv::findContours()函数在二值图像中寻找轮廓,其函数原型为:

```
void findContours(
    //8位单通道输入图像,非0元素作为前景,0元素作为背景
    InputArray image,
    //检测到的轮廓向量,每个轮廓是一个vector<Point>类型的点向量
    OutputArrayOfArrays contours,
    OutputArrayhierarchy, //可选的输出向量,包括图像的拓扑信息
    int mode, //轮廓检索模式,取值以及含义见表7-1
```

```
    int method, //轮廓近似方法,取值以及含义见表7-2
    //每个轮廓点的可选偏移量,一般用在ROI图像中
    Point offset = Point()
);
```

上述第3个参数hierarchy,包含有图像的拓扑信息。其作为轮廓数量的表示,包含了与contours同样多的元素。每个轮廓contours[i]对应4个hierarchy元素(hierarchy[i][0] ~ hierarchy[i][3]),分别表示后一个轮廓编号、前一个轮廓编号、父轮廓编号、内嵌轮廓编号。如果没有对应项,则hierarchy[i]中对应值设为-1。

表7-1 cv::findContours()函数可选的轮廓检索模式

标识符	值	含义
RETR_EXTERNAL	0	只检测最外层轮廓,对所有轮廓,设置hierarchy[i][2]= hierarchy[i][3]=-1
RETR_LIST	1	提取所有轮廓,并且放置在list中。检索到的轮廓不建立包含关系
RETR_CCOMP	2	提取所有轮廓,并且将其组织为双层结构:顶层为连通域的外围边界,次层为孔的内层边界
RETR_TREE	3	提取所有轮廓,并重新建立网状的轮廓结构

表7-2 cv::findContours()函数可选的轮廓近似方法

标识符	值	含义
CHAIN_APPROX_NONE	1	获取轮廓的所有像素,相邻两个点的像素位置差不超过1,即 $\max\left(abs\left(x_1-x_2\right), abs\left(y_2-y_1\right)\right)==1$
CHAIN_APPROX_SIMPLE	2	压缩水平方向,垂直方向,对角线方向的元素,只保留该方向的终点坐标,例如一个矩形轮廓只需4个点来保存轮廓信息
CHAIN_APPROX_TC89_L1	3	使用Teh-Chin1链逼近算法中的一种
CHAIN_APPROX_TC89_KCOS	4	

cv::findContours()经常与cv::drawContours()配合使用。使用cv::findContours()函数检测到图像的轮廓后,便可以用cv::drawContours()函数将检测到的轮廓绘制出来。cv::drawContours()函数的原型为:

```
void drawContours(
    InputOutputArray image, //绘制的目标图像,是Mat类型对象
    InputArrayOfArrays contours, //所有输入轮廓,每个轮廓一个点向量
    int contourIdx, //要绘制的轮廓的编号,如果为负值,则绘制所有轮廓
    const Scalar& color, //轮廓的颜色
    int thickness = 1, //线条粗细默认为1,如果为负值则绘制在轮廓内部
    //线条类型,默认为8连通线LINE 8,也可以是4连通线(LINE_4)
    //或抗锯齿线型(LINE_AA)
```

```
    int lineType = LINE_8,
        //findContours中得到的层次结构信息
    InputArray hierarchy = noArray(),
    int maxLevel = INT_MAX, //绘制轮廓的最大等级,默认不限制
    Point offset = Point() //可选的轮廓偏移量,一般用在ROI图像中
);
```

代码7-10显示了寻找轮廓和绘制轮廓的实例,其结果如图7.22所示。从图中可以看到,当使用RETR_EXTERNAL参数时,只能找到连通域的外部轮廓;当使用RETR_TREE参数时,可以找到连通域的外部轮廓,也可以找到内部孔洞。

代码7-10　寻找和绘制连通域的轮廓

```
void FindAndDrawContours()
{
    //读取二值图像
    Mat img = imread("Contours.tif", IMREAD_GRAYSCALE);
    imshow("image", img);
    vector<vector<Point>> contours;
    vector<Vec4i> hierarchy;
    //只寻找每个连通域的外轮廓
    findContours(img, contours, hierarchy, RETR_EXTERNAL, \
        CHAIN_APPROX_SIMPLE);
    Mat contoursImg = Mat::zeros(img.size(), CV_8UC3);
    //绘制轮廓
    drawContours(contoursImg, contours, -1, Scalar(128, 255, 255), \
        3, LINE_AA, hierarchy,3);
    imshow("外部轮廓", contoursImg);
    //寻找每个连通域的所有轮廓,包括内部孔洞
    findContours(img, contours, hierarchy, RETR_TREE,\
        CHAIN_APPROX_NONE);
    contoursImg=Mat::zeros(img.size(), CV_8UC3);
    drawContours(contoursImg, contours, -1, Scalar(128, 255, 255), \
        3, LINE_AA, hierarchy, 3);
    imshow("所有轮廓", contoursImg);
    waitKey(0);
}
```

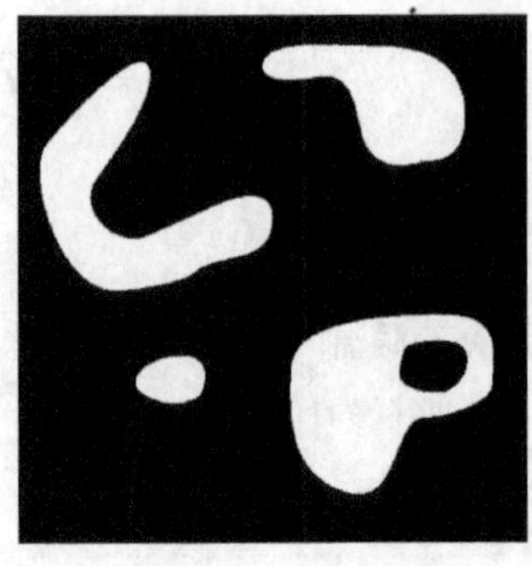
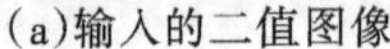
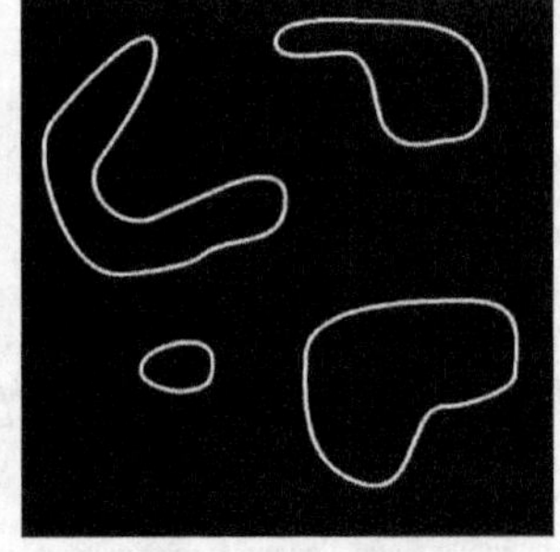
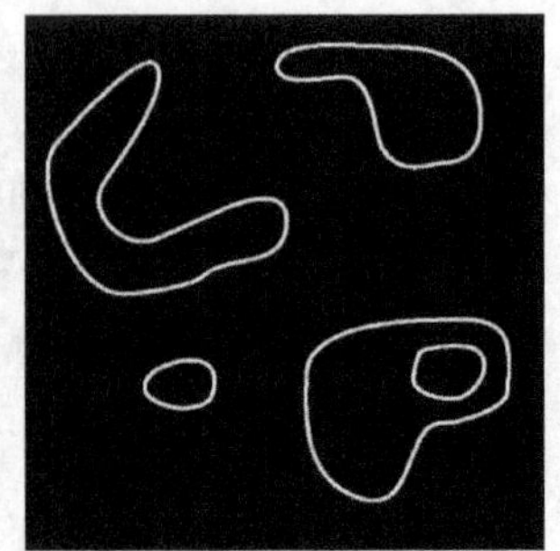

(a)输入的二值图像　　(b)只寻找外部轮廓　　(c)寻找所有轮廓

图7.22　寻找轮廓和绘制轮廓实例

7.5　分水岭分割

分水岭分割的基本思想是基于局部极小值和积水盆的概念。如果把图像看成3D地形的表示,即2D的地基(对应图像坐标空间)加上第3维的高度(对应图像灰度),则图像中的边缘将转化为山脉,均匀区域将转化为山谷。

积水盆是图像灰度局部极小点的影响区,水平面从这些局部极小值处上涨,在水平面浸没地形的过程中,每一个积水盆都被筑起的"坝"所包围,这些坝用来防止不同积水盆里的水混合到一起。在地形完全浸没到水中后,这些筑起的坝就构成了分水岭。这个过程可以用图7.23来说明。

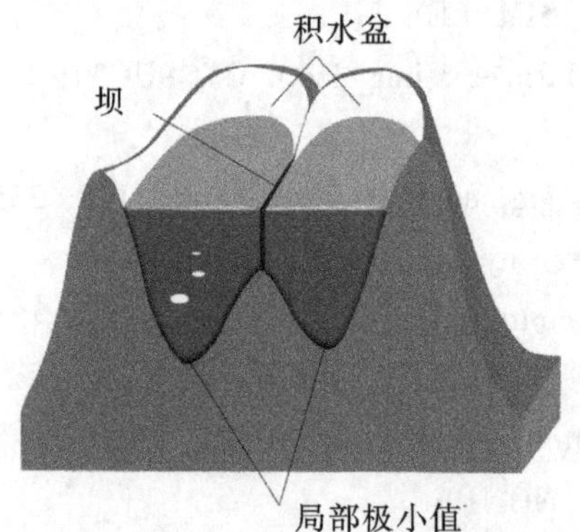

图7.23　分水岭概念与局部最小值

将分水岭的概念应用到图像分割中,假设待分割的图像由目标和背景组成,先对图像进行梯度变换,则图像的背景和目标的内部区域将对应梯度图中灰度较低的位置(山谷,即积水盆),而目标边缘则对应了梯度图中的亮带(山脉)。这样图像的梯度图即对应了分水岭变换中的地形图。将梯度图像中具有均匀低灰度值的区域称为极小值区域(一般分布在目标内部及背景处)。然后从用户指定点(或者算法计算得到的点)开始持续灌注积水盆,水面从这些局部最小值区域开始上涨,当不同流域中的水面不断升高到将要汇合在一起时(目标边界处),便筑起一道堤坝。最后得到由这些堤坝组成的分水线,图像也就完成了分割。

从分水岭分割的基本原理知道,分水岭分割本质上利用基于邻域的空间信息来分割图像的,它实际上是把边缘检测和区域生长结合起来,所以能够得到单像素宽的、连续而准确的边缘。因此,边缘算子的选择直接影响图像分割的好坏,一个合适的边缘检测算子能够得到准确而平滑的目标边缘,这里一般使用的是Canny算子。

由于待分割的图像中存在噪声和一些微小的灰度值起伏波动,在梯度图像中可能存在许多假的局部极小值,如果直接对梯度图进行生长会造成过分割的现象。即使在分水岭分割前对梯度图进行滤波,存在的极小点也往往会多于原始图像中目标的数目,因此必须加以改进。实际中应用分水岭分割的有效途径是首先确定图像中目标的标记或种子,然后再进行生长,并且生长的过程中仅对具有不同标记的标记点构建防止溢流汇合的堤坝,产生分水线,这就是基于标记的分水岭分割。

基于标记的分水岭分割大体可分为3个步骤:

(1)对原图像进行梯度变换,得到梯度图。

(2)用人机交互或者标记函数把图像中各个区域标记出来,得到标记图。

(3)将标记图中的标记区域作为种子点,对梯度图像进行分水岭分割,当不同标记汇合时产生分水线即为最终分隔结果。

在本章的实例中,需要对二值化图像的结果进行距离变换,距离变换主要目的是用来寻找分水岭分割时候的种子点像素。

1.距离变换

距离变换是针对二值图像的一种变换,是计算并标识空间点(对目标点)距离的过程,它最终把二值图像变换为灰度图像(其中每个像素的灰度值等于它到最近目标点的距离)。在二维空间中,一幅二值图像可以认为仅仅包含目标和背景两种像素,目标的像素值为1,背景的像素值为0;距离变换的结果不是另一幅二值图像,而是一幅灰度图像,即距离图像,图像中每个像素的灰度值是该像素与距其最近的背景像素间的距离。OpenCV中距离变换函数的原型为:

```
void distanceTransform(
    InputArray src, //8位单通道图像
    OutputArray dst, //输出的距离图像
    int distanceType, //取DIST_L1、DIST_L2或DIST_C,见表7-3
    int maskSize, //距离变换掩模大小,设置为3、5或0
    int dstType=CV_32F  //输出距离类型,CV_8U或CV_32F
);
```

表7-3　距离变换类型

标识符	值	名称	公式
DIST_L1	1	曼哈顿距离	$distance=\lvert x_2-x_1\rvert+\lvert y_2-y_1\rvert$
DIST_L2	2	欧几里得距离	$distance=\sqrt{(x_2-x_1)^2+(y_2-y_1)^2}$
DIST_C	3	棋盘格距离	$distance=\max(\lvert x_2-x_1\rvert,\lvert y_2-y_1\rvert)$

2.分水岭分割实例

OpenCV提供函数cv::watershed()来实现分水岭分割,其函数原型为:

```
void watershed(
    InputArray image, //输入图像,8位3通道彩色图像
    InputOutputArray markers //32位单通道标记图像,大小与输入图像一致
)
```

在分水岭分割中,标记图像markers可以用手工方法指定,也可以用二值化方法来指定。分水岭分割算法的实现途径有多种,本节利用距离变换来实现的,具体方法为:首先对原图像使用OTSU方法进行二值化操作;其次,对二值化图像进行形态学开操作,利用distance-Transform()函数完成图像距离变换操作;最后,归一化距离变换的统计图像,并计算相应连通域分割块从而得到前景种子点像素。

分水岭分割实例代码如代码7-11所示,分割结果如图7.23所示。代码7-11需要注意的是,调用cv::findContour()得到的contours的序号是从0开始编号的,但是在cv::watershed()函数中,种子点的编号必须从1开始编号。所以为了使用contours中的元素作为种子点,必须使用cv::drawContours()函数对种子图像重新进行赋值,种子图像的背景值都为0,作为种子的轮廓值为contours的序号加1。扫描二维码可以观看分水岭分割讲解视频。

分水岭分割实例

代码7-11 基于距离变换的分水岭分割实例

```
void WatershedSegment()
{
    Mat matSrc = imread("watershed_Src.png", IMREAD_COLOR);
    imshow("原始图像", matSrc);
    Mat matGray;
    cvtColor(matSrc, matGray, COLOR_BGR2GRAY);
    //对灰度图像进行二值化
    threshold(matGray, matGray, 0, 255, THRESH_BINARY | THRESH_OTSU);
    imshow("二值图像", matGray);
    //9×9掩膜
    Mat kernel = getStructuringElement(MORPH_RECT, Size(9, 9), \
            Point(-1, -1));
    //对二值图像进行闭操作,以闭合图像中的断裂点
    morphologyEx(matGray, matGray, MORPH_CLOSE, kernel);
    imshow("闭运算之后的二值图像", matGray);
    //对二值图像进行距离变换,这里取欧式距离
    distanceTransform(matGray, matGray, DIST_L2, DIST_MASK_3, \ CV_32F);
    //对距离图像进行归一化操作,使其值归一化到[0,1]之间
```

```
normalize(matGray, matGray, 0, 1, NORM_MINMAX);
Mat matDistance = matGray.clone();
//距离图像的值转换到[0,255]之间
matGray.convertTo(matGray, CV_8UC1);
matDistance*= 255;
matDistance.convertTo(matDistance, CV_8UC1);
//normalize(matDistance, matDistance, 0, 255, NORM_MINMAX);
imshow("距离图像", matDistance);
//对距离变换之后的图像进行二值化
threshold(matGray, matGray, 0, 255, THRESH_BINARY | THRESH_OTSU);
//对二值化图像进行闭操作,以去除细小噪声点
morphologyEx(matGray, matGray, MORPH_CLOSE, kernel);
imshow("二值化之后的图像", matGray);
vector<vector<Point>> contours;
vector<Vec4i> hierarchy;
Mat matMarkers = Mat::zeros(matGray.size(), CV_32SC1);
Mat matTemp = matSrc.clone();
//找到图像所有的连通区域的轮廓
findContours(matGray, contours, hierarchy, RETR_TREE, \
CHAIN_APPROX_SIMPLE, Point(-1, -1));
for (size_t i = 0; i<contours.size(); i++){
    //i+1是为了区分不同的标记区域,分水岭分割时的标记需要从1开始
    drawContours(matMarkers, contours, i, Scalar::all(i + 1)), 2);
    drawContours(matTemp, contours, i, Scalar::all(255), 2);
}
imshow("轮廓图像", matTemp);
Mat k=getStructuringElement(MORPH_RECT,Size(3, 3),Point(-1, -1));
//对原图像进行腐蚀操作
morphologyEx(matSrc, matSrc, MORPH_ERODE, k);
//对腐蚀之后的彩色图像进行分水岭分割,
//matMarkers作为种子点,也作为分割结果
watershed(matSrc, matMarkers);
//随机给每个区块分配颜色
vector<Vec3b>colors;
for (size_t i = 0; i<contours.size(); i++) {
    int r = theRNG().uniform(0, 255);
    int g = theRNG().uniform(0, 255);
    int b = theRNG().uniform(0, 255);
```

```
        colors.push_back(Vec3b((uchar)b, (uchar)g, (uchar)r));
    }
    // 显示分水岭分割之后的结果
    Mat dst = Mat::zeros(matMarkers.size(), CV_8UC3);
    int index = 0;
    for (int row = 0; row<matMarkers.rows; row++) {
        for (intcol = 0; col<matMarkers.cols; col++) {
            //index是每个区块的编号
            index = matMarkers.at<int>(row, col);
            if (index> 0 &&index<= contours.size()){
                //区块内部
                dst.at<Vec3b>(row, col) =colors[index - 1];
            }
            else if (index == -1) {//区域分割边界
                dst.at<Vec3b>(row, col) =Vec3b(255, 255, 255);
            }else { //背景
                dst.at<Vec3b>(row, col) =Vec3b(0, 0, 0);
            }
        }
    }
    imshow("目标图像", dst);
    waitKey(0);
}
```

在图7.24(a)中,原图像中内部有一些低亮度部分,单纯的二值化并不能完全分割物体的各个部分,会产生很多空洞。如果对二值图像做闭运算,则在闭合这些内部空洞的同时,也会使不同的区域发生粘连,见图(b)。经过距离变换之后,前景区域内部对应的像素值比较高,边缘区域对应的像素值比较低,见图(c)。对距离图像进行二值化,可以得到一些远离背景点的不相连的前景区域,如图(d)。以这些前景区域的轮廓作为种子点,见图(e),然后对原图像进行分水岭分割,可以得到比较满意的结果,见图(f)。最终分割结果图像中,不同区域内部用不同颜色表示,区域边缘用白色来表示。

(a)原图像

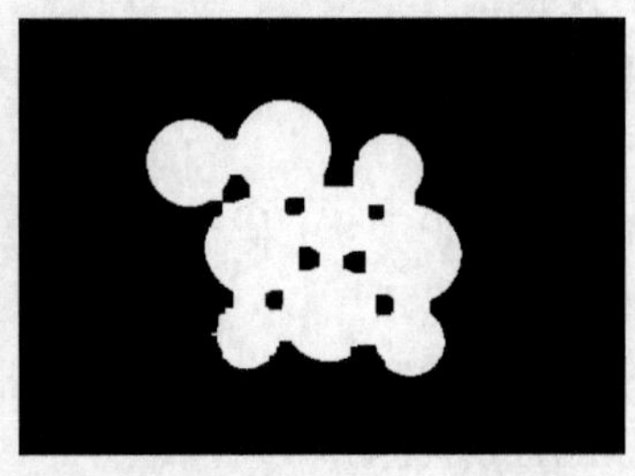

(b)闭运算之后的二值图像

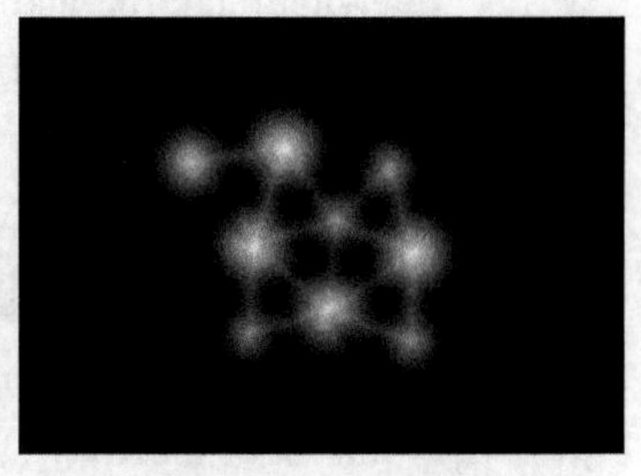

(c)距离变换结果

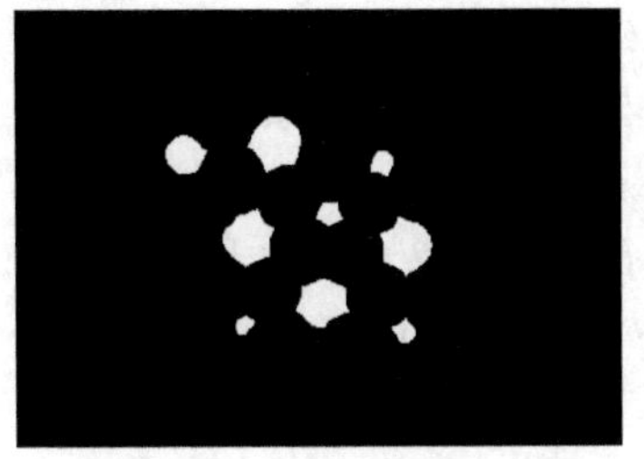

(d)距离图像二值化结果

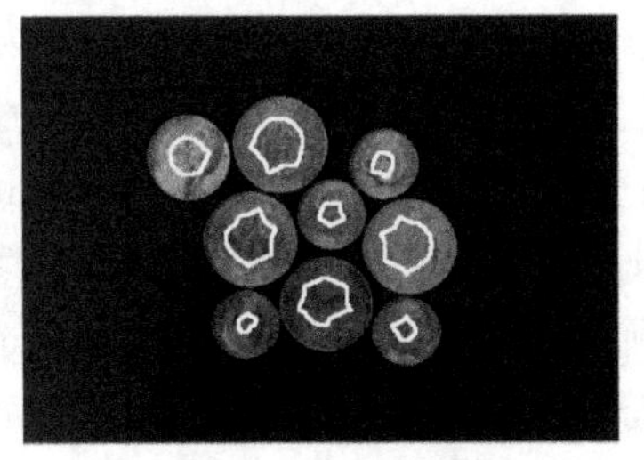

(e)原图像上叠加轮廓线

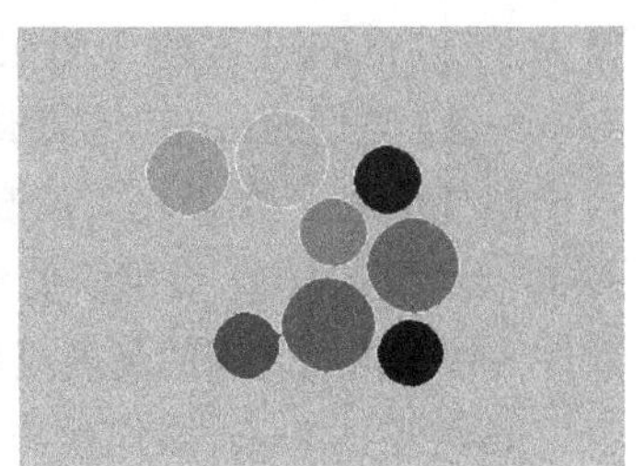

(f)分水岭分割结果

图7.24　分水岭分割实例

7.6　漫水填充算法

FloodFill漫水填充算法是在很多图形绘制软件中常用的填充算法，通常来说是自动选中与种子像素相关的区域，利用指定的颜色进行区域颜色替换，可用于标记或分离图像的某些部分。Windows图像编辑软件中的油漆桶功能，以及类似Photoshop软件中的魔术棒选择工具，都是通过漫水填充算法来改进和延伸的。

漫水填充算法的原理很简单，就是从一个种子点开始遍历附近像素点，填充成指定的颜色，直到封闭区域内的所有像素点都被填充成新颜色为止。FloodFill填充的实现方法常见的有4邻域像素填充法、8邻域像素填充法、基于扫描线的像素填充法等。

OpenCV中提供了两个不同版本的cv::floodFill()函数用于漫水填充算法操作，其中一个原型为：

```
int floodFill(
    InputOutputArray image, //输入图像，8位或32位，1通道或3通道
    InputOutputArray mask, //mask为掩模图像，值为0的掩膜区域才会填充
    Point seedPoint, //漫水填充的种子点位置
    Scalar newVal, //新的重新绘制的像素值
    CV_OUT Rect* rect=0, //返回的绘制区域的最小边界矩形区域
    Scalar loDiff = Scalar(), //负差最大值
    Scalar upDiff = Scalar(), //正差最大值
    int flags = 4 //操作标志符
);
```

另一个版本的函数中少了mask参数，其他一样。以上函数原型中，mask表示操作掩模。它应该为单通道、8位、长和宽上都比输入图像image大两个像素点的图像。在第一个版本的floodFill函数中需要使用以及更新掩膜，所以这个mask参数一定要将其准备好并填在此处。需要注意的是，漫水填充不会填充掩膜mask的非零像素区域。例如，一个边缘检测算子的输出可以用来作为掩膜，以防止填充到边缘。同样的，也可以在多次的函数调用中使用同一个掩膜，以保证填充的区域不会重叠。另外需要注意的是，掩膜mask会比需填充的图

像大，所以mask中与输入图像(x,y)像素点相对应的点的坐标为(x+1，y+1)。

Scalar类型的loDiff，有默认值Scalar()，表示当前观察像素值与其部件邻域像素值或者待加入该部件的种子像素之间的亮度或颜色之负差(lower brightness/color difference)的最大值。Scalar类型的upDiff，有默认值Scalar()，表示当前观察像素值与其部件邻域像素值或者待加入该部件的种子像素之间的亮度或颜色之正差(lower brightness/color difference)的最大值。

int类型的flags，操作标志符，此参数包含三个部分：

低八位(第0~7位)用于控制算法的连通性，可取4(4为缺省值)或者8。如果设为4，表示填充算法只考虑当前像素水平方向和垂直方向的相邻点(4邻域)；如果设为8，除上述相邻点外，还会包含对角线方向的相邻点(8连通)。

高八位部分(16~23位)可以为0或者如下两种选项标识符的组合：

FLOODFILL_FIXED_RANGE：如果设置为这个标识符的话，就会考虑当前像素与种子像素之间的差，否则就考虑当前像素与其相邻像素的差。也就是说，这个范围是浮动的。

FLOODFILL_MASK_ONLY：如果设置为这个标识符的话，函数不会去填充改变原始图像(也就是忽略第三个参数newVal)，而是去填充掩模图像(mask)。这个标识符只对第一个版本的floodFill有用，因第二个版本里面压根就没有mask参数。

中间八位部分，上面关于高八位FLOODFILL_MASK_ONLY标识符中已经说得很明显，需要输入符合要求的掩码。cv::floodFill()的flags参数的中间八位的值就是用于指定填充掩码图像的值的。但如果flags中间八位的值为0，则掩码会用1来填充。

而所有flags可以用or操作符连接起来，即“|”。例如，如果想用8邻域填充，并填充固定像素值范围，填充掩码而不是填充源图像，以及设填充值为38，那么输入的参数是这样：

flags=8 | FLOODFILL_MASK_ONLY | FLOODFILL_FIXED_RANGE | (38<<8)

代码7-12演示了漫水填充算法的实际用法，图7.24演示了实际的分割效果。在代码中运用了两次漫水填充算法，成功地将天空和水面从原图像中分割出来。

代码7-12　漫水填充算法实例

```
void FloodFillImage()
{
    //读入原始图像
    Mat srcImage = imread("sailboat.bmp", IMREAD_COLOR);
    imshow("原始图", srcImage);
    Rect ccomp;
    //在上半部分漫水填充天空部分
    floodFill(srcImage, Point(250, 80), Scalar(0, 0, 0), \
        &ccomp, Scalar(20,20, 20), Scalar(20, 20, 20));
    //在下半部分漫水填充水面部分
    floodFill(srcImage, Point(260, 400), Scalar(255, 0, 0),\
        &ccomp, Scalar(20, 20, 20), Scalar(20, 20, 20));
    imshow("效果图", srcImage);
    waitKey(0);
}
```

图7.24　漫水填充算法实例

7.7　均值漂移(meanshift)分割

均值漂移是密度估计方法,用来分析复杂多模态特征空间,其算法本质是最优化理论中的梯度下降法,沿着梯度下降方向寻找目标函数的极值。

7.7.1　算法原理

密度估计的思路需要解决两个问题:分割的中心是什么,怎么寻找图像分割的中心。均值漂移认为中心是概率密度的局部极大值点,如图7.25中左图中的红色局部最高点,这里称为模点(mode),是图中一些分类的中心点。只要沿着梯度方向一步一步慢慢爬,图像中每个点就总能爬到极值点(即找到对应的模点),图7.25左图中黑色的线,就是爬坡的轨迹。这种迭代搜索的策略在最优化中称之为多次重启梯度下降法(multiple restart gradient descent)。不过一般的梯度下降法并不能保证收敛到局部极值,但均值漂移可以做到,因为它的步长是自适应调整的,越靠近极值点步长越小。

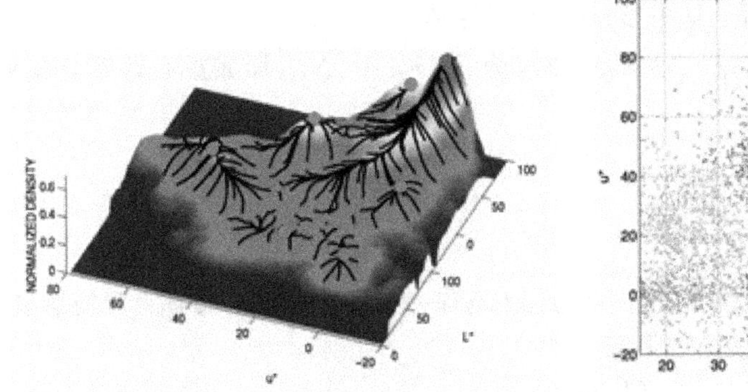

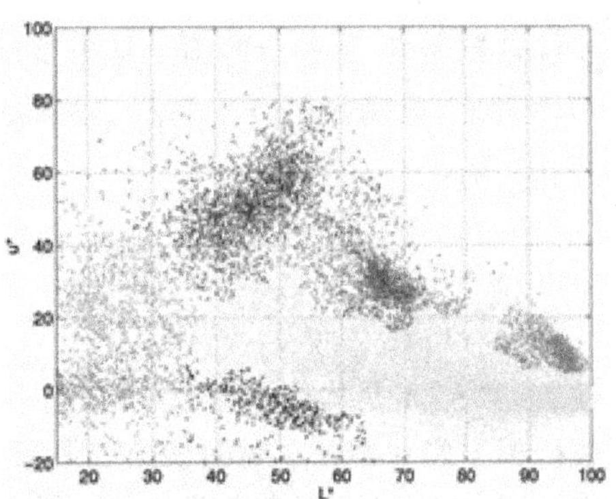

图7.25　标准化后的概率密度可视化效果(左图)以及聚类分割结果(右图)

均值漂移分割的核心就两点,密度估计和模点搜索。对于图像数据,其分布无固定模式可循,所以密度估计必须用非参数估计,选用的是具有平滑效果的核密度估计(Kernel density estimation,KDE)。

均值漂移的算法步骤主要由下面3个步骤构成：

1.模点搜索

图像中的点x包括两类信息：坐标空间(spatial, x^s, $[px, py]$)，颜色空间(range, x^r, $[r, g, b]$)。$[px, py, r, g, b]$这些就构成了联合特征空间。

某一个点x，它在联合特征空间中迭代搜索它的模点(模点$\boldsymbol{y}$)：

设图像中任意一点x_i依次爬过的脚印为：$\{y_{i,0}, y_{i,1}, y_{i,2}, \cdots y_{i,k}, \cdots, y_{i,c}\}$。出发时$y_{i,0}=x_i$，它所收敛到的模点为$y_{i,c}$，其中c代表收敛(convergence)。

第一步：如果迭代次数超过最大值(默认最多迭代5次)，结束搜索跳到第四步；否则，在坐标空间，筛选靠近$y^s_{i,k}$的数据点进入下一步计算，是以$y^s_{i,k}$的坐标(px, py)为中心，边长为$(2h_s+1)$的方形区域$(px-h_s, py-h_s, px+h_s, py+h_s)$内的数据点。

第二步：使用第一步幸存下来的点计算重心，并向重心移动。

$$y^s_{i,k+1}=\frac{\sum\limits_{n=1}^{N} x^s_n g\left(\left\|\frac{x^r_n-y^r_{i,k}}{h_r}\right\|^2\right)}{\sum\limits_{n=1}^{N} g\left(\left\|\frac{x^r_n-y^r_{i,k}}{h_r}\right\|^2\right)} \tag{7-15}$$

其中g是某种核函数，比如高斯分布，h_r是颜色空间的核平滑尺度。OpenCV使用的是最简单的均匀分布：

$$g(x)=\begin{cases}1 & x\leqslant 1\\0 & 其他\end{cases}$$

$g\left(\left\|\frac{x^r_n-y^r_{i,k}}{h_r}\right\|^2\right)$是一个以$y^r_{i,k}$(第$i$步位置的颜色值)为球心，半径为$h_r$的球体，球体内部值为1，球体外部值为0。对于经过上一步筛选后幸存的数据点x_n，如果其颜色值x^r_n满足$\|x^r_n-y^r_{i,k}\|\leqslant h_r$，也就是颜色值落在球内，那么求重心$y^s_{i,k+1}$时，就要算上$x^r_n$；否则落在球外，算重心时，就不带上它。实际上，上一步是依据坐标空间距离筛选数据点，g是依据颜色距离进一步筛选数据点，上一步的筛子是矩形，这一步是球体。

简而言之，设满足$\|x^r_n-y^r_{i,k}\|\leqslant h_r$的点依次为$\{n_1, n_2, \cdots, N_k\}$，那么重心计算公式可以进一步化简为：

$$y^s_{i,k+1}=\frac{\sum\limits_{n=1}^{N_k} x^s_n}{N_k} \tag{7-16}$$

注：参数h_r、h_s是均值漂移最核心的两个参数(还有一个可选的M)，具有直观的意义，分别代表坐标空间和颜色空间的核函数带宽。

第三步：判断是否到模点了，到了就停止。

如果移动后颜色或者位置变化很小，则结束搜索，跳到第四步，否则重返第一步，从y_{k+1}继续搜索。OpenCV停止搜索的条件为：

(1)坐标距离不变$y^s_{i,k+1}==y^s_{i,k}$；

(2)颜色变化值很小$\|y^r_{i,k+1}-y^r_{i,k}\|\leqslant thr$。

满足两条中的任意一条就可以停止搜索，否则继续迭代。

第四步：将模点$y_{i,c}$的颜色$y_{i,c}^r$赋给出发点x_i，即$x_i^r \leftarrow y_{i,c}^r$。

2.模点聚类

合并上一步平滑后的图像，OpenCV采用cv::floodFill()函数来实现。从某一点z_i出发，如果和它附近的4邻域点（或8邻域点）z_j的颜色值相似（即满足$\|z_i^r - z_j^r\| \leqslant h_r$）就合并，同时再从新合并的点出发继续合并下去，直到碰到不相似的点或者该点已经属于另一类了，此时，就退回来，直到退无可退（所有的4邻域或8邻域搜索空间都已经搜索完毕）。

3.合并相似小区域

上一步合并了一些模点，但是，对于一些小区域，如果它和周围的颜色差异特别大，那么它们也会自成一类，否则这些小区域需要进一步合并。可以直接将包含像素点少于M的区域与它最相似的区域合并，实际中，小区域往往是被大区域兼并了。

7.7.2 OpenCV实现

OpenCV中带有基于meanshift的分割方法cv::pyrMeanShiftFiltering()。由函数名pyrMeanShiftFiltering可知，这里是将meanshift算法和图像金字塔相结合用来分割的。cv::pyrMeanShiftFiltering函数的原型为：

```
pyrMeanShiftFiltering(
    InputArray src, //8位3通道输入图像
    OutputArray dst, //输出图像，格式大小与输入图像相同
    double sp, //空间搜索窗半径，即hs
    double sr, //彩色搜索窗半径，即hr
    int maxLevel = 1,//高斯金字塔的层数
    //均值漂移迭代终止条件
    TermCriteria termcrit=TermCriteria(TermCriteria::\
                MAX_ITER+TermCriteria::EPS,5,1)
);
```

该函数实现了基于颜色梯度和彩色纹理的均值偏移分割。在输入图像的每个像素(x, y)处（或在下采样图像中，见下文），该函数执行Meanshift迭代，即考虑满足下列条件的坐标颜色联合空间中的像素(X, Y)邻域：

$$(x, y): X - sp \leqslant x \leqslant X + sp, \quad \|(R, G, B) - (r, g, b)\| \leqslant sr$$

其中和(R, G, B)、(r, g, b)分别是(X, Y)和(x, y)处颜色分量（算法不依赖于所使用的颜色空间，因此可以使用任何3分量的颜色空间）。在(x, y)邻域上，找到平均空间向量(X', Y')和平均颜色值(R', G', B')，它们在下一次迭代中充当邻域中心：

$$(X, Y)(X', Y')(R, G, B)(R', G', B')。$$

迭代结束后，将初始像素（即迭代开始的像素）颜色值设置为最终值（即最后一次迭代时

的平均颜色值)：

$$I(x,y) \leftarrow (R^*,G^*,B^*)$$

当maxlevel>0时，建立maxlevel+1层的高斯金字塔，并首先在最小层上运行上述迭代过程。之后结果将传播到更大的层，并且仅在层颜色与金字塔的低分辨率层相差超过*sr*的像素上再次运行迭代过程。这使得颜色区域的边界更加清晰。

代码7-13和图7.26显示了均值漂移图像分割实例。可以看到经过均值漂移分割之后(图b)，水果内部的纹理区域大部分得以填平。而漫水填充的后处理操作，一方面使得内部小的区域得以填平，另一方面使得分割的边界和分割的效果更加清晰(图c)。

代码7-13　均值漂移图像分割实例

```
//漫水填充后处理函数
void floodFillPostprocess(Mat &img, const Scalar&colorDiff = Scalar::all(1))
{
    CV_Assert(!img.empty());
    RNG rng = theRNG();
    Mat mask(img.rows + 2, img.cols + 2, CV_8UC1, Scalar::all(0));
    for (int y = 0; y<img.rows; y++){
        for (int x = 0; x<img.cols; x++){
            if (mask.at<uchar>(y + 1, x + 1) == 0){
                ScalarnewVal(rng(256), rng(256), rng(256));
                floodFill(img, mask, Point(x, y), newVal, 0, \
                        colorDiff, colorDiff);
            }//end if
        }//end for
    }//end for
}
void MeanshiftSegmentation()
{
    //读入原始图像
    Mat srcImage = imread("fruits.jpg", IMREAD_COLOR);
    imshow("原始图", srcImage);
    Mat dstImage;
    int sp = 20;
    int sr = 30;
    //meanshift图像分割
    pyrMeanShiftFiltering(srcImage, dstImage, sp, sr);
    imshow("分割之后的图像", dstImage);
    //漫水填充后处理,合并小的区域
    floodFillPostprocess(dstImage, Scalar::all(5));
```

```
    imshow("后处理之后的图像", dstImage);
    waitKey(0);
}
```

(a)原图像

(b)均值漂移分割结果

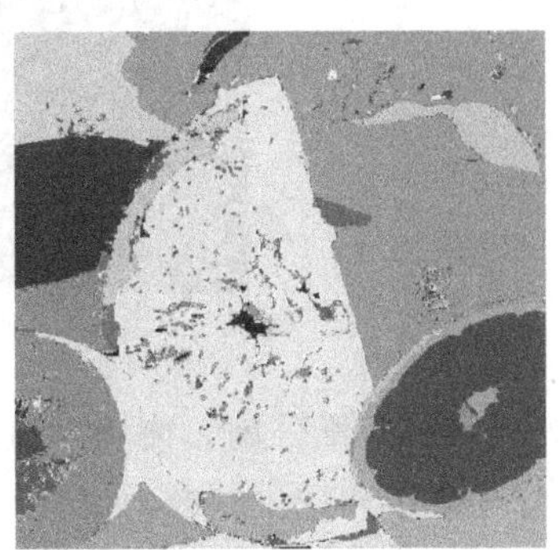
(c)漫水填充结果

图7.26　均值漂移图像分割实例

7.8　总结

图像分割是图像识别和计算机视觉至关重要的预处理。没有正确的分割就不可能有正确的识别。但是,进行分割仅有的依据是图像中像素的亮度及颜色,由计算机自动处理分割时,将会遇到各种困难。例如,光照不均匀、噪声的影响、图像中存在不清晰的部分,以及阴影等,常常发生分割错误。因此图像分割是需要进一步研究的技术。人们希望引入一些人为的知识导向和人工智能的方法,用于纠正某些分割中的错误,这是很有前途的方法,但是这又增加了解决问题的复杂性。

关于图像分割技术,由于问题本身的重要性和困难性,从20世纪70年代起图像分割问题就吸引了很多研究人员为之付出了巨大的努力。尽管人们在图像分割方面做了许多研究工作。但由于尚无通用分割理论,因此现已提出的分割算法大都是针对具体问题的,并没有一种适合于所有图像的通用的分割算法。但是可以看出,图像分割方法正朝着更快速、更精确的方向发展,通过各种新理论和新技术的结合,将会不断取得突破和进展。

7.9　实习题

(1)车道线分割。综合运用边缘检测,霍夫变换和阈值分割等手段检测图7.30中的4条车道线(包括边缘两条线)。要求分割完成时的车道线在4条车道线的中央,并且将断续的车道线能够连接起来。

图 7.30　车道分割图像

(2)图像分割。使用自适应阈值分割方法,对图 7.31 中的图像进行分割,用矩形框出图像中硬币和橡皮的准确位置。

图 7.31　硬币和橡皮图像

第8章

数学形态学处理

形态学(morphology)一词通常表示生物学的一个分支,该分支主要研究动植物的形态和结构。而图像处理中的形态学,往往指的是数学形态学。将数学形态学作为工具可以从图像中提取对于表达和描述区域形状有用的图像分量,比如边界、骨架以及凸壳等。形态学技术同样也可以用于数字图像的预处理和后处理,比如形态学过滤、细化和修剪等。

数学形态学(Mathematical morphology)是一门建立在集合论和拓扑学基础上的图像分析学科,是数学形态学图像处理的基本理论。其基本运算包括:二值腐蚀和膨胀、二值开闭运算、骨架抽取、极值腐蚀、击中击不中变换、形态学梯度、Top-hat变换、颗粒分析、流域变换、灰度腐蚀和膨胀、灰度开闭运算、灰度形态学梯度等。

简单来说,形态学操作就是基于形状的一系列图像处理操作。初期的形态学仅可用于二值图像,后来灰度形态学得到发展,使得形态学方法不仅可用于二值图像也可直接应用于各种灰度图像和彩色图像。OpenCV为图像的形态学变换提供了快捷、方便的函数,可以用相同的形式处理二值图像、灰度图像和彩色图像。

8.1 膨胀和腐蚀

膨胀和腐蚀操作是形态学的基本操作,其他操作大都由这两种操作组合而成。从数学角度来说,膨胀或腐蚀操作就是将图像(或图像的一部分区域,称之为A)与结构化元素(称之为B)进行模板操作,结构化元素中心对应的像素值被结构化元素覆盖范围内的最大值(膨胀)或最小值(腐蚀)取代。需要注意的是,这里的模板操作是求最大值或最小值操作,不是第4章空间滤波中的线性求和操作。这里的结构化元素B可以是任意形状和大小,它拥有一个单独定义的参考点,称之为锚点(anchor point)。多数情况下,结构化元素B是一个尺寸比原图像小得多的、中间带有参考点的中心对称的实心正方形或圆形,也可以由用户自定义不对称的形状。

8.1.1 膨胀

形态学膨胀(dilate)就是求局部最大值的操作,实现对目标像素点扩展的目的。图像*src*与结构元素*element*的形态学膨胀可以用$src \oplus element$来表示。膨胀操作时结构化元素

*element*与图像*src*做模板操作，计算结构化元素覆盖区域的像素点的最大值，并把这个最大值赋值给结果图像*dst*参考点对应的像素，如式(8-1)所示：

$$dst(x,y)=\max_{(x',y'):element(x',y')\neq 0} src(x+x',y+y') \tag{8-1}$$

在做膨胀操作时，需要考虑结构元素的值，只对那些结构元素的值不为0的位置才做最大值运算。

膨胀操作会使图像中的高亮度区域逐渐增长，如图8.1所示。在膨胀操作中，如果使用的是长宽一致的结构元素，则图像膨胀之后相当于长大了一圈；如果使用的是长宽不一致的结构元素，如图8.1下半部分的结构元素垂直方向尺寸是水平方向尺寸的两倍，则图像膨胀之后在垂直方向拉长幅度显著大于水平方向拉长的幅度。

OpenCV中使用cv::dilate()函数实现膨胀操作，其函数原型为：

```
void dilate(
    InputArray src, //输入图像,单通道或多通道多种位深度图像
    OutputArra ydst, //输出图像,尺寸和格式与输入图像相同
    InputArray kernel, //结构元素,默认为3×3矩形结构元素
    Point anchor = Point(-1,-1), //锚点位置,默认为结构元素中心
    int iterations = 1, //膨胀操作的次数
    int borderType = BORDER_CONSTANT, //边缘像素扩展方式
    //边缘像素值
    const Scalar &borderValue = morphologyDefaultBorderValue()
);
```

如代码8-1所示，是膨胀操作实例，所得到的结果如图8.2所示。从图8.2可以看到，经过膨胀操作之后，原来图像的高亮部分得到了扩展。图8.2(a)中的字体笔划变粗，图8.2(c)中的米粒体积得到加大。由于膨胀操作一共做了5次，导致部分分离的图像区域发生了粘连。

代码8-1　图像膨胀操作实例

```
void DilateImage()
{
    Mat srcBinImg = imread("utk.tif", IMREAD_GRAYSCALE);
    imshow("UTK原图像", srcBinImg);
    //3×3结构元素对二值图像进行膨胀,锚点在结构元素中心,迭代5次
    dilate(srcBinImg, srcBinImg, Mat(), Point(-1,-1), 5);
    imshow("UTK膨胀图像", srcBinImg);
    srcBinImg=imread("rice.tif", IMREAD_GRAYSCALE);
    imshow("rice原图像", srcBinImg);
    //3×3结构元素对灰度图像进行膨胀,锚点在结构元素中心,迭代5次
    dilate(srcBinImg, srcBinImg, Mat(), Point(-1, -1), 5);
```

```
        imshow("rice膨胀图像", srcBinImg);
        waitKey(0);
    }
```

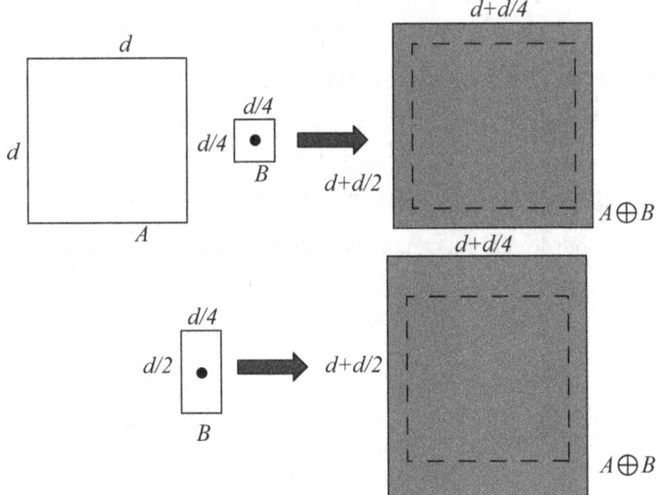

图 8.1　图像膨胀操作示意图

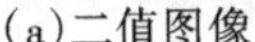

(a)二值图像

(b)二值图像膨胀结果

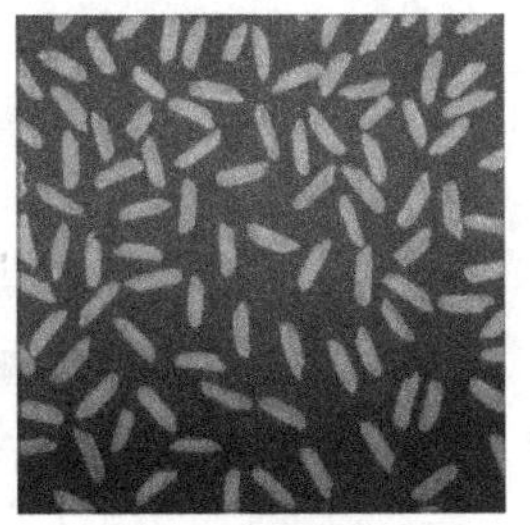

(c)灰度图像

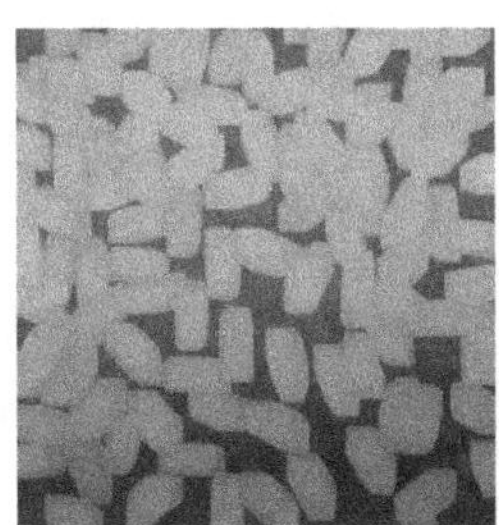

(d)灰度图像膨胀结果

图 8.2　膨胀操作实例

8.1.2　腐蚀

形态学腐蚀(erode)就是求局部最小值的操作,实现对目标像素点紧缩的目的。图像src与结构元素element的形态学膨胀可以用src ⊖ element来表示。腐蚀操作时结构化元素element与图像src做模板操作,计算结构化元素覆盖区域的像素点的最小值,并把这个最小值赋值给结果图像dst对应点指定的像素,在做计算时同样也只考虑结构元素不为0的值。如式(8-2)所示:

$$\mathrm{dst}(x,y)=\min_{(x',y'):\mathrm{element}(x',y')\neq 0}\mathrm{src}(x+x',y+y') \tag{8-2}$$

腐蚀操作会使图像中的高亮度区域逐渐减少,如图8.3所示。在腐蚀操作中,如果使用的是长宽一致的结构元素,则图像膨胀之后相当于缩小了一圈;如果使用的长宽不一致的结构元素，如图8.3下半部分的结构元素垂直方向尺寸是水平方向尺寸的两倍，则图像腐蚀之后在垂直方向减小幅度显著大于水平方向缩小的幅度。

OpenCV中使用cv::erode()函数是实现腐蚀操作，其函数原型为：

```
void erode(
    InputArray src, //输入图像，单通道或多通道多种位深度图像
    OutputArray dst, //输出图像，尺寸和格式与输入图像相同
    InputArray kernel, //结构元素，只有非0元素才有效
    Point anchor = Point(-1,-1),//锚点位置，默认为结构元素中心
    int iterations = 1,//迭代次数，默认为1次
    int borderType = BORDER_CONSTANT,//边缘像素扩展方式
    const Scalar& borderValue = morphologyDefaultBorderValue()
);
```

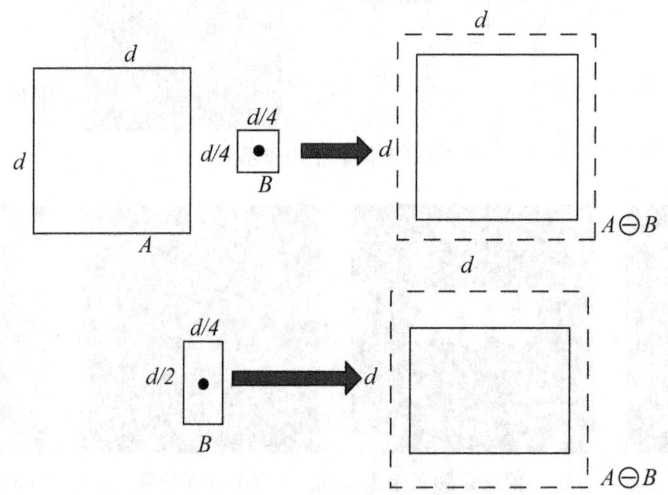

图8.3 腐蚀操作示意图

如代码8-2所示，是图像腐蚀操作实例，所得到的结果如图8.4所示。从图8.4可以看到，经过腐蚀操作之后，原来图像的高亮部分面积得到了缩小。图8.4(a)中的字体笔划变细，图8.4(c)中的米粒体积得到缩小。多次膨胀操作，会导致部分图像高亮部分消失不见。

代码8-2 腐蚀操作实例

```
void ErodeImage()
{
    Mat srcImg = imread("utk.tif", IMREAD_GRAYSCALE);
    imshow("UTK原图像", srcImg);
    //3×3结构元素对二值图像进行腐蚀，锚点在中心，迭代2次
    erode(srcImg, srcImg, Mat(), Point(-1, -1), 2);
    imshow("UTK腐蚀图像", srcImg);
```

```
    srcImg=imread("rice.tif", IMREAD_GRAYSCALE);
    imshow("rice原图像", srcImg);
    //3×3结构元素对灰度图像进行腐蚀,锚点在中心,迭代2次
    erode(srcImg, srcImg, Mat(), Point(-1, -1), 2);
    imshow("rice腐蚀图像", srcImg);
    waitKey(0);
}
```

(a)UTK二值图像

(b)3×3结构元素腐蚀两次结果

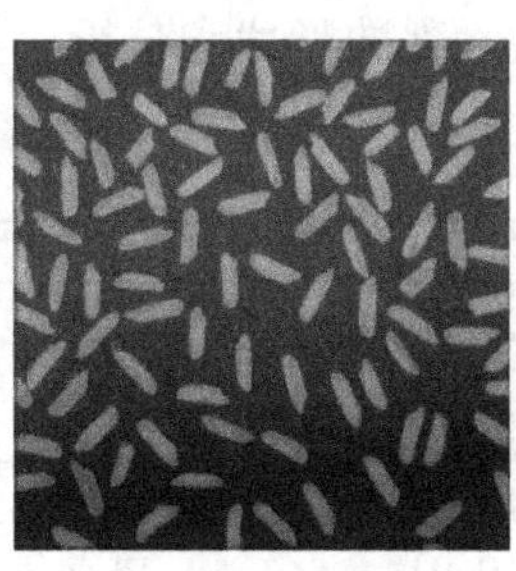

(c)rice灰度图像

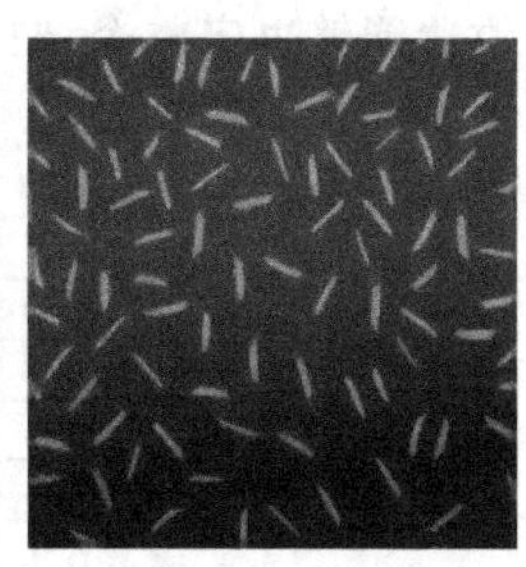

(d)3×3结构元素腐蚀两次结果

图8.4 腐蚀操作结果

8.1.3 结构元素

结构元素是腐蚀和膨胀操作中的重要参数,结构元素的大小和形状决定了腐蚀和膨胀的效果。cv::erode()函数和cv::dilate()函数中的kernel参数就指定了结构元素,默认参数Mat()指定的是3×3大小的矩形结构元素。

OpenCV中的结构元素采用cv::getStrucuringElement()函数来指定,它会返回指定形状和尺寸的结构元素,cv::getStrucuringElement()函数的原型为:

```
Mat getStructuringElement(
    int shape, //结构元素的形状,可以是矩形,交叉形或者椭圆形
    Size ksize,  //结构元素的大小
    Point anchor = Point(-1,-1) //结构元素的锚点位置,默认在中心
);
```

cv::getStrucuringElement()函数中的第一个参数shape指定了结构元素的形状,有以下三种形状可以选择:

(1)矩形:MORPH_RECT;

(2)交叉形:MORPH_CROSS;

(3)椭圆形:MORPH_ELLIPSE。

不同形状的尺寸为5×5的结构元素如图8.5所示:

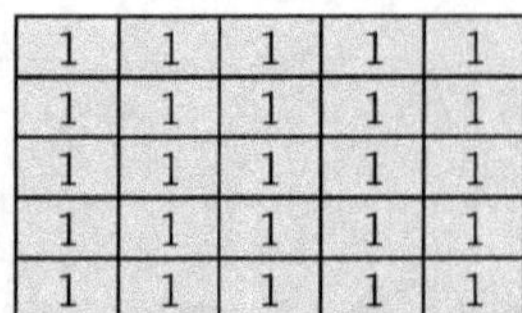

1	1	1	1	1
1	1	1	1	1
1	1	1	1	1
1	1	1	1	1
1	1	1	1	1

矩形结构元素

0	0	1	0	0
0	0	1	0	0
1	1	1	1	1
0	0	1	0	0
0	0	1	0	0

交叉形结构元素

0	0	1	0	0
1	1	1	1	1
1	1	1	1	1
1	1	1	1	1
0	0	1	0	0

椭圆形结构元素

图 8.5　OpenCV 中不同形状的 5 × 5 结构元素(锚点位置都位于中心)

cv::getStrucuringElement()函数的第三个参数指定了锚点的位置。在默认情况下,锚点位置取默认值 Point(-1,-1),表示锚点位于结构元素中心。此外,需要注意的是,交叉形的结构元素是唯一依赖锚点位置的结构元素。如图 8.6 所示,可以看到在交叉形结构元素中,锚点位置能够决定整个结构元素的形状和位置。其他形状的结构元素,锚点只是影响了形态学运算结果的偏移。

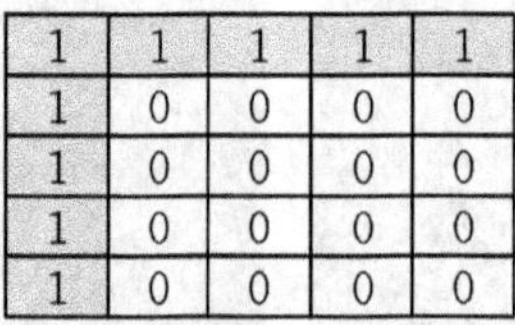

1	1	1	1	1
1	0	0	0	0
1	0	0	0	0
1	0	0	0	0
1	0	0	0	0

锚点 Point(0,0)

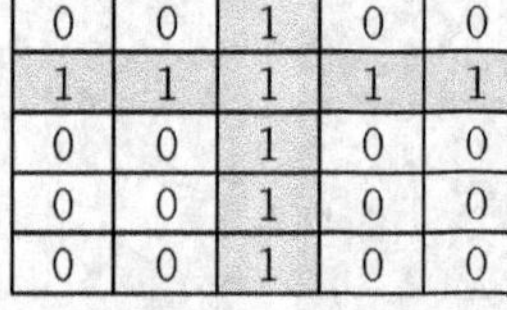

0	0	1	0	0
1	1	1	1	1
0	0	1	0	0
0	0	1	0	0
0	0	1	0	0

锚点 Point(2,1)

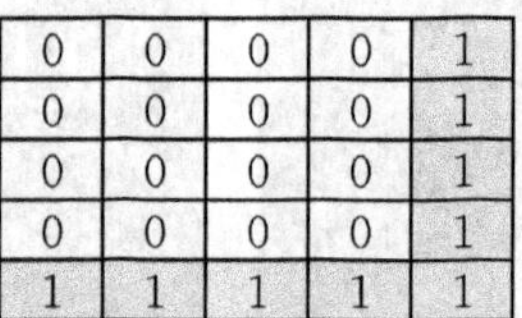

0	0	0	0	1
0	0	0	0	1
0	0	0	0	1
0	0	0	0	1
1	1	1	1	1

锚点 Point(4,4)

图 8.6　锚点位置对交叉形结构元素的影响

cv::getStrucuringElement()函数返回一个 Mat 类型的二值矩阵,用来指定结构元素的形状。用户也可以不使用 cv::getStrucuringElement()函数,而使用自定义的 Mat 矩阵来指定结构元素,如图 8.7 所示。

0	0	1	0	0
0	1	1	1	0
1	1	1	1	1
0	1	1	1	0
0	0	1	0	0

菱形结构元素

0	0	0	0	1
0	0	0	1	0
0	0	1	0	0
0	1	0	0	0
1	0	0	0	0

线形结构元素

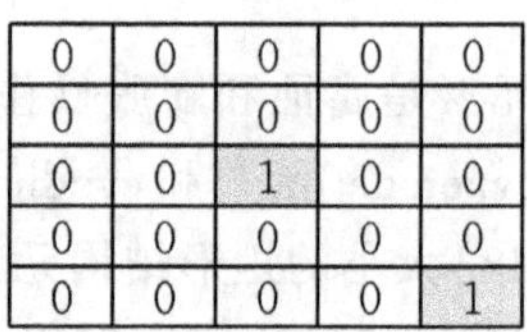

0	0	0	0	0
0	0	0	0	0
0	0	1	0	0
0	0	0	0	0
0	0	0	0	1

pair 形结构元素

图 8.7　其他常见的 5 × 5 结构元素

代码 8-3 显示了不同结构元素的膨胀操作实例,图 8.7 显示了膨胀操作结果。从图中可以看到,交叉形结构元素的膨胀结果让文字图像在水平和垂直两个方向都得到扩展;由于锚点位置位于右下角,则文字的右下角部分会出现笔划不完整的情况,如图 8.8(b)所示。线性结构元素的膨胀结果明显使得文字整体朝着 135 度方向倾斜,与线性结构元素的方向一致,如图 8.8(c)所示。

图 8.8 第 2 行显示了形态学处理函数中锚点位置的影响,这里特意采用了一个 35×35 的矩形结构元素,只为了说明锚点性质。从图中看出,如果锚点位于左上角(Point(0,0)),则膨胀后的图像整体向左上角平移(图 8.8(d));如果锚点位于右下角(Point(34,34)),则膨胀后的图像整体向右下角平移(图 8.8(f))。从这个实例可以看出,形态学操作函数中的锚点位置决定了图像运算之后整体平移方向。

代码8-3　结构元素实例

```
void TestStructingElement()
{
    Mat srcImg = imread("utk.tif", IMREAD_GRAYSCALE);
    imshow("UTK原图像", srcImg);
    //5×5交叉结构元素,结构元素锚点位于左下角
    Mat kernel =getStructuringElement(MORPH_CROSS,Size(5,5),\
              Point(4,4));
    Mat matTemp;
    dilate(srcImg, matTemp, kernel,Point(-1,-1));
    imshow("交叉形结构元素膨胀结果", matTemp);

    //135度5×5线性结构元素
    unsigned char buffer[] = { 0,0,0,0,1, \
                               0,0,0,1,0, \
                               0,0,1,0,0, \
                               0,1,0,0,0, \
                               1,0,0,0,0 };
    Mat kernelLine = Mat(Size(5, 5), CV_8UC1, buffer);
    dilate(srcImg, matTemp, kernelLine);
    imshow("线性膨胀结果", matTemp);
    //35×35矩形结构元素,锚点位于中心
    kernel=getStructuringElement(MORPH_RECT, Size(35, 35));
    dilate(srcImg, matTemp, kernel, Point(0, 0));
    imshow("矩形结构元素膨胀结果,锚点位于左上角", matTemp);
    dilate(srcImg, matTemp, kernel, Point(-1, -1));
    imshow("矩形结构元素膨胀结果,锚点位于中心", matTemp);
    dilate(srcImg, matTemp, kernel, Point(34, 34));
    imshow("矩形结构元素膨胀结果,锚点位于右下角", matTemp);
    waitKey(0);
}
```

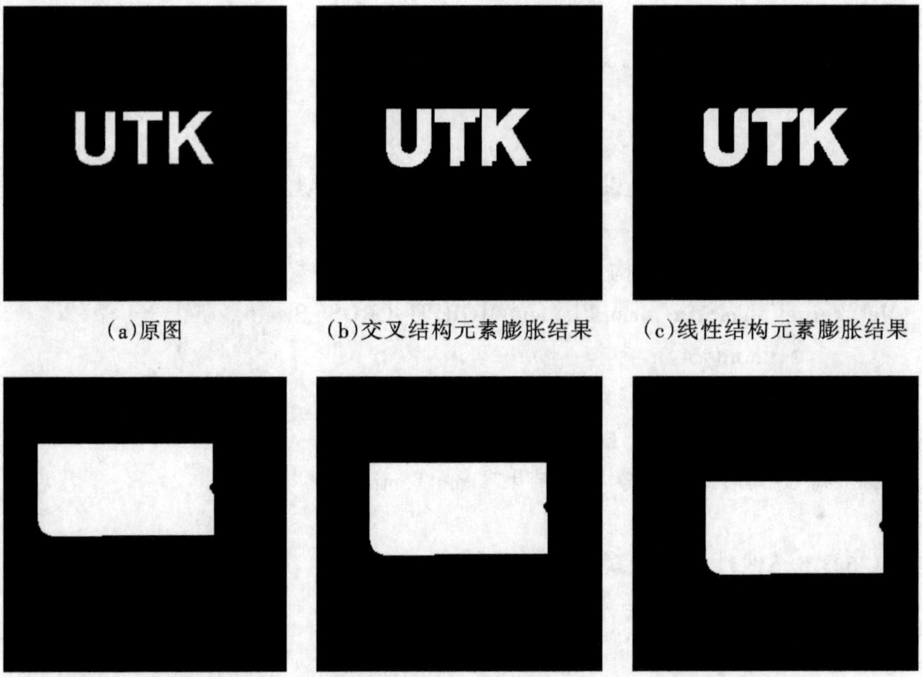

(a)原图 (b)交叉结构元素膨胀结果 (c)线性结构元素膨胀结果

(d)锚点为Point(0,0) (e)锚点为Point(-1,-1) (f)锚点为Point(34,34)

图8.8 不同结构元素膨胀操作实例

8.2 开运算与闭运算

如前所述,膨胀使图像扩大,而腐蚀使图像缩小。而开运算一般使图像的轮廓变得光滑,断开狭窄的间断和消除细小的突出物。闭操作同样使图像轮廓更为光滑,但与开运算相反的是,它通常消除狭窄的间断和细长的鸿沟,消除小的空洞,并填补轮廓线中的断裂部分。

开运算用公式可以定义为:

$$A \circ B = (A \ominus B) \oplus B \tag{8-3}$$

可以看到,使用结构元素B对图像A进行开运算,就是先用B对A进行腐蚀,然后用B对腐蚀的结果进行膨胀。结构元素各向同性的开运算操作主要用于消除图像中小于结构元素的细节部分,物体的总体形状不变。物体较背景明亮时能够排除小区域物体,消除高于邻近点的孤立点,达到去噪的作用,可以平滑物体轮廓,断开较窄的狭颈。如图8.9所示,是开运算的一个实例。可以看到经过开运算之后,原图像中的外部三角形顶点变得平滑,类似于机械设计中的倒角设计,倒角的圆弧大小由结构元素的大小来决定。

(a)原图像

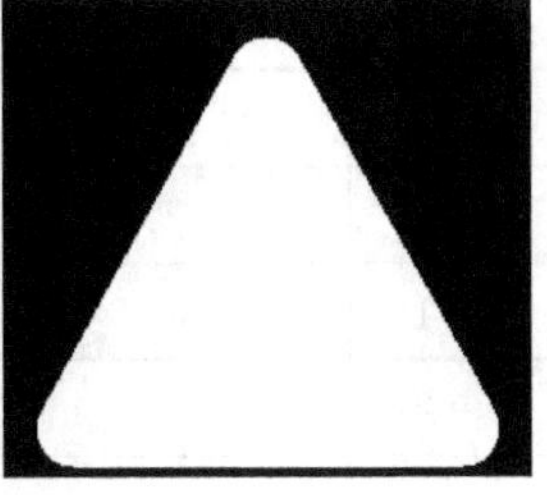

(b)开运算之后的图像

图8.9 开运算实例

闭运算用公式可以定义为：

$$A \cdot B = (A \oplus B) \ominus B \tag{8-4}$$

使用结构元素B对图像A进行闭运算，就是先用B对A进行膨胀，再用B对膨胀的结果进行腐蚀。形态学闭运算能够排除小型黑洞(黑色区域)，消除低于邻近点的孤立点，达到去噪的目的，可以平滑物体轮廓，弥合较窄的间断和细长的沟壑，消除小孔洞，填补轮廓线中的断裂。如图8.10所示，是闭运算的一个实例。可以看到经过闭运算之后，原图像中的内部三角形顶点变得平滑，类似于机械设计中的倒角设计，倒角的圆弧大小由结构元素的大小来决定。

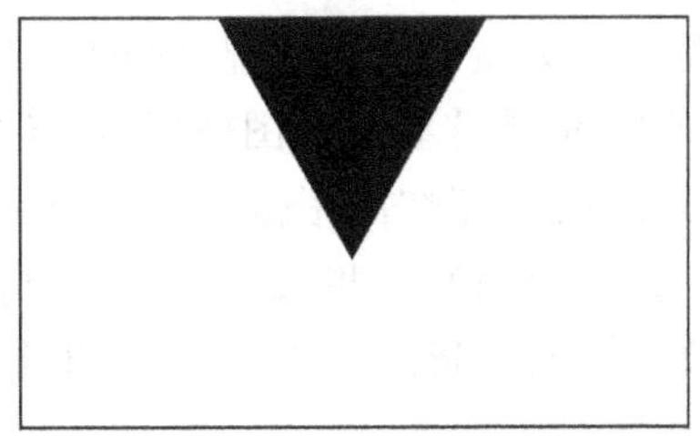

(a)原图像

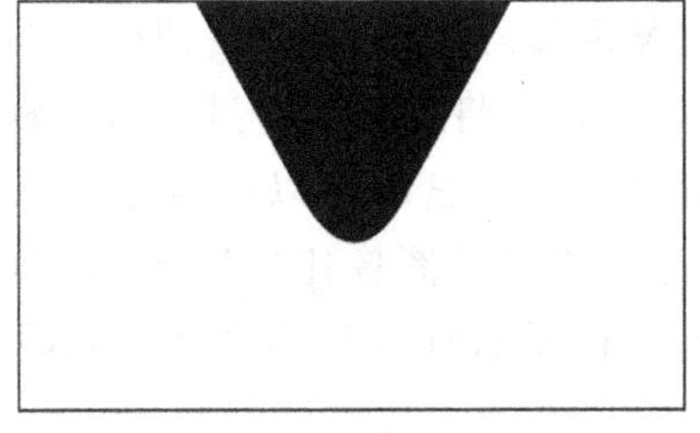

(b)闭运算操作结果

图8.10 闭运算操作实例

OpenCV中提供了cv::morphologyEx()函数用于形态学运算，其函数原型如下：

```
void morphologyEx(
    InputArray src, //输入图像，通道数不限制
    OutputArray dst, //输出图像，格式与输入图像相同
    int op, //操作类型，见表8-1
    InputArray kernel, //结构元素，如8.2节所示
    Point anchor = Point(-1,-1), //锚点位置，如8.1节所示
    int iterations = 1, //迭代次数
    int borderType = BORDER_CONSTANT, //边缘像素处理方式
    const Scalar& borderValue = morphologyDefaultBorderValue()
);
```

表8-1 形态学操作类型

符号	值	操作类型
MORPH_ERODE	0	腐蚀操作,同erode函数
MORPH_DILATE	1	膨胀操作,同dilate函数
MORPH_OPEN	2	开运算
MORPH_CLOSE	3	闭运算
MORPH_GRADIENT	4	形态学梯度,见8.4节
MORPH_TOPHAT	5	顶帽运算,见8.5节
MORPH_BLACKHAT	6	黑帽运算,见8.5节
MORPH_HITMISS	7	击中击不中变换,只支持二值图像,见8.3节

需要注意的是,cv::morphologyEx()函数中的iterations表示的是一次形态学操作中的连续执行腐蚀和膨胀的次数。例如iterations=2时,如果做MORPH_OPEN操作,则执行的次序是:erode->erode->dilate->dilate。

代码8-4演示了开运算和闭运算的实例,运行结果如图8.11所示。从图中可以看到,原图中的指纹图像被大量尺寸比较小的随机噪声污染(图a)。3×3矩形结构运算的腐蚀操作就可以将这些噪声过滤掉,但是也会使得原图像出现大量断线的情况(图b)。如果采用开运算再加膨胀操作,可以将这些噪声过滤得比较干净,但是这些指纹图像变粗了(图c),不利于后面的识别操作。这种情况可以再增加一个腐蚀操作,即在原图像上进行开运算加闭运算的组合操作,这时得到的图像比较理想(图d),与原图像相比,指纹并没有变粗,但是噪声去除得比较彻底。但是这种方法还是会使原图像中的部分指纹发生断开,这也是这种方法的缺陷。

代码8-4 开运算和闭运算综合应用实例

```
void OpenAndCloseOperation()
{
    Mat srcImg = imread("noisy-fingerprint.tif", IMREAD_GRAYSCALE);
    imshow("噪声污染的指纹图像", srcImg);
    //构造3X3矩形结构元素
    Mat kernel = getStructuringElement(MORPH_RECT, Size(3, 3));
    Mat dstImg;
    //直接对原图像进行腐蚀
    erode(srcImg, dstImg, kernel);
    imshow("腐蚀的图像", dstImg);
    //开运算之后再进行膨胀操作
    morphologyEx(srcImg, dstImg, MORPH_OPEN, kernel, Point(-1, -1));
    dilate(dstImg, dstImg, kernel);
    imshow("开操作之后的膨胀", dstImg);
```

```
    //开操作之后的闭操作
    morphologyEx(srcImg, dstImg, MORPH_OPEN, kernel, Point(-1, -1));
    morphologyEx(dstImg, dstImg, MORPH_CLOSE, kernel, Point(-1, -1));
    imshow("开操作之后的闭操作", dstImg);
    waitKey(0);
}
```

(a)被噪声污染的指纹图像

(b)腐蚀运算之后的指纹图像

(c)开运算+膨胀操作之后的指纹图像

(d)开运算+闭运算之后的指纹图像

图8.11 开运算和闭运算实例

8.3 击中击不中变换

击中击不中变换只应用于二值图像。击中击不中变换(Hit Miss Transform,HMT),是通过同时探测图像的内部和外部,进而获取更多的内外标记,体现更多信息的一个方法。它的应用有很多,特别是在图像识别以及图像细化方面。既然要有击中也要有击不中,那么需要两个结构基元,把这两个结构基元记为一个结构元素对$B=\left(B_1, B_2\right)$。其中一个用来探测图像内部,一个用来探测图像外部。

对于给定的图像A,定义用B对它进行的击中击不中变换为

$$A \otimes B=\left(A \ominus B_1\right) \cap \left(A^c \ominus B_2\right) \tag{8-5}$$

即先用B_1对A进行腐蚀,再用B_2对A的补集进行腐蚀,并将得到的结果求交集,交集中的元素就是击中击不中变换的结果。简单来说击中击不中变换就是判断图像中的某一个像素,将这个像素与结构元素的锚点对应,看看结构元素中的“击中”基元B_1是否能完全被图像覆盖,同时结构基元中的“击不中”单元B_2能否与图像没有任何交集。如果答案均为是,那么这个点就可以得到保留,否则就舍弃。通常将击中基元B_1设计成为需要识别的模式,击不中基元B_2设计为击中基元取反后的模式,即$B_2=\widehat{B_1}$,然后用这两个基元对图像进行检测即可。

0	0	0	0	0	0	0	0	0	0	0	0	0	0	0	0
0	0	1	0	0	0	0	0	0	0	0	0	0	0	0	0
0	0	1	0	0	0	1	1	1	1	0	0	0	0	0	0
0	1	A	1	0	0	0	0	0	0	0	0	1	1	0	0
0	0	1	0	0	0	0	0	0	0	0	0	1	C	1	0
0	0	0	0	0	1	0	0	0	0	0	0	0	1	0	0
0	0	0	0	1	B	1	0	0	0	0	0	0	0	0	0
0	0	0	0	0	1	0	0	0	0	0	0	0	0	0	0
0	0	0	0	0	0	0	0	0	0	0	0	0	0	0	0

(a)二值图像A

0	1	0
1	1	1
0	1	0

B_1

1	0	1
0	0	0
1	0	1

B_2

(b)结构元素对B

0	0	0	0	0	0	0	0	0	0	0	0	0	0	0	0
0	0	0	0	0	0	0	0	0	0	0	0	0	0	0	0
0	0	0	0	0	0	0	0	0	0	0	0	0	0	0	0
0	0	A	0	0	0	0	0	0	0	0	0	0	0	0	0
0	0	0	0	0	0	0	0	0	0	0	0	0	0	0	0
0	0	0	0	0	0	0	0	0	0	0	0	0	0	0	0
0	0	0	0	0	B	0	0	0	0	0	0	0	0	0	0
0	0	0	0	0	0	0	0	0	0	0	0	0	0	0	0
0	0	0	0	0	0	0	0	0	0	0	0	0	0	0	0

(c)击中击不中变换结果

图 8.12　击中击不中变换原理

图 8.12 显示了击中击不中变换的基本原理。如图 8.12a)中有二值图像 A 和结构元素对 $B=(B_1, B_2)$。结构元素对 B 中，B_1 是交叉形的结构元素，B_2 是其补集。二值图像 A 有 A、B 和 C 三点，对应的像素值都为 1。将 A 用结构元素 B_1 腐蚀，则不为 0 的点只有 A、B 和 C 三点，其他各处腐蚀结果都为 0。C 点处由于左上角有一点不为 0，则将 A 的补集 A^c 与结构元素 B_2 做腐蚀操作时，C 点处的结果不为 1，而 A、B 两点处的 B_2 腐蚀结果都为 1。所以最终结果为 A、B 两点，排除 C 点(图 c)。

cv::morphologyEx()函数中操作类型取 MORPH_HITMISS 类型，就可以得到击中击不中变换的结果。代码 8-5 演示了击中击不中变换实例。这里可以看到，运算之前，首先要对原图像和用来查找的目标图像做二值化。击中的结果只有一个非零值点，标记了目标图像在原图像上的位置。这里在原图像上用红色圆圈标出，能够看得更加清楚，如图 8.13 所示。

代码 8-5　击中击不中变换

```
void HitOrMiss()
{
    Mat srcImage = imread("ten-objects.tif", IMREAD_COLOR);
    Mat input_image = imread("ten-objects.tif", IMREAD_GRAYSCALE);
    Mat kernel = imread("B.bmp", IMREAD_GRAYSCALE); //目标图像
    threshold(input_image, input_image, 0, 1, \
            THRESH_BINARY|THRESH_OTSU);
```

```
    threshold(kernel, kernel, 0, 1, THRESH_BINARY|THRESH_OTSU);
    Mat hit_result=Mat::zeros(input_image.size(), CV_8UC1); //变换结果
    //击中击不中变换
    morphologyEx(input_image, hit_result, MORPH_HITMISS, kernel);
    //查找击中点,在彩色图像绘制回击中结果
    for (int i = 0; i<hit_result.rows; ++i) {
        for (int j = 0; j<hit_result.cols; ++j) {
            unsigned char temp = (int)hit_result.at<uchar>(i,j);
            if (temp> 0) {
                circle(srcImage, Point(j, i), 5, \
                        Scalar(0, 0, 255), 3); //红色圆圈标记结果
            }
        }
    }
    imshow("击中击不中结果", srcImage);
    waitKey(0);
}
```

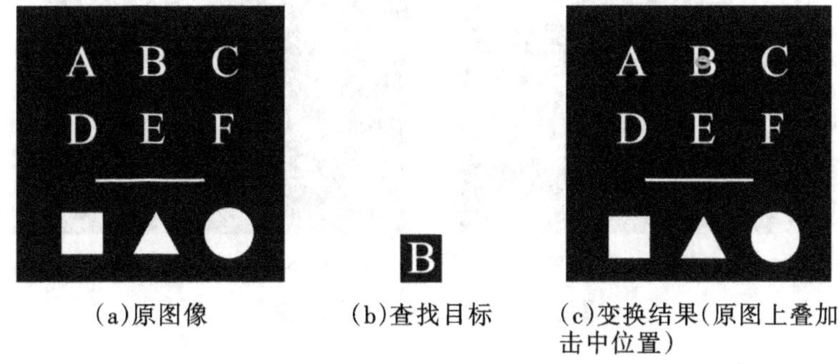

(a)原图像　(b)查找目标　(c)变换结果(原图上叠加击中位置)

图8.13　击中击不中变换实例

8.4 形态学梯度

梯度用于刻画目标边界或边缘位于图像灰度级剧烈变化的区域,形态学梯度根据膨胀或腐蚀的结果与原图作差来实现增强结构元素邻域中像素的强度,突出高亮区域的外围。最常用的形态学梯度是计算图像膨胀与图像腐蚀间的算术差,设图像用f表示,结构元素用b表示,则形态学梯度计算g可以表示为:

$$g=(f\oplus b)-(f\ominus b) \tag{8-6}$$

图8.14是形态学梯度操作的实例。原灰度图像经过膨胀操作之后,整体灰度得到增强;

而经过腐蚀操作之后,整体灰度得到减弱。膨胀结果与腐蚀结果相减得到形态学梯度图像(图(d)),在梯度图像中,图像的高亮边缘部分得到了加强,而平滑区域则得到了削弱。

观察这个实例的处理结果,可以获知形态学梯度操作能描述图像亮度变化的剧烈程度。当想突出图像高亮区域的外围时,通常可以使用形态学梯度,这样可以把高亮区域看成一个整体。因为从原区域的膨胀结果中减去了原区域的腐蚀结果,所以留下了完整的外围边缘。这与计算图像的灰度梯度有所不同,灰度梯度一般不能获得物体的外围边缘。

(a)原图像

(b)膨胀操作结果

(c)腐蚀操作结果

(d)形态学梯度(图b-图c)

图8.14 形态学梯度实例

8.5 顶帽和黑帽

顶帽(top-hat)操作和黑帽(black-hat)操作分别用于分离比邻近的点亮或暗的一些斑块,当试图孤立的部分相对于其邻近的部分有明显亮度变化时,就可以使用这些方法。这两个操作都是基本操作的组合。

top-hat操作定义如下:

$$h = f - (f \circ b) \tag{8-7}$$

black-hat操作定义如下:

$$h = f \bullet b - f \tag{8-8}$$

上两式中,f表示灰度图像,b表示结构元素。$f \circ b$是形态学开运算,$f \bullet b$是形态学闭运算。

从式(8-7)中可以看出,顶帽操作从图像f减去了f的开运算结果。开运算带来的结果是放大裂缝或局部低亮度区域,因此从f中减去$f \circ b$可以突出比f周围的区域更明亮的区域,并跟结构元素b的大小相关。相反地,黑帽操作突出比f的周围区域更黑暗的区域。

一个黑帽操作的实例如代码8-6所示,结果如图8.15所示。原图像存在着光照不均匀的情况,而且前景物体的亮度比较低(图a)。如果对原图像采用OTSU的方法直接进行二值化,则得到的结果如图(b)所示,左边部分硬币图像二值结果不完整。图(c)是对原图像做35×35的矩形黑帽变换得到的结果,图(d)是对图(c)的结果进行全局二值化得到的结果。可以看到经过黑帽变换之后,提升了原图中低亮度部分(硬币部分)的亮度,而降低了原图中高亮度部分的亮度,从而使图像分割变得更加容易。扫码观看黑帽变换讲解视频。

黑帽变换实例

代码8-6 黑帽变换实例

```
void BlackHatExample()
{
    Mat srcImg = imread("coins.bmp", IMREAD_GRAYSCALE);
    imshow("灰度图像", srcImg);
    Mat binImg;
    //OTSU方法全局二值化,低灰度区域亮度为255
    threshold(srcImg, binImg, 0,255, THRESH_OTSU|THRESH_BINARY_INV);
    //构造35X35矩形结构元素
    Mat kernel = getStructuringElement(MORPH_RECT, Size(35, 35));
    Mat dstImg;
    //对原图像进行黑帽变换
    morphologyEx(srcImg, dstImg, MORPH_BLACKHAT, kernel); //黑帽变换
    imshow("Blackhat结果", dstImg);
    //黑帽变换的结果再进行二值化
    threshold(dstImg, binImg, 0, 255, THRESH_OTSU | THRESH_BINARY);
    imshow("最终的二值化结果", binImg);
    waitKey(0);
}
```

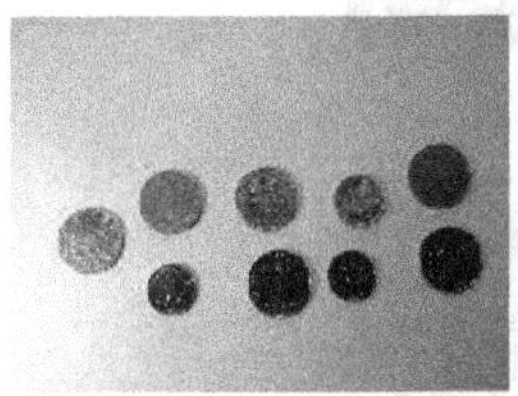
(a)原图像

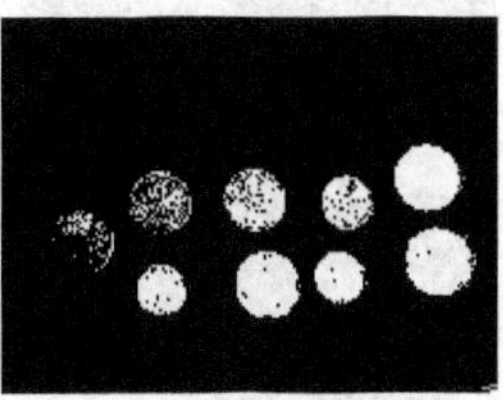
(b)原图像直接全局二值化结果

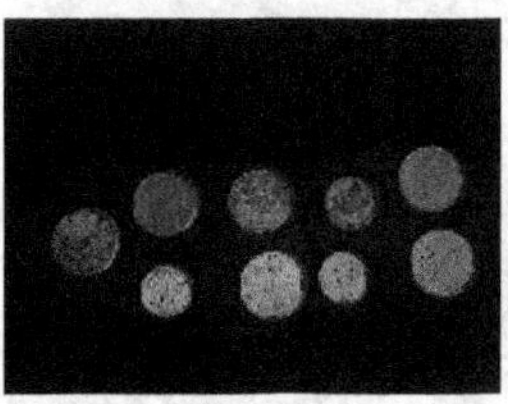
(c)黑帽变换结果

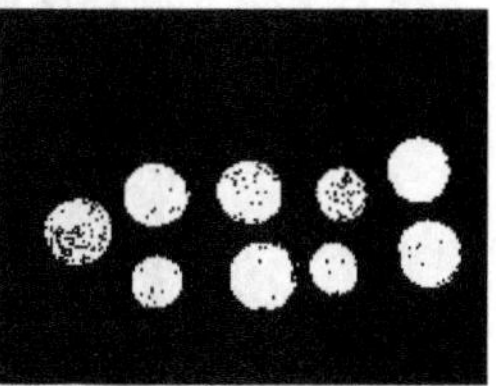
(d)黑帽变换之后的二值化结果

图8.15 黑帽变换实例

一个顶帽操作的实例如代码8-7所示,结果如图8.16所示。为了将图(a)中的车牌部分

分离出来，首先对原图像做11×1的顶帽变换，强调车牌图像中的文字部分，而降低图像中背景区域的亮度。顶帽变换的结果再进行全局二值化，车牌区域部分纹理密集的特点得以凸显。二值化图像经过闭运算之后，可以看到车牌区域所有字符连成一个整体，经过后续连通区域标记就可以定位得到精确的车牌区域。

代码8-7 顶帽变换实例

```
void TopHatExample()
{
    Mat srcImg = imread("plates.bmp", IMREAD_GRAYSCALE);
    imshow("灰度图像", srcImg);
    //构造11×1线性结构元素
    Mat kernel = getStructuringElement(MORPH_RECT, Size(11,1));
    Mat dstImg;
    morphologyEx(srcImg, srcImg, MORPH_TOPHAT, kernel); //顶帽变换
    imshow("tophat结果", srcImg);
    //OTSU方法全局二值化
    threshold(srcImg, dstImg, 0, 255, THRESH_OTSU | THRESH_BINARY);
    imshow("二值化结果", dstImg);
    //构造3×3矩形结构元素
    kernel=getStructuringElement(MORPH_RECT, Size(3, 3));
    //闭运算
    morphologyEx(dstImg, dstImg, MORPH_CLOSE, kernel,Point(-1,1),2);
    imshow("闭运算结果", dstImg);
    waitKey(0);
}
```

(a)原图像

(b)顶帽变换结果

(c)顶帽变换结果二值化的图像

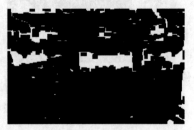

(d)二值化图像经过闭运算得到的结果

图8.16 顶帽变换实例

通过以上两个实例，可以看到几个需要注意的地方：

（1）顶帽变换和黑帽变换适用场合，是在大背景条件下微小物体尺寸比背景小很多而且分布比较有规律，则可以用顶帽变换或黑帽变换进行增强。如图8.15中的硬币图像重复出现，图8.16中的车牌文字笔划也是重复出现，而且尺寸比原图像小很多。

（2）顶帽变换和黑帽变换的区别在于，如果需要突出明亮背景中的黑暗部分，可以使用黑帽变换；如果需要突出黑暗背景中的明亮部分，可以使用顶帽变换。

（3）结构元素的选择并没有一定的计算公式，一般需要保证结构元素的大小要比前景部分尺寸大；但是也不能太大，太大则影响计算效率。如图8.15中选择的结构元素大小为35×35，刚好比所有的硬币尺寸都要大；如图8.16中选择的结构元素大小为11×1，此尺寸刚好比车牌字符的水平笔划宽度要大。

（4）顶帽变换和黑帽变换都能解决光照不均匀的问题，经过黑帽变换或者顶帽变换之后再做二值化操作，能更好地突出图像中有规律的前景部分。

8.6 连通区域标记

连通区域（Connected Component）一般是指图像中具有相同像素值且位置相邻的前景像素点组成的图像区域（Region，Blob）。通常连通区域分析处理的对象是一张二值图像。连通区域分析（Connected Component Analysis，Connected Component Labeling）是指将图像中的各个连通区域找出并标记。

连通区域分析是一种在计算机视觉和图像分析处理的众多应用领域中较为常用和基本的方法。例如：OCR识别中字符分割提取（车牌识别、文本识别、字幕识别等）、视觉跟踪中的运动前景目标分割与提取（行人入侵检测、遗留物体检测、基于视觉的车辆检测与跟踪等）、医学图像处理（感兴趣目标区域提取）等等。也就是说，在需要将前景目标提取出来以便后续进行处理的应用场景中都能够用到连通区域分析方法。

8.6.1 像素邻接和连通分量的概念

一个坐标为(x,y)的像素p有两个水平和两个垂直的相邻像素，它们的坐标分别为$(x+1,y)$，$(x-1,y)$，$(x,y+1)$，$(x,y-1)$。p的这4个相邻像素的集合记为$N_4(p)$，如图8.17（a）中的阴影部分。p的4个对角线相邻像素的坐标分别为$(x+1,y+1)$，$(x+1,y-1)$，$(x-1,y+1)$，$(x-1,y-1)$。如图8.17（b）显示了这些相邻像素，它们被记为$N_D(p)$。而图8.17（c）中的$N_4(p)$和$N_D(p)$的并集组成p的8个相邻像素，称为$N_8(p)$。

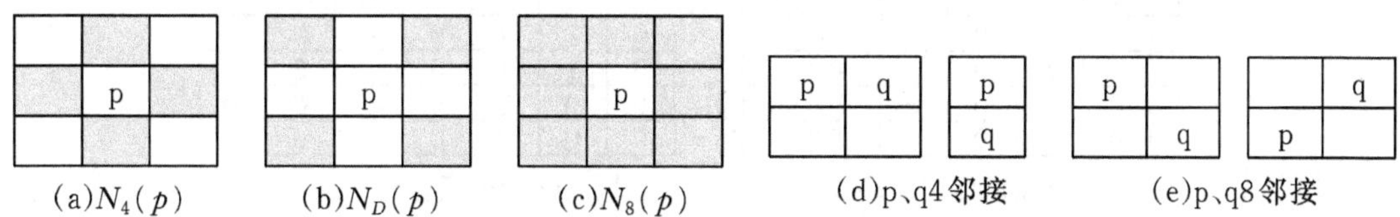

（a）$N_4(p)$　（b）$N_D(p)$　（c）$N_8(p)$　（d）p、q4邻接　（e）p、q8邻接

0	0	0	0	0
0	0	1	1	q
0	0	1	0	0
p	1	1	0	0
0	0	0	0	0

(f)p、q既是4连通也是8连通

0	0	0	0	0
0	0	1	1	q
0	0	1	0	0
p	1	0	0	0
0	0	0	0	0

(g)p、q是8连通

图8.17　像素间的邻接关系

若像素p、q的相邻关系存在于上下左右4个方向上，即$q \in N_4(p)$，则像素p、q称为4邻接；若p、q的相邻关系也存在于4个对角线上，即$q \in N_8(p)$，则像素p、q称为8邻接；图8.17(d)和(e)说明了这些关系。

若在前景像素p和q之间存在一条完全由前景像素组成的4连接路径，则这两个前景像素称为4连通的，如图8.17(f)所示。若它们之间存在一条8连接路径，则称为8连通的，如图8.17(g)所示。对于任意前景像素p，与其相连的所有前景像素的集合称为包含p的连通分量。

邻接方式决定了二值图像中的连通路径，而连通路径又决定了连通分量的定义。最常见的邻接方式是4邻接和8邻接。如图8.18所示，若采用4邻接方式，则图中有4个连通分量，如图8.18(a)所示；若采用8邻接方式，则只有2个连通分量，如图8.18(b)所示。最终的4连通标记结果如图8.18(c)所示，4个连通分量分别用1-4的值表示；最终的8连通标记结果如图8.18(d)所示，只有2个连通分量。

数字图像处理的应用中，通常情况下8连通的定义方式用得比较多；在要求严格的条件下，也有使用4连通的方式。在以下的程序，如没有特别指明，一般都采用8连通的方式来定义连通分量。

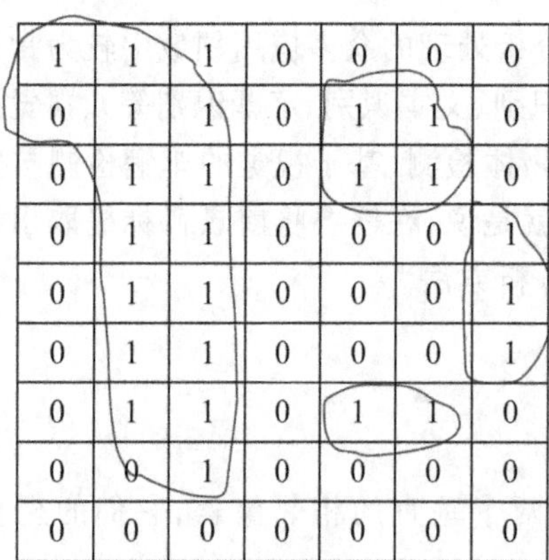

1	1	1	0	0	0	0
0	1	1	0	1	1	0
0	1	1	0	1	1	0
0	1	1	0	0	0	1
0	1	1	0	0	0	1
0	1	1	0	0	0	1
0	1	1	0	1	1	0
0	0	1	0	0	0	0
0	0	0	0	0	0	0

(a) 四个4连通分量

1	1	1	0	0	0	0
0	1	1	0	1	1	0
0	1	1	0	1	1	0
0	1	1	0	0	0	1
0	1	1	0	0	0	1
0	1	1	0	0	0	1
0	1	1	0	1	1	0
0	0	1	0	0	0	0
0	0	0	0	0	0	0

(b) 两个8连通分量

1	1	0	0	0	0	0
0	1	1	0	2	2	0
0	1	1	0	2	2	0
0	1	1	0	0	0	3
0	1	1	0	0	0	3
0	1	1	0	0	0	3
0	1	1	0	4	4	0
0	0	1	0	0	0	0
0	0	0	0	0	0	0

(c)4连通标记结果

1	1	0	0	0	0	0
0	1	1	0	2	2	0
0	1	1	0	2	2	0
0	1	1	0	0	0	2
0	1	1	0	0	0	2
0	1	1	0	0	0	2
0	1	1	0	2	2	0
0	0	1	0	0	0	0
0	0	0	0	0	0	0

(d)8连通标记结果

图8.18　连通分量示意图

8.6.2 连通区域标记方法

1.Two-Pass(两遍扫描法)

两遍扫描法，正如其名，指的就是通过扫描两遍图像，就可以将图像中存在的所有连通区域找出并完整标记出来。

第一遍扫描时赋予每个像素位置一个label，扫描过程中同一个连通区域内的像素集合中可能会被赋予一个或多个不同label，因此需要将这些属于同一个连通区域但具有不同值的label合并，也就是记录它们之间的相等关系equal_labels。

第二遍扫描就是将具有相等关系的equal_labels所标记的像素归为一个连通区域并赋予一个相同的label(通常这个label是equal_labels中的最小值)。

下面给出Two-Pass算法的简单步骤：

(1)第一次扫描：

从上到下，从左到右访问当前像素B(x,y)，如果B(x,y)>0：

①如果B(x,y)的邻域域中像素值都为0，则赋予B(x,y)一个新的label：

```
label += 1;B(x,y) = label;
```

②如果B(x,y)的邻域中有像素值> 0的相邻像素Neighbors：、

将相邻像素中标记值的最小值赋予B(x,y):

```
B(x,y) = min{Neighbors};
```

记录相邻像素Neighbors中各个值(label)之间的相等关系，即这些值(label)同属一个连通区域；labelSet[i] = { label_m, .., label_n }，labelSet[i]中的所有label都属于同一个连通区域

(2)第二次扫描：

访问当前像素B(x,y)，如果B(x,y) > 0，则找到与label = B(x,y)同属相等关系的一个最小label值，赋予B(x,y)。如图8.19所示。

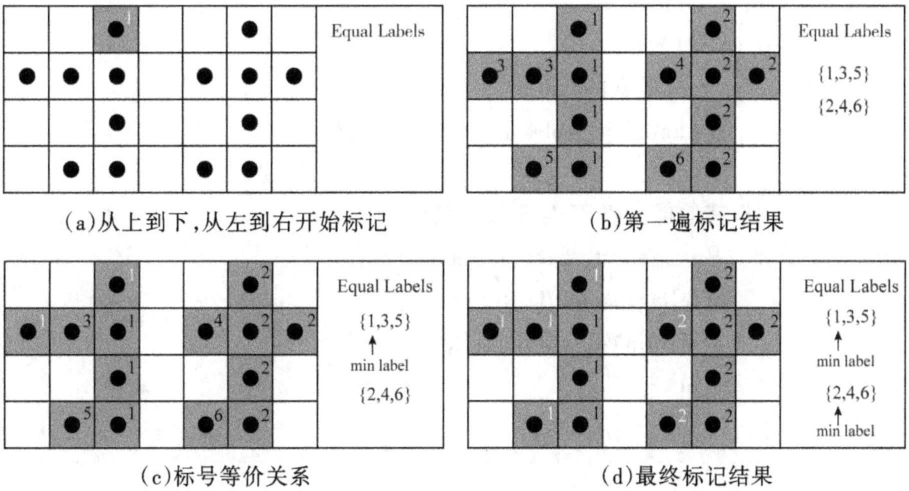

(a)从上到下，从左到右开始标记

(b)第一遍标记结果

(c)标号等价关系

(d)最终标记结果

图8.19 连通区域标记原理

完成以上两遍扫描后，图像中具有相同label值的像素就组成了同一个连通区域。代码8-8描述了使用4连通法对二值图像进行连通区域标记的详细步骤，若要扩展到8连通，则只用添加连通判断条件即可。程序中关键的地方是把等价的连通区域标记记录在一个vector类型的变量labelSet中。起始时候每个前景赋予一个标号Label，在其后的搜索过程中，这些Label由于相邻像素的连通而会发生改变，在labelSet变量中记录其等价关系。在第二遍搜索中，可以根据Label的等价关系，找到等价的最小Label，并完成最终标号赋值。代码8-8的执行结果如图8.20所示，不同连通区域的图像用不同颜色来区分。

代码8-8 两遍法二值图像连通区域标记

```
//两遍扫描法连通区域标记
void Two_Pass_Labeling()
{
    Mat binImg = imread("ten-objects.tif", IMREAD_GRAYSCALE);
    //二值化
    threshold(binImg, binImg, 0, 1, THRESH_BINARY | THRESH_OTSU);
    //标记图像都初始化为0
    Mat lableImg = Mat::zeros(binImg.size(), CV_32SC1);
    int label = 1; //前景对象标号从1开始
    std::vector<int>labelSet; //保存标号等价队列
    labelSet.push_back(0); //编号为0的Label为背景，其值为0
    for (int i = 0; i<binImg.rows; i++){ //第一遍
        for (int j = 0; j<binImg.cols; j++){
            //只对前景像素进行标记
            if (binImg.at<uchar>(i,j) > 0){
                intnLeftLabel = 0;
                if (j>= 1) { //左边像素的Label
                    nLeftLabel = lableImg.at<int>(i, j - 1);
                }
                int nUpLabel = 0;
                if (i>= 1) {
                    //上边像素的Label
                    nUpLabel = lableImg.at<int>(i - 1, j);
                    }
                //与其他像素都不连通，则标签+1
                if (nUpLabel<=0 &&nLeftLabel<=0){
                    lableImg.at<int>(i, j) = label;
                    labelSet.push_back(label);
                    label++;
                }
```

```
            else{ //若连通,则在相邻标签中找到Label较小的一个
                int nMinLabel = min(nUpLabel, nLeftLabel);
                if (nMinLabel == 0) {  //若相邻像素有一个是背景
                    nMinLabel = max(nUpLabel, nLeftLabel);
                }
                lableImg.at<int>(i, j) = nMinLabel;
                //左边Label和上边Label通过当前像素连通在一起,
                //变为等价Label
                if (nUpLabel> 0 &&nLeftLabel> 0 &&\
                    nUpLabel != nLeftLabel){
                    int nMaxLabel = max(nUpLabel, nLeftLabel);
                    //赋一个较小的Label
                    labelSet[nMaxLabel] = nMinLabel;
                }
            }//end if (nUpLabel<=0 && nLeftLabel<=0){
        }//end if (binImg.at<uchar>(i,j) > 0)
    }//end for
}//end for
//第二遍,更新等价对列表, 将最小标号给重复区域
for (size_ti = 2; i<labelSet.size(); i++){
    int nCurLabel = labelSet[i];
    int nPreLabel = labelSet[nCurLabel];
    while (nPreLabel != nCurLabel){
        nCurLabel = nPreLabel;
        nPreLabel = labelSet[nPreLabel];
    }
    labelSet[i] = nCurLabel;
};
//重新赋予标号,得到最终标记结果
for (int i = 0; i<binImg.rows; i++){
    for (int j = 0; j<binImg.cols; j++){
        int nPixOldLabel = lableImg.at<int>(i, j);
        lableImg.at<int>(i, j) = labelSet[nPixOldLabel];
    }
}
//最终标记的图像,背景为白色
std::map<int, cv::Scalar>colors; //用来存储标记颜色的Map对象
cv::Mat colorLabelImg = Mat(binImg.size(), CV_8UC3, \
```

```
            Scalar(255,255,255));
    for (int i = 0; i<colorLabelImg.rows; i++) {
        for (int j = 0; j<colorLabelImg.cols; j++) {
            int nLabel = lableImg.at<int>(i, j);
            if (nLabel<= 0) {
                continue; //背景都为白色
            }
            if (colors.count(nLabel) <= 0){
                colors[nLabel]=GetRandomColor();
            }
            cv::Scalarcolor = colors[nLabel];
            colorLabelImg.at<Vec3b>(i,j)[0] = color[0];
            colorLabelImg.at<Vec3b>(i,j)[1] = color[1];
            colorLabelImg.at<Vec3b>(i,j)[2] = color[2];
        }
    }
    imshow("彩色标记的图像", colorLabelImg);
    waitKey(0);
}
```

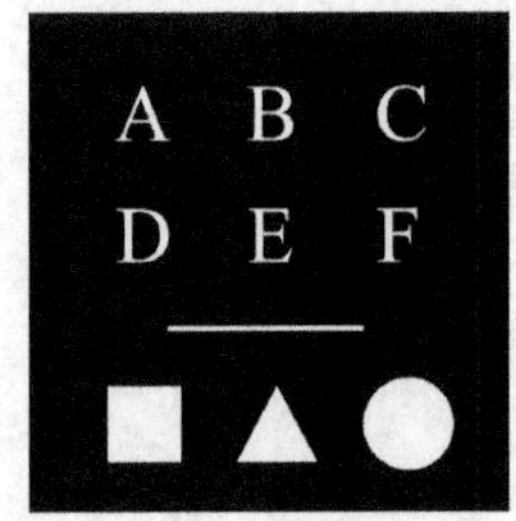

(a)二值图像

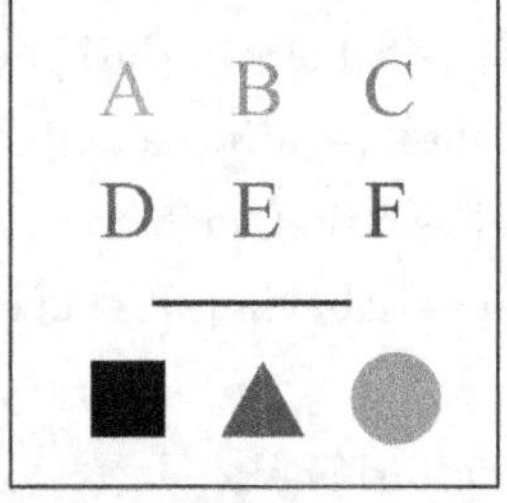

(b)连通区域标记结果

图 8.20　连通区域标记实例

2.Seed Filling(种子填充法)

种子填充法来源于计算机图形学,常用于对某个图形进行填充。其思路是:选取一个前景像素点作为种子,然后根据连通区域的两个基本条件(像素值相同、位置相邻)将与种子相邻的前景像素合并到同一个像素集合中,最后得到的该像素集合则为一个连通区域。

下面给出基于种子填充法的连通区域分析方法:

(1)扫描图像,直到当前像素点B(x,y)>0:

①将B(x,y)作为种子(像素位置),并赋予其一个label,然后将该种子相邻的所有没有标记过的前景像素点都压入栈中;

②弹出栈顶像素,赋予其相同的label,然后再将与该栈顶像素相邻的所有前景像素都压入栈中;

③重复②步骤,直到栈为空;

此时,便找到了图像B中的一个连通区域,该区域内的像素值被标记为label;

(2)重复第(1)步,直到扫描结束。

扫描结束后,就可以得到图像B中所有的连通区域。

种子填充法连通区域标记方法的具体实现代码从略,具体实现代码读者可以扫描二维码参考本书扩展阅读材料4(种子填充法连通区域标记方法的实现)。

种子填充法连通区域标记

8.7　二值图像细化

图像细化(Image Thinning),一般指二值图像的骨架化(Image Skeletonization)的一种操作运算。细化是将图像的线条从多像素宽度减少到单位像素宽度过程的简称,一些文章经常将细化结果描述为"骨架化"、"中轴转换"和"对称轴转换"。细化过程图像中最外层的像素被连续的移除直到剩下骨架像素,但同时要保证骨架的连通性。可以将骨架定义为图像线条的中心,使用这个骨架化定义可以精确地重建最初始的图像和重新描绘出它们。细化的主要目的为减少冗余信息,留下足够的有用信息来进行拓扑分析、形状分析或者原始对象的还原。对于本来就是线状的对象,细化方法允许骨架的大小、形状和表面噪声几乎与原图像保持一致。在这种情况下,细化的目的是改善图像,而不仅仅是消极的进行数据压缩。用骨架来表示线状图像能够有效地减少数据量,减少图像的存储难度和识别难度。

二值图像X的形态学骨架可以通过选定合适的结构元素B对X进行连续腐蚀和开运算来求得。设$S(X)$表示X的骨架,则求图像X骨架过程的表达式为:

$$S(X)=\bigcup_{n=0}^{N}S_n(X) \tag{8-9}$$

$$S_n(X)=(X\ominus nB)-\left[(X\ominus nB)\circ B\right] \tag{8-10}$$

其中,$(X\ominus nB)$表示连续n次用B对X进行腐蚀操作,即:

$$(X\ominus nB)=(\cdots(X\ominus B)\ominus B)\ominus\cdots)\ominus B \tag{8-11}$$

$S_n(X)$为X的第n个骨架子集。N是$(X\ominus nB)$运算将X腐蚀成空集前的最后一次迭代次数,即$N=\max\{n|(X\ominus nB)\neq\varnothing\}$。

图8.21给出了用形态学方法进行骨架提取的实例。由于集合$(X\ominus nB)$和$(X\ominus nB)\circ B$仅在边界的突出点处不同,所以集合的差$(X\ominus nB)-\left[(X\ominus nB)\circ B\right]$仅包含属于骨架的突出边界点,这正是形态学方法提取图像骨架技术的依据。

图像细化是提取能表达图像拓扑结构的骨架像素的方法,为计算机系统进行数据压缩和识别创造条件,但要注意三点:

(1)并非所有形状的图像都可以或者应该细化,细化比较适合由线条组成的物体,如圆环,但实心圆不适合细化;

(2)任何一种细化方法都不能适用所有的情况;

(3)细化是提取骨架的过程,所提取的骨架必须有实质的意义,而不是由所使用的细化算法来定义骨架。

在细化中,理想状态是在对图像像素进行连续移除后形成一个具有连通性的骨架。达到这个目的必须解决三个问题:

(1)保持连通性;

(2)保留端点;

(3)确保像素点是对称的被移除,目的是使算法能各向同性。

8.7.1 形态学方法细化

可以根据式(8-9)、式(8-10)和式(8-11)直接对二值图像进行细化,代码如代码8-9所示,细化结果如图8.21(b)所示。这里采用的是3×3矩形结构元素对图像进行形态学运算。可以看到直接采用形态学方法得到的结果并不好,虽然也能得到正确结果,但是有很多的孤立点和断线,没有形成一个完整的骨架。

代码8-9 直接根据形态学方法对图像进行细化

```
void SkelentonImage()
{
    Mat binImg = imread("bone.tif", IMREAD_GRAYSCALE);
    //二值化
    threshold(binImg, binImg, 0, 255, THRESH_BINARY | THRESH_OTSU);
    Mat dstImg = Mat::zeros(binImg.size(), CV_8UC1);
    Mat temp;
    binImg.copyTo(temp);
    //3X3矩形结构元素
    Mat kernel = getStructuringElement(MORPH_RECT, Size(3, 3));
    imshow("二值图像", binImg);
    do{
        morphologyEx(binImg, binImg, MORPH_OPEN, kernel); //开运算
        //最终骨架是多次计算累加结果
        dstImg+=abs(temp-binImg);
        erode(temp, temp, kernel); //图像腐蚀
        temp.copyTo(binImg);
    } while (countNonZero(temp) > 0);
    imshow("最终细化结果", dstImg);
    waitKey(0);
}
```

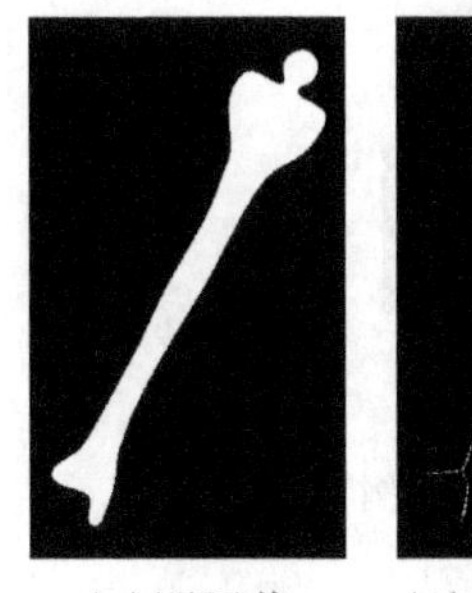

(a)原图像

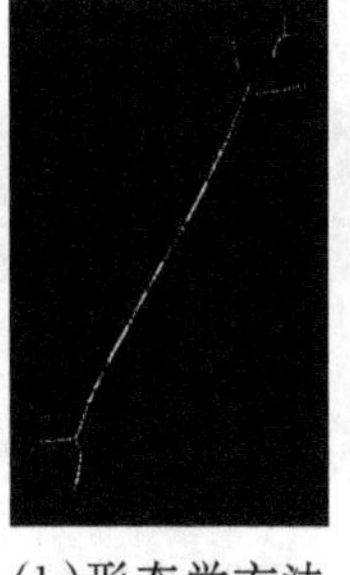

(b)形态学方法细化结果

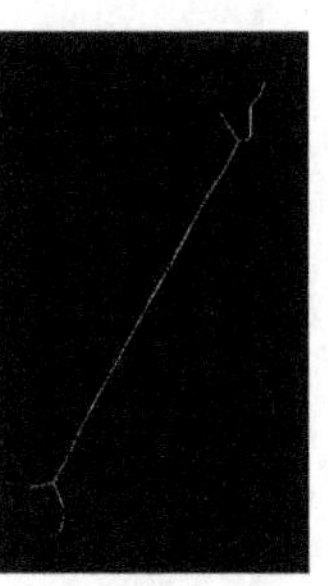

(c)Zhang84算法细化结果

图8.21 图像骨骼化实例

8.7.2 查表法

为了改善细化效果,后来产生了很多种算法,这里介绍其中一种[Zhang 84]。判断一个点是否能去掉,需要根据它的8个相邻点的情况来判断。如图8.22所示,是几个典型的实例。

1	1	1
1	1	1
1	1	1

(a)不能

0	1	0
1	1	1
0	1	1

(b)不能

0	1	0
0	1	1
0	1	0

(c)能

0	0	0
1	1	1
0	0	0

(d)不能

0	1	1
0	1	1
0	0	0

(e)能

1	0	0
0	1	0
0	0	0

(f)不能

0	0	0
0	1	0
0	0	0

(g)不能

图8.22 根据前景点的8邻域来判断该点是否能够被删除

在图8.22(a)中,中心前景点不能删除,因为它是个内部点,要求的是骨架,如果连内部点都删了,骨架也会被掏空;图8.22(b)中,中心前景点不能删,它也是个内部点;(c)的中心点可以删,这样的点不是骨架;(d)的中心点不能删,因为删掉后,原来相连的部分断开了;(e)的中心点可以删,这样的点不是骨架;(f)的中心点不能删,因为它是直线的端点,如果删了,那么最后整个直线也被删了;(g)的中心点不能删,因为孤立点的骨架就是它自身。

p7	p0	p1
p6	p	p2
p5	p4	p3

图8.23 前景点p及其8邻接点

总结起来,有如下判据:内部点不能删除;孤立点不能删除;直线端点不能删除;如果某一个是边界点,去掉该点之后不影响原图像的连通性,则该点可以删除。设当前前景点为p,其8邻域从p0到p7,按顺时针方向排列,则点p如果满足以下3个条件,则可以删除:

(1)2<=p0+p1+p2+p3+p4+p5+p6+p7<=6。

大于等于2会保证p点不是端点或孤立点,因为删除端点和孤立点是不合理的,小于等于6保证p点是一个边界点,而不是一个内部点。等于0时候,周围没有等于1的像素,所以p为孤立点;等于1的时候,周围只有1个灰度等于1的像素,所以是端点。

(2)p0->p7的排列顺序中,01模式的数量为1。

比如图8.24中,有p0p1 => 01, p4p5=>01,所以该像素01模式的数量为2。

0	0	1
1	1	0
1	0	0

图8.24 01模式实例

之所以要01模式数量为1,是要保证删除当前像素点后的连通性。比如图8.25中,01模式数量大于1,如果删除中心处的前景点,则连通性不能保证。

1	0	0
0	1	0
0	0	1

(a)01模式数量为2

0	0	1
0	1	0
0	0	1

(b)01模式数量为2

1	0	0
0	1	1
0	1	0

(c)01模式数量为3

图8.25 不能删除的前景点的实例

(3)p0*p2*p4 = 0并且p2*p4*p6 = 0。

(4)p0*p4*p6 = 0并且p0*p2*p6 = 0。

(3)和(4)两个条件,保证当前中心点p是一个边界点,分别对应东南西北四个方向。(3)、(4)两个条件满足其中一个即可。

可以根据以上判断,按图8.23的次序事先做出一张表,从0到255共有256个元素,每个元素的值要么是0,要么是1。细化过程中,根据某前景点的8邻域情况查表,若表中元素为1,则表示该点可以删除,否则不能删除。查表的方法是,设前景点值为1,背景点值为0;正上方点对应一个8位数的第1位(最低位),右上方点对应第2位,右边点对应第3位,右下邻点对应第4位,正下方邻点对应第5位,左下方点对应第6位,左边点对应第7位,左上方点对应第8位,按这样组成的8位二进制数去查表即可。

Zhang84方法图像细化结果如图8.21(c)所示。从结果中可以看到,这种方法在对图像细化的同时,很好地保留了图像的结构特征,而且没有出现断线的情况,是一种比较优秀的快速算法。具体实现代码这里从略,读者可以扫描边上的二维码参考。

查表法二值图像细化算法

8.8 总结

本章介绍的形态学处理以集合论为理论基础,包括膨胀、腐蚀、开运算、闭运算等基本操作,有着广泛的应用。二值图像形态学操作可用来对图像进行细化,提取图像骨骼,消除噪声点等,在图像识别的预处理中得到广泛的应用。而灰度图像形态学处理,可以用来突出图像的结构特征,有利于灰度图像的进一步分割处理。本章介绍的方法,可以作为图像分割的辅助技术,有利于改进图像分割的结果。

8.9 实习题

(1)击中击不中变换应用。如图8.26所示,利用击中击不中变换求得右边结构元素图像在左边图像中的位置。

(2)灰度图像增强。对于如图8.27所示的灰度图像,请使用顶帽变换或底帽变换对图像增强之后,再进行分割,并与直接全局阈值分割的结果进行对比。

图8.26 题图1

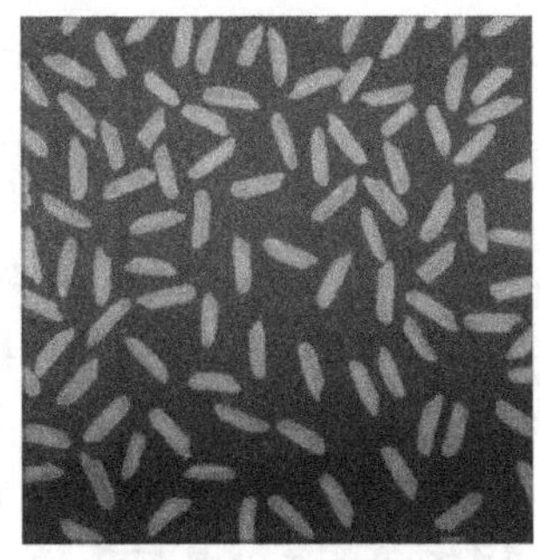

图8.27 题图2

第9章

特征提取和目标检测

目标检测也叫目标提取,是一种基于目标几何和统计特征的图像分割,它将目标的分割和识别合二为一,定位目标、确定目标位置及大小。尤其是在复杂场景中,需要对多个目标进行实时处理时,目标自动检测和识别就显得特别重要。随着计算机技术的发展和计算机视觉技术的广泛应用,利用计算机图像处理技术对目标进行实时检测和跟踪研究越来越热门。对目标进行动态实时检测和跟踪在智能交通系统、智能监控系统、军事目标检测及医学导航手术中手术器械定位等方面具有广泛的应用价值。

目标检测一直也是图像处理算法中的一个热门研究方向。特别是最近几年随着深度学习的发展,不管是工业界还是学术界,目标检测在准确度和实时性方面都取得了长足的进步。本章只介绍传统的目标检测算法,在后续的章节中将介绍基于深度学习的目标检测算法。

由于物体在不同的角度,不同的距离具有不同的形态,所以准确检测目标的难度是非常高的。传统的目标检测算法是从图像中通过滑动窗口的方法取得候选区域,然后在候选区域通过分类算法判断是否是所需要的目标。也有根据物体的形态纹理等特征获得候选区域的方法,包括选择性搜索(selective search)等一系列方法。这些方法在一定程度上能够满足应用的需要。

传统的目标检测算法主要由两部分构成,一个是目标候选区域的提取,另一个是对候选区域的分类。这两个部分构成了传统目标检测算法的整体框架。因此,传统目标检测的不同算法也由这两个部分的差异而不同。本节将从这两个不同的结构介绍不同的算法。

根据目标候选区域的提取方式不同,传统目标检测算法可以分为基于滑动窗口的目标检测算法和基于纹理的目标检测算法。

1.基于滑动窗口的目标检测算法

采用滑动窗口的目标检测算法思路非常简单,它将检测问题转化为图像分类问题。其基本原理就是采用不同大小和比例(宽高比)的窗口在整张图片上以一定的步长进行滑动,然后对这些窗口对应的区域做图像分类,这样就可以实现对整张图片的检测了。但是这个方法有致命的缺点,就是并不知道要检测的目标大小是什么规模,所以需要设置不同大小和比例的窗口去滑动,而且还要选取合适的步长。但是这样会产生很多的子区域,并且都要经过分类器去做预测,这需要很大的计算量,所以选用的分类器不能太复杂,因为要保证速度。

2.基于纹理的目标检测算法

由于基于滑动窗口提取候选区域的方式计算量太大,因此有学者提出根据纹理特征提取候选区域的方法,而其中非常具有代表性的一种方法是选择性搜索(selective search,SS)。

在选择性搜索中,首先将每个像素作为一组;然后,计算每一组的纹理,并将两个最接近的组结合起来;但是为了避免单个区域吞噬其他区域,首先对较小的组进行分组;继续合并区域,直到所有区域都结合在一起。

根据使用的候选区域分类模型的不同,又可以对目标检测算法进行更加细致的分类。在分类模型中,常用的图像特征有HOG、HBP、Haar等特征,常用的分类算法有SVM,随机森林以及各种级联分类器,这些特征和分类算法共同组成了丰富的目标检测算法。

本章主要介绍基于滑动窗口的特征提取和目标检测方法。

9.1 HOG特征

HOG特征即方向梯度直方图(Histogram of Oriented Gradient,HOG)特征,是一种在计算机视觉和图像处理中用来进行物体检测的特征描述子,源自于[Dalal05]。它通过计算和统计图像局部区域的梯度方向直方图来构成特征,HOG特征结合SVM分类器首先在行人检测中获得了巨大的成功,然后被广泛应用于图像识别中。

HOG的主要思想在于,在一幅图像中,局部目标的表象和形状能够被梯度或边缘的方向密度分布很好地描述,所以HOG中采用梯度方向直方图来表示图像的特征。具体的实现方法是,首先将图像分成小的区域,把它叫细胞单元(cell);然后采集细胞单元中各像素点的梯度的或边缘的方向直方图;这些局部直方图需要在图像的更大的范围内(block)进行对比度归一化(contrast-normalized),通过对比度归一化后,能对光照变化和阴影影响等获得更鲁棒的效果;而多个block组成一个检测窗口(window);最后把窗口内这些直方图组合起来就可以构成特征描述器。如图9.1所示是一张典型图像的HOG特征。

图9.1 典型图像以及其HOG特征

HOG特征最初是用来检测行人的。与其他特征描述方法相比,HOG有很多优点,首先,由于HOG是在图像的局部方格单元上操作,所以它对图像几何的和光学的形变都能保持很好的不变性,这两种形变只会出现在更大的空间域上;其次,在粗的空间域抽样、精细的方向抽样以及较强的局部光学归一化等条件下，只要行人大体上能够保持直立的姿势，可以容许行人有一些细微的肢体动作，这些细微的动作可以被忽略而不影响检测效果。因此HOG特征特别适合于做图像中的人体检测的，同时也适合做一些刚体的检测，比如对图像中车辆、车牌、标志牌等目标进行检测。

9.1.1 HOG特征提取算法的实现过程

首先图像被分割成很多窗口(window)，窗口与窗口之间存在重叠区域。每个窗口又被分割成多个块(block)，块与块之间也允许重叠。而每个图像块又由多个单元(cell)组成，单元之间也允许重叠。如图9.2所示。

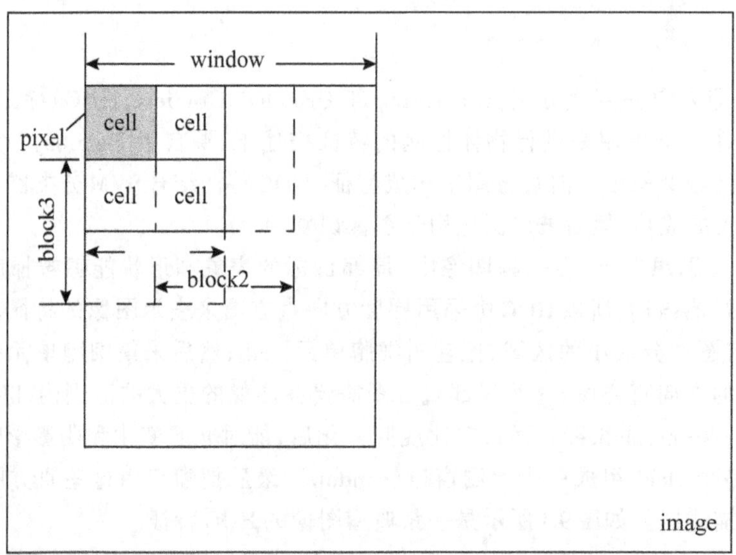

图9.2 HOG中window、block和cell之间的关系

提取图像中一个窗口的HOG特征，主要步骤如下：

1.图像伽马校正

对输入图像进行伽马校正，默认值γ=0.5。在这里伽马校正可以调节图像的对比度，降低图像局部的阴影和光照变化所造成的影响，同时可以抑制噪音的干扰。

2.计算图像每个像素的梯度

HOG算子中采用简单的梯度算子，公式如下：

$$G_x(x,y)=I(x+1,y)-I(x-1,y) \tag{9-1}$$

$$G_y(x,y)=I(x,y+1)-I(x,y-1) \tag{9-2}$$

这里$I(x,y)$为图像在像素点(x,y)处的灰度值，$G_x(x,y)$和$G_y(x,y)$分别是图像在像素点(x,y)处的水平梯度和垂直梯度。由此可给出像素点(x,y)处的梯度幅值及梯度方向定义：

$$G(x,y)=\sqrt{G_x(x,y)^2+G_y(x,y)^2} \tag{9-3}$$

$$\alpha(x,y)=\tan^{-1}\left(\frac{G_y(x,y)}{G_x(x,y)}\right) \tag{9-4}$$

其中，$G(x,y)$为像素点(x,y)处的梯度幅值，$\alpha(x,y)$为像素点(x,y)处的梯度方向。这里，将x方向定义为水平方向，且向右为正方向，y方向定义为垂直方向，且向上为正方向。需要说明的是，对于RGB色彩图像，像素点的水平梯度和垂直梯度取R、G、B三个通道中的最大值来计算水平梯度和垂直梯度。

3.计算每个单元(cell)的梯度方向直方图

实验证明，梯度方向为无符号且通道数为9时能得到最好的检测结果，此时梯度方向的一个通道即为$180^\circ\div 9=20^\circ$，所有的梯度方向通道示意图如图9.3所示。

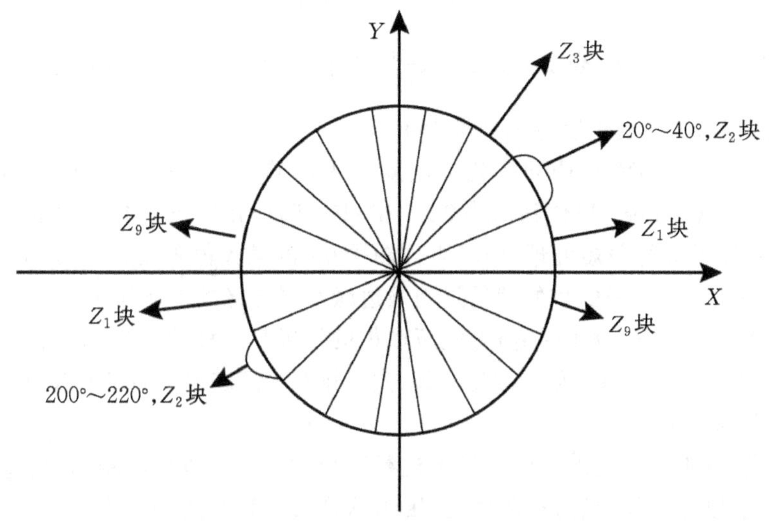

图9.3　梯度方向通道示意图

上一步得到的每个像素点的梯度方向可以投影到这9个通道中，而梯度幅值则作为投影时的权值。这样遍历整个单元中的每个像素点，就可以得到一个单元的梯度方向直方图。显然，一个单元的梯度方向直方图维数为9，其值为所有投影到该通道内的梯度幅值加权和。

另外需要考虑的是，如果直接将上一步得到的像素点的梯度方向投影到9个通道中的1个而忽略其对于相邻通道的影响，那么其带来的误差是较大的，尤其是在通道边缘时。比如，若某个像素点的梯度方向是40.05°，梯度幅值为3，按照直接投影的做法，会将权值为3的梯度幅值加到z_3通道上，然而其与z_2的距离也是很接近的，显然这样的做法会损失准确性，所以借鉴线性插值思想，这里对梯度方向也进行加权运算。加权计算时，每个通道以其中心角度作为直方图的中心数值，如z_2通道的中心角度为30°，而z_3通道的中心角度为50°。则40.05°投影到z_2通道的权值为(40.05−30)/20=0.5025，而投影到z_3通道的权值为(50−40.05)/20=0.4975。

4.块内梯度方向直方图归一化

将几个单元组成一个块（例如3×3个cell/block），一个块内所有单元的特征描述子(descriptor)串联起来便得到该block的HOG特征描述子。因为一个单元的特征维数是9，则一个块的特征维数是3×3×9=81维。

由于图像中局部曝光度以及前景与背景之间的对比度存在很多种情况，因此梯度值的变化范围非常广，引进有效的局部对比度归一化对于检测结果的提高有着至关重要的作用，这就需要在块内实现特征描述子的归一化。

OpenCV中，3种不同的归一化方法可以用公式描述如下：

$$L2-norm,\quad f=\frac{v}{\sqrt{\|v\|_2^2+\varepsilon^2}} \tag{9-5}$$

$$L1-norm,\quad f=\frac{v}{\|v\|_1+\varepsilon} \tag{9-6}$$

$$L1-sqrt,\quad f=\sqrt{\frac{v}{\|v\|_1+\varepsilon}} \tag{9-7}$$

这里，$\|v\|_1=\sum_i abs(v_i)$表示向量v的1-范数，$\|v\|_2=\sqrt{\sum_i v_i^2}$表示向量$v$的2-范数，而$\varepsilon$是一个极小的常数，加在这里以避免分母为0。

在OpenCV4.2中，HOG块内归一化方法默认采用的是L2-Hys(L2-Norm with Hysteresis threshold)，L2HysThreshold值默认为0.2。L2-Hys归一化首先对HOG块内数据进行L2-norm归一化，对结果进行截短处理，即将直方图中bin的最大值限制在0.2以下，再重新做一次L2-norm归一化。这样做的目的就是限制强边缘对弱边缘的抑制作用。

采用L2-Hys，L2-norm和L1-sqrt方式所取得的效果是一样的，L1-norm稍微表现出一点不可靠。但是对于没有被归一化的数据来说，这4种方法都表现出明显的改进。

5.高斯空间域加窗

研究结果表明如果对块内的梯度幅值进行高斯空间域加窗(Gaussian Spatial Window)后再进行加权累加，则可以提高检测性能，因为这样可以减少周围边缘像素点的权值，因此在实际应用中，对于上式归一化后的梯度还会乘以高斯空域加窗中对应的分布系数，从而减少边缘像素点的影响。

6.块内梯度值三线性插值加权

以上在收集块内梯度方向直方图时，存在一个既定假设，那就是位于不同单元内的像素点只会对其从属的单元进行投影，而并不会对其周围的单元产生影响。显而易见，对于不同单元交界处的像素点而言，这样的假设不太合理，因为它们与其周围所有的单元都是相关的。

如图9.4所示，当前要处理的像素点坐标为(x,y)，它位于块内的C_0单元内，如果根据位于不同单元内的像素点只会对其从属的单元进行投影，那么此像素点仅仅会对C_0单元产生影响。显然，这里不合理地忽略了此像素点对相邻单元C_1、C_2、C_3的贡献。为了弥补这个缺陷，可以借鉴双线性插值思想，利用该像素点与相邻最近的4个单元的中心像素点(图中4个圆点)的距离来计算相应的权值，并将待处理像素点的梯度幅值分别加权累加到这4个单元相应的直方图上。

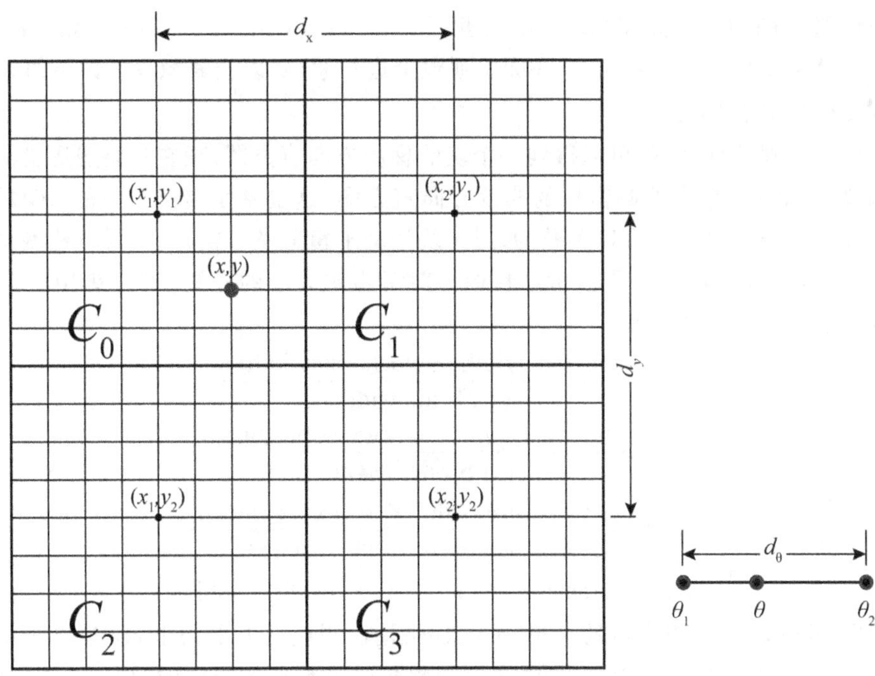

图9.4 HOG块内三线性插值示意图

综合考虑上一步的梯度加权与这一步的距离加权，由此可以引入三线性插值，即在两个位置坐标(x,y)和一个方向坐标(θ)上进行插值，需要解决的问题是在哪些通道上进行加权累加以及累加时的权值又是多少。

$$h(x_1,y_1,\theta_1) \leftarrow h(x_1,y_1,\theta_1) + \omega(1-\frac{x-x_1}{d_x})(1-\frac{y-y_1}{d_y})(1-\frac{\theta-\theta_1}{d_\theta}) \quad (9\text{-}8)$$

$$h(x_1,y_1,\theta_2) \leftarrow h(x_1,y_1,\theta_2) + \omega(1-\frac{x-x_1}{d_x})(1-\frac{y-y_1}{d_y})(1-\frac{\theta-\theta_2}{d_\theta}) \quad (9\text{-}9)$$

$$h(x_2,y_1,\theta_1) \leftarrow h(x_2,y_1,\theta_1) + \omega(1-\frac{x-x_2}{d_x})(1-\frac{y-y_1}{d_y})(1-\frac{\theta-\theta_1}{d_\theta}) \quad (9\text{-}10)$$

$$h(x_2,y_1,\theta_2) \leftarrow h(x_2,y_1,\theta_2) + \omega(1-\frac{x-x_2}{d_x})(1-\frac{y-y_1}{d_y})(1-\frac{\theta-\theta_2}{d_\theta}) \quad (9\text{-}11)$$

$$h(x_1,y_2,\theta_1) \leftarrow h(x_1,y_2,\theta_1) + \omega(1-\frac{x-x_1}{d_x})(1-\frac{y-y_2}{d_y})(1-\frac{\theta-\theta_1}{d_\theta}) \quad (9\text{-}12)$$

$$h(x_1,y_2,\theta_2) \leftarrow h(x_1,y_2,\theta_2) + \omega(1-\frac{x-x_1}{d_x})(1-\frac{y-y_2}{d_y})(1-\frac{\theta-\theta_2}{d_\theta}) \quad (9\text{-}13)$$

$$h(x_2,y_2,\theta_1) \leftarrow h(x_2,y_2,\theta_1) + \omega(1-\frac{x-x_2}{d_x})(1-\frac{y-y_2}{d_y})(1-\frac{\theta-\theta_1}{d_\theta}) \quad (9\text{-}14)$$

$$h(x_2,y_2,\theta_2) \leftarrow h(x_2,y_2,\theta_2) + \omega(1-\frac{x-x_2}{d_x})(1-\frac{y-y_2}{d_y})(1-\frac{\theta-\theta_2}{d_\theta}) \quad (9\text{-}15)$$

其中$\omega=\left|\nabla f(x,y)\right|$是$(x,y)$处图像的梯度幅值，$\theta=\theta(x,y)$是$(x,y)$处图像的梯度方向。$(x_1,y_1)$、$(x_1,y_2)$、$(x_2,y_1)$、$(x_2,y_2)$分别是相邻4个单元的中心点坐标，$\theta_1$、$\theta_2$分别是相邻两个梯度方向通道的中心角度。$d_x$是块内单元间水平方向距离，$d_y$是块内单元间垂直方向距离，$d_\theta$是相邻梯度方向通道间的距离。$h(x,y,\theta)$表示中心点坐标为$(x,y)$，梯度方向通道为$\theta$时

的梯度方向直方图的值。如图9.2所示，这里$d_x=8,d_y=8,d_\theta=20$。通过式(9-8)到式(9-15)的计算，就可以得到像素$f(x,y)$在哪些通道上进行累积，以及累积权值大小的问题。

7.生成HOG特征向量

经过以上步骤的计算，就可以得到一个块的梯度方向直方图，现在只要遍历检测窗口中所有的块就可以得到整个检测窗口的梯度方向直方图，这也就是整个窗口的HOG描述子。如图9.1所示，块与块之间是可以重叠的，通过块滑动来覆盖整个窗口。同样，检测窗口之间也是可以重叠的，在检测时也需要考虑在内。对于指定大小的检测窗口，其HOG特征向量大小可以通过下列公式来计算：

$$A_x=\frac{\text{winSize.width}-\text{blockSize.width}}{\text{blockStride.width}}+1 \tag{9-16}$$

$$A_y=\frac{\text{winSize.height}-\text{blockSize.height}}{\text{blockStride.height}}+1 \tag{9-17}$$

$$\text{ncells}=\frac{\text{blockSize.width}\times\text{blockSize.height}}{\text{cellSize.width}\times\text{cellSize.height}} \tag{9-18}$$

$$\text{winHistogramSize}=A_x\times A_y\times\text{ncells}\times\text{nbins} \tag{9-19}$$

上式中winSize是检测窗口的大小，blockSize是检测块的大小，cellSize是检测单元的大小，blockStride是块滑动窗口大小。A_x表示检测窗口内水平方向块的数目，A_y表示检测窗口内垂直方向块的数目，ncells是一个block内检测cell的数量，nbins是梯度方向通道数量。winHistogramSize是整个窗口梯度方向直方图的大小。

例如OpenCV中自带的HOG人体检测器，其检测窗口winSize为(64×128)，blockSize为(16×16)，cellSize为(8×8)，blockStride大小为(8×8)，nbins为9。则$A_x=7,A_y=15$，descriptorSize＝3780。

将检测窗口内的所有block的HOG特征descriptor串联起来就可以得到该window的HOG特征descriptor了，这个就是最终的可供分类使用的特征向量了。

8.OpenCV中的HOG特征提取

OpenCV中提供了结构体cv::HOGDescriptor用来提取图像的HOG特征，可以直接通过创建HOGDescriptor的对象来创建特征提取器。cv::HOGDescriptor的构造函数如下：

```
HOGDescriptor(
    Size _winSize, //检测窗口的大小
    Size _blockSize, //检测块的大小
    Size _blockStride, //检测块滑动窗口的大小
    Size _cellSize, //检测单元的大小
    int _nbins, //直方图方向通道个数
    int _derivAperture=1, //计算Sobel梯度时的窗口模板尺寸
    double _winSigma=-1, //高斯加窗时的高斯函数的标准差σ
    HOGDescriptor::HistogramNormType_histogramNormType\
    =HOGDescriptor::L2Hys, //块内梯度直方图的归一化方法
    double _L2HysThreshold=0.2, //L2Hys归一化时bin的截止阈值
    bool _gammaCorrection=false, //计算之前是否对原图像采用伽马校正
```

```
    int _nlevels=HOGDescriptor::DEFAULT_NLEVELS, //原图像缩小次数
    bool _signedGradient=false //计算梯度时是否考虑梯度符号
)
```

可以使用cv::HOGDescriptor的compute()函数来计算图像的特征向量，compute()函数的原型为：

```
void compute(
    InputArray img, //输入的8位图像,CV_8U格式
    CV_OUT std::vector<float>&descriptors,//特征描述向量
    Size winStride = Size(), //检测窗口滑动大小
    Size padding = Size(), //填充窗口大小
    //locations指定检测位置,若不指定,则整幅图像都进行计算
    const std::vector<Point>& locations = std::vector<Point>()
)
```

可以使用detectMultiScale函数在输入图像中检测不同尺寸的指定对象，其函数原型为：

```
void detectMultiScale(
    InputArray img, //输入图像,格式为CV_8U
    CV_OUT std::vector<Rect>&foundLocations, //找到对象的位置
    CV_OUT std::vector<double>&foundWeights, //找到对象的确信度
    double hitThreshold = 0, //检测时的击中阈值
    Size winStride = Size(), //检测时滑动窗口大小
    Size padding = Size(), //图像边缘填充大小
    double scale = 1.05, //图像缩放比例
    double finalThreshold = 2.0, //多窗口合并时的阈值
    bool useMeanshiftGrouping = false //采用Meanshift合并矩形
)
```

9.1.2 SVM分类器原理

SVM(Support Vector Machine)是支持向量机的英文缩写，简单来说，它是一种二类分类模型，其基本模型定义为特征空间上间隔最大的线性分类器，学习策略是间隔最大化，最终可转化为一个凸二次规划问题的求解。经过拓展之后，SVM也可以用来对多分类问题进行求解。

给定一些数据点，分别属于两个不同的类，现在要找到一个线性分类器把这些数据分成两类。如果用x表示数据点，用y表示类别（y可以取1或者-1，分别代表两个不同的类），$\boldsymbol{\omega}$表

示系数向量，一个线性分类器的学习目标便是要在n维的数据空间中找到一个超平面(hyper plane)，这个超平面的方程可以表示为：

$$\boldsymbol{\omega}^T x + b = 0 \tag{9-20}$$

如图9.5所示，现在有一个二维平面，平面上有两种不同的数据，分别用圈和叉表示。由于这些数据是线性可分的，可以用一条直线将这两类数据分开，这条直线就相当于一个超平面。超平面一边的数据点所对应的y全是-1，另一边所对应的y全是1。

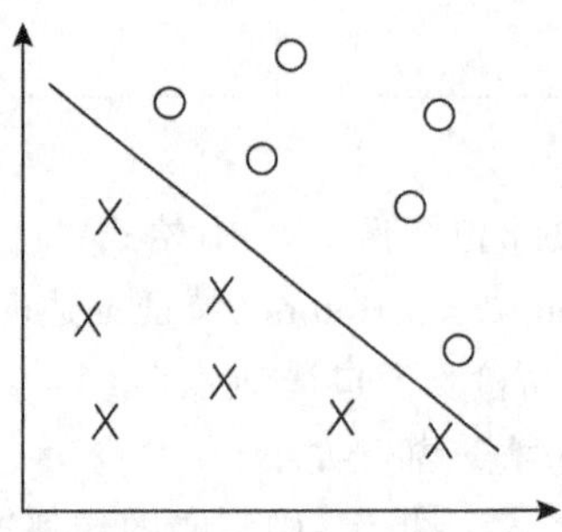

图9.5 线性二分类简单实例

这个超平面可以用分类函数$f(x)=\boldsymbol{\omega}^T x + b$表示，当$f(x)=0$的时候，$x$是位于超平面上的点，而$f(x)>0$的点对应$y=1$的数据点，$f(x)<0$的点对应$y=-1$的点，如图9.6所示：

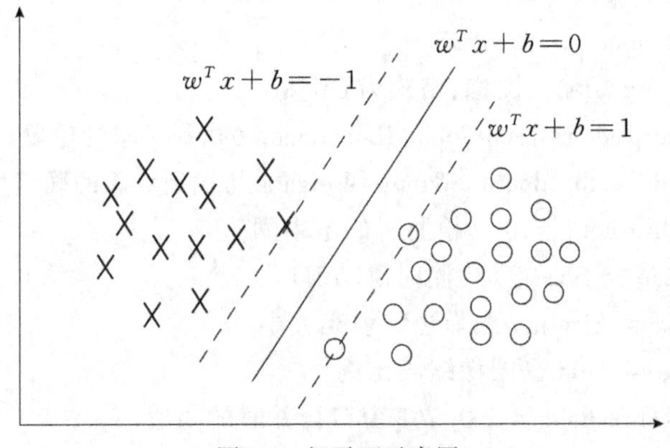

图9.6 超平面示意图

在超平面$\boldsymbol{\omega}^T x + b = 0$确定的情况下，$|\boldsymbol{\omega}^T x + b|$能够表示点$x$到超平面的距离，而通过观察$\boldsymbol{\omega}^T x + b$的符号与类标记$y$的符号是否一致即可判断分类是否正确，所以可以用$y(\boldsymbol{\omega}^T x + b)$的正负性来判定或表示分类的正确性。于此，便引出了函数间隔(functional margin)的概念。

定义函数间隔(用$\hat{\Upsilon}$表示)为：

$$\hat{\Upsilon} = y(\boldsymbol{\omega}^T x + b) = yf(x) \tag{9-21}$$

而超平面(ω, b)关于T中所有样本点(x_i, y_i)的函数间隔最小值(其中，x是特征向量，y是结果标签，i表示第i个样本)，便为超平面(ω, b)关于训练数据集T的函数间隔：

$$\hat{\Upsilon} = \min \hat{\Upsilon}_i (i = 1, 2, \cdots, n) \tag{9-22}$$

但这样定义的函数间隔有问题，即如果成比例的改变$\boldsymbol{\omega}$和b(如将它们改成$2\boldsymbol{\omega}$和$2b$)，则函数间隔的值$f(x)$却变成了原来的2倍(虽然此时超平面没有改变),所以只有函数间隔还远远不够。

事实上可以对法向量$\boldsymbol{\omega}$加些约束条件,从而引出真正定义点到超平面的距离—几何间隔(geometrical margin)的概念。

假定对于一个样本x,令其垂直投影到超平面上的对应点为x_0,$\boldsymbol{\omega}$是垂直于超平面的一个向量,Υ为样本x到分类间隔的距离,如图9.7所示:

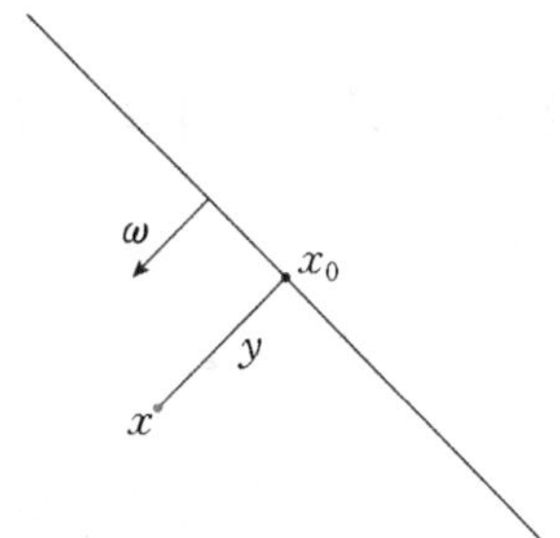

图9.7　向量投影和几何间隔示意图

有$x=x_0+\Upsilon\frac{\boldsymbol{\omega}}{\|\boldsymbol{\omega}\|}$,其中$\|\boldsymbol{\omega}\|$是向量$\omega$的2-范数。

又由于x_0是超平面上的点,满足$\boldsymbol{\omega}^T x_0+b=0$,代入超平面方程式(9-20)即可算出:

$$\Upsilon=\frac{\boldsymbol{\omega}^T x+b}{\|\boldsymbol{\omega}\|}=\frac{f(x)}{\|\boldsymbol{\omega}\|} \tag{9-23}$$

为了得到Υ的绝对值,令Υ乘上对应的类别y,即可得出几何间隔(用$\tilde{\Upsilon}$表示)的定义:

$$\tilde{\Upsilon}=y\Upsilon=\frac{\hat{\Upsilon}}{\|\boldsymbol{\omega}\|} \tag{9-24}$$

从上述函数间隔和几何间隔的定义可以看出:几何间隔$\frac{|f(x)|}{\|\boldsymbol{\omega}\|}$才是直观上的点到超平面的距离。

对一个数据点进行分类,当超平面距离数据点的“几何间隔”越大,分类的可信度(confidence)也越大。所以,为了使得分类的可信度尽量高,需要让所选择的超平面能够最大化这个“几何间隔”值。这个间隔如图9.8中的Gap所示。

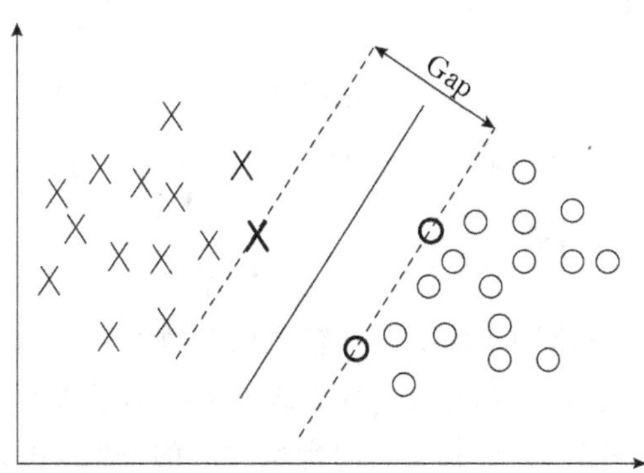

图9.8　超平面到数据点的间隔(Gap)示意图

由几何间隔的定义 $\tilde{\Upsilon}=y\Upsilon=\frac{\hat{\Upsilon}}{\|\omega\|}$ 可知，如果令函数间隔 $\hat{\Upsilon}$ 等于1(之所以令 $\hat{\Upsilon}$ 等于1，是为了方便推导和优化，且这样做对目标函数的优化没有影响)，则有 $\tilde{\Upsilon}=\frac{1}{\|\omega\|}$ 且 $y_i\left(\omega^T x_i+b\right)\geqslant 1, i=1,2,\cdots,n$，从而最大间隔分类器的目标函数可以定义为：

$$\max\frac{1}{\|\omega\|},\ \text{s.t.},\ y_i\left(\omega^T x_i+b\right)\geqslant 1,\ i=1,2,\cdots,n \tag{9-25}$$

目标函数便是在相应的约束条件 $y_i\left(\omega^T x_i+b\right)\geqslant 1, i=1,2,\cdots,n$ 下，最大化这个 $\frac{1}{\|\omega\|}$ 值，而 $\frac{1}{\|\omega\|}$ 便是几何间隔 $\tilde{\Upsilon}$。

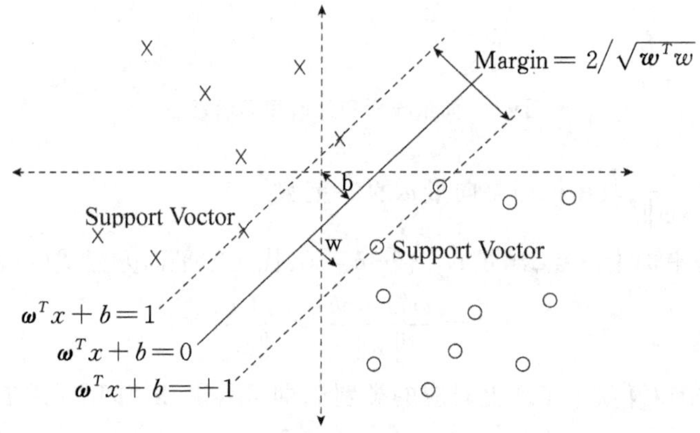

图9.9　最优超平面和支持向量示意图

如图9.9所示，中间的实线便是寻找到的最优超平面(Optimal Hyper Plane)，其到两条虚线的距离相等，这个距离便是几何间隔 $\tilde{\Upsilon}$，两条虚线之间的距离等于 $2\tilde{\Upsilon}$，而虚线上的点则是支持向量。由于这些支持向量刚好在边界上，所以它们满足 $y\left(\omega^T x+b\right)=1$，而对于所有不是支持向量的点，则显然有 $y\left(\omega^T x+b\right)>1$。

对式(9-25)的求解，可以转换为一个凸二次规划问题，这个问题可以用QP(Quadratic Programming)优化包进行求解。这里不再赘述，请参考模式识别相关书籍。求解的结果是关于系数向量 ω 的一个解，可以表示为：

$$\omega=\sum_{i=1}^{n}\alpha_i y_i x_i \tag{9-26}$$

这里 n 表示支持向量的个数。则分类函数 $f(x)$ 可以表示为：

$$f(x)=\left(\sum_{i=1}^{n}\alpha_i y_i x_i\right)^T x+b=\sum_{i=1}^{n}\alpha_i y_i\left\langle x_i,x\right\rangle+b \tag{9-27}$$

对于新点 x 所属类型的预测，只需要计算它与训练数据点的内积即可($\langle\cdot,\cdot\rangle$ 表示向量内积)，这一点至关重要，是之后使用Kernel进行非线性推广的基本前提。此外，所谓支持向量也在这里显示出来——事实上，所有非支持向量所对应的系数 α 都是等于零的，因此对于新点的内积计算实际上只要针对少量的“支持向量”而不是所有的训练数据即可。

直观上来理解的话，所有非支持向量对超平面是没有影响的，所以其对应的系数 a 都等于零。由于分类完全有超平面决定,所以这些无关的点并不会参与分类问题的计算,因而也就不会产生任何影响了。

在线性不可分的情况下,支持向量机首先在低维空间中完成计算,然后通过核函数将输入空间映射到高维特征空间,最终在高维特征空间中构造出最优分离超平面,从而把平面上本身不好分的非线性数据分开。如图9.10所示,一堆数据在二维空间无法划分,可以映射到三维空间里划分:

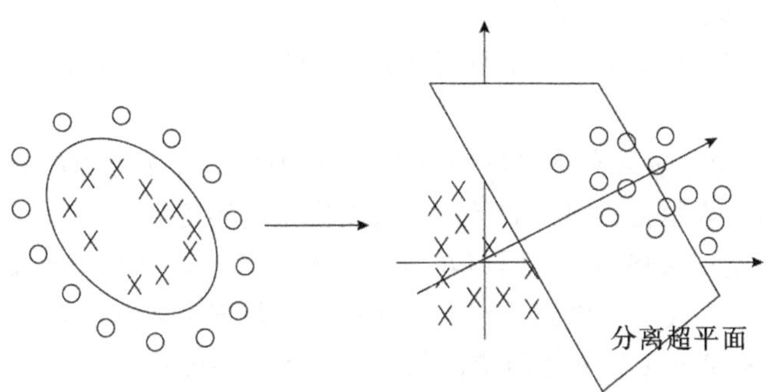

图9.10 二维数据到三维数据的映射

核是一个函数κ,对所有$x, x \in z$,满足$\kappa(x, z)=\langle\varphi(x) \cdot \varphi(z)\rangle$,这里$\varphi$是从$x$到内积特征空间$F$的映射。对比上面写出来的式(9-27),现在分类函数为:

$$f(x)=\sum_{i=1}^{n} \alpha_i y_i \kappa(x_i, x)+b \tag{9-28}$$

常用的核函数形式有以下几种:

(1)多项式形式核函数:

$$\kappa(x_1, x_2)=(\langle x_1, x_2\rangle+1)^q \tag{9-29}$$

(2)径向基(Radical Basis Function,RBF)核函数:

$$\kappa(x_1, x_2)=exp\left\{-\frac{\|x_1-x_2\|^2}{\sigma^2}\right\} \tag{9-30}$$

(3)Sigmoid核函数:

$$\kappa(x_1, x_2)=\tanh(\nu\langle x_1, x_2\rangle+c) \tag{9-31}$$

选用核函数的时候,如果对数据有一定的先验知识,就利用先验知识来选择符合数据分布的核函数;如果不知道的话,通常使用交叉验证的方法,来试用不同的核函数,误差最小的即为效果最好的核函数,或者也可以将多个核函数结合起来,形成混合核函数。

常用的选择核函数的方法:

(1)如果特征的数量大到和样本数量差不多,则选用多项式核函数或者线性核的SVM;

(2)如果特征的数量小,样本的数量正常,则选用SVM+RBF核函数;

(3)如果特征的数量小,而样本的数量很大,则需要手工添加一些特征从而变成第一种情况。

9.1.3 OpenCV中的SVM分类器

OpenCV中在machine learning模块提供了cv::SVM类，用来做各种分类和回归。cv::SVM的核心内容主要是类型和核函数这两个参数。

1.SVM类型

SVM类型，主要包括以下几种：

(1)CvSVM::C_SVC，C类支持向量分类机。n类分组($n \geqslant 2$)，容许用异常值处罚因子C进行不完全分类。

(2)CvSVM::NU_SVC，ν类支持向量分类机。n类似然不完全分类的分类器。用参数ν来代替惩罚因子C。ν的取值范围是[0,1]，值越大，则决策边界越平滑。

(3)CvSVM::ONE_CLASS，分布估计(单分类SVM)，所有的训练数据提取自同一个类里，然后SVM建立一个分界线以将该类从特征空间中其他数据中区分出来。

(4)CvSVM::EPS_SVR，ϵ类支持向量回归机。训练集中的特征向量和拟合出来的超平面的间隔须要小于p。惩罚因子C被用来处理异常值。

(5)CvSVM::NU_SVR，ν类支持向量回归机，用v代替p作为特征向量的间隔。

2.核函数类型

SVM中提供以下几种核函数类型：

(1)SVM::LINEAR，线性核函数，没有高维空间映射，速度快，如式(9-27)，决策函数是：

$$K\left(x_i, x_j\right) = x_i^T x_j \tag{9-32}$$

(2)SVM::POLY，多项式核函数，决策函数是

$$K\left(x_i, x_j\right) = \left(\gamma x_i^T x_j + coef0\right)^{\deg ree} \tag{9-33}$$

(3)SVM::RBF，径向基核函数，大多数情况下比较好的选择，决策函数是：

$$K\left(x_i, x_j\right) = e^{-\gamma\left\|x_i - x_j\right\|^2}, \gamma > 0 \tag{9-34}$$

(4)SVM::SIGMOID,SIGMOD核函数,决策函数是：

$$K\left(x_i, x_j\right) = \tanh\left(\gamma x_i^T x_j + coef0\right) \tag{9-35}$$

(5)M::CHI2，指数CHI2型核函数，与径向基型核函数类似，决策函数为：

$$K\left(x_i, x_j\right) = e^{-\gamma\left(x_i, x_j\right)}, \chi^2\left(x_i, x_j\right) = (x_i - x_j)^2 / \left(x_i + x_j\right), \gamma > 0 \tag{9-36}$$

(6)SVM::INTER，直方图交叉型核函数，快速的一种核函数，决策函数为：

$$K\left(x_i, x_j\right) = \min\left(x_i, x_j\right) \tag{9-37}$$

3.SVM中的参数设置

SVM中可以设置的参数有：

(1)degree，多项式核函数中的指数值，如式(9-33)所示；

(2)gamma，POLY/RBF/SIGMOID/CHI2核函数中的γ参数；

(3)coef0，POLY/SIGMOID核函数中的coef0参数，见式(9-33)和式(9-35)；

(4)Cvalue，SVM类型(C_SVC/ EPS_SVR/ NU_SVR)的惩罚因子C；

(5)nu，SVM类型(NU_SVC/ ONE_CLASS/ NU_SVR)的参数ν；

(6)p，SVM类型(EPS_SVR)的参数ϵ；

(7)classWeights,C_SVC中的可选权重,赋给指定的类,乘以C后变成class_weights*C;

(8)termCrit,SVM的迭代终止条件,可以指定两次迭代的最大误差或最大迭代次数。不设置时使用默认初始值初始化各参数。

4.主要函数

SVM对象创建函数create(),是SVM类的一个静态函数,其函数原型为:

```
static Ptr<SVM>create();
```

create()创建一个SVM智能指针对象,其参数默认值为:

svmType(SVM::C_SVC),kernelType(SVM::RBF), degree(0),gamma(1), coef0(0), C(1), nu(0), p(0), classWeights(0), termCrit =TermCriteria(TermCriteria:: MAX_ITER + TermCriteria:: EPS, 1000, FLT_EPSILON)。这些参数都可以通过相应函数来设置,使用方法请参考代码9-2。

SVM训练函数train(),用来对样本数据进行训练,得到SVM模型。其函数原型为:

```
bool train(
    InputArray samples, //训练样本向量
    int layout,  //样本的组织形式,每行一个样本或每列一个样本
    InputArray responses //样本对应的响应值
);
```

SVM的预测函数predict(),用来对输入数据进行预测,返回其分类或回归结果。其函数原型为:

```
float predict(
    InputArray samples, //输入的特征向量
    OutputArray results=noArray(), //可选的结果矩阵
    int flags=0  //根据模型不同,可选的标记位
)
```

9.1.4　HOG+SVM构建目标检测器

本节以中国车牌检测为例,说明构建自己的HOG+SVM分类器的主要步骤。

1.准备正负样本数据

正样本是包含完整车牌区域的图像,如图9.11所示。为了检测不同种类和不同角度的车辆牌照,要求车牌图像尽量丰富,包含不同省市、不同种类(蓝色普通牌照、白色军车、白色警车、黄色教练车等)、不同倾斜角度和不同光照条件(白天、夜间、逆光、强烈光线等)的车牌。正例一般采用人工标记的方式,从原图像中进行分割保存。为了保证检测器的准确性和适用性,正例图像不宜过少,一般要大于几百张。

图9.11　车牌检测正样本实例

负样本是不包含任何车牌区域的图像,如图9.12所示。负例图像可以是建筑物、自然景观、动物或交通标志等,只要不包含明显车牌区域即可。与正例图像不同,负例图像不需要特别标记,只需要在上述图像中任意截取指定大小的图像就可以满足要求。一般来说,负例样本的数量在正例样本数量2倍以上。

图9.12　负例图像实例

2.提取正负样本的HOG特征

在提取正负HOG特征之前,需要如前所述首先创建一个cv::HOGDescriptor对象,同时指定HOG检测窗(window)大小、检测块(block)大小、检测单元(cell)大小和检测块滑动步长等参数。在提取正样本特征时,需要将图像归一化到指定HOG检测窗大小,正样本的类别标记为1;在提取负样本特征时,负样本的窗口是随机生成的,负样本的类别标记为-1。正负样本都调用HOGDescriptor的compute函数计算得到每个图像的HOG特征,统一存放在采样矩阵中。代码9-1详细说明了如何提取正样本HOG特征,提取负样本特征代码一致,只是类别改为-1。

代码9-1　提取正负样本HOG特征

```
//sampleMat是采样矩阵,labelMat是类别矩阵,nCurRows当前是矩阵的行数
void PosData(HOGDescriptor &hog, Mat &sampleMat, \
        vector<int>&Labels,int&nRowIdx)
{
    vector<String> files; //文件名列表
    glob("positive/*.*", files); //搜索positive目录下所有文件
    for (size_ti = 0; i<files.size(); ++i) {
        Mat imgSrc = imread(files[i], IMREAD_GRAYSCALE); //加载图像
        if (imgSrc.empty()) {
            cout<<files[i]<<" is invalid!"<<endl;
```

```
            continue;
        }
        cout<<files[i]<<endl;
        Mat imgDst;
        resize(imgSrc, imgDst,hog.winSize); //将正例缩放到检测窗口大小
        vector<float> featureVec;
        hog.compute(imgDst, featureVec);
        //将特征向量加入采样矩阵
        for (int i = 0; i<featureVec.size(); i++) {
            sampleMat.at<float>(nRowIdx, i) = featureVec[i];
        }
        nRowIdx++;
        Labels.push_back(+1); //正样本类别为+1
    }
}
```

3.训练SVM分类器

这里采用的HOG检测器，其window大小为64×24，block大小16×16，cell大小为8×8，block滑动大小为8×8。分类器采用径向基形式，则训练分类器详细步骤如代码9-2所示。训练得到的结果直接保存到txt文件中，以方便分类器可以在头文件中直接载入。

代码9-2　训练SVM分类器代码

```
vector<float>get_svm_detector(const Ptr<SVM>&svm)
{
    //得到支持向量
    Mat sv = svm->getSupportVectors();
    const int sv_total = sv.rows;
    //得到支持向量对应的系数值
    Mat alpha, svidx;
    double rho = svm->getDecisionFunction(0, alpha, svidx);
    //将支持向量的值写入一个vector返回
    vector<float>hog_detector(sv.cols + 1);
    memcpy(&hog_detector[0],sv.ptr(),\
            sv.cols*sizeof(hog_detector[0]));
    hog_detector[sv.cols] = (float)-rho;
    return hog_detector;
}
void TrainSVMModel()
```

```
{
    //window大小为128×48,block为16×16,cell为8×8,滑动步长为8×8
    HOGDescriptor hog(cv::Size(128, 48), cv::Size(16, 16), \
    cv::Size(8, 8), cv::Size(8, 8), 9);
    int nVecLen = hog.getDescriptorSize();
    //样本的特征向量,行数等于正负样本个数,列数等于HOG特征向量长度
    Mat sampleFeatureMat = Mat::zeros(9689, nVecLen, CV_32FC1);
    //类别向量,行数是所有样本的个数,列数为1;1为正样本,-1为负样本
    vector<int>Labels;
    int nRowIdx = 0; //当前行序号
    PosData(hog, sampleFeatureMat, Labels, nRowIdx);
    NegData(hog, sampleFeatureMat, Labels, nRowIdx);
    Ptr<SVM>svm = SVM::create(); //创建一个SVM分类器
    svm->setCoef0(0.0);
    svm->setDegree(3);
    //训练结束条件:要么达到1000次,要么两次误差小于1e-3
    svm->setTermCriteria(TermCriteria(TermCriteria::MAX_ITER\
    + TermCriteria::EPS, 1000, 1e-3));
    svm->setGamma(0);
    svm->setKernel(SVM::LINEAR); //采用线性分类器
    svm->setNu(0.5);
    svm->setP(0.1);
    svm->setC(0.01);
    svm->setType(SVM::EPS_SVR); //分类器类型为EPS_SVR
    //开始训练分类器
    svm->train(sampleFeatureMat, ROW_SAMPLE, Labels);
    //获取SVM分类器的系数
    vector<float>vecHogCof = get_svm_detector(svm);
    //直接将分类器系数向量写入文本文件,以方便在检测器的头文件中导入
    ofstream file("dector.txt");
    for (int i = 0; i<vecHogCof.size(); i++) {
        file<<vecHogCof[i]<<",";
    }
    file.close();
}
```

4.SVM分类器测试

以下以构造车牌检测器为例,详细说明如何构造自己的检测器。

代码9-3中,详细说明了如何利用SVM分类器的训练结果构造自己的检测器。这里为

了简便起见，将SVM分类器的系数都存储在数组中，这样在发布程序时，不用再单独拷贝分类器系数文件。在检测时，利用cv::HOGDescriptor对象的detectMultiScale()函数在图像中进行搜索。需要注意的是，构造cv::HOGDescriptor对象可以通过设置nLevels大小来控制图像缩放次数，从而可以在检测速度和检测精度之间达到平衡。实例中设置nLevels=4,即图像只缩小4次，这样可以提高检测速度。这里为了得到比较准确的结果，在detectMultiScale()函数中设置较大的击中阈值hitThreashold(0.5)，实际中击中阈值一般只要大于0即可，可以根据需求适当调整。扫码观看HOG+SVM创建车牌检测器的讲解视频。

HOG+SVM检测器实例

代码9-3　HOG检测器的使用

```
void TestSVMModel()
{
    //SVM检测器系数向量都放在hogCof数组中，长度为2701
    float hogCof[] = { 0.0174004,0.0152958,…, -0.0255627,-1.09681};
    //创建HOG检测器，参数与训练时的参数相同
    //在这里特别注意将nLevels参数从默认64修改为4，可以加快检测速度
    HOGDescriptorhog(cv::Size( 128, 48), cv::Size( 16, 16), cv::Size(8, 8), \
        cv::Size(8, 8), 9, 1, -1.0, HOGDescriptor::L2Hys, 0.2, false, 4);
    const int vecLen = sizeof(hogCof)/sizeof(float);
    vector<float> vecHogCof(hogCof, hogCof+ vecLen);
    hog.setSVMDetector(vecHogCof); //设置HOG检测器的系数
    //打开一个视频文件
    VideoCapturecap;
    cap.open("./Video_2016_8_26__10_10_48.mp4");
    if (!cap.isOpened()) {
        return;
    }
    Mat frame;
    while (true) {
        cap>>frame; //从视频流中获取一帧图像
        if (frame.empty()) {
            break;
        }
        vector<Rect>detections; //检测到目标矩形位置
        vector<double>foundWeights; //检测到目标的权重
        hog.detectMultiScale(frame, detections,foundWeights,0.5, \
                 Size(8,8),Size(0,0),1.1,3.0,false);
        for (int i = 0; i<detections.size(); i++) {
            rectangle(frame, detections[i], Scalar(0, 0, 255), 4);
        }
```

```
        imshow("LP HOG Detection", frame);
        waitKey(40);
    }
}
```

图9.13 HOG检测器检测车牌实例

9.2 Haar-Like特征

9.2.1 Haar-Like特征简介

Haar-Like特征(OpenCV中直接称为Haar特征)最先由Paul Viola和Michael Jone提出，后经过Rainer Lienhart等扩展引入45°倾斜特征。Haar特征分为三类:边缘特征、线性特征、中心特征和对角线特征,组合成特征模板。

OpenCV所使用的Haar特征共计14种,包括5种Basic特征、3种Core特征和6种Titled(即45°旋转)特征。如图9.14所示。

在使用opencv自带的训练工具进行分类器训练时,默认使用BASIC模式,实际中训练和检测效果已经足够好。不建议使用ALL参数,引入Titled倾斜特征需要多计算一张倾斜积分图,会极大地降低训练和检测速度。

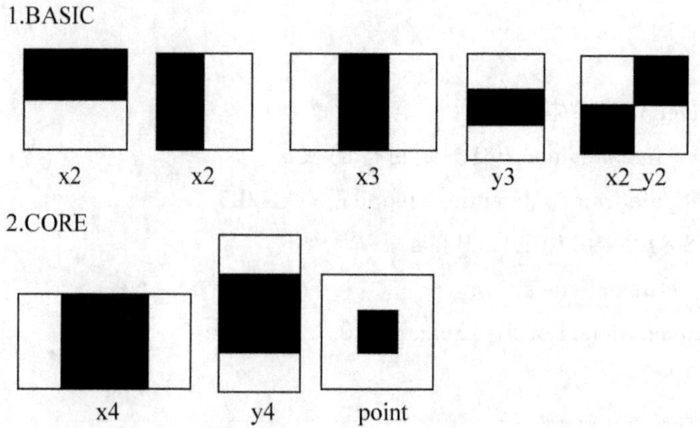

3.ALL(Titled)

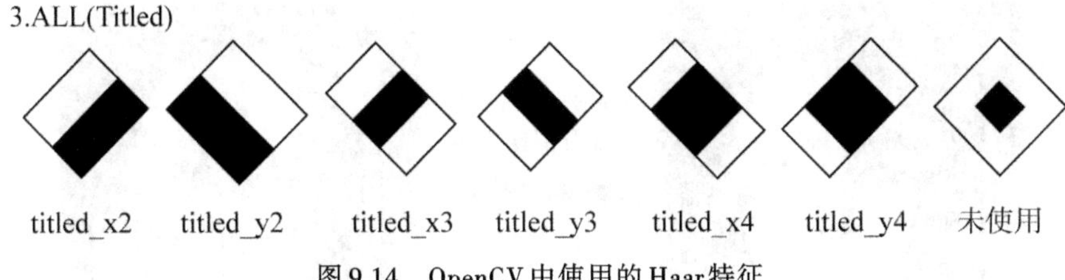

图9.14 OpenCV中使用的Haar特征

9.2.2 矩形特征模板的计算

Haar特征模板内有白色和黑色两种矩形，**Haar特征值=整个Haar区域内像素和×权重+黑色区域内像素和×权重**：

$$\text{featureValue}(x)=W_{\text{all}}\times\sum_{p\in\text{all}}\text{PixelValue}+W_{\text{black}}\times\sum_{p\in\text{black}}\text{PixelValue}$$

（1）对于图9.14中的x3和y3特征，$W_{\text{all}}=1,W_{\text{black}}=-3$；

（2）对于core特征中的point特征，$W_{\text{all}}=1,W_{\text{black}}=-9$；

（3）其余11种特征均为$W_{\text{all}}=1,W_{\text{black}}=-2$。即“白色区域像素和减去黑色区域像素和”，只不过是加权相加而已。

例如以x2特征为例，(黑+白)×1+黑×(-2)=白-黑；对于Point特征，(黑+白)×1+黑×(-9)=白-8×黑。

设置权值就是为了抵消面积不等带来的影响，保证所有Haar特征的特征值在灰度分布绝对均匀的图中为0。

Haar特征值反映了图像的灰度变化情况。例如：脸部的一些特征能由矩形特征简单地描述，如：眼睛要比脸颊颜色要深，鼻梁两侧比鼻梁颜色要深，嘴巴比周围颜色要深等。但矩形特征只对一些简单的图形结构，如边缘、线段较敏感，所以只能描述特定走向（水平、垂直、对角）的结构。

9.2.3 Haar特征的子特征生成

Haar矩形特征可位于图像任意位置，大小也可以任意改变，所以矩形特征值是特征类别、矩形位置和矩形大小这三个因素的函数。

如果白：黑区域面积比始终保持不变，以x3特征为例，在放大和平移过程中白：黑：白面积比始终是1:1:1。如图9.15所示，首先在方框（红色）所示的检测窗口中生成大小为3个像素的最小x3特征；之后分别沿着x和y平移产生了在检测窗口中不同位置的大量最小3像素x3特征；然后把最小x3特征分别沿着x和y放大，再平移，又产生了一系列放大的x3特征；然后继续放大和平移，重复此过程，直到放大后的x3和检测窗口一样大。这样就产生了整个窗口完整的x3系列特征。故类别、大小和位置的变化，使得很小的检测窗口含有非常多的矩形特征，如：在24*24像素大小的检测窗口内矩形特征数量可以达到16万个。

特征平移+放大
黑白面积比不变

红色方框代表检测窗口

图9.15 Haar子特征产生示意图

一般而言,haar特征值计算出来的值跨度也很大,所以在实际的特征提取中时,一般会对haar特征再进行标准化,压缩特征值范围。

9.2.4 基于积分图的Haar特征值计算

由于Haar特征数量非常多,如何快速计算Haar特征的值就成为很重要的一个环节。积分图就是只遍历一次图像就可以求出图像中所有区域像素和的快速算法,大大地提高了图像Haar特征值计算的效率。

积分图主要利用动态规划算法的思想,将图像从起点开始到各个点所形成的矩形区域像素之和作为数组元素的值保存在内存中,当要计算某个区域的像素和时可以直接索引数组元素的值,不用重新计算这个区域的像素和,从而加快了计算。积分图能够在多种尺度下,使用常数型时间复杂度来计算不同的特征,因此大大提高了检测速度。

积分图的构造方式是位置(x,y)处的值$ii(x,y)$是原图像$f(x,y)$左上角方向所有像素的和,即:

$$ii(x,y)=\sum_{x'\leqslant x,y'\leqslant y} f(x',y') \tag{9-38}$$

积分图构建算法:

(1)用$s(x,y)$表示行方向的累加和,初始化$s(-1,y)=0$;

(2)用$ii(x,y)$表示一个积分图像,初始化$ii(x,-1)=0$;

(3)逐行扫描图像,递归计算每个像素(x,y)行方向的累加和$s(x,y)$和积分图像$ii(x,y)$的值:

$$s(x,y)=s(x-1,y)+f(x,y)$$
$$ii(x,y)=ii(x,y-1)+s(x,y)$$

(4)扫描图像一遍,当到达图像右下角像素时,积分图像$ii(x,y)$就构造好了。

积分图构造好之后,图像中任何矩阵区域的像素累加和都可以通过简单运算得到。

如图9.16所示,阴影区域D的右下角坐标为(6,4),左上角坐标为(4,2),则D区域的像素和可以表示为:

$$
\begin{aligned}
D_{sum} &= ii(\text{左上}) + ii(\text{右下}) - \big(ii(\text{右上}) + ii(\text{左下})\big) \\
&= ii(3,1) + ii(6,4) - \big(ii(6,1) + ii(3,4)\big) \\
&= 71 + 9(23 + 29) = 28
\end{aligned}
$$

利用积分图，Haar特征值就是两个矩阵像素和的差。所以矩形特征的特征值计算，只与此特征矩形的端点的积分图对应值有关，不管此特征矩形的大小如何变换，特征值的计算都是常数型时间复杂度。这样只要遍历图像一次，就可以求得所有子窗口的特征值。

在实际中，如果使用旋转特征，则需要多计算一张积分图。但是旋转特征的效果往往不理想，不建议使用。

2	3	4	5	5	4	4
1	2	3	4	2	4	3
2	3	3	4	2	2	1
0	2	4	4	3	3	2
1	1	2	2	4	4	1
2	0	1	4	4	2	2
2	3	3	2	2	4	3

(a)原图像

0	0	0	0	0	0	0	0
0	2	5	9	14	19	23	27
0	3	8	15	24	31	39	46
0	5	13	23	36	45	55	63
0	5	15	29	46	58	71	81
0	6	17	33	52	68	85	96
0	8	19	36	59	79	98	111
0	10	24	44	69	91	114	130

(b)积分图

图9.16　积分图计算实例

9.3　LBP特征

LBP指局部二值模式(Local Binary Pattern)，是一种用来描述图像局部特征的算子，是由T. Ojala等在1994年提出。LBP特征具有灰度不变性和旋转不变性等显著优点，而且计算简单、效果较好，因此LBP特征在计算机视觉的许多领域都得到了广泛的应用，LBP特征比较出名的应用是在人脸识别和目标检测中，在OpenCV提供了使用LBP特征训练目标检测分类器的接口。

9.3.1　原始LBP特征描述及计算方法

原始的LBP算子定义在像素3×3的邻域内，以邻域中心像素为阈值，相邻的8个像素的灰度值与邻域中心的像素值进行比较，若周围像素大于中心像素值，则该像素点的位置被标记为1，否则为0。这样，3×3邻域内的8个点经过比较可产生8位二进制数，将这8位二进制数依次排列形成一个二进制数字，这个二进制数字就是中心像素的LBP值，LBP值共有2828种可能，因此LBP值有256种。中心像素的LBP值反映了该像素周围区域的纹理信息。

上述过程如图9.17所示：

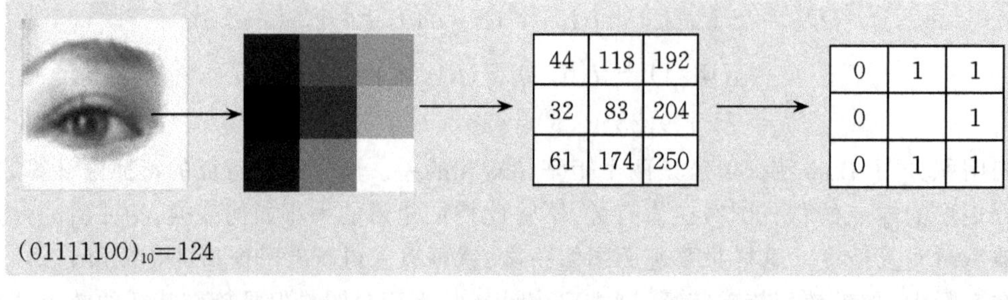

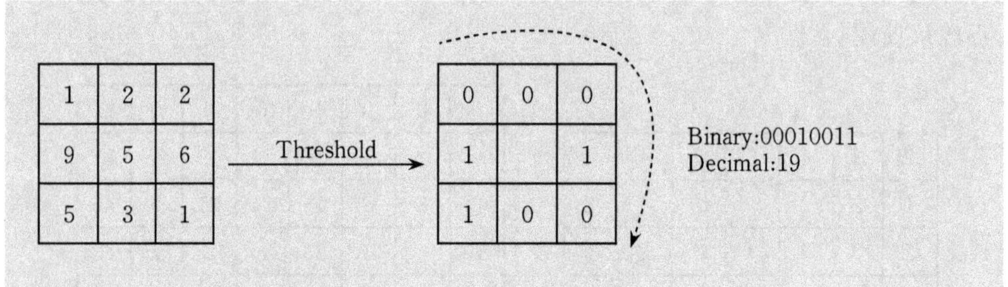

图9.17　LBP特征计算过程

将上述过程用公式表示为：

$$LBP\left(x_c, y_c\right)=\sum_{p=0}^{P-1} 2^p \times s\left(i_p-i_c\right) \tag{9-39}$$

这里$\left(x_c, y_c\right)$是中心像素的位置，其灰度值为i_c；中心周围像素的灰度值为i_p；s是符号函数，定义如下：

$$s(x)=\begin{cases}1 & 若x \geqslant 0 \\ 0 & 其他\end{cases}$$

计算LBP特征的代码如代码9-4所示，这里采用了函数模板形式。一个实例图像以及其标准LBP特征图像如图9.18所示。可以看到，图像的标准LBP特征基本包含了其问题特征信息，反映了图像各个部分的明暗程度。

代码9-4　标准LBP特征计算函数

```
//使用函数模板，保证函数对所有类型图像都适用。
template <typename_tp>
void getOriginLBPFeature(InputArray _src, OutputArray _dst)
{
    Mat src = _src.getMat();
    Mat srcExtented;
    //对图像边界进行扩充，边界像素采用复制的形式
    copyMakeBorder(src, srcExtented, 1, 1, 1, 1, BORDER_REPLICATE);
    _dst.create(src.rows, src.cols, CV_8UC1); //输出图像
    Mat dst = _dst.getMat();
    dst.setTo(0);
    for (int i = 0; i<src.rows; i++){
```

```
        for (int j = 0; j<src.cols; j++){
            _tp center = srcExtented.at<_tp>(i+1, j+1);//中心像素的值
            unsigned char lbpCode = 0; //LBP编码值
            lbpCode|=(srcExtented.at<_tp>(i,j)>center)<<7; //左上角
            lbpCode|=(srcExtented.at<_tp>(i,j+1)>center)<<6; //上边
            lbpCode|=(srcExtented.at<_tp>(i,j+2)>center)<<5; //右上角
            lbpCode|=(srcExtented.at<_tp>(i+1,j+2)>center)<< 4; //右边
            lbpCode|=(srcExtented.at<_tp>(i+2,j+2)>center)<< 3;//右下
            lbpCode|=(srcExtented.at<_tp>(i+2,j+1)>center)<< 2; //下边
            lbpCode|=(srcExtented.at<_tp>(i+2,j)>center)<<1; //左下角
            lbpCode |= (srcExtented.at<_tp>(i+1,j)>center)<< 0; //左边
            dst.at<uchar>(i, j) = lbpCode;
        }
    }
}
```

图9.8 实例图像以及其LBP特征

9.3.2 MB-LBP特征描述及计算方法

除了基本LBP特征之外，还有多种改进版的LBP特征。如具有灰度不变性的圆形LBP特征、具有旋转不变性的LBP特征、LBP等价模式(Uniform Pattern LBP)等等；但是在OpenCV中用来做目标检测的，是MB-LBP(Multiscale Block LBP)特征。

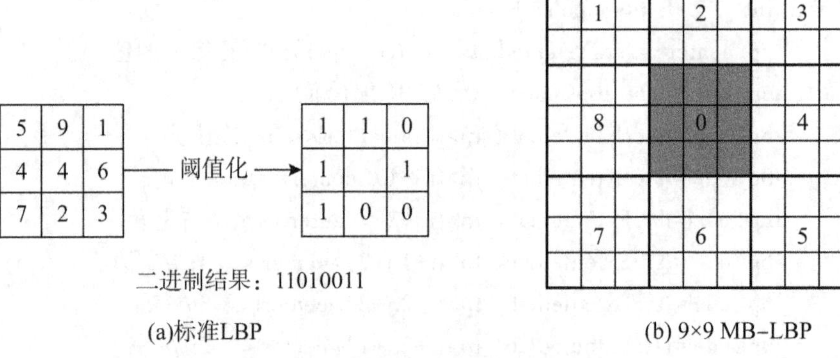

(a)标准LBP (b) 9×9 MB-LBP

图9.19 标准LBP和MB-LBP的比较

MB-LBP特征原理如图9.19(b)所示。以当前像素为中心，将其邻域内的像素分成一个个小块(Block)，每个小块再分为一个个的小区域(类似于HOG中的cell)，小区域内的灰度平均值作为当前小区域的灰度值，与中心小区域灰度进行比较形成LBP特征，生成的特征称为当前像素的MB-LBP值。Block大小为3×3，则小区域的大小为1，就是原始的LBP特征；图9.19中的Block大小为9×9，小区域的大小为3×3。

提取MB-LBP特征的程序如代码9-5所示。针对图9.18中的图像，使用不同大小的Block块提取的MB-LBP特征如图9.20所示。可以看到，随着Block尺寸的增大，MB-LBP特征对噪声不敏感，而且能够更多地捕捉大尺度结构，这些结构可能是图像结构的主要特征。

代码9-5 提取MB-LBP特征代码

```
//MB-LBP特征的计算
void getMultiScaleBlockLBPFeature(InputArray _src,OutputArray _dst,int scale)
{
    Mat src = _src.getMat();
    int cellSize = scale / 3;
    int offset = cellSize / 2;
    Mat srcExtented;
    //图像扩大一圈
    copyMakeBorder(src, srcExtented, offset, offset, offset, \
    offset, BORDER_REFLECT);
    //以当前点为中心，计算每个cell的像素均值
    Mat cellImage(src.rows, src.cols, CV_8UC1);
    for (int i = 0; i<src.rows; i++){
        for (int j = 0; j<src.cols; j++){
            int temp = 0;
            for (int m = -offset; m<offset + 1; m++){
                for (int n = -offset; n<offset + 1; n++){
                    temp += srcExtented.at<uchar>(i+n+offset, \
```

```
                    j+m+offset);
            }
        }
        temp /= (cellSize*cellSize);
        cellImage.at<uchar>(i, j) = uchar(temp);
    }
  }
  getOriginLBPFeature<uchar>(cellImage, _dst);
}
```

(a)3×3 MB-LBP图像　(b)9×9 MB-LBP

(c)15×15 MB-LBP图像　(d)21×21 MB-LBP图像

图9.20　不同大小block块对应的MB-LBP图像

9.3.3　图像的LBP特征向量(LBPH)

LBPH(Local Binary Patterns Histograms)即LBP特征的统计直方图,LBPH将LBP特征与图像的空间信息结合在一起。这种表示方法由Ahonen等人提出,首先将LBP特征图像分成m个局部块,并提取每个局部块的直方图,然后将这些直方图依次连接在一起形成LBP特征的统计直方图,即LBPH。

一幅图像具体的计算LBPH的过程(以OpenCV中的人脸识别为例):

(1)计算图像的LBP特征图像。

(2)将LBP特征图像进行分块,OpenCV中默认将LBP特征图像分成8行8列64块区域。

(3)计算每块区域特征图像的直方图cell_LBPH,将直方图进行归一化,直方图大小为1×numPatterns。这里numPatterns指直方图的bins个数,除LBP等价模式之外,其他模式中numPatterns=256。

(4)将上面计算的每块区域特征图像的直方图按分块的空间顺序依次排列成一行,形成LBP特征向量,大小为1×(numPatterns×64)

(5)用机器学习的方法对LBP特征向量进行训练,用来检测和识别目标

9.3.4 Haar-Like特征和LBP特征的区别

在级联分类器中,Haar-Like特征和LBP特征的区别主要有以下几点:

(1)Haar特征是浮点数计算,而LBP特征是整数计算,所以Haar特征的计算量大。

(2)同样的样本空间,Haar特征训练出来的数据检测结果要比LBP特征准确。

(3)扩大LBP的样本数据,训练结果可以与Haar特征训练结果一样。

(4)采用LBP特征的目标检测速度一般要比Haar特征快几倍。

9.4 OpenCV中的级联分类器

OpenCV采用cv::CascadeClassifier类来实现级联分类器,使用级联分类器可以用来检测图像和视频中的前景目标。级联分类器可以理解为由弱分类器并联组成强分类器(见图9.21),而由强分类器串联组成级联分类器。级联分类器将目标检测分为多个阶段,每个阶段都有一个强分类器,只有通过所有阶段的检测目标才被认为是正确的前景目标。在每个阶段没有通过的检测目标都被丢弃掉,不会进入下一阶段检测,这样可以大幅度提高检测速度。

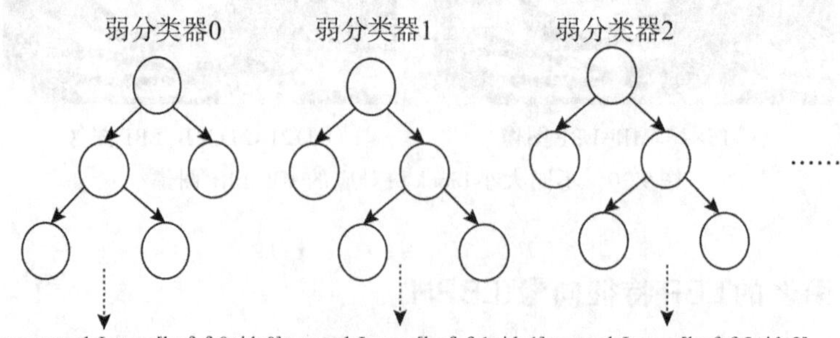

图9.21 弱分类器并联组成强分类器

9.4.1 基于级联分类器的目标检测

为了检测到不同大小的目标,一般有两种做法:逐步缩小图像或者逐步放大检测窗口。

缩小图像就是把图像长宽同时按照一定比例(默认1.1or1.2)逐步缩小,然后检测;放大检测窗口是把检测窗口长宽按照一定比例逐步放大,这时位于检测窗口内的特征也会对应放大,然后检测。在默认的情况下,OpenCV是采取逐步缩小图像的情况,如图9.22所示,最先检测的图片是底部那张大图。然后,对应每张图,级联分类器的大小固定的检测窗口器开始遍历图像,以便在图像找到位置不同的目标。对照图9.22来看,这个固定的大小就是图中的矩形框,大小是分类器中规定的参数决定的。

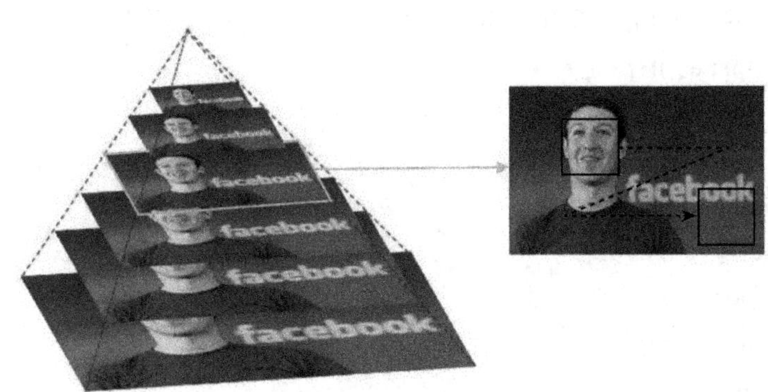

图9.22　级联分类器目标检测原理

这样,为了找到图像中不同位置的目标,需要逐次移动检测窗口,随着检测窗口的移动,窗口中的特征相应也随着窗口移动,这样就可以遍历到图像中的每一个位置,完成所有的特征检测。

cv::CascadeClassifier类的detectMultiScale()函数实现了大多数的检测功能,其函数原型为:

```
void detectMultiScale(
    InputArray image, //输入的图像
    CV_OUT std::vector<Rect>& objects, //检测到的目标向量
    double scaleFactor = 1.1, //图像缩放系数
    int minNeighbors= 3, //构成检测目标的相邻矩形的最小个数
    //是否使用Canny算子检测边缘,来排除边缘过少或过多的目标区域
    int flags = 0,
    Size minSize = Size(), //最小目标尺寸
    Size maxSize = Size()  //最大目标尺寸
);
```

代码9-6为一个利用OpenCV自带的级联分类器实现人脸检测的程序,分类器文件haarcascade_frontalface_alt2.xml保存在OpenCV4.2\Sources\data\haarcascades目录下。检测结果如图9.23所示。

代码9-6　利用级联分类器检测人脸

```
void DetectFaces()
{
```

```
    //创建一个级联分类器对象,并加载分类器文件
    CascadeClassifier faceDetector("haarcascade_frontalface_alt2.xml");
    if (faceDetector.empty()) {
        return;
    }
    VideoCapture cap(0); //打开USB摄像头
    if (!cap.isOpened()) {
        return;
    }
    Mat frame;
    while (true) {
        cap>>frame; //从摄像头获取一帧图像
        if (frame.empty())
            break;
        std::vector<cv::Rect>objects;
        //使用级联分类器检测人脸
        faceDetector.detectMultiScale(frame, objects);
        //对人脸图像进行标记
        for (int i = 0; i<objects.size(); i++){
            cv::rectangle(frame, objects[i], Scalar(0,0,255),4);
        }
        imshow("人脸检测结果", frame); //显示人脸检测结果
        if (waitKey(25) == 27) //暂停25ms,如果按ESC键则退出
            break;
    }
    cap.release(); //释放摄像头对象
    return;
}
```

图9.23　cv::CascadeClassifier分类器人脸检测结果

9.4.2　级联分类器训练原理

OpenCV中采用AdaBoost算法来训练级联分类器。AdaBoost(Adaptive Boosting,自适应提升)算法是由来自AT&T实验室的Freund和Schapire于1995年首次提出,该算法解决了早期Boosting算法的一些实际执行难题,而且该算法可以作为一种通用方法,从一系列弱分类器中产生一个强分类器。AdaBoost的自适应在于:前一个基本分类器分错的样本会得到加强,加权后的全体样本再次被用来训练下一个基本分类器。同时,在每一轮中加入一个新的弱分类器,直到达到某个预定的足够小的错误率或达到预先指定的最大迭代次数。

假设有一个集合$\{(x_1,y_1),(x_2,y_2),\cdots,(x_N,y_N)\}$,每一个数据项$x_i$是一个表示事物特征的向量,$y_i$是一个与其相对应的分类$y_i\in\{-1,1\}$,即$x_i$要么属于-1,要么属于1。AdaBoost算法通过m次迭代得到了一个弱分类器集合$\{k_1,k_2,\cdots,k_m\}$,对于每一个数据项x_i来说,每个弱分类器都会给出一个分类结果来,即$k_m(x_i)\in\{-1,1\}$。这m个弱分类器通过某种线性组合(式(9-40)所示)就得到了一个强分类器C_m,这样就可以通过C_m来判断一个新的数据项x_k是属于-1,还是1。这就是一个训练的过程。

在进行了第m-1次迭代后,可以把这m-1个弱分类器进行线性组合,所得到的强分类器为:

$$C_{m-1}(x_i)=\alpha_1k_1(x_i)+\cdots+\alpha_{m-1}k_{m-1}(x_i) \tag{9-40}$$

上式中,α_i为k_i的权值,并且$m>1$。当进行第m次迭代时,AdaBoost就通过增加一个弱分类器的方式扩展成另一个的强分类器:

$$C_m(x_i)=C_{m-1}(x_i)+\alpha_mk_m(x_i) \tag{9-41}$$

增加的第m个弱分类器k_m及其他的权值α_m可以保证C_m的分类结果强于C_{m-1}。用所有数据项x_i的指数损失的总和来定义C_m的误差E,从而判断k_m和α_m是否为最优,即:

$$E=\sum_{i=1}^{N}e^{-y_iC_m(x_i)}=\sum_{i=1}^{N}e^{-y_i\left(C_{m-1}(x_i)+\alpha_mk_m(x_i)\right)} \tag{9-42}$$

令$w_i^{(1)}=1$,$w_i^{(m)}=e^{-y_iC_{m-1}(x_i)}$,$w_i^{(m)}$表示在第$m-1$次迭代后,对训练数据项$x_i$所分配的权重,而在第1次迭代时,所使用的权重为1,即$w_i^{(1)}=1$。

令ϵ_m表示误差率,其值为:

$$\epsilon_m=\frac{\sum_{y_i\neq k_m(x_i)}w_i^{(m)}}{\sum_{i=1}^{N}w_i^{(m)}} \tag{9-43}$$

则

$$\alpha_m=\frac{1}{2}\ln\left(\frac{1-\epsilon_m}{\epsilon_m}\right) \tag{9-44}$$

通过以上定义,现在可以导出了AdaBoost算法:在每次迭代中,选择使$\sum_{y_i\neq k_m(x_i)}w_i^{(m)}$为最小的分类器$k_m$,并得到误差率$\epsilon_m$,应用该误差率又得到了权值$\alpha_m$(式9-37),则最终强分类器就由$C_{m-1}$提升为$C_m=C_{m-1}+\alpha_mk_m$。而在每次迭代后,得到的每个训练样本数据的权值$w_i^{(m+1)}$为:

$$w_i^{(m+1)}=w_i^{(m)}e^{-y_i\alpha_mk_m(x_i)}=w_i^{(m)}\times\begin{cases}e^{-\alpha_m} & \text{分类正确}\\ e^{\alpha_m} & \text{分类错误}\end{cases} \tag{9-45}$$

基于以上的分析,给出AdaBoost的计算步骤:

(1)设有n个样本$x_1, x_2, \cdots, x_n$,它们所希望得到的输出(即分类)为$y_1, y_2, \cdots, y_n, y_i \in \{-1,1\}$;

(2)初始化每个样本的权值$w_1^1, w_2^1, \cdots w_n^1$,它们都为$\frac{1}{n}$;

(3)进行迭代:$m=1,2,\cdots,M$;

①找到使误差率ϵ_m最小的弱分类器$k_m(x)$,并得到ϵ_m(式9-43);

②计算$k_m(x)$的权值α_m(式9-44);

③得到新的强分类器$C_m(x)$(式9-41);

④更新每个样本的权值$w_i^{(m+1)}$(式9-45);

⑤对权值$w_i^{(m+1)}$进行归一化处理,使$\sum_i w_i^{(m+1)}=1$。

(4)得到最终的强分类器

$$C(x)=sign\left(C_M(x)\right)=sign\left(\sum_{m=1}^{M}\alpha_m k_m(x)\right) \tag{9-46}$$

从式(9-46)中可以看出,强分类器是由权值α_m和弱分类器$k_m(x)$决定的。权值α_m由式(9-44)计算得到,而用简单的二叉决策树就足以完成对弱分类器的设计。也就是说,每一个弱分类器就是一个决策树,而该决策树是由加权后的样本构建而成,由于每次迭代的权值$w_i^{(m)}$不同,所以每次迭代所构建的决策树也是不同的。当要应用AdaBoost预测样本x时,只要把该样本带入不同的决策树(即弱分类器)进行预测即可,预测的结果就是$k_m(x)$,然后应用式(9-46)把不同的决策树的预测结果进行加权和,最后判断其符号。OpenCV就是采用的这种方法。当用决策树的形式时,权值α_m的计算公式为:

$$\alpha_m=\ln\left(\frac{1-\epsilon_m}{\epsilon_m}\right) \tag{9-47}$$

每个训练样本数据的权值更新公式则为:

$$w_i^{(m+1)}=w_i^{(m)}\times\begin{cases}1 & 分类正确\\ e^{\alpha_m} & 分类错误\end{cases} \tag{9-48}$$

AdaBoos算法可分为Discrete Adaboost,Real AdaBoost,LogitBoost和Gentle AdaBoost等4种,其基本原理和结构基本相同,区别主要在于弱分类器$k_m(x)$的输出不同。前面给出的是Discrete Adaboost算法的原理和计算步骤,这也是最简单的一种提升算法。OpenCV的OpenCV_traincascade程序默认采用的是Gentle AdaBoost算法。

9.4.3 训练自己的级联分类器

OpenCV提供了一个工具opencv_traincascade可以训练自己的级联分类器,支持Haar和LBP两种特征,并易于增加其他的特征。与Haar特征相比,LBP特征是整数特征,因此训练和检测过程都会比Haar特征快几倍。LBP和Haar特征用于检测的准确率,是依赖于训练数据的质量和训练参数。

训练程序opencv_traincascade.exe对输入的数据格式是有要求的,所以需要相关的辅助程序:opencv_createsamples.exe用来准备训练用的正样本数据。opencv_createsamples.exe能够生成被opencv_traincascade.exe程序支持的正样本数据。它的输出为以*.vec为扩展名的文件,该文件以二进制方式存储图像。

1.准备负样本

所有负样本图像应当放在一个清单文件中，每张图像单独一行，需要包含图像的相对路径或绝对路径。负样本图像一般需要大于或等于训练样本窗口大小。大多数负样本图像大小是训练样本图像大小的几倍，然后从中随机裁剪出几个与训练样本大小相同的图像。

2.准备正样本

正样本使用opencv_createsample程序来生成。opencv_createsample可以用两种方式来产生正样本数据库：

（1）提供少量正样本图像，然后通过各种几何变换、灰度值变换或背景改变来合成一系列正样本图像。

（2）提供所有正样本图像，然后手工进行分割和缩放并转换成所需要的二进制形式。

第1种方法只对检测固定的刚性物体有效，比如平面Logo图像，但是对非刚性物体或变形的物体无效。在大多数情况下，推荐使用第2种方法来创建正样本，即提供大量不同的正样本图像。

创建正样本的命令格式如下：

```
opencv_createsamples.exe -info<collection_file_name>:样本描述文件名
                         -w <width>: 样本目标宽度
                         -h <height>: 样本目标高度
                         -vec <vecFileName>: 输出样本文件名
                         -num  <numsamples>: 样本个数
                         -show        : 是否显示每个样本
```

以上命令创建样本的过程如下：根据样本描述文件，检测对象从样本文件中被裁剪出来，缩放成w×h的大小，并保存在输出的vec文件中。

3.分类器训练

使用opencv_traincascade.exe可以对上述样本进行弱分类器的级联增强训练，其命令参数众多，主要参数有4类，如下所示：

（1）通用参数

①-data <cascade_dir_name>:训练好的级联分类器保存目录，需要在训练之前手工创建。

②-vec <vec_file_name>:由open_createsamples.exe生成的正样本文件，后缀名为.vec。

③-bg <background_file_name>:负样本说明文件，主要包含负样本文件所在的目录及负样本文件名。

④-numPos <number_of_positive_samples>: 每级分类器训练时所用到的正样本数目，应小于vec文件中正样本的数目，具体数目限制条件为：numPos+(numStages- 1)×numPos(1-minHitRate)<=vec文件中正样本的数目。根据经验，一般为正样本文件的80%。

⑤-numNeg <number_of_negative_samples>:每级分类器训练时所用到的负样本数目，可以大于-bg参数指定的图片数目。根据经验，一般为numPos的2~3倍。

⑥numStages <number_of_stages>:训练分类器的级数，即强分类器的个数。根据经验，一般为12-20。

⑦-precalcValBufSize <precalculated_vals_buffer_size_in_Mb>:缓存大小，用于存储预先

计算的特征值,单位MB,根据自己的内存分配大小。

⑧-precalcIdxBufSize <precalculated_idxs_buffer_size_in_Mb>:缓存大小,用于存储预先计算的特征索引,单位MB,根据自己的内存分配大小。

⑨-baseFormatSave: 仅在使用Haar特征时有效,如果指定,级联分类器将以旧的格式存储。

⑩-numThreads <max_number_of_threads>: 训练时使用的线程数

⑪-acceptanceRatioBreakValue <break_value>: 训练结束条件,推荐不小于1e-5

(2)级联参数

①-stageType <BOOST(default)>:训练使用的级联类型,目前只支持BOOST提升分类器。

②-featureType<{HAAR(default), LBP}>:训练使用的特征类型,HAAR:Haar特征, LBP - LBP特征。

③-w <sampleWidth>: 样本宽度,与创建样本时候的尺寸一致。

④-h <sampleHeight>: 样本高度, 与创建样本时候的尺寸一致。

(3)提升分类器参数

①-bt <{DAB, RAB, LB, GAB(default)}>:提升分类器类型,DAB-Discrete AdaBoost, RAB - Real AdaBoost, LB - LogitBoost, GAB - Gentle AdaBoost.。

②-minHitRate <min_hit_rate> : 每一级分类器最小命中率,表示每一级强分类器对正样本的分类准确率,总的命中率大约为[min _hit_ratenumber_of_stages]。

③-maxFalseAlarmRate <max_false_alarm_rate> :最大误报率,影响弱分类器的阈值,表示每个弱分类器将负样本误分为正样本的比例,默认值为0.5,但是一般需要将其设置得到低一些才能得到比较好的效果。总的误检率大约为[max_false_ratenumber_of_stages]。

④-weightTrimRate <weight_trim_rate> : 0- 1之间的阈值,影响参与训练的样本,样本权重更新排序后(从小到大),从前面累计权重小于(1- weightTrimRate)的样本将不参与下一次训练,一般默认值为0.95。

⑤-maxDepth <max_depth_of_weak_tree> :每一个弱分类器决策树的深度,默认是1,是二叉树(stumps),只使用一个特征。

⑥-maxWeakCount <max_weak_tree_count> :每级强分类器中弱分类器的最大个数,当误检率降不到指定的maxFalseAlarm时可以通过指定最大弱分类器个数停止单个强分类器。

(4)Haar-like特征参数

①-mode <BASIC (default) | CORE | ALL> : 如果选择Basic,则只选用最基本的4种Haar特征;如果选用CORE,则选用7种Haar特征;如果选用ALL,则选择所有的特征;如图9.14所示。此参数对LBP特征无效。

训练完成之后,训练好的分类器保存在-data指定的保存目录下的cascade.xml文件中,-data指定的保存目录下其他的文件是临时保存的阶段文件,可以自行删除。cascade.xml实例如图9.24所示。

在训练结果文件cascade.xml中主要有stageType,featureType,width,height,stageParams,featureParams,stageNum,stages和features节点。

stages中的stage数目是自己设定的,每个stage可以当做一个强分类器,它又包含多个weakClassifiers,每个weakClassifier又包含一个internalNodes和一个leafValues。internalNodes中四个变量代表一个node,分别为node中的left/right标记,特征池中的ID和threshold。leafValues中两个变量代表一个node,分别为leftleaf和rightleaf值。

features是分类器的特征池，每个Haar特征包含一个矩形rect和要提取的特征序号，每个Hog特征/LBP特征包含一个矩形。

```
<?xml version="1.0"?>
<opencv_storage>
<cascade>
  <stageType>BOOST</stageType>
  <featureType>LBP</featureType>
  <height>50</height>
  <width>50</width>
  <stageParams>
    <boostType>GAB</boostType>
    <minHitRate>9.9500000476837158e-001</minHitRate>
    <maxFalseAlarm>3.0000001192092896e-001</maxFalseAlarm>
    <weightTrimRate>9.4999999999999996e-001</weightTrimRate>
    <maxDepth>1</maxDepth>
    <maxWeakCount>100</maxWeakCount></stageParams>
  <featureParams>
    <maxCatCount>256</maxCatCount>
    <featSize>1</featSize></featureParams>
  <stageNum>9</stageNum>
  <stages>
    <!-- stage 0 -->
    <_>
      <maxWeakCount>3</maxWeakCount>
      <stageThreshold>-1.1555722951889038e+000</stageThreshold>
      <weakClassifiers>
        <_>
          <internalNodes>
            0 -1 24 -69209089 -2640417 -778838017 -4197665 -34882305
            -18021 -654312449 -1426326593</internalNodes>
          <leafValues>
            -9.6379727125167847e-001 8.5503685474395752e-001</leafValues></_>
        <_>
          <internalNodes>
            0 -1 3 -2097161 -2106473 -1613900289 -4196909 -69206017
            -5510677 2137243135 -789769</internalNodes>
          <leafValues>
```

图9.24　cascade.xml文件部分内容

9.4.4　级联分类器训练实例

以下以头肩检测模型为例，详细说明如何训练级联分类器。

正样本实例如图9.25所示：

图9.25　头肩检测模型部分正例图像

创建正样本的命令为：

```
opencv_createsamples.exe -info pos.txt -w 50 -h 50 -vec pos.vec -num 1101
```

此命令将从pos.txt中读取文件，创建大小为50×50的1101个正样本，并将正样本文件写入pos.vec文件中。

训练分类器的命令为：

```
opencv_traincascade.exe  -data data -vec pos.vec -bg neg.txt -numPos 800 -numNeg 2500 -numStages 10 -featureType LBP -minHitRate 0.995 -maxFalseAlarmRate 0.25 - acceptanceRatioBreakValue 1e-6 -w 50 -h 50 -precalcValBufSize 4096 -precalcIdxBufSize 4096
```

此命令将从neg.txt中读取负样本，从pos.vec中读取正样本，训练的分类器结果保存在data目录下，要注意data目录需要事先手工创建。每个训练阶段中使用的正样本个数为800个，负样本个数为2500个（负样本个数总数为3560个）。总的训练阶段为10个，每一个训练阶段最小命中率都是0.995，最大误检率是0.25，训练结束条件是1e-6。训练采用的特征是LBP特征。目标大小为50×50。预先给分类器分配的特征缓存和索引缓存大小都为4096MB。

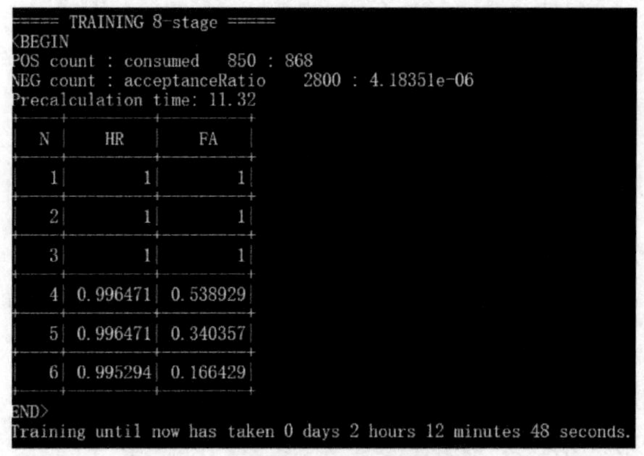

图9.26　级联分类器训练截图

训练过程中的截图如图9.26所示，图中打印输出的信息解释如下：

（1）POS count: consumed 850:868。其中850是训练时指定的正例数目，此值由训练参数指定；而实际使用的正例数目是868，表示有18张正例没有识别出来，此时识别率是850/868=97.9%。

（2）NEG count:acceptanceRatio 2800:4.1835e-06。这里NEG count表示训练中使用的负例数量，实际取出的负样本数与查询过的负样本数之比为4.1835e-06。

（3）Precalculation time: 11.32。表示预先计算特征值所消耗的时间为11.32秒。

（4）N HR FA。N表示当前强分类器的弱分类器的数量，HR表示当前强分类器的识别率，FA表示当前强分类器的错误率。从倒数第2行开始，此时训练得到了5棵决策树，识别率为99.6471%，错误率为34.0357%，识别率满足了要求，即大于最小识别率99.5%，但是错误率不满足要求，要求最大错误率为25%，所以还需要继续训练。当又得到一颗决策树时（有6棵决策树），识别率和错误率都满足了要求（99.5294% > 99.5%，16.6492% < 25%）。此时该级的强分类器已经得到，因为识别率和错误率都满足了要求，所以此级分类器的训练结束。

OpenCV提供了一个级联分类器的可视化工具opencv_visualisation.exe，可以用图示的方式显示级联分类器的训练结果。使用方法如下：

```
opencv_visualisation.exe
        --image:图像文件名,图像尺寸需要与训练样本目标尺寸一致
        --model: 训练得到的级联分类器xml文件名
        --data:可视化结果输出目录
```

一个命令实例如下所示,其中output是一个事先创建好的目录。

```
opencv_visualisation.exe--image=data/object.bmp
        --model=data/cascade.xml  - data=output
```

此命令输出的可视化结果如图9.27所示。训练得到的级联分类器由9个阶段组成,图中只显示了前5个阶段的训练结果,其余4个部分的训练结果类似,只是特征数目越来越多。图中将LBP特征的位置和大小叠加在检测图像上,可以很直观地看到哪些特征对训练结果影响较大。通过这些特征的分析,可以改进分类器的训练,也可以改善最终的目标检测效果。

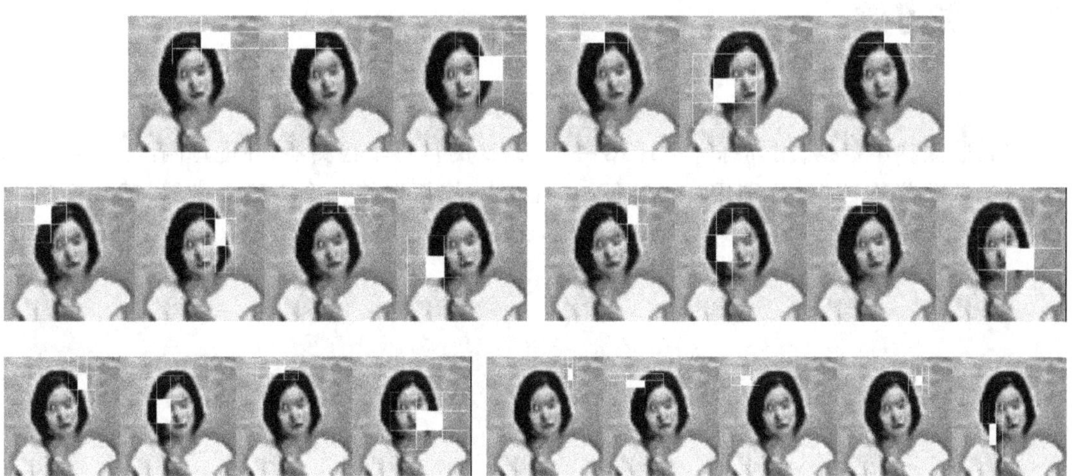

图9.27 级联分类器训练结果图示

利用训练得到的分类器xml文件替换代码9-3中的分类器xml文件,同样可以得到头肩检测结果,如图9.28所示。与图9.13相比,头肩检测模型检测的结果包括了人脸轮廓和肩部轮廓,结构更稳定,对人脸特征的依赖性更小,适合于人数统计和人员跟踪等应用场合。

图9.28 头肩检测模型检测结果

9.5 总结

本章大部分内容与目标检测和模式识别相关,其中的HOG特征、Haar-Like特征和LBP特征都属于对图像目标的表示和描述。与后续第12章基于深度学习的目标检测方法相比,本章的目标检测方法都属于传统的目标检测方法。但是与链码方法、边界描述子、区域描述子和主分量描述子等更早的图像描述方法相比,本章描述的方法有着更短的历史,也有着更好的分类效果。SVM分类器和cascade级联分类器是常用的目标分类方法,优化之后都有很高的分类效率。分类器的技术传统上属于模式识别的内容,读者可以不深究其算法原理的推导过程,但要掌握这些工具的使用方法。在深度学习出现之前,这些分类器是应用最广泛的分类方法;在目前条件下,如果样本有限和类别很少,这些分类器依然是很有效的方法。

9.6 实习题

(1)收集样本数据,用训练一个HOG特征+SVM的自行车检测器,并进行测试。

(2)收集样本数据,分别用LBP特征、Harr-Like特征训练一个级联分类器,用来检测机动车辆,并进行测试。

第10章

2D图像特征

人类视觉是双目成像,现实世界中的物体在两只眼睛中独立成像,这两张图像在大脑中精确匹配,从而大脑能够估计人与物体的距离。不论科研上还是生产中都希望计算机系统可以和人类的视觉一样通过程序自动找出两幅图像中相同的景物,并且建立它们之间的对应关系,这就是图像匹配问题。基于特征点的图像匹配是计算机视觉中经常用到的方法,可以用于目标跟踪,也可用于相机参数估计,进而用来对图像进行拼接或用于三维重建。

2D图像特征功能研究如何使用OpenCV中的图像特征点检测子、特征点描述子以及特征点匹配框架,实现不同图像中特征点的匹配问题。2D图像特征功能一部分包含在OpenCV的图像处理模块中;还有一部分包含在opencv_contrib的xfeatures2D模块中,编译时需要勾选BUILD_opencv_xfeatures2d选项。

10.1 尺度空间

当利用计算机视觉系统对图像中的目标物体进行匹配或目标跟踪时,通常需要一些显著特征来描述目标物体,以便于对目标物体进行稳定的匹配。例如对机动车辆进行描述时,选取车牌、轮胎和轮廓等特征;对人脸进行描述时,选取鼻子、嘴巴、眼睛及耳朵等特征。当利用计算机来分析目标物体时,需要关注的重点是目标物体的局部不变性,即当目标物体在图像中发生移动或摄像机角度发生变化时,能够在图像序列中保持不变的局部特征。局部不变性是目标特征分析中重要的性质之一,主要包括旋转不变性、灰度不变性、仿射不变性和尺度不变性等。

旋转不变性描述的是物体或摄像机的旋转操作与目标认知分析无关,强调的是目标特征的多角度信息特征;灰度不变性描述的是在不同光照条件下特征点不变;仿射不变性描述的是图像特征点在仿射几何变形下保持不变的特性;而尺度不变性描述的是物体视觉上的远近或图像上的尺寸大小与目标的认知分析无关,也就是说,摄像机相对物体远近呈现出来的物体特征性质不变。大尺度意味着目标物体较小,因为摄像机相对目标物体放置较远;小尺度意味着目标物体较大,因为摄像机相对目标物体放置较近。以上局部不变性中尺度不变性最为重要,多尺度与多分辨率操作是图像特征分析中的重要技术之一,各种特征检测方法应当优先满足尺度不变性。

高斯核是唯一可以产生多尺度空间的核,高斯核具有圆对称性,通过高斯卷积操作对原始像素值重新分配权重，距离中心越远的像素分配的权值越小。尺度是客观存在的，高斯卷积只是表现尺度空间的一种形式。在计算机视觉中，大尺度操作通常是利用高斯平滑和下采样技术；小尺度操作通常是利用高斯核做上采样。

二维图像的尺度空间定义为：

$$L(x,y,\sigma)=G(x,y,\sigma)*f(x,y) \tag{10-1}$$

其中$G(x,y,\sigma)$是尺度因子为σ的高斯核函数，尺度因子描述的是图像平滑程度，小尺度对应于图像中的细节部分，大尺度对应于图像中的轮廓部分。在式(10-1)中，通过高斯函数与原图像的卷积实现图像的多尺度空间。尺度因子σ较小时，参与卷积的像素较少，此时结果对应图像的小尺度空间，展现的是图像的细节；尺度因子σ较大时，参与卷积的像素较多，此时结果对应图像的大尺度空间，展现的更多是图像的轮廓。

利用OpenCV中的高斯平滑函数cv::GaussianBlur()、上采样函数cv::pyrUp()和下采样函数cv::pyrDown()函数可以进行图像尺度空间变换。cv::pyrDown()函数用来对原图像进行平滑，然后对平滑之后的图像进行下采样，其函数原型为：

```
void pyrDown(
    InputArray src,//输入图像
    OutputArray dst,//输出图像，长宽为原图像一半
    const Size& dstsize = Size(), //默认长宽是原图像一半
    int borderType = BORDER_DEFAULT //默认以镜像反射方式处理边界
);
```

pyrDown函数的处理方式为，首先对原图像进行5×5高斯平滑，其采用的平滑模板如式(10-2)所示，然后去掉偶数行和偶数列，就得到输出的图像。

$$\text{kernel}=\frac{1}{256}\begin{bmatrix}1 & 4 & 6 & 4 & 1\\4 & 16 & 24 & 16 & 4\\6 & 24 & 36 & 24 & 6\\4 & 16 & 24 & 16 & 4\\1 & 4 & 6 & 4 & 1\end{bmatrix} \tag{10-2}$$

pyrUp函数用来对图像进行上采样，然后对上采样的图像进行平滑，其函数原型为：

```
void pyrUp(
    InputArray src, //输入图像
    OutputArray dst, //输出图像，与原图像相同大小和类型
    const Size& dstsize = Size(), //输出图像大小
    int borderType =BORDER_DEFAULT //默认以镜像反射方式处理边界
);
```

pyrUp函数的处理方式为，在原图像中插入值为0的偶数行和偶数列，这样就将原图像扩大了两倍；然后对扩大之后的图像进行(10-2)式所示的高斯平滑，就可以得到最终输出的图像。

利用pyrUp和pyrDown函数可以得到图像金字塔，以获得不同尺度下图像的观察结果，如代码10-1所示。

代码10-1 图像金字塔

```
void Pyramid()
{
    Mat srcImg = imread("opera.tif", IMREAD_COLOR);
    Size ksize(11, 11);
    double sigma; //高斯滤波器的标准差
    //对原图像进行11×11高斯平滑，滤波器标准差参数σ=0.5
    GaussianBlur(srcImg, srcImg, ksize, 0.5);
    //如果源图像尺寸过大，则长宽各缩小到原来的一半
    if (srcImg.rows> 400 &&srcImg.cols> 400)
        cv::resize(srcImg, srcImg, cv::Size(), 0.5, 0.5);
    int nDstCols = srcImg.cols - srcImg.cols%2;
    int nDstRows = srcImg.rows - srcImg.rows%2;
    //缩放图像，以保证原图像的长宽都是偶数
    cv::resize(srcImg, srcImg, Size(nDstCols, nDstRows));
    cv::imshow("源图像", srcImg);
    cv::Mat pyrDownImage; //下采样的图像
    cv::Mat pyrUpImage; //上采样的图像
    //对源图像进行下采样
    pyrDown(srcImg, pyrDownImage, cv::Size(srcImg.cols / 2, \
            srcImg.rows/ 2));
    cv::imshow("下采样图像", pyrDownImage);
    //对源图像进行上采样
    pyrUp(srcImg, pyrUpImage,cv::Size(srcImg.cols * 2,\
            srcImg.rows * 2));
    cv::imshow("上采样图像", pyrUpImage);
    //对下采样图像进行上采样，以重构原图像
    cv::MatpyrBuildImage;
    pyrUp(pyrDownImage, pyrBuildImage,cv::Size(pyrDownImage.cols * 2, pyrDownImage.
    rows * 2));
    cv::imshow("pyrBuildImage", pyrBuildImage);
    cv::MatdiffImage; //源图像和重构图像之间的差分图像
    //对源图像和重构图像进行差分运算
    cv::absdiff(srcImg, pyrBuildImage, diffImage);
    //对差分图像进行二值化
    threshold(diffImage, diffImage, 0, 255,THRESH_BINARY | \
            THRESH_OTSU);
```

```
    cv::imshow("diffImage", diffImage);
    cv::waitKey(0);
}
```

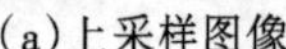
(a)上采样图像

(b)原图像

(c)下采样图像

(d)重构图像

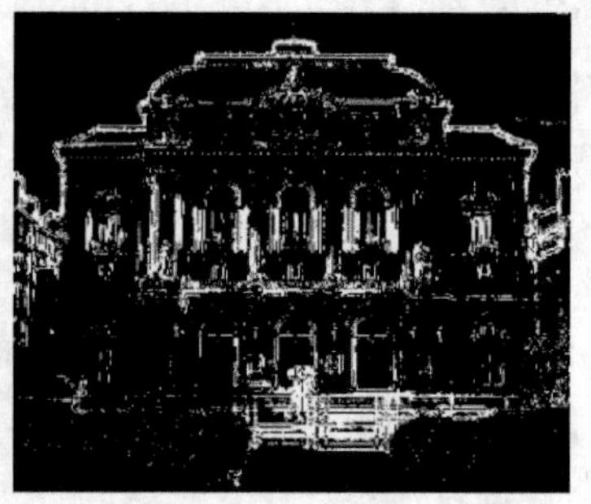
(e)阈值化之后的差分图像

图10.1 图像金字塔与图像重构

图10.1是图像金字塔与图像重构结果。从图中可以看到,对原图像进行上采样,会导致图像模糊;而对图像进行下采样,会导致一些细节信息丢失。图像重构过程中先进行下采样,然后再进行上采样,图像重构的结果,同样会导致图像模糊,丢失细节信息。而从差分图像的二值化结果中可以看到,在图像的边缘和轮廓处,重构图像与源图像相差最为明显,这些区域与图像的高频部分相对应;而在图像的平坦处,重构前后相差不是很明显。

10.2 角点检测

在图像处理和计算机视觉领域,兴趣点也被称为关键点(key points)、特征点(feature points),它被大量用于解决物体识别、图像识别、图像匹配、目标跟踪、三维重建等一系列的问题。可以不用观察整幅图像,而是选择某些特殊的点,然后对它们进行局部分析;只要这些点足够多,并且具有足够的区分度,那么这些方法就具有实用价值。特征点检测方法众多,其中角点检测最为简单。

如果图像中某一点在任意方向的微小变动都会引起灰度很大的变化,那么这个点就称为角点。角点作为图像上的特征点，包含有重要的信息，在图像融合、目标跟踪和三维重建中都有重要的应用价值。关于角点，也可以从以下角度进行描述：

(1)一阶导数(即灰度的梯度)局部最大值所对应的像素点；

(2)两条及两条以上边缘的交点；

(3)图像中梯度值和梯度方向的变化速率都很高的点；

(4)一阶导数值最大，二阶导数为0的点，指示了物体边缘变化不连续的方向。

10.2.1　Harris角点检测

Harris角点检测是常用的一种角点检测方法，其基本思想是使用一个固定窗口在图像上进行任意方向上的滑动，比较滑动前与滑动后两种情况下窗口中像素灰度变化程度，如果存在任意方向上的滑动，都有着较大灰度变化，那么就可以认为该窗口中存在角点。

当窗口发生偏移量为$[u,v]$的移动时，那么滑动前与滑动后对应窗口中的像素点灰度变化描述如下：

$$E(u,v)=\sum_{x,y}w(x,y)\left[I\left(x+v,y+v\right)-I(x,y)\right]^2 \tag{10-3}$$

式(10-3)中，(x,y)是窗口内所对应的像素坐标位置，窗口有多大，就有多少个位置；$w(x,y)$是窗口函数，最简单情形就是窗口内的所有像素所对应的w权重系数均为1，大多数时候会将$w(x,y)$函数设定为以窗口中心为原点的二元高斯函数。如果窗口中心点是角点，移动前与移动后，该点的灰度变化应该最为剧烈，所以该点权重系数可以设定得大一些，表示窗口移动时，该点在灰度变化贡献较大；而离窗口中心(角点)较远的点，这些点的灰度变化几近平缓，这些点的权重系数，可以设定得小一些，以示该点对灰度变化贡献较小。常用加窗函数如图10.2所示。

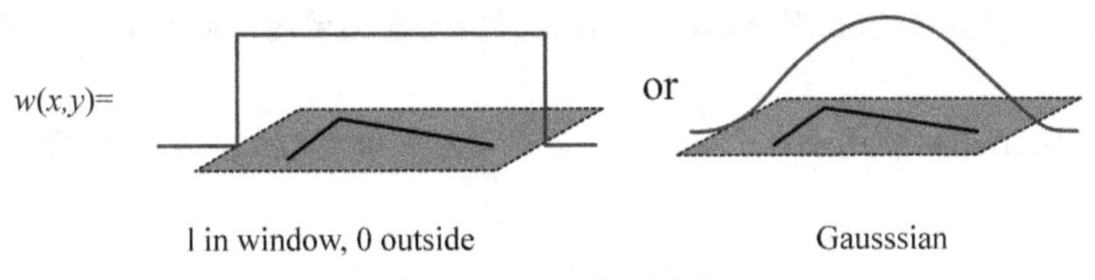

图10.2　Harris加窗函数

根据式(10-3)，当窗口处在平坦区域上滑动，灰度基本不会发生变化，那么$E(u,v)=0$；如果窗口处在纹理比较丰富的区域上滑动，那么灰度变化会很大。算法思想就是，当窗口在任意方向滑动时候，$E(u,v)$发生较大变化时所对应的位置就是角点位置。

利用泰勒公式$f\left(x+u,y+v\right)\approx f\left(x,y\right)+uf_x\left(x,y\right)+vf_y(x,y)$，对式(10-3)进行展开，则得到：

$$\begin{aligned}\sum\left[I\left(x+u,y+v\right)-I(x,y)\right]^2 &\approx \sum\left[I\left(x,y\right)+uI_x+vI_y-I\left(x,y\right)\right]^2\\ &=\sum[u,v]\begin{bmatrix}I_x^2 & I_xI_y\\ I_xI_y & I_y^2\end{bmatrix}\begin{bmatrix}u\\ v\end{bmatrix}\\ &=[u,v]\left(\sum\begin{bmatrix}I_x^2 & I_xI_y\\ I_xI_y & I_y^2\end{bmatrix}\right)\begin{bmatrix}u\\ v\end{bmatrix}\end{aligned} \tag{10-4}$$

式中I_x和I_y分别是图像$I(x,y)$在x方向和y方向的偏导数，也即在x方向和y方向上的梯度。则式(10-3)可以变换为：

$$E(u,v)\cong[u,v]M\begin{bmatrix}u\\v\end{bmatrix} \tag{10-5}$$

其中矩阵M为：

$$M=\sum w(x,y)\begin{bmatrix}I_x^2 & I_xI_y\\I_xI_y & I_y^2\end{bmatrix} \tag{10-6}$$

矩阵M又称为黑塞矩阵(Hessian Matrix)，是一个实对称矩阵，E代表灰度变化。由于矩阵M是实对称矩阵，则必然可以对角化，且存在两个特征值，而特征值所对应的特征向量即为灰度变化方向，可以直接根据M的特征值进行角点判断。如果两个特征值都比较小，则对应是图像中的平坦区域；如果两个特征值一个大一个小，则对应的是边缘区域；如果两个特征值都较大，则表示有两个方向灰度变化较快，对应位置就是角点区域。

通常利用下式进行角点响应度量：

$$R=\det(M)-k\left(\mathrm{trace}(M)\right)^2 \tag{10-7}$$

其中$\det(M)=\lambda_1\lambda_2$是矩阵$M$两个特征值的乘积，$\mathrm{trace}M=\lambda_1+\lambda_2$是矩阵$M$特征值之和，$k$是常数，一般取值0.04~0.06。当$|R|$值较小的时候，对应的是图像中的平坦区域；当$R$值小于0的时候对应就是边缘；当$R$较大的时候对应的就是角点。

Harris角点检测算法的实现步骤如下：

(1)利用高斯函数对图像进行平滑操作；

(2)利用水平与垂直差分算子对图像进行卷积操作，计算得到相应的I_x、I_y，根据实对称矩阵M的组成，得到M的矩阵元素；

(3)对每一像素和给定的邻域窗口，计算局部特征结果矩阵M的特征值和响应函数R的值；

(4)根据非极大值抑制原理，选取同时满足阈值及某邻域内的局部最大值对应点为候选角点。

cv::cornerHarris()函数用于在OpenCV中运行Harris角点检测算子来进行角点检测。其函数原型为：

```
void cornerHarris(
    InputArray src, //输入图像，单通道8位或32位图像
    OutputArray dst, //输出图像，单通道浮点类型图像
    int blockSize, //加窗函数的大小
    int ksize, //用来求取图像梯度的sobel窗口大小
    double k, //式(10-7)中常数k的值
    int borderType=BORDER_DEFAULT //边缘处理方式，默认是镜像方式
);
```

Haaris角点检测代码如代码10-2所示，检测结果如图10.3所示。这里过滤了大部分响应值较小的角点，只保留了响应值较大的角点。

代码 10-2　Harris 角点检测

```
void HarrisCorner()
{
    Mat clrImg = imread("kodim08.png", IMREAD_COLOR);
    imshow("原图像", clrImg); //原图像是彩色图像
    Mat srcImg;
    //角点检测图像必须是灰度图像
    cvtColor(clrImg, srcImg, COLOR_BGR2GRAY);
    Mat dstImg;
    int blockSize = 5; //角点检测时的窗口大小
    int aperturezie = 3; //用来求取图像梯度的sobel窗口大小
    double k = 0.04;  //常数
    //计算图像的Harris角点
    cornerHarris(srcImg, dstImg, blockSize, aperturezie, k);
    //将角点响应进行归一化到0~255范围内
    normalize(dstImg, dstImg, 0, 255, NORM_MINMAX, CV_32FC1, Mat());
    //在彩色图像用红色圆圈绘制出响应较大的角点位置
    for (int j = 0; j<dstImg.rows; j++) {
        for (int i = 0; i<dstImg.cols; i++) {
            if (dstImg.at<float>(j, i) > 150.0f) {
                circle(clrImg, Point(i,j),5,Scalar(0,0,255), 2, 8, 0);
            }
        }
    }
    imshow("角点图像", clrImg);
    waitKey(0);
}
```

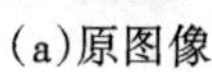

(a)原图像

(b)角点图像

图 10.3　Harris 角点检测结果

10.2.2 Shi-Tomasi角点检测

Shi-Tomasi角点检测算法是Harris算法的改进,1994年在论文《Good Features to Track》中被提出。Harris算法判断角点的标准如式(10-7)所示,后来Jianbo Shi和Carlo TomasiShi提出改进的方法,若两个特征值中较小的一个大于最小阈值,则会得到强角点。即Shi-Tomasi角点检测选取的角点响应函数修改为:

$$R=\min\left(\lambda_1,\lambda_2\right) \tag{10-8}$$

Shi-Tomasi角点检测算法很多情况下可以得到比使用Harris 算法更好的结果。OpenCV实现此算法的函数名根据论文名字定义为cv::goodFeaturesToTrack(),其函数原型为:

```
void goodFeaturesToTrack(
    InputArray image, //8位或32位单通道图像
    OutputArray corners, //检测到的角点的输出向量
    int maxCorners, //返回的最多的角点个数
    double qualityLevel, //角点检测时最小特征值占最大特征值的比例
    double minDistance, //角点之间的最小距离
    InputArray mask = noArray(), //角点检测时的感兴趣区域
    int blockSize = 3, //角点检测时的窗口函数的大小
    bool useHarrisDetector = false, //是否使用Harris角点检测
    double k = 0.04 //设置Harris角点检测时的k参数
);
```

上述qualityLevel参数用来控制角点检测的最小值。其实实际用于过滤角点的最小特征值是qualityLevel与图像中最大特征值的乘积。所以qualityLevel通常不会超过1(常用的值为0.10或0.01)。检测完所有的角点之后,还要进一步剔除一些距离小于minDistance的角点。

Haaris角点检测代码如代码10-3所示,检测结果如图10.4所示。与图10.3相比,Shi-Tomasi算法检测到的角点分布更为均匀,与图像特征的结合更为紧密,在目标跟踪和特征匹配上应用更为普遍。

代码10-3 Shi-Tomasi角点检测实例

```
void ShiTomasiCorner()
{
    Mat clrImg = imread("kodim08.png", IMREAD_COLOR);
    imshow("原图像", clrImg); //原图像是彩色图像
    MatsrcImg;
    //角点检测图像必须是灰度图像
    cvtColor(clrImg, srcImg, COLOR_BGR2GRAY);
```

```
    vector<Point2f> vecCorners; //用来存储角点的向量
    double qualityLevel = 0.1; //质量控制参数
    double minDistance = 10; //角点之间的最小距离
    int blockSize = 3; //角点检测时的邻域大小
    bool useHarrisDetector = false; //不使用Harris角点检测器
    int maxCorners = 200;  //最大角点个数只取200个
    //计算图像的Shi-Tomasi角点
    goodFeaturesToTrack(srcImg, vecCorners, maxCorners,\
    qualityLevel,minDistance,Mat(), blockSize, useHarrisDetector);
    //在彩色图像用红色圆圈绘制出响应较大的角点位置
    for(int i=0; i<vecCorners.size(); i++){
        circle(clrImg, vecCorners[i], 8, Scalar(0, 0, 255), 2, 8, 0);
    }
    imshow("角点图像", clrImg);
    waitKey(0);
}
```

图10.4　Shi-Tomasi角点图像

10.2.3　FAST特征点检测

FAST(Features from Accelerated Segment Test)特征点检测是比较快速的一种特征点检测方法,只利用周围像素比较的信息就可以得到特征点。FAST算法定义特征点是:检测候选特征点周围一圈的像素值,如果候选点周围领域内有足够多的像素点与该候选点的灰度值差别足够大,则认为该候选点为一个角点特征点。该算法的详细计算步骤如下:

首先从图片中选取一个坐标点,获取该点的像素值I_p,接下来判定该点是否为特征点。选取一个以选取点坐标为圆心的半径等于3的Bresenham圆(一个计算圆的轨迹的离散算法,得到整数级的圆的轨迹点),一般来说,这个圆上有16个点,如图10.5所示:

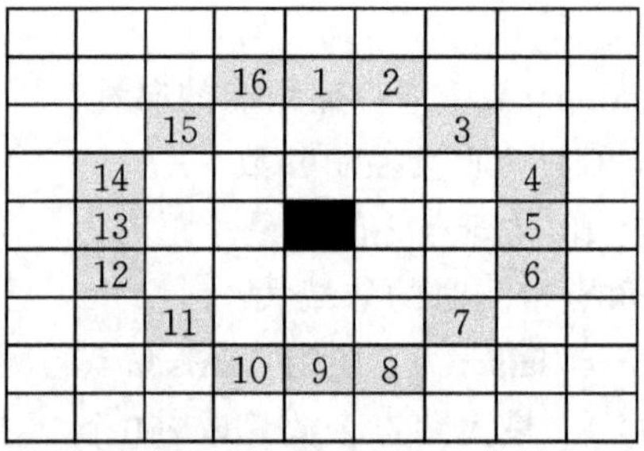

			16	1	2			
		15				3		
	14						4	
	13						5	
	12						6	
		11				7		
			10	9	8			

图10.5　图像像素点以及Bresenham圆

设中心黑点坐标为(0,0),坐标步长为1,选取一个阈值t。假设这16个点中,有N个连续的像素点,它们的亮度值与中心点的像素值的差大于或者小于t,那么这个点就是一个特征点。(N的值一般取12或者9,实验证明9可以取得更好的效果,因为可以获取更多的特征点,后面进行处理时,数据样本相对多一些)。

如果加入每个点都需要遍历的话,那么需要的时间比较长。有一种比较简单的方法可以选择,那就是仅仅检查在位置1,9,5和13等4个位置的像素。首先检测位置1和位置9,如果它们都比阈值暗或比阈值亮,再检测位置5和位置13。如果中心点是一个角点,那么上述4个像素点中至少有3个应该必须都大于I_p+t(中心点亮度值+阈值)或者小于I_p-t(中心点亮度值-阈值)。因为若是一个角点,超过3/4圆的部分应该满足判断条件,如果不满足,那么中心点不可能是一个角点。对于所有点做上面这一部分初步的检测后,符合条件的将成为候选的角点,再对候选的角点做完整的测试,即检测圆上的所有点。

但是这种检测方法会造成特征点的聚簇效应,多个特征点在图像的某一块重复高频率地出现,FAST算法提出了一种非极大值抑制的办法来消除这种情况。具体办法如下:为每一个检测到的特征点计算它的响应大小(score function)VV,这里VV定义为中心点和它周围16个像素点的绝对偏差的和;考虑两个相邻的特征点,并比较它们的VV值;VV值较低的点将会被删除。

OpenCV中使用cv::FastFeatureDetector类实现了FAST特征点检测算法,可以使用create()函数来创建一个检测器对象智能指针,其函数原型为:

```
static Ptr<cv::FastFeatureDetector> create(
    int threshold=10, //检测时的阈值t
    bool nonmaxSuppression=true, //是否采用非极大值抑制算法
    FastFeatureDetector::DetectorType type= \
                FastFeatureDetector::TYPE_9_16
);
```

threshold是指比较时边缘轨迹点和中心点的差值,也就是第三步的阈值t,;nonmaxSuppression代表是否使用第五步非极大值抑制,如果发现FAST检测的结果有聚簇情况,那么可以考虑采用;第3个参数type的取值来自于FastFeatureDetector枚举,有如下取值:

(1)TYPE_5_8 从轨迹中取8个点,当有5个点满足条件,就是特征点;

(2)TYPE_7_12 从轨迹中取12个点,当有7个满足条件,就是特征点;

(3)TYPE_9_16 从轨迹中取个点,当有9个满足条件,就是特征点。

FAST特征点检测源码如代码10-4所示，其检测结果如图10.6所示。对比图10.4、图10.5的检测结果，可以看到FAST算法检测到的特征点更多，更密集，但是可靠性较差。

从检测原理可以看出,FAST检测算法没有多尺度的问题,所以计算速度相对较快,但是当图片中的噪点较多的时候,会产生较多的错误特征点,鲁棒性并不好，并且，算法的效果还依赖于一个阈值t。而且FAST不产生多尺度特征而且FAST特征点没有方向信息，这样就会失去旋转不变性。但是在要求实时性的场合,比如视频监控的物体识别,是可以使用的。

代码10-4 FAST特征点检测实例

```
void FAST_PTS_DETECTION()
{
    Mat clrImg = imread("kodim08.png", IMREAD_COLOR);
    imshow("原图像", clrImg); //原图像是彩色图像
    //阈值是100,采用NMS,检测类型是周围16个点必须大于9个点。
    Ptr<FastFeatureDetector> fast =FastFeatureDetector::create( 100, \
      true, FastFeatureDetector::TYPE_9_16);
    std::vector<KeyPoint>keyPoints;
    fast->detect(clrImg, keyPoints); //检测特征点
    //绘制特征点
    drawKeypoints(clrImg, keyPoints, clrImg, Scalar(0,0,255), \
    DrawMatchesFlags::DRAW_OVER_OUTIMG);
    imshow("FAST feature points", clrImg);
    waitKey(0);
}
```

图10.6 FAST特征点检测实例

代码10-4中用到了KeyPoint类，是一个专为特征点检测而生的数据结构，用于表示特征点，其成员变量主要有：

```
class KeyPoint{
   Point2f pt; //特征点的坐标
```

```
    float size; //特征点邻域直径
    float angle; //特征点的方向,0-360度
    float response; //特征点响应值
    int octave; //特征点所在图像金字塔的组
    int class_id; //用于聚类的id
};
```

而其中用到的cv::drawKeypoints()函数,用来绘制特征点,其函数原型为:

```
void drawKeypoints(
    InputArray image, //输入图像
    const std::vector<KeyPoint>& keypoints, //特征点向量
    InputOutputArray outImage, //输出图像
    const Scalar& color=Scalar::all(-1), //特征点绘制的颜色
    DrawMatchesFlags flags=DrawMatchesFlags::DEFAULT    //绘制选项
);
```

10.3 特征描述子

关键点检测、关键点特征提取和特征描述是目标特征分析和目标跟踪的一系列步骤,是许多方法的基础,因此也是目前视觉研究中的一个热点。

局部图像特征描述是计算机视觉的一个基本研究问题,在寻找图像中的对应点以及物体特征描述中有着重要的作用。同时局部特征描述子也有着广泛的应用,举例来说,在利用多幅二维图像进行三维重建、恢复场景三维结构的应用中,其基本出发点是要有一个可靠的图像对应点集合,而自动地建立图像中点与点之间的可靠对应关系,这通常都依赖于一个优秀的局部图像特征描述子;又比如,在物体识别中,目前非常流行以及切实可行的方法之一也是基于局部特征的。由于特征的局部性,使得物体识别可以处理遮挡、杂乱背景等比较复杂的情况。

局部图像特征描述的核心问题是不变性和可区分性,不变性是基于特征描述对视角变化的不变性、尺度变化的不变性及旋转变化的不变性等;可区分性是基于局部图像内容的可区分性。在实际应用场景中,不变性与可分性是相互依存且矛盾的。由于使用局部图像特征描述子的时候,通常就是为了鲁棒地处理各种图像变换的情况,因此在设计特征描述子的时候,不变性问题就是首先需要考虑的问题。在宽基线匹配中(用来匹配的两幅图像间有较大差异,旋转或平移量较大),需要考虑特征描述子对于视角变化的不变性、对尺度变化的不变性、对旋转变化的不变性等;在形状识别和物体检索中,需要考虑特征描述子对形状的不变性。

然而,特征描述子的可区分性的强弱往往和其不变性是矛盾的,也就是说,一个具有众

多不变性的特征描述子,它区分局部图像内容的能力就稍弱;而如果一个非常容易区分不同局部图像内容的特征描述子,它的鲁棒性往往比较低。例如假定需要对一个点周围固定大小的局部图像内容进行描述,如果直接将图像内容展开成一个列向量对其进行描述,那么只要局部图像内容发生了一点变化,就会使得它的特征描述子发生较大的变化;因此这样的特征描述方式很容易区分不同的局部图像内容,但是对于相同的局部图像内容发生旋转变化等情况,它同样会产生很大的差异,即不变性弱。而另一方面,如果通过统计局部图像灰度直方图来进行特征描述,这种描述方式具有较强的不变性,对于局部图像内容发生旋转变化等情况比较鲁棒,但是区分能力较弱,例如无法区分两个灰度直方图相同但内容不同的局部图像块。一个优秀的特征描述子不仅应该具有很强不变性,还应该具有很强的可区分性。

OpenCV中特征描述子有多种,如SIFT、SURF以及ORB特征描述子等,本节主要介绍上述特征描述子的相关理论及其原理实现。

10.3.1　SIFT特征描述子

在诸多的局部图像特征描述子中,SIFT(Scale Invariant Feature Transform,尺度不变特征变换)是其中应用最广的,它在1999年由David G.Lowe首次提出,至2004年得到完善。SIFT的提出也是局部图像特征描述子研究领域一项里程碑式的工作。由于SIFT对尺度、旋转以及一定视角和光照变化等图像变化都具有不变性,并且SIFT具有很强的可区分性,自它提出以来,很快在物体识别、宽基线图像匹配、三维重建、图像检索中得到了应用,局部图像特征描述子在计算机视觉领域内也得到了更加广泛的关注,涌现了一大批各具特色的局部图像特征描述子。SIFT特征检测过程简要描述如下:

1.构造高斯差分金字塔

为了寻找图像在不同尺度下都存在的特征点,首先要按式(10-1)构造图像金字塔以构造尺度空间,然后在DoG(Difference of Gaussian,差分高斯)空间中来寻找特征点。

设k为相邻两个高斯尺度空间的比例因子,则DoG的定义为:

$$\begin{aligned} D(x,y,\sigma) &= \left[G(x,y,k\sigma) - G(x,y,\sigma)\right]*I(x,y) \\ &= L(x,y,k\sigma) - L(x,y,\sigma) \end{aligned} \tag{10-9}$$

其中$L(x,y,\sigma)$是图像$I(x,y)$的高斯尺度空间。从上式可以知道,将相邻的两个高斯尺度空间的图像相减就得到了DoG的响应图像。为了得到DoG图像,先要构建高斯尺度空间,而高斯尺度空间可以在图像金字塔降采样的基础上加上高斯滤波得到,也就是对图像金字塔的每层图像使用不同的参数σ进行高斯模糊,使每层金字塔有多张高斯模糊的图像。降采样时,金字塔上边一组图像的第1张是由其下面一组图像倒数第3张降采样得到。

高斯金字塔有多组,每组又有多层。一组中的多个层之间的尺度是不一样的(也就是使用的高斯平滑参数σ是不同的),相邻两层之间的尺度相差一个比例因子k。如果每组有S层,则:$k = 2^{1/S}$。

上一组图像的最底层图像是由下一组中尺度为2σ的图像进行因子为2的降采样得到的(高斯金字塔先从底层建立)。高斯金字塔构建完成后,将相邻的高斯金字塔相减就得到了DoG金字塔,如图10.7所示。

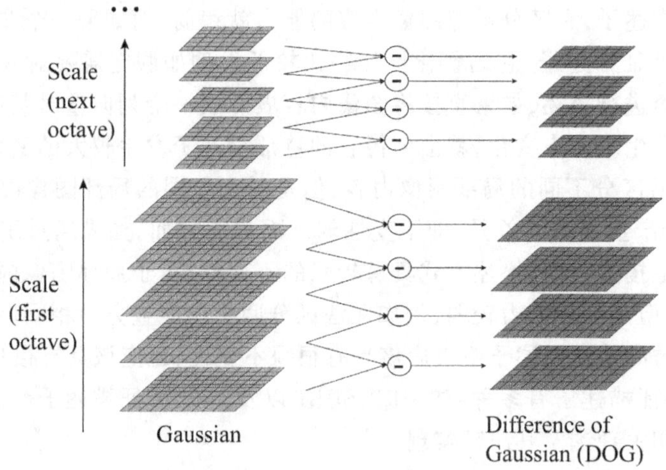

图10.7 DoG金字塔构建过程

高斯金字塔的组数一般是

$$o = \lfloor \log_2 \min(m,n) \rfloor - a \tag{10-10}$$

上式中o表示高斯金字塔的组数，m，n分别是图像的行数和列数。减去的系数a可以为$[0, \log_2 \min(m,n)]$间的任意整数，a的值和具体需要的金字塔的顶层图像的大小有关。

高斯平滑参数σ(尺度因子)，可由下面关系式得到：

$$\sigma(o,s) = \sigma_0 \cdot 2^{\frac{o+s}{S}} \tag{10-11}$$

其中o为所在的组，小s为所在的层，σ_0为初始的尺度，大S为每组的层数。在原始的算法中$\sigma_0 = 1.6$，$S = 3$，$o_{\min} = -1$，就是首先将原图像的长和宽各扩展一倍。

从上面可以得知同一组内相邻层的图像尺度关系：

$$\sigma_{s+1} = k \cdot \sigma_s = 2^{\frac{1}{S}} \cdot \sigma_s \tag{10-12}$$

相邻组之间的尺度关系：

$$\sigma_{o+1} = 2\sigma_o \tag{10-13}$$

以一个512×512的图像I为例，构造高斯金字塔步骤为：

(1)金字塔的组数为$\log_2 512=9$，减去因子3，则构建的金字塔组数为6。每组的层数为3。

(2)构建第0组图像，将图像的宽和高都增加一倍，变成1024×1024(I_0)。第0组的第0层图像为I_0*G(x, y, σ_0)，第1层图像为I_0*G(x, y, kσ_0)，第2层图像为I_0*G(x, y, $k^2\sigma_0$)。

(3)构建第1组图像，对I_0降采样变成512×512(I_1)，第0层图像为I_1*G(x, y, $2\sigma_0$)，第1层图像为I_1*G(x, y, $2k\sigma_0$)，第2层图像为I_1*G(x, y, $2k^2\sigma_0$)。

(4)依次构建其他组的图像。第o组，第s层的图像为I_o*G(x, y, $2^o k^s \sigma_0$)。

(5)高斯金字塔构建成功后，将每一组相邻的两层相减就可以得到DoG金字塔。

2.DoG空间极值检测

为了寻找尺度空间的极值点，每个像素点要和其图像域(同一尺度空间)和尺度域(相邻的尺度空间)的所有相邻点进行比较，当其大于(或者小于)所有相邻点时，这个点就是极值点。如图10.8所示，中间的检测点要和其所在图像的3×3邻域8个像素点，以及其相邻的上下两层的3×3领域18个像素点，共26个像素点进行比较。

从上面的描述中可以知道，每组图像的第一层和最后一层是无法进行比较取得极值的。为了满足尺度变换的连续性，在每一组图像的顶层继续使用高斯模糊生成3幅图像，高斯金字塔每组有$S+3$层图像，DoG金字塔的每组有$S+2$组图像。

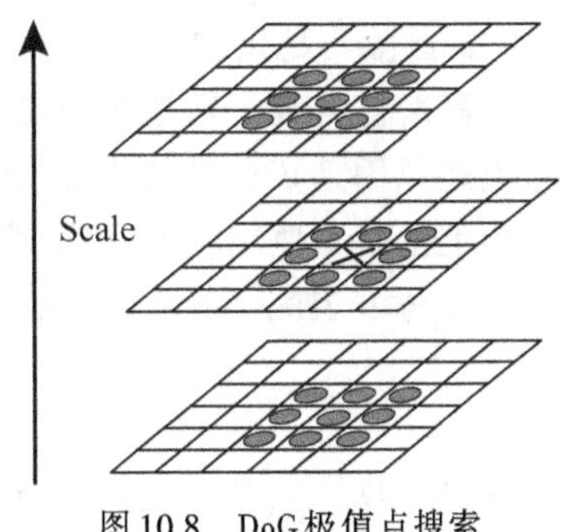

图10.8　DoG极值点搜索

设$S=3$，也就是每组有3层，则$k=2^{\frac{1}{S}}=2^{\frac{1}{3}}$，也就是高斯金字塔每组有3$(S-1)$层图像，DoG金字塔每组有2$(S-2)$层图像。在DoG金字塔的第一组有两层尺度为$\sigma$，$k\sigma$，第二组有两层的尺度分别是$2\sigma$，$2k\sigma$，由于只有两项是无法比较取得极值的(只有左右两边都有值才能有极值)。由于无法比较取得极值，就需要就需要继续对每组的图像进行高斯模糊，使得尺度形成为σ, $k\sigma$, $k^2\sigma$, $k^3\sigma$, $k^4\sigma$，这样就可以选择中间的三项$k\sigma$, $k^2\sigma$, $k^3\sigma$。对应的下一组由上一组降采样得到的三项是$2k\sigma$, $2k^2\sigma$, $2k^3\sigma$，其首项$2k\sigma=2\cdot2^{\frac{1}{3}}\sigma=2^{\frac{4}{3}}\sigma$，刚好与上一组的最后一项$k^3\sigma=2^{\frac{3}{3}}\sigma$的尺度连续起来。整个结构如图10.9所示。

Gaussian Space　σ　$k\sigma$　$k^2\sigma$　$k^3\sigma$　$k^4\sigma$　$k^5\sigma$

Lvevlsize:2M×2N　　Octave 1

DoG Space　σ　$k\sigma$　$k^2\sigma$　$k^3\sigma$　$k^4\sigma$

Gaussian Space　2σ　$2k\sigma$　$2k^2\sigma$　$2k^3\sigma$　$2k^4\sigma$　$2k^5\sigma$

Lvevlsize:M×N　　Octave 2

DoG Space　2σ　$2k\sigma$　$2k^2\sigma$　$2k^3\sigma$　$2k^4\sigma$

Gaussian Space　4σ　$4k\sigma$　$4k^2\sigma$　$4k^3\sigma$　$4k^4\sigma$　$4k^5\sigma$

Lvevlsize:M2×N2　　Octave 3

4σ　$4k\sigma$　$4k^2\sigma$　$4k^3\sigma$　$4k^4\sigma$

DoG Space

Octave N

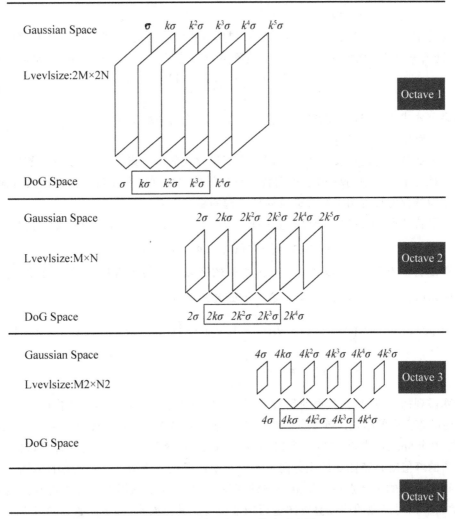

图10.9　连续尺度DoG构造示意图

3.删除不稳定的特征点

高斯差分算子对边缘及噪声相对敏感,会产生伪边缘信息和伪极值响应信息。为了去除上述原因造成的伪关键点,需要分析高斯差分算子的特性。DoG差分算子在边缘梯度的方向上主曲率值比较大,而沿着边缘方向则主曲率值较小。候选特征点的DoG函数$D(x)$的主曲率与2×2Hessian矩阵H的特征值成正比,矩阵H定义为:

$$H=\begin{bmatrix} D_{xx} & D_{yx} \\ D_{xy} & D_{yy} \end{bmatrix} \tag{10-14}$$

其中,D_{xx},D_{xy},D_{yy}是候选点邻域对应位置的差分求得的。

为了避免求具体的值,可以使用H特征值的比例。设$\alpha=\lambda_{\max}$为H的最大特征值,$\beta=\lambda_{\min}$为H的最小特征值,则:

$$T_r(H)=D_{xx}+D_{yy}=\alpha+\beta \tag{10-15}$$

$$Det(H)=D_{xx}+D_{yy}-D_{xy}^2=\alpha\cdot\beta \tag{10-16}$$

其中,$T_r(H)$为矩阵H的迹,$Det(H)$为矩阵H的行列式。

设$\gamma=\alpha/\beta$表示最大特征值和最小特征值的比值,则:

$$\frac{T_r(H)^2}{Det(H)}=\frac{(\alpha+\beta)^2}{\alpha\beta}=\frac{(\gamma\beta+\beta)^2}{\gamma\beta^2}=\frac{(\gamma+1)^2}{\gamma} \tag{10-17}$$

上式的结果与两个特征值的比例有关,和具体的大小无关,当两个特征值相等时其值最小,并且随着γ的增大而增大。因此为了检测主曲率是否在某个阈值T_r下,只需检测:

$$\frac{T_r(H)^2}{Det(H)}>\frac{(T_r+1)^2}{T_r} \tag{10-18}$$

如果上式成立,则剔除该特征点,否则保留。(原论文中取$T_r=10$)。

4.求取特征点的主方向

经过上面的步骤已经找到了在不同尺度下都存在的特征点,为了实现图像旋转不变性,需要给特征点的方向进行赋值。利用特征点邻域像素的梯度分布特性来确定其方向参数,再利用图像的梯度直方图求取关键点局部结构的稳定方向。

找到了特征点,可以得到该特征点的尺度σ,也就可以得到特征点所在的尺度图像:

$$L(x,y)=G(x,y,\sigma)*I(x,y) \tag{10-19}$$

计算以特征点为中心、以$3\times1.5\sigma$为半径的区域图像的幅角和幅值,每个点$L(x,y)$的梯度的模$m(x,y)$以及方向$\theta(x,y)$可通过下面公式求得:

$$m(x,y)=\sqrt{\left[L(x+1,y)-L(x-1,y)\right]^2+\left[L(x,y+1)-L(x,y-1)\right]^2} \tag{10-20}$$

$$\theta(x,y)=\arctan\frac{L(x,y+1)-L(x,y-1)}{L(x+1,y)-L(x-1,y)} \tag{10-21}$$

计算得到梯度方向后,就要使用直方图统计特征点邻域内像素对应的梯度方向和幅值。梯度方向的直方图的横轴是梯度方向的角度(梯度方向的范围是0到360度,直方图每36度一个bin共10个bins,或者设45度一个bin共8个bin)。纵轴是梯度方向对应梯度幅值的累加,在直方图的峰值就是特征点的主方向。原论文中还提到了使用高斯函数对直方图进行平滑以增强特征点近的邻域点对关键点方向的作用,并减少突变的影响。为了得到更精确的方向,通常还可以对离散的梯度直方图进行插值拟合。具体而言,关键点的方向可以由和主峰值最近的3个bin值通过抛物线插值得到。在梯度直方图中,当存在一个相当于主峰值80%能量的bin值时,则可以将这个方向认为是该特征点辅助方向。所以,一个特征点可能检测到多个方向(也可以理解为,一个特征点可能产生多个坐标、尺度相同,但是方向不同的特征点)。

原论文中指出:15%的关键点具有多方向,而且这些点对匹配的稳定性很关键。

得到特征点的主方向后,对于每个特征点可以得到三个信息(x, y, σ, θ),即位置、尺度和方向。由此可以确定一个SIFT特征区域,一个SIFT特征区域由三个值表示,中心表示特征点位置,半径表示关键点的尺度,箭头表示主方向。具有多个方向的关键点可以被复制成多份,然后将方向值分别赋给复制后的特征点,一个特征点就产生了多个坐标、尺度相等,但是方向不同的特征点。

6.生成特征点描述

通过以上的步骤已经找到了SIFT特征点位置、尺度和方向信息,最后需要使用一组向量来描述关键点也就是生成特征点描述子,这个描述子不只包含特征点,也含有特征点周围对其有贡献的像素点。描述子应具有较高的独立性,以保证匹配率。

特征描述符的生成大致有三个步骤:

(1)校正旋转主方向,确保旋转不变性。

(2)生成描述子,最终形成一个128维的特征向量

(3)归一化处理,将特征向量长度进行归一化处理,进一步去除光照的影响。

为了保证特征矢量的旋转不变性,要以特征点为中心,在附近邻域内将坐标轴旋转θ(特征点的主方向)角度,即将坐标轴旋转为特征点的主方向。旋转后邻域内像素的新坐标为:

$$\begin{bmatrix} x' \\ y' \end{bmatrix} = \begin{bmatrix} \cos\theta & -\sin\theta \\ \sin\theta & \cos\theta \end{bmatrix} \begin{bmatrix} x \\ y \end{bmatrix} \tag{10-22}$$

旋转后以主方向为中心取8×8的窗口。如图10.10所示,左图的中央为当前关键点的位置,每个小格代表为关键点邻域所在尺度空间的一个像素,求取每个像素的梯度幅值与梯度方向,箭头方向代表该像素的梯度方向,长度代表梯度幅值,然后利用高斯窗口对其进行加权运算。最后在每4×4的小块上绘制8个方向的梯度直方图,计算每个梯度方向的累加值,即可形成一个种子点,如右图所示。每个特征点由4个种子点组成,每个种子点有8个方向的向量信息。这种邻域方向性信息联合增强了算法的抗噪声能力,同时对于含有定位误差的特征匹配也提供了比较理想的容错性。

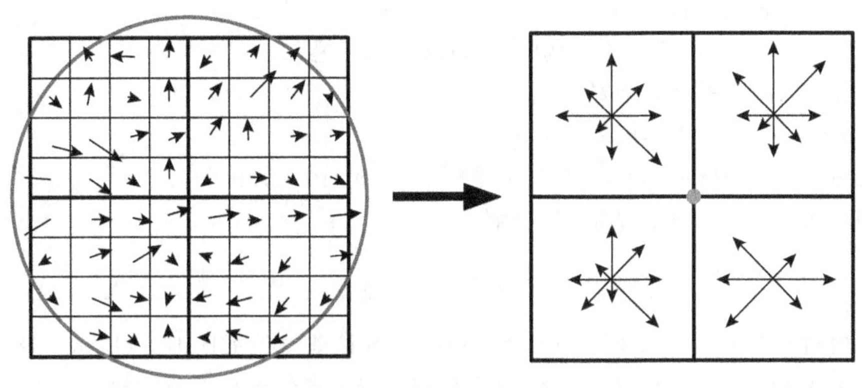

图10.10　SIFT特征描述子生成过程示意图

与求主方向不同，此时每个种子区域的梯度直方图在0至360°之间划分为8个方向区间，每个区间为45度，即每个种子点有8个方向的梯度强度信息。在实际的计算过程中，为了增强匹配的稳健性，作者建议对每个关键点使用4×4共16个种子点来描述，这样一个关键点就可以产生128维的SIFT特征向量，如图10.11所示：

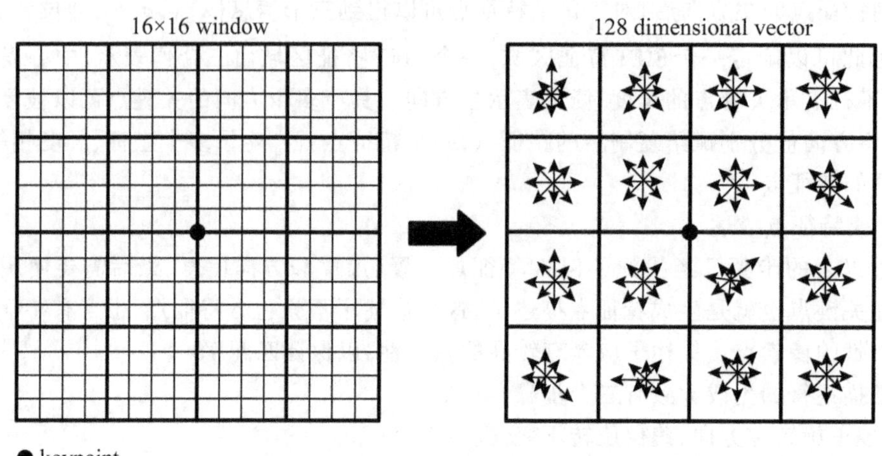

图10.11　128维SIFT特征生成示意图

通过对特征点周围的像素进行分块，计算块内梯度直方图，生成具有独特性的向量，这个向量是该区域图像信息的一种抽象，具有唯一性。

OpenCV中SIFT描述子不包含在标准模块中，而包含在contrib模块中，属于有专利权的收费模块，编译OpenCV时候需要打开with_nonfree编译选项。SIFT描述子包含在xfeatures2d命名空间中，使用时需要打开xfeatures2d名词空间。OpenCV在xfeatures2d::SIFT类中实现了xfeatures2d::SIFT描述子，采用SIFT类的create()函数可以创建一个描述子指针对象，create()函数的原型为：

```
static Ptr<SIFT> create(
    int nfeatures = 0, //检测器保留的特征点个数,0表示不限制
    //高斯金字塔组数，即式（10-12）中的o，根据分辨率计算得到
    int nOctaveLayers = 3,
    //对比度阈值，用于过滤区域中的弱特征，阈值越大，
    //检测器产生的特征点越少
    double contrastThreshold = 0.04,
    double edgeThreshold = 10, //边缘阈值，即式（10-20)中的Tr
    double sigma = 1.6 //高斯滤波器的标准差
);
```

一个SIFT特征点检测实例如代码10-5所示，其检测结果如图10.12所示。这里只保留响应值最大的200个特征点，并且在结果中绘制了特征点的大小以及方向。可以看到，不同特征点的大小相差较大。

代码 10-5 SIFT特征点检测和绘制

```
void SIFT_PTS_DETECTION()
{
    Mat clrImg = imread("kodim08.png", IMREAD_COLOR);
    imshow("原图像", clrImg); //原图像是彩色图像
    //只保留响应值最大的200个特征点
    Ptr<xfeatures2d::SIFT> sift = \
        xfeatures2d::SIFT::create(200,3, 0.04,10.0,1.6);
    std::vector<KeyPoint>keyPoints;
    sift->detect(clrImg, keyPoints); //检测特征点
    //绘制特征点,包括特征点的方向和大小
    drawKeypoints(clrImg, keyPoints, clrImg, Scalar(0,0,255),\
    DrawMatchesFlags::DRAW_RICH_KEYPOINTS);
    imshow("SIFT feature points", clrImg);
    waitKey(0);
}
```

图 10.12 SIFT特征点检测结果

10.3.2 SURF特征描述子

SURF(Speeded Up Robust Features)是对SIFT的改进版本,它利用Haar小波来近似SIFT方法中的梯度操作,同时利用积分图技术进行快速计算,SURF的速度是SIFT的3~7倍,大部分情况下它和SIFT的性能相当,因此它在很多应用中得到了应用,尤其是对运行时间要求高的场合。

注:二维图像的Haar小波是对原图像进行下采样和高通滤波,从而在低分辨率下得到原图像的一种近似。一张分辨率2W×2H图像经过Haar小波分解之后,得到4张W×H图像,其中1张下采样图像,1张水平方向高通图像,1张垂直方向高通图像,1张对角方向高通图像。

1.SURF特征检测的步骤

(1)尺度空间的极值检测:搜索所有尺度空间上的图像,通过Hessian矩阵来识别潜在的对尺度和光照不变的特征点。

(2)特征点过滤并进行精确定位。

(3)特征方向赋值:统计特征点圆形邻域内的Harr小波特征。即在60度扇形内,每次将60度扇形区域旋转0.2弧度进行统计,将值最大的那个扇形的方向作为该特征点的主方向。

(4)特征点描述:沿着特征点主方向周围的邻域内,取4×4×4个矩形小区域,统计每个小区域的Haar特征,然后每个区域得到一个4维的特征向量。一个特征点共有64维的特征向量作为SURF特征的描述子。

2.构建Hessian矩阵

构建Hessian矩阵的目的是生成图像稳定的为特征点,构建Hessian矩阵的过程对应着SIFT算法中的DoG过程。

$$H(x,y,\sigma)=\begin{bmatrix} L_{xx}(x,y,\sigma) & L_{xy}(x,y,\sigma) \\ L_{xy}(x,y,\sigma) & L_{yy}(x,y,\sigma) \end{bmatrix} \tag{10-23}$$

其中(x,y)为像素位置,$L(x,y,\sigma)=G(\sigma)*I(x,y)$代表着图像$I(x,y)$的高斯尺度空间,是由图像和不同标准差$\sigma$的高斯函数$G(\sigma)$卷积得到。Hessian矩阵的判别式是:

$$Det(H)=L_{xx}(x,y)*L_{yy}(x,y)-L_{xy}(x,y)*L_{xy}(x,y) \tag{10-24}$$

通过上式可以为图像中每个像素计算出其Hessian矩阵行列式的决定值Det(H),并用这个值来判别图像局部特征点。Hessian矩阵判别式中的$L_{xy}(x,y)$是原始图像的高斯卷积,为了提高运算速度,SURF算法使用了盒式滤波器来替代高斯滤波器,所以在$L_{xy}(x,y)$上乘了一个加权系数0.9,目的是平衡因使用盒式滤波器近似所带来的误差,则Hessian矩阵判别式可表示为:

$$Det(H)=L_{xx}(x,y)*L_{yy}(x,y)-\left(0.9*L_{xy}(x,y)\right)^2 \tag{10-25}$$

盒式滤波器和高斯滤波器的示意图如图10.13所示:

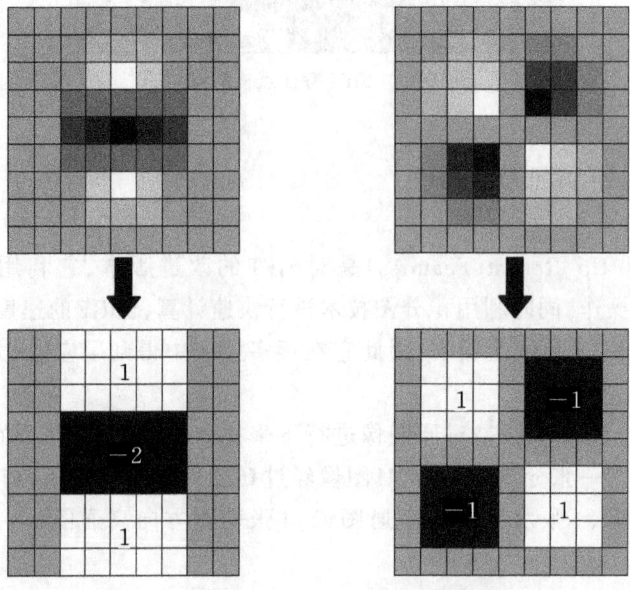

图10.13　高斯滤波器(上)和盒式滤波器(下)

上面两幅图是9×9高斯滤波器模板分别在图像垂直方向上二阶导数$L_{yy}(x,y)$和$L_{xy}(x,y)$对应的值，对应着浮点数运算；下边两幅图是使用盒式滤波器对其近似，灰色部分的像素值为0，黑色为-2，白色为1，全部是整数运算。盒式滤波器提高运算速度也得益于积分图的使用，盒式滤波器对图像的滤波转化成计算图像上不同区域间像素的加减运算问题，这正是积分图的强项，只需要简单积分查找积分图就可以完成。

3.构造尺度空间

同SIFT算法一样，SURF算法的尺度空间由o组s层组成，与SIFT算法不同的是，在SURF算法中不同组间图像的尺寸都是一致的，不同的是不同组间使用的盒式滤波器的模板尺寸逐渐增大，同一组不同层图像使用相同尺寸的滤波器，但是滤波器的尺度空间因子逐渐增大。

4.特征点过滤并进行精确定位

SURF特征点的定位过程和SIFT算法一致，将经过Hessian矩阵处理的每个像素点(即获得每个像素点Hessian矩阵的判别式值)与其图像域（相同大小的图像）和尺度域（相邻的尺度空间）的所有相邻点进行比较，当其大于（或者小于）所有相邻点时，该点就是极值点。同图10.8一样，中间的检测点要和其所在图像的3×3邻域8个像素点，以及其相邻的上下两层3×3邻域18个像素点，共26个像素点进行比较。

初步定位出特征点后，再经过滤除能量比较弱的关键点以及错误定位的关键点，筛选出最终的稳定的特征点。

5.计算特征点主方向

为了确定特征点的主方向，在SURF算法中，采用的是统计特征点圆形邻域内的Harr小波特征，即在特征点的圆形邻域内，统计60度扇形内所有点的水平、垂直Harr小波特征总和，然后扇形以0.2弧度大小的间隔进行旋转并再次统计该区域内Harr小波特征值之后，最后将值最大的那个扇形的方向作为该特征点的主方向。该过程示意图如图10.14所示：

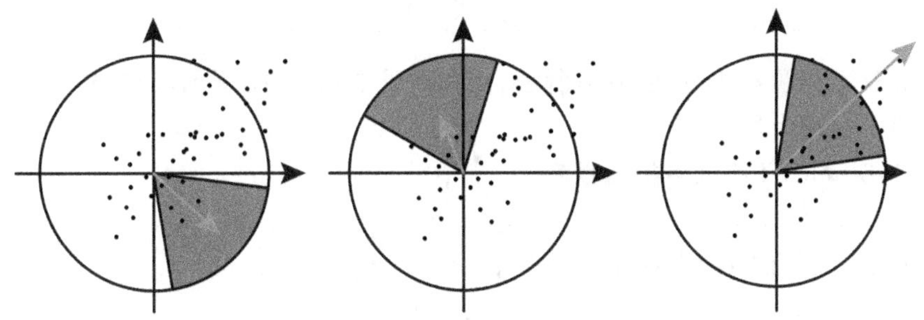

图10.14　SURF计算特征点主方向

6.生成特征描述

为了提取特征描述子，SURF算法中也是提取特征点周围4×4个矩形区域块，但是所取得矩形区域方向是沿着特征点的主方向，而不是像SIFT算法一样，经过旋转θ角度。每个子区域统计25个像素点水平方向和垂直方向的Haar小波特征，这里的水平和垂直方向都是相对主方向而言的。该Harr小波特征为水平方向值之和、垂直方向值之和、水平方向绝对值之和以及垂直方向绝对值之和4个方向。如图10.15所示：

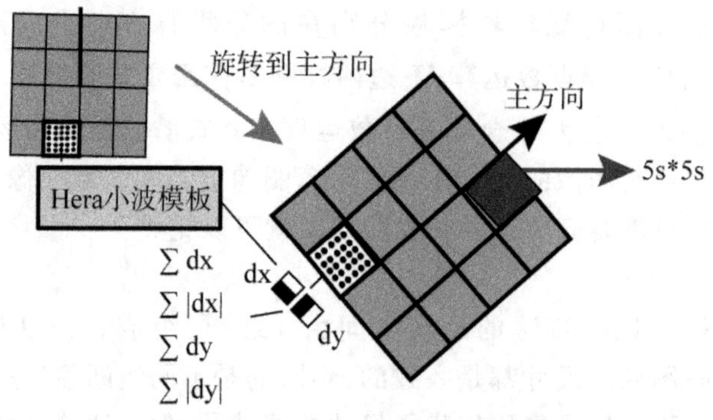

图 10.15 SURF描述子生成示意图

把这4个值作为每个子块区域的特征向量，所以一共有4×4×4=64维向量作为SURF特征的描述子，比SIFT特征的描述子减少了一半。

SURF描述子同样也不包含在标准模块中，OpenCV在xfeatures2d::SURF类中实现了SURF描述子，采用xfeatures2d::SURF类的create()函数可以创建一个描述子指针对象，create()函数的原型为：

```
static Ptr<SURF>create(
    double hessianThreshold=100, // Hessian矩阵判别式的阈值
    int nOctaves = 4, //尺度空间中高斯金字塔的组数
    int nOctaveLayers = 3, //尺度空间中高斯金字塔每组的层数
    //默认采用64维特征向量,若extended=true则采用128维特征向量
    bool extended=false,
    bool upright = false //默认计算方向,true不计算方向特征向量
);
```

SURF特征点检测程序代码10-6所示，检测结果如图10.16所示。与SIFT特征点对比，SURF特征点分布更为均匀。

代码 10-6 SUFT特征点检测程序

```
void SURF_PTS_DETECTION()
{
    Mat clrImg = imread("kodim08.png", IMREAD_COLOR);
    imshow("原图像", clrImg); //原图像是彩色图像
    Ptr<xfeatures2d::SURF>surf = \
        xfeatures2d::SURF::create(10000, 4, 3, false, false);
    std::vector<KeyPoint>keyPoints;
    surf->detect(clrImg, keyPoints); //检测SURF特征点
    //绘制特征点
    drawKeypoints(clrImg, keyPoints, clrImg, Scalar(0, 0, 255), \
    \ DrawMatchesFlags::DRAW_RICH_KEYPOINTS);
```

```
    imshow("SIFT feature points", clrImg);
    imwrite("kodim08_surf_pts.jpg", clrImg);
    waitKey(0);
}
```

图10.16 SURF特征点检测结果

10.3.3 BRIEF特征描述子

BRIEF(Binary Robust Independent Elementary Features)描述子采用二进制码串(每一位非1即0)作为描述子向量,原始模型中考虑长度有128,256,512几种(OpenCV里默认使用256,但是使用字节表示它们的,所以这些值分别对应于16,32,64个字节),同时形成描述子算法的过程简单,由于采用二进制码串,匹配上采用汉明距离但由于BRIEF描述子不具有方向性,大角度旋转会对匹配上有很大的影响。

BRIRF只提出了描述特征点的方法,所以特征点的检测部分必须结合其他的方法,如SIFT,SURF等,但建议与FAST特征点检测算法结合,因为会更能体现出BRIEF速度快等优点。

BRIEF描述子使用长度为N的二进制码串(占用内存$N/8$)作为描述子,其原理简要为三个步骤:

(1)对原图像进行高斯平滑,以消除噪声点的影响。

(2)以特征点P为中心,取一个S×S(48×48)大小的Patch邻域。

(3)在这个邻域内随机取N对点,这些点的坐标服从以P为中心的高斯分布。然后比较这N对像素点的灰度值的大小。

$$\tau(P;X,Y)=\begin{cases}1 & \text{如果}P(X)<P(Y)\\ 0 & \text{其他}\end{cases} \tag{10-26}$$

其中,$P(X)$,$P(Y)$分别是随机点$X=(u_1,v_1)$,$Y=(u_2,v_2)$的像素值。

(4)最后把步骤(3)得到的N个二进制码串组成一个N维向量即可。

$$f_{n_d}(P)=\sum_{1\leqslant i\leqslant n_d}2^{i-1}\tau\left(P;X_i,Y_i\right) \tag{10-27}$$

(5)BRIEF特征配对是利用的汉明距离进行判决,直接比较两二进制码串的距离,距离定义为:其中一个串变成另一个串所需要的最少操作。因而比欧氏距离运算速度快。

(6)若两个特征编码对应bit位上相同元素的个数小于64的,一定不是配对的。一幅图上特征点与另一幅图上特征编码对应bit位上相同元素的个数最多的特征点配成一对。

BRIEF的缺点也比较明显,不具备旋转不变性、不具备尺度不变性而且对噪声敏感,但是它算法简单而且计算复杂度低,计算速度很快。

10.3.4 ORB特征描述子

ORB(Oriented FAST and Rotated BRIEF)是一种快速特征点提取和描述的算法。ORB算法分为两部分,分别是特征点提取和特征点描述。特征提取是由FAST算法发展来的,特征点描述是根据BRIEF特征描述算法改进的。ORB特征是将FAST特征点的检测方法与BRIEF特征描述子结合起来,并在它们原来的基础上做了改进与优化。ORB算法的速度是SIFT的100倍,是SURF的10倍。

1.oFAST特征点提取

ORB算法的特征提取是由FAST算法改进的,称为oFAST(FASTKeypoint Orientation)。也就是说,在使用FAST提取出特征点之后,给其定义一个特征点方向,以此来实现特征点的旋转不变形。oFAST算法对FAST算法的改进在于,实现了特征点的尺度不变性和旋转不变性,具体如下:

建立图像金字塔,来解决特征点的尺度不变性。设置一个比例因子s(OpenCV默认为1.2)和金字塔的层数nlevels(OpenCV默认为8)。将原图像按比例因子缩小成nlevels幅图像。缩放后的图像为:$I'=I/s_k$(k=1,2,⋯,nlevels)。nlevels幅不同比例的图像提取特征点的总和作为这幅图像的oFAST特征点。

计算特征点的主方向来解决特征点的旋转不变性。在SIFT算法中,特征点的主方向是由梯度直方图的最大值和次大值所在的bin对应的方向决定的,耗时比较多。在ORB的方案中,特征点的主方向是通过矩(moment)计算而来,也就是说通过矩来计算特征点以r为半径范围内的质心,特征点坐标到质心形成一个向量作为该特征点的方向。

矩定义如下:

$$M_{ij}=\sum_x\sum_y x^i y^i I(x,y) \tag{10-28}$$

则特征点的方向为:

$$c_x=\frac{M_{10}}{M_{00}},c_y=\frac{M_{01}}{M_{00}},C_{ori}=\tan^{-1}\left(\frac{C_y}{C_x}\right) \tag{10-29}$$

ORB在计算BRIEF描述子时建立的坐标系是以关键点为圆心,以关键点和取点区域的质心的连线为X轴建立2维坐标系,如图10.17所示。在图10.17中,P为关键点。圆内为取点区域,每个小格子代表一个像素。现在把这块圆心区域看做一块木板,木板上每个点的质量等于其对应的像素值。根据积分学的知识可以求出这个密度不均匀木板的质心Q。可以知道圆心是固定的而且随着物体的旋转而旋转。当以PQ作为坐标轴时(右图),在不同的旋转角度下,以同一取点模式取出来的点是一致的。这就解决了旋转一致性的问题。

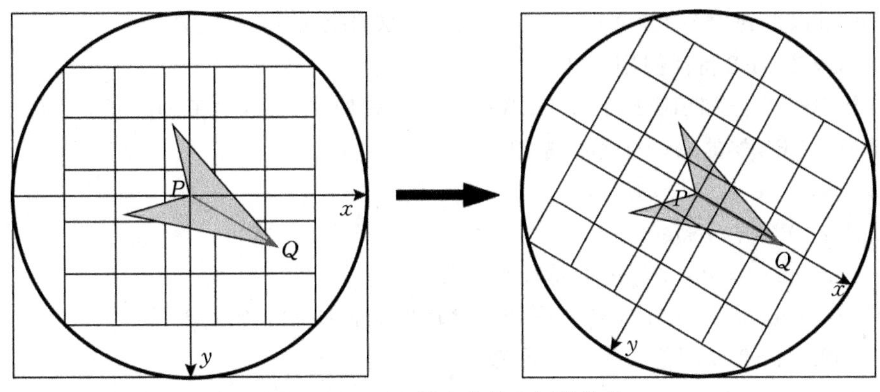

图10.17　ORB算法中的坐标轴旋转

在使用oFast算法计算出的特征点中包括了特征点的方向角度。假设原始的BRIEF算法在特征点$S \times S$(一般S取31)邻域内选取n对点集。

$$D = \begin{pmatrix} x_1, x_2, \cdots, x_{2n} \\ y_1, y_2, \cdots, y_2 n \end{pmatrix}$$

经过旋转角度θ旋转,得到新的点对

$$D_\theta = R_\theta D$$

在新的点集位置上比较点对的大小形成二进制串的描述符。这里需要注意的是,在使用oFast算法是在不同的尺度上提取的特征点。因此,在使用BRIEF特征描述时,要将图像转换到相应的尺度图像上,然后在尺度图像上的特征点处取$S \times S$邻域,然后选择点对并旋转,得到二进制串描述符。

2.rBRIEF特征点描述

BRIEF描述子容易受到噪声干扰,为了解决描述子的可区分性和相关性的问题,ORB算子使用统计学习的方法rBRIEF来重新选择点对集合。

首先建立300k个特征点测试集,这些特征点来自于PASCAL2006集中的图像。对于测试集中的每个特征点,考虑其31×31邻域,将在这些邻域内找一些点对。不同于原始BRIEF算法的地方是,这里在对图像进行高斯平滑之后,使用邻域中的某个点的5×5邻域灰度平均值来代替某个点对的值,进而比较点对的大小。这样特征值更加具备抗噪性。另外可以使用积分图像加快求取5×5邻域灰度平均值的速度。

从上面可知,在31×31的邻域内共有(31−5+1)×(31−5+1)=729个这样的子窗口,那么取点对的方法共有M=265356种,就要在这M种方法中选取256种取法,选择的原则是这256种取法之间的相关性最小。具体选取方法是:

(1)在300k特征点的每个31×31邻域内按M种方法取点对,比较点对大小,形成一个300k×M的二进制矩阵Q。矩阵的每一列代表300k个点按某种取法得到的二进制数。

(2)对Q矩阵的每一列求取平均值,按照平均值到0.5的距离大小重新对Q矩阵的列向量排序,形成矩阵T。

(3)将T的第一列向量放到R中。

(4)取T的下一列向量和R中的所有列向量计算相关性,如果相关系数小于设定的阈值,则将T中的该列向量移至R中。

(5)按照(4)的方式不断进行操作,直到R中的向量数量为256。

这样就可以得到256个点对的比较结果,就形成ORB的特征点描述子。

3.OpenCV中ORB特征使用方法

不同于SIFT特征和SURF特征,ORB特征是免费使用的,包含在OpenCV的标准工具包的ORB类中。ORB类的create()函数原型为:

```
static Ptr<ORB> create(
    int nfeatures=500, //保留的特征点个数
    float scaleFactor=1.2f, //构造图像金字塔时图像缩放的比例因子
    int nlevels=8, //图像金字塔的层数
    int edgeThreshold=31, //边缘检测的阈值,大约等于patchSize的大小
    //图像金字塔中原图像所在的层数,更高层的图像是上采样得到的
    int firstLevel=0,
    int WTA_K=2, //产生点对的点的个数,默认是2,也可以是3或4
    ORB::ScoreTypescoreType=ORB::HARRIS_SCORE, //对特征点排序的方法
    int patchSize=31, //rBRIEF中特征点邻域的大小
    int fastThreshold=20 //FAST算法检测特征点的阈值
);
```

ORB特征点检测实例如代码10-7所示,检测结果如图10.18所示。

代码10-7 ORB特征点检测实例

```
voidORB_PTS_DETECTION()
{
    MatclrImg = imread("kodim08.png", IMREAD_COLOR);
    imshow("原图像", clrImg);
    //只保留200个响应值最大的特征点
    Ptr<ORB>orb = ORB::create(200);
    std::vector<KeyPoint>keyPoints;
    orb->detect(clrImg, keyPoints); //检测ORB特征点
    //绘制特征点的大小和方向
    drawKeypoints(clrImg, keyPoints, clrImg, Scalar(0, 0, 255), \
        DrawMatchesFlags::DRAW_RICH_KEYPOINTS);
    imshow("ORB feature points", clrImg);
    waitKey(0);
}
```

图10.18 ORB特征点检测实例

10.3.5 其他特征描述子

近年来,图像局部特征描述方法得到了长足的发展,OpenCV中实现了多种其他特征描述方法,主要有KAZE方法、AKAZE方法和BRISK方法等。

1.KAZE方法

KAZE方法于2012年提出,是一种比SIFT更稳定的特征检测算法。传统的SIFT、SURF等特征检测算法都是基于线性的高斯金字塔进行多尺度分解来消除噪声和提取显著特征点。但高斯分解是以牺牲局部精度为代价的,容易造成边界模糊和细节丢失。非线性的尺度分解有望解决这种问题,但传统的基于正向欧拉法(forward Euler scheme)求解非线性扩散(Non-linear diffusion)方程时迭代收敛的步长太短,耗时长、计算复杂度高。由此,KAZE算法的作者提出采用加性算子分裂算法(Additive Operator Splitting,AOS)来进行非线性扩散滤波,可以采用任意步长来构造稳定的非线性尺度空间。

KAZE特征的检测步骤大致如下:首先通过AOS算法和可变传导扩散(Variable Conductance Diffusion)方法来构造非线性尺度空间。类似SIFT方法来检测感兴趣特征点,这些特征点在非线性尺度空间上经过尺度归一化后的Hessian矩阵判别式是局部极大值(3×3邻域)。类似SURF方法计算特征点的主方向,并且基于一阶微分图像提取具有尺度和旋转不变性的64维M-SURF描述向量。

与SURF和SIFT相比,KAZE有更好的尺度和旋转不变性,并且稳定、可重复检测。在图像模糊、噪声干扰和压缩重构等造成的信息丢失的情况下,KAZE特征的鲁棒性明显优于其他特征。KAZE的特征检测时间高于SURF,与SIFT相近,这里比较花时间的是非线性尺度空间的构建。

2.AKAZE方法

AKAZE方法是针对KAZE方法的改进算法,目的在于如何将局部特征算法KAZE应用到移动设备(由于移动设备资源有限同时实时性要求较高)。针对KAZE算法主要改进有以下两点:一是利用非线性扩散滤波的优势获取低计算要求的特征,因此作者引入快速显示扩散数学框架(Fast Explicit Diffusion,FED)来快速求解偏微分方程。采用FED来建立尺度空间要比当下其他的非线性模式建立尺度空间都要快,同时比AOS更加准确。二是引入一个高效的改进局部差分二进制描述符(Modified-Local Difference Binary,M-LDB),M-LDB较原始LDB增加了旋转与尺度不变的鲁棒性,结合FED构建的尺度空间梯度信息增加了独特性。

与SIFT、SURF算法相比，AKAZE算法更快；同时与ORB、BRISK算法相比，可重复性与鲁棒性提升很大。

3.BRISK方法

BRISK算法是2011年提出来的一种特征提取算法，也是一种二进制的特征描述算子。它具有较好的旋转不变性、尺度不变性，较好的鲁棒性等。在图像配准应用中，速度比较：SIFT<SURF<BRISK<FREAK<ORB，在对有较大模糊的图像配准时，BRISK算法在其中表现最为出色。

BRISK算法主要利用FAST9-16进行特征点检测，其改进是尝试识别特征的尺度大小以及方向。BRISK首先通过创建具有固定数量的尺度的空间金字塔，然后根据尺度计算固定数量的intra-octave识别尺度。BRISK特征检测器的第一步是应用FAST来查找这些尺度的特征，然后使用非极大值抑制来找到最大特征点。

除了尺度，BRISK特征也有方向。BRISK描述符由围绕中心点的一系列环构成。在所有圆的配对之间计算构成逐位描述符的亮度比较，这些配对构成短距离配对和长距离配对两个子集。短距离配对形成特征描述符，长距离配对用于计算主导方向。BRISK描述符的长度是512位，也就是64字节，与BRIEF描述符相同。

4.FREAK方法

与BRIEF描述符一样，FREAK算法只计算一个描述符，并不包括自然关联的关键点检测器。FREAK描述符最初是作为BRIEF，BRISK和ORB的改进而引入的，它是一个生物启发式的描述符，其作用类似于BRIEF，主要区别在于它计算二进制比较邻域的方式不同；另一个区别是，FREAK不是对均匀平滑图像周围的像素点比较，而是使用对应于不同大小的积分区域的点进行比较，距离描述符中心更远的点被分配更大的区域。这样FREAK可以捕获人类视觉系统的一个基本特征，从而得出它的名称FAST Retinal Keypoint。得到特征点的二进制描述符后，也就算完成了特征提取。但是FREAK还提出，将得到的N位二进制描述子进行筛选，希望得到更好的，更具有辨识度的描述子，也就是说要从中去粗取精。

10.4 特征点匹配

一旦得到特征点，就可以使用它们来做一些有用的事情，比如常见的应用是目标识别和跟踪。OpenCV中提供了cv::DescriptorMatcher基类，定义了特征点对象匹配的基本接口。目前可以使用两种不同的匹配方法，一种是暴力匹配，第二种称为FLANN。

10.4.1 暴力匹配

暴力匹配需要将查询集query和训练集train两个描述符集中的所有描述符一一进行匹配，距离最小的两个描述符被认为是匹配的。使用时用户只需要决定使用什么距离度量方式即可，距离度量可用选项如表10-1所示。

表10-1 暴力匹配器的可用度量方式及其相关联的公式

度量	公式
NORM_L2	$dst(\vec{a},\vec{b})=\left[\sum_i (a_i-b_i)^2\right]^{1/2}$
NORM_L2SQR	$dst(\vec{a},\vec{b})=\sum_i (a_i-b_i)^2$
NORM_L1	$dst(\vec{a},\vec{b})=\sum_i abs(a_i-b_i)$
NORM_HAMMING	$dst(\vec{a},\vec{b})=\sum_i (a_i==b_i)?1:0$
NORM_HAMMING2	$dst(\vec{a},\vec{b})=\sum_{i(even)} \left[(a_i==b_i)(a_{i+1}==b_{i+1})\right]?1:0$

OpenCV使用cv::BFMatcher实现了暴力匹配器,其类的声明(重要部分)如下:

```
class BFMatcher : publicDescriptorMatcher{
public:
    BFMatcher(int normType=NORM_L2, bool crossCheck=false );
    virtual ~BFMatcher() {}
    virtual bool isMaskSupported() const { return true; }
    static Ptr<BFMatcher>create( int normType=NORM_L2,\
        bool crossCheck=false ) ;
    virtual Ptr<DescriptorMatcher> clone( bool emptyTrainData=false ) const;
        ...
};
```

暴力匹配一个重要的参数是交叉检查(cross-checking),参数crossCheck=true时,打开对cv::BFMatcher构造函数的交叉检查。当启用交叉检查时,仅当train[j]是训练集中的query[i]最接近的特征点,并且query[i]是查询集中的train[j]最接近的特征点时,才会报告查询集的特征点i与训练集的特征点j之间的匹配。这对消除虚假匹配非常有用,但是会花费额外的计算时间。

10.4.2 FLANN最邻近匹配

FLANN全称是Fast Library for Approximate Nearest Neighbors,即快速最近邻逼近搜索函数库。FLANN本身提供了各种索引的实现方法,用于在高维空间中查找最近邻点,主要有k-d树索引,k-means索引和LSH索引等。

1.k-d树索引

k-d树(k-dimensional树的简称),是一种分割k维数据空间的数据结构,主要应用于多维空间关键数据的搜索。k-d树是一种二叉树。并且与二分查找树(BST)比较类似。BST可以将一组实数递归地进行划分，类似的，在每一层上k-d树沿着按照某个维度将数据分为两组，两组数据依次进行分割形成子树。分割的对象称之为超平面(hyperplane)，超平面垂直于对应维度的轴。理想的超平面是对应维度的中位数，这样可以保证树的平衡，从而降低树的深度。

图10.19是k=2时的一颗k-d树。需要提醒的是进行划分的维度的顺序可以是任意的，不一定按照x，y，z，x，y，z…的顺序进行。每一个节点都会记录划分的维度。FLANN中有划分维度选择的算法。

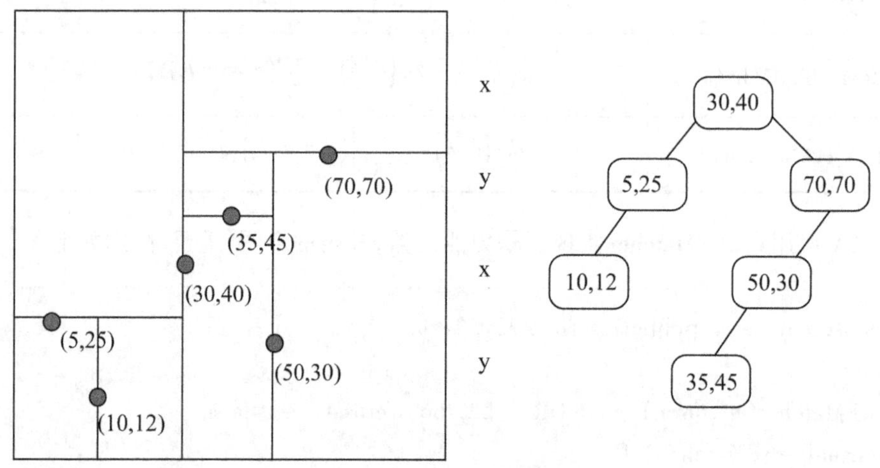

图10.19 k=2的一棵k-d数

2.k-means索引

k-d树索引在许多情形下都很有效，但是对于需要高精度的情形，分层k-means聚类更加有效。分层k-means聚类是一个递归方案，通过该方案，数据点首先被分组成一些数量的聚类，然后每个聚类被分组成若干个子聚类，依次类推。

分层k-means聚类利用了数据固有的结构信息，它根据数据的所有维度进行聚类，而随机k-d树一次只利用了一个维度进行划分。

3.LSH索引

局部敏感哈希(Locality-Sensitive Hashing, LSH)可以通过散列函数将相似的高维特征点数据映射到相同的存储区中，以方便数据点的查找和匹配。LSH的基本思想是，将原始数据空间中的两个相邻数据点通过相同的哈希函数映射或投影变换后，这两个数据点在新的数据空间中仍然相邻的概率很大，而不相邻的数据点被映射到同一个散列bin的概率很小。

OpenCV为FLANN提供了一个接口，即cv::FlannBasedMatcher对象，也是cv::DescriptorMatcher基类的一个派生类，其原型为：

```
class FlannBasedMatcher : public DescriptorMatcher{
public:
    FlannBasedMatcher(const Ptr<flann::IndexParams>&
    indexParams=makePtr<flann::KDTreeIndexParams>(),
                    const Ptr<flann::SearchParams>&
```

```
        searchParams=makePtr<flann::SearchParams>()); //构造函数
    virtual void add(InputArrayOfArrays descriptors ) CV_OVERRIDE;
    virtual void clear() CV_OVERRIDE;
    virtual void read( const FileNode& ) CV_OVERRIDE;
    virtual void write( FileStorage& ) const CV_OVERRIDE;
    virtual void train() CV_OVERRIDE;
    virtual bool isMaskSupported() const CV_OVERRIDE;
    CV_WRAP static Ptr<FlannBasedMatcher>create();
    virtual Ptr<DescriptorMatcher> clone( bool emptyTrainData=false )
    const CV_OVERRIDE;
};
```

FlannBasedMatcher类的构造函数需要输入两个参数，其中indexParams参数指定特征描述符的索引方法，默认值flann::KDTreeIndex-Params采用k-d树来构造索引，它也可以取值flann::LinerIndexParams来构造线性索引，或取值flann::KMeansIndexParams以构造分层k-means聚类索引，或取值flann::LshIndexParams以构造局部敏感哈希索引，或取值flann::AutotunedIndexParams进行自动索引选择；另一个参数searchParams参数指定搜索参数，指定了返回最近邻值的数量和排序方法。

FlannBasedMatcher类的重要成员主要有add函数、train函数、match函数和knnMatch函数。其中add函数用来向匹配器中添加特征向量；train函数用来对匹配器中加入的特征向量进行训练，以构造向量索引。match函数和knnMatch函数继承自基类DescriptorMatcher，用来对特征向量进行匹配。其中match函数的原型为：

```
void match(
    InputArray queryDescriptors, //特征向量查询集
    InputArray trainDescriptors,//特征向量训练集
      CV_OUT std::vector<DMatch>& matches, //匹配的特征点对
      InputArray mask=noArray() //屏蔽的匹配点对
    ) const;
```

而knnMatch函数的原型为：

```
void knnMatch(
InputArray queryDescriptors, //特征向量查询集
InputArray trainDescriptors, //特征向量训练集
        //匹配的点对有k个值
CV_OUT std::vector<std::vector<DMatch>>& matches,
int k, //对每个查询向量保存的最佳匹配特征向量个数
InputArray mask=noArray(), //屏蔽的匹配点对
```

```
    bool compactResult=false //匹配结果是否压缩保存
) const;
```

knnMatch函数与match函数的主要区别在于，前者会保存最佳的k个匹配点，而后者只会保存一个匹配点。匹配的特征点对以类DMatch形式保存，其声明为：

```
class CV_EXPORTS_W_SIMPLED Match
{
public:
        CV_WRAP DMatch();
        CV_WRAP DMatch(int _queryIdx, int _trainIdx, \
              float _distance);
        CV_WRAP DMatch(int _queryIdx, int _trainIdx, \
           int_imgIdx, float_distance);
        CV_PROP_RW int queryIdx; //查询向量索引
        CV_PROP_RW int trainIdx; //训练向量索引
        CV_PROP_RW int imgIdx;    //训练图像索引
        CV_PROP_RW float distance; //匹配距离(越小越好)
        bool operator<(const DMatch &m) const; //<运算符重载
};
```

类DMatch中主要使用queryIdx和trainIdx这两个索引来表达匹配对。当匹配的特征点数量很多时，可以按照distance的大小将匹配距离较大的特征点去除掉，只保留最佳的匹配点。

10.4.3 特征匹配应用实例——图像拼接

图像二维特征点在相机标定、图像拼接、三维重建和场景理解等场合都有着很广泛的应用。本节以图像拼接为例，说明如何应用图像二维特征点的各种性质和操作。

图像拼接在实际的应用场景很广，比如无人机航拍，遥感图像等，图像拼接是进一步做图像理解的基础步骤，拼接效果的好坏直接影响接下来的工作，所以一个好的图像拼接算法非常重要。图像拼接的总体思路是：以一侧图像为基准，计算另一侧图像相对于基准侧的透视变换参数；对校正侧的图像进行透视校正之后，将基准侧的图像直接拷贝到校正之后图像的一侧，就可以完成拼接。简单来说有以下几个步骤：

(1)对每幅图进行二维特征点提取；

(2)对特征点进行匹配；

(3)进行图像配准(计算两张图像的透视变换参数)；

(4)把图像拷贝到另一幅图像的特定位置。

图像拼接时，一般待拼接的两幅图像都存在着较大面积的重叠区域；也要求可以用来匹配的特征点较多,如果都是平坦区域,有可能无法得到良好的拼接结果。图像特征点提取时,可以选用本章前述的所有方法,这里采用的SURF特征点,并取较大的阈值,以得到比较明显的特征点。特征点匹配时,一般采用FLANN方法,以在速度和准确性之间达到平衡。

图像拼接时,前后两张不同时间拍摄的图像,一般存在着视点的差异,也会存在着拍摄角度和拍摄参数的差异。表现在图像上,就是两张图像间存在着平移、缩放和旋转等各种变换。这些变换可以使用图像间的透视变换公式来表示,如下式所示:

$$\begin{bmatrix} x' \\ y' \\ 1 \end{bmatrix} = H \begin{bmatrix} x \\ y \\ 1 \end{bmatrix} = \begin{bmatrix} a_{11} & a_{12} & a_{13} \\ a_{21} & a_{22} & a_{23} \\ a_{31} & a_{32} & a_{33} \end{bmatrix} \begin{bmatrix} x \\ y \\ 1 \end{bmatrix} \tag{10-30}$$

上式中,$(x', y', 1)^T$是变换之后的图像齐次坐标,$(x, y, 1)^T$是变换之前的图像齐次坐标,H是透视变换的单应性矩阵。

为了求得两张图像间的单应性矩阵H,至少需要4对图像间的对应坐标点(H中a_{33}的值限定取值为1),更多的点对可以得到更精确的结果。OpenCV中可以采用cv::getPerspective-Transform()函数得到单应性矩阵H,其函数原型为:

```
Mat getPerspectiveTransform(
    const Point2f src[], //原图像上的二维坐标点
    const Point2f dst[], //目标图像上的对应二维坐标点
    int solveMethod = DECOMP_LU //矩阵分解方法,默认是高斯消元法
);
```

cv::getPerspectiveTransform()只使用4个点对来计算单应性矩阵H,然而由于输入的点对中有可能存在着错误匹配的点,这个方法有可能找到的结果并不准确。更可靠的方法是使用cv::findHomography()函数来寻找单应性矩阵H,其函数原型为:

```
Mat findHomography(
    InputArray srcPoints, //源图像点的坐标向量
    InputArray dstPoints, //目标图像对应点的坐标向量
    int method = 0, //计算单应性矩阵的方法,有RANSAC,LMEDS等
    double ransacReprojThreshold = 3, //RANSAC中的拒绝阈值
    OutputArray mask=noArray(),
    const int maxIters = 2000, //RANSAC的迭代次数
    const double confidence = 0.995 //输入点对中可以信任的比例
);
```

cv::findHomography()函数采用迭代的方法,随机地从输入点对中选取一些点以找到单应性矩阵的最优解。即使在输入点对中存在着部分错误点对或不相关点对的情况下,cv::find-Homography()也能得到最优解。

在得到透视变换的单应性矩阵之后,可以使用cv::warpPerspective()函数将拼接的一侧图像进行透视校正,以变换到另外一侧图像的视角。warpPerspective函数原型为:

```
void warpPerspective(
    InputArray src, //输入图像
    OutputArray dst, //透视变换之后的图像
    InputArray M, //单应性矩阵H
    Size dsize, //输出图像的大小
    int flags = INTER_LINEAR, //像素插值方法
    int borderMode = BORDER_CONSTANT, //边缘像素处理方式
    const Scalar& borderValue = Scalar() //边缘像素值
);
```

warpPerspective中需要事先确定输出图像的尺寸。输出图像的高度指定与输入图像的高度一致，以保证图像可以对齐。输出图像的宽度可以计算得到：输入原图像右上角和右下角的齐次坐标，根据式(10-30)计算在输出图像中的水平坐标，取其大者作为输出图像的宽度。

代码10-8实现了图像拼接的主要步骤，处理结果如图10.20所示。这里左右两张图像有相同的尺寸，以左侧图像为基准，计算右侧图像相对于左侧图像的透视变换参数。右侧图像透视校正之后得到拼接图像的草图，然后直接将左侧图像拷贝得到草图中，就可以得到最后的图像。从图(c)中可以看到，两张图像中存在着很多特征点，这里只取一些比较可靠的特征点进行匹配。从图中的立柱可以看到，右侧图像校正之前与左侧图像存在着较大的视差；校正之后，两侧图像中的立柱基本平行，证明校正参数基本是正确的(图(d))。但是从建筑的水平边缘也可以看到，拼接之后的图像，其边缘并没有完全对齐(图(e))，需要对拼接缝做进一步处理，才能取得更好的效果。扫码观看图像拼接讲解视频。

图像拼接实例

代码10-8　图像拼接代码

```
typedef struct{
    Point2f ptLeftTop; //左上角坐标
    Point2f ptLeftBottom; //左下角坐标
    Point2f ptRightTop; //右上角坐标
    Point2f ptRightBottom; //右下角坐标
}struFourCorners;
void CalcCorners(const Mat &H, const Mat&src, struFourCorners &corners)
{
    double v2[] = { 0, 0, 1 }; //变换之前的坐标值
    double v1[3]; //变换后的坐标值
    //左上角齐次坐标为(0,0,1)
    Mat V2 = Mat(3, 1, CV_64FC1, v2);  //列向量
    Mat V1 = Mat(3, 1, CV_64FC1, v1);  //列向量
```

```
    V1=H*V2;
    corners.ptLeftTop.x = v1[0] / v1[2];
    corners.ptLeftTop.y = v1[1] / v1[2];
    //左下角齐次坐标为(0,src.rows,1)
    v2[0] = 0; v2[1] = src.rows; v2[2] = 1;
    V2=Mat(3, 1, CV_64FC1, v2);  //列向量
    V1=Mat(3, 1, CV_64FC1, v1);  //列向量
    V1=H*V2;
    corners.ptLeftBottom.x = v1[0] / v1[2];
    corners.ptLeftBottom.y = v1[1] / v1[2];
    //右上角齐次坐标为(src.cols,0,1)
    v2[0] = src.cols; v2[1] = 0; v2[2] = 1;
    V2=Mat(3, 1, CV_64FC1, v2);  //列向量
    V1=Mat(3, 1, CV_64FC1, v1);  //列向量
    V1=H*V2;
    corners.ptRightTop.x = v1[0] / v1[2];
    corners.ptRightTop.y = v1[1] / v1[2];
    //右下角齐次坐标为(src.cols,src.rows,1)
    v2[0] = src.cols; v2[1] = src.rows; v2[2] = 1;
    V2=Mat(3, 1, CV_64FC1, v2);  //列向量
    V1=Mat(3, 1, CV_64FC1, v1);  //列向量
    V1=H*V2;
    corners.ptRightBottom.x = v1[0] / v1[2];
    corners.ptRightBottom.y = v1[1] / v1[2];
}
int main(int argc, char *argv[])
{
    Mat srcLeft = imread("left01.jpg", IMREAD_COLOR);  //左侧图像
    Mat srcRight = imread("right02.jpg", IMREAD_COLOR); //右侧图像
    if (srcLeft.empty() || srcRight.empty()) {
        return 0;
    }
    //提取特征点
    Ptr<xfeatures2d::SurfFeatureDetector>surf= \
        xfeatures2d::SurfFeatureDetector::create(2000, 4, 3, false, false);
    vector<KeyPoint>keyPtsLeft, keyPtsRight;
    surf->detect(srcLeft, keyPtsLeft);
    surf->detect(srcRight, keyPtsRight);
```

```
//特征点描述，为下边的特征点匹配做准备
Mat imgDescLeft, imgDescRight;
surf->compute(srcLeft, keyPtsLeft, imgDescLeft);
surf->compute(srcRight, keyPtsRight, imgDescRight);
//特征点匹配
FlannBasedMatchermatcher;
//将右侧图像的特征点加入训练队列
vector<Mat>vecTrainDesc(1, imgDescRight);
matcher.add(vecTrainDesc);
matcher.train(); //匹配器训练
vector<vector<DMatch>>allMatchePts;
//为左边图像的特征点找到匹配点，每个点最多两个匹配点
matcher.knnMatch(imgDescLeft, allMatchePts, 2);
//挑选比较可靠的匹配点，其特征点间的距离较小
vector<DMatch>goodMatchePts;
for (int i = 0; i<allMatchePts.size(); i++){
    if (allMatchePts[i][0].distance<\
         0.4 * allMatchePts[i][1].distance){
        goodMatchePts.push_back(allMatchePts[i][0]);
    }
}
//绘制特征点匹配图像
Mat imgMatch;
drawMatches(srcLeft, keyPtsLeft, srcRight,\
keyPtsRight, goodMatchePts, imgMatch);
imshow("特征点匹配图像", imgMatch);
//找到匹配特征点的坐标
vector<Point2f> imgPtsRight, imgPtsLeft;
for (int i = 0; i<goodMatchePts.size(); i++){
imgPtsLeft.push_back(keyPtsLeft[goodMatchePts[i].queryIdx].pt);
imgPtsRight.push_back(keyPtsRight[goodMatchePts[i].trainIdx].pt);
}
//获取右侧图像到左侧图像的单应性矩阵，尺寸为3*3
Mat homo = findHomography(imgPtsRight, imgPtsLeft, RANSAC);
//计算右侧图像变换之后的四个顶点坐标
struFourCorners corners;
CalcCorners(homo, srcRight, corners);
//右侧图像变换到与左侧图像对齐（视点一致）
```

```
    Mat imageTransformed;
    warpPerspective(srcRight, imageTransformed, homo,\
        Size(max(corners.ptRightTop.x, \
        corners.ptRightBottom.x),srcLeft.rows));
    imshow("透视矩阵变换之后的右侧图像", imageTransformed);
    //创建拼接后的图像,需提前计算图的大小
    int dstWidth=imageTransformed.cols;//最右点的长度为拼接图像的宽度
    int dstHeight = srcLeft.rows; //高度为左侧图像的高度
    Mat dst(dstHeight, dstWidth, CV_8UC3);
    dst.setTo(0);
    imageTransformed.copyTo(dst(Rect(0, 0, \
    imageTransformed.cols, imageTransformed.rows)));
    //直接将左侧图像拷贝到拼接之后图像的左侧
    srcLeft.copyTo(dst(Rect(0, 0, srcLeft.cols, srcLeft.rows)));
    imshow("拼接之后的图像", dst);
    waitKey(0);
    return 0;
}
```

(a)左侧图像

(b)右侧图像

(c)特征点匹配图像

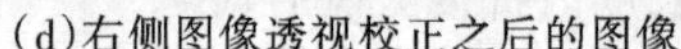

(d)右侧图像透视校正之后的图像

(e)拼接得到的图像

图 10.20 图像拼接实例

10.5 总结

2D图像特征的内容实际更多属于计算机视觉的范畴。当利用计算机视觉系统对图像中的特征点进行跟踪或匹配时,需要考虑特征点的局部不变性。角点是比较容易计算得到一类局部特征点,具有比较稳定的局部不变性,常用于特征点的初步检测。图像局部特征点描述的核心基础问题是不变性和可区分性,OpenCV中SIFT、SURF以及ORB等特征描述子都具有这些特性。特征点的匹配方法主要有暴力匹配和最近邻匹配FLANN等两种方法,当图像中特征点数量较大时,FLANN方法比较实用。2D图像特征在实际中有着很多应用,在本章的实例中应用于图像拼接,在下一章中还可以看到用于目标跟踪的实例。

10.6 实习题

(1)旋转角度计算。利用两种以上特征点匹配方法,计算下列两幅图像的旋转角度和缩放比例,并对旋转之后的图像进行校正,并恢复到原图像尺寸。

图 10.21 旋转角度计算的图像

(2)基于局部特征的图像匹配。编写程序,用3种以上局部特征描述方法,找到小图在大图中的准确位置,并比较不同方法的计算效率和准确度。

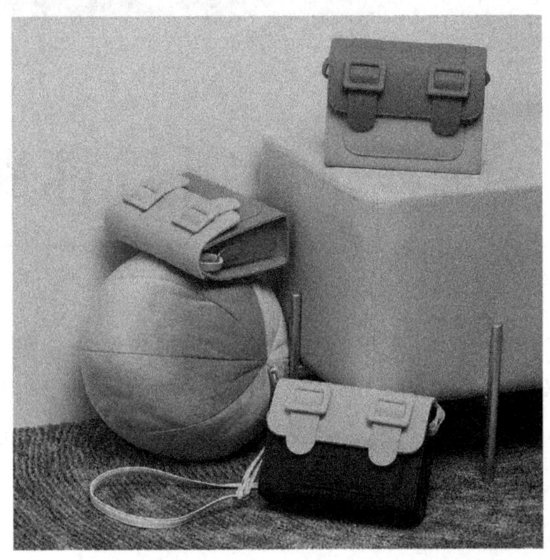

图10.22　用于匹配的图像

第11章

视频目标跟踪

图像处理在安防工程中得到了广泛的应用，安防工程中处理的对象大多是静止摄像头拍摄的视频数据。处理静止视频数据时主要用到背景剪除技术以提取前景目标，用到目标跟踪技术以分析前景目标的行为特征，也会用到特征点提取技术、特征点描述技术和特征点匹配技术等。

11.1 背景建模

相对于第9章所描述的基于机器学习的目标检测方法，以及相对于下一章的基于深度学习的目标检测方法，基于背景剪除的目标检测方法更为简单，在摄像机固定的情况下，它的应用也很广泛。基于背景剪除的目标检测方法首先要对背景进行建模，让机器学会描述当前视频的背景，然后将背景和前景加以区分。

大多数情况下，视频处理中把长期不变的目标当成是背景，而把运动的目标当成前景。但是背景和前景的概念不是一成不变的，以市区道路的监控为例，大多数情况下，道路上快速运动的机动车辆会被当成前景，但是停在十字路口长时间等红灯的机动车辆也会被当成前景；道路两旁的树叶大多数情况下会被当成背景，但是在树叶被风吹动的情况下也会被误判成前景。一个鲁棒的背景建模算法应当可以自适应光照强度的变化，图像杂波的反复性运动，和长期场景的变动。

目前背景提取的算法很多，有基于时间轴的滤波方法，如均值法；有基于统计模型的方法，如混合高斯分布模型；还有非参数化模型等。

11.1.1 基于均值法的背景建模

设摄像机是静止的，在背景模型提取阶段，运动目标在场景区域中运动，且不会长时间停留在某一位置上。在实际中，这种假设很容易被满足。对视频中的任意一个像素点进行一段时间的观测，观察它的灰度值。可以发现只有在前景运动目标通过该点时，它的灰度值才会发生明显变化，其余大部分时间内，该点的灰度值是基本保持不变的，总是在一个区域内波动，因此可以用这个区域内的均值或中值作为该点的背景值。

均值法的原理是将运动物体看作噪声，用累积平均的方法消除噪声，从而可以利用有运动物体的视频序列图像进行平均来得到视频中的背景图像。用公式表示为：

$$\text{Background}(x, y) = \frac{1}{N}\sum_{i=1}^{N}\text{image}_i(x, y) \tag{11-1}$$

其中Background表示背景图像，N表示当前用来观察的视频帧数，$\text{image}_i(x, y)$表示第i帧序列图像中的(x, y)像素点的值，通过改变x和y的值可获得整幅背景图像。

11.1.2　混合高斯模型背景建模

背景模型主要有单模态和多模态两种。前者在每个背景像素点上的灰度值分布比较集中，即背景的像素值基本保持不变，可以用单分布概率模型来描述；后者的分布则比较分散，需要用多分布概率模型来共同描述。在许多应用场合，如水面的波纹、摇摆的树枝、飘扬的旗帜和摇摆的窗帘等，像素点值都呈现出多模态特性，即像素点的灰度值都是周期性分布的多个值，而不是恒定不变的单个值。

最常用的描述场景背景点灰度值分布的概率密度模型（概率密度函数）是高斯分布。单高斯分布背景模型适用于单模态背景，它把每个像素点的灰度值分布用单个高斯分布表示，它只能处理有微小变化或缓慢变化的简单场景。当场景背景变化很大或发生突变，或者背景像素值为多峰分布（如微小重复运动）时，背景像素值的变化较快，并不是由一个相对稳定的单峰分布渐渐过渡到另一个单峰分布，这时单高斯背景模型就无能为力，不能准确地描述背景了，可以根据单模态的思想方法，用多个单模态的集合来描述复杂场景中像素点值的变化，混合高斯模型正是用多个单高斯函数来描述多模态的场景背景，是背景建模最为成功的方法之一。

1.混合高斯模型建立与匹配

混合高斯模型（Gaussian mixture model，简称GMM）是Stauffer等人提出的，其基本思想是，使用K个高斯模型来表征图像中每个像素点的特征，在获取新一帧图像后更新混合高斯模型。基本的高斯模型个数为3～5个，K值越大，处理波动的能力越强，相应所需的处理时间也就越长。用当前图像中的每个像素点与混合高斯模型匹配，如果成功则判定该点为背景点，否则为前景点。

对于任意像素点在t时刻的观察值x_t，属于背景的概率为：

$$p(x_t) = \sum_{i=1}^{K}\omega_{i,t}\,\eta\left(x_t, \mu_{t,i}, \Sigma_{t,i}\right) \tag{11-2}$$

$$\eta\left(x_t, \mu_{i,t}, \Sigma_{t,i}\right) = \frac{1}{(2\pi)^{\frac{n}{2}}\left|\Sigma_i\right|^{1/2}} \times e^{-\frac{1}{2}(x_t-\mu_{i,t})^T\Sigma_i^{-1}(x_t-u_{i,t})} \tag{11-3}$$

上两式中，$\eta\left(x_t, \mu_{i,t}, \Sigma_{i,t}\right)$为第$i$个高斯分布的概率密度函数，其均值为$\mu_{i,t}$；$\omega_{i,t}$为第$i$个高斯分布在$t$时刻的权重，且$\sum_{i=1}^{K}\omega_{i,t} = 1$。若用$n$表示$x_t$的值的维数，当对灰度图像用混合高斯模型进行背景建模时，$n = 1$；$\Sigma_{i,t} = \sigma_{i,t}^2 I$为第$i$个分布的协方差矩阵，其中$\sigma_{i,t}^2$是方差，$I$是单位矩阵，在RGB颜色空间中有，

$$\Sigma = \begin{bmatrix}\sigma_R^2 & 0 & 0\\ 0 & \sigma_G^2 & 0\\ 0 & 0 & \sigma_B^2\end{bmatrix} \tag{11-4}$$

K个高斯分布总是按照优先级$\rho_{i,t}=\frac{\omega_{i,t}}{\sigma_{i,t}}$的值从高到低的次序排列($\sigma_{i,t}$为标准差)。对每一像素,用当前像素值$x_t$与混合高斯模型中$K$个高斯分布匹配,若像素值与其中某个高斯分布满足$\left|x_t-\mu_{i,t}\right|\leqslant D\sigma_{i,t}$,则认为是该像素值与高斯分布匹配,对匹配成功的高斯分布进行更新,其余高斯分布不变。D为用户自定义的参数,在实际应用中一般取经验值2.5。即混合高斯模型背景剪除法的原理是:任何一个像素,如果它与K个背景模型之间都有2.5倍标准差的差异,那么就将该像素标记为前景像素。如果K个高斯成分中的任何一个都跟测试数据不匹配,那么(匹配)概率最小的成分将被一个新的成分所替代,该新成分的均值为测试数据,方差取值很大,而权重系数则很小。

2.混合高斯模型的更新

匹配的高斯分布参数按照如下方式进行更新:

$$\omega_{i,t}=(1-\alpha)\omega_{i,t-1}+\alpha \tag{11-5}$$

$$\mu_{i,t}=\left(1-\beta\right)\omega_{i,t-1}+\beta x_{i,t-1} \tag{11-6}$$

$$\sigma_{i,t}^2=\left(1-\beta\right)\sigma_{i,t-1}^2+\beta(x_{i,t-1}-\mu_{i,t-1})^2 \tag{11-7}$$

式中,$\alpha\left(0\leqslant\alpha\leqslant1\right)$是学习速率,其大小决定了背景更新的速度;$\beta$是参数学习率,且$\beta=\frac{\alpha}{\omega_{i,t}}$。这里$\alpha$的取值是背景更新的关键,若$\alpha$过小,则需要较长时间才能得到完整的背景,且对环境的变化适应较慢;若α过大,则短时间内出现的前景也可能会被当做背景。

对匹配的高斯分布的均值和方差进行更新,不匹配的分布其均值和方差保持不变,但权值会衰减,按下式处理:

$$\omega_{i,t}=(1-\alpha)\omega_{i,t-1} \tag{11-8}$$

3.生成背景模型

根据新的像素值把混合高斯模型的所有参数更新,然后将各个高斯分布按照$\frac{\omega_{i,t}}{\sigma_{i,t}}$从大到小进行排列,排的次序越靠前,则它是背景分布的可能性越大,若前B个分布满足$\sum_{k=1}^{B}\omega_{k,t}\geqslant\tau$,则这$B$个分布被认为是背景分布,即前$B$个高斯分布按权重联合生成背景:

$$B=\underset{b}{\operatorname{argmin}}\left(\sum_{k=1}^{b}\omega_{k,t}\geqslant\tau\right) \tag{11-9}$$

其中τ是权值阈值,表示能够描述场景背景的高斯分布权值之和的最小值,即τ是背景在场景中存在的最小先验概率。τ取值过小,则混合高斯分布有可能退化为单高斯分布;τ取值过大则容易使权重很小的分布被作为背景分布。

4.混合高斯背景建模的实现

OpenCV提供了cv::BackgroundSubtractor类用于实现背景建模算法,该基类包含了apply()与getBackgroundImage()两个纯虚函数,前者用于计算当前视频帧序列的前景,后者得到视频帧序列的背景。

cv::BackgroundSubtractorMOG类派生于cv::BackgroundSubtractor类,前者实现了基于混合高斯模型的背景与前景分割算法,并且能实现阴影检测,该算法包含在OpenCV模块bgsegm中。

经典混合高斯 cv::BackgroundSubtractorMOG 类，经过算法改进得到新的类 cv::BackgroundSubtractorMOG2，该类实现了自适应高斯混合模型参数的更新，增强了复杂场景背景检测的性能。cv::BackgroundSubtractorMOG2类的参数设置方法如代码 11-1所示：

代码 11-1　cv::BackgroundSubtractorMOG2类的参数设置

```
//设置GMM中高斯模型的个数
pMOG2->setNMixtures(5);
//背景模型学习帧数，默认为500帧
pMOG2->setHistory(500);
//设置背景出现的比率，如公式(11-9)中的τ，默认为0.9
pMOG2->setBackgroundRatio(0.9)
//设置GMM中模型匹配阈值，大于此阈值，则增加一个高斯或者设置为前景
pMOG2->setVarThreshold(3.0f);
//设置新的高斯核的初始方差，默认值为15.0
pMOG2->setVarInit(15.0f);
//是否打开阴影检测，默认为打开。如果打开阴影检测，则会影响检测速度
pMOG2->setDetectShadows(true);
//设置用来标记阴影的像素值，默认为127
pMOG2->setShadowValue(127);
//设置阴影的阈值，默认情况下阴影像素值是对应背景值的0.5
pMOG2->setShadowThreshold(0.5);
//计算当前帧的前景图像。其中frame是当前帧，fgmask是当前帧中计算得到
//的背景图像。第3个参数是背景学习速率，0表示完全不更新背景，1表示将
//上一帧图像当做背景，负值表示由算法自己决定学习速率。学习速率越大背景更新越快。
pMOG2->apply(frame, fgmask,0.05);
```

混合高斯模型建模代码如代码 11-2所示，运行结果如图 11.1所示。

代码 11-2　混合高斯模型建模和前景提取

```
void MOG2BackgroundSubtraction()
{
    Mat frame; //视频帧，缩小到原图大小1/4
    Mat bgImg; //背景图像
    Mat fgImg; //前景图像
    Ptr<BackgroundSubtractor> pMOG2; //pMOG2是智能指针类型
    pMOG2=createBackgroundSubtractorMOG2(); //创建MOG2背景建模对象
    VideoCapture capture("D:/1.mp4");
    if (!capture.isOpened()) {
```

```
        cout<<"不能打开视频文件!"<<endl;
        return;
    }
    //按'q'键或escape键退出循环
    while ((char)waitKey(30) != 'q'&&waitKey(30) != 27) {
        if (!capture.read(frame)) {
            cout<<"不能获取视频帧!"<<endl;
            break;
        }
        resize(frame, frame, Size(),0.25,0.25); //图像缩小到原来的1/4
        pMOG2->apply(frame, fgImg); //背景模型训练,并得到前景对象
        pMOG2->getBackgroundImage(bgImg); //获得背景图像
        stringstreamss;
        //左上角画一个矩形框作为文本区域
        rectangle(frame,Point(10, 2),Point(100, 20),\
            Scalar(255, 255, 255));
        ss<<capture.get(CAP_PROP_POS_FRAMES); //获取当前帧序号
        string strFrameNumber = ss.str();
        //在文本框区域内显示文字
        putText(frame, strFrameNumber.c_str(), Point(15, 15), \
            FONT_HERSHEY_SIMPLEX, 0.5, Scalar(0, 0, 0));
        imshow("当前帧", frame);
        imshow("前景图像", fgImg);
        imshow("背景图像", bgImg);
    }
    capture.release();
}
```

图11.1　背景剪除和前景提取实例图

如图11.1是典型的十字路口监控录像中的背景剪除和前景提取实例。图中分3列，分别列出了50帧、100帧、200帧、300帧、400帧和500帧(图中视频帧率为8帧/秒)的实时视频图像、前景提取结果和背景提取结果。

从第1列图像中可以看到，路口中左边车道是左转车道，有车辆在等候红灯；右边两个车道是直行车道，刚好是绿灯，有大量车辆在快速通行。从第2列图像中可以看到，不论时间先后，BackgroundSubtractorMOG2算法基本都能提取出视频运动前景目标；只是随着时间越长，提取的前景目标越完整。从第3列可以看到，由于运动车辆的干扰，需要比较长的时间，才能比较完整地获得整个图像的背景(最后一行的第3列图像)；而在视频中停留时间比较长的运动目标，如前300帧一直不动的绿色出租车，被当成背景之后需要较长的时间才能去掉。需要说明的是，背景学习和更新的速率与apply函数中的学习速率参数相关，代码10-2中的0.05的学习速率是相对较快的学习速率，如图10.1所示，大约在200帧左右就可以得到比较完整的背景图像。

从这个实验结果可以看出，以混合高斯模型为代表的背景剪除算法，能够有效地得到视频中运动目标，如图11.1的第2列所示。但是这些目标的轮廓大都不是很清晰，存在着很多孔洞，特别是晚上，受光线影响很大，无法直接用来做目标跟踪。所以在需要做前景目标提取时，常常把背景剪除算法与第9章的目标检测算法以及第12章所述深度学习方法结合起来，进行准确的前景目标提取、对象跟踪和轨迹分析。

11.2 基于光流的对象跟踪

与处理单独的静态图像不同，当处理视频对象时，常需要在相机的视野中跟踪一个或者多个特定的目标。根据前述章节的内容，可以从图像中分离运动目标或某个特定形状的对象，比如行人或机动车；也可以从这些目标中提取一些关键点，以及对这些关键点在不同图像中进行匹配。本章后序讨论的内容主要是分析运动的本身，以对运动目标进行识别和运动性质进行分析。

11.2.1 光流的概念

光流(optical flow)法是目前运动图像分析的重要方法，它的概念是由 James J. Gibson 于20世纪40年代首先提出的。光流描述的是空间运动物体在观察成像平面上的像素运动的瞬时速度，利用图像序列中像素在时间域上的变化以及相邻帧之间的相关性来找到上一帧跟当前帧之间存在的对应关系，从而计算出相邻帧之间物体的运动信息的一种方法。光流描述的是图像上每个像素点的灰度的位置(速度)变化情况，光流的研究是利用图像序列中的像素强度数据的时域变化和相关性来确定各自像素位置的“运动”。

在空间中，运动可以用运动场描述，而在一个图像平面上，物体的运动往往是通过图像序列中不同图像灰度分布的不同体现的，从而，空间中的运动场转移到图像上就表示为光流场(optical flow field)。

光流场是一个二维矢量场，它反映了图像上每一点灰度的变化趋势，可看成是带有灰度的像素点在图像平面上运动而产生的瞬时速度场。它包含的信息即是各像点的瞬时运动速度矢量信息。如图11.2所示是视频中的前后两张图像以及其光流场。从图中可以看到,视频中的运动汽车附近有密集的光流矢量,而静止目标附近光流基本为0。研究光流场的目的就是为了从图片序列中近似得到不能直接得到的运动场,从而对运动对象进行跟踪。

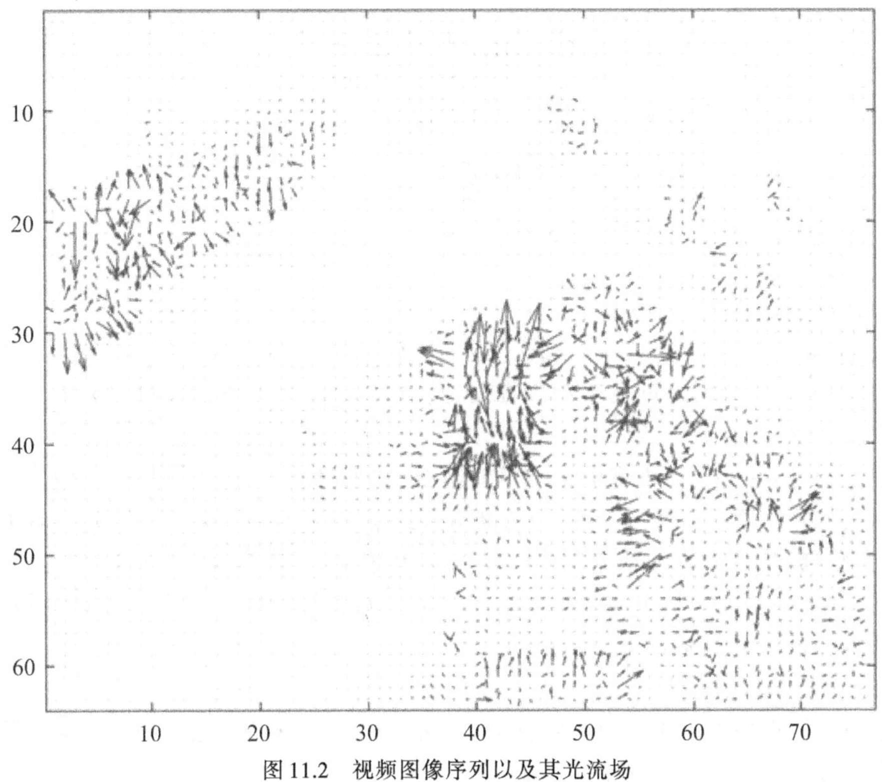

图11.2　视频图像序列以及其光流场

11.2.2　光流法基本原理

1.基本假设条件

光流法跟踪的两个基本假设条件为:

(1)亮度恒定不变。即同一目标在不同帧间运动时,其亮度不会发生改变。这是基本光流法的假定(所有光流法变种都必须满足),用于得到光流法基本方程;

(2)时间连续或运动是“小运动”。即时间的变化不会引起目标位置的剧烈变化,相邻帧之间位移要比较小。同样也是光流法不可或缺的假定。

在大多数监控场景中,如果摄像头固定不动、环境光照条件不变、帧率很高(视频帧率在每秒5帧以上)的情况下,上述两个条件基本都能得到满足。

2.基本约束方程

考虑一个像素$I(x,y,t)$在第一帧的光强度(其中t代表其所在的时间维度)。它移动了$(\mathrm{d}x,\mathrm{d}y)$的距离到下一帧,用了$\mathrm{d}t$时间。因为是同一个像素点,依据上文提到的第一个假设可以认为该像素在运动前后的光强度是不变的,即:

$$I(x,y,t)=I(x+\mathrm{d}x,y+\mathrm{d}y,t+\mathrm{d}t) \tag{11-10}$$

将上式右侧进行泰勒展开,得到:

$$I(x,y,t)=I(x,y,t)+\frac{\partial I}{\partial x}\mathrm{d}x+\frac{\partial I}{\partial y}\mathrm{d}y+\frac{\partial I}{\partial t}\mathrm{d}t+\varepsilon \tag{11-11}$$

其中ε代表二阶无穷小项,可忽略不计。将式(11-11)代入式(11-10),两边同除以$\mathrm{d}t$得到:

$$\frac{\partial I}{\partial x}\frac{\mathrm{d}x}{\mathrm{d}t}+\frac{\partial I}{\partial y}\frac{\mathrm{d}y}{\mathrm{d}t}+\frac{\partial I}{\partial t}\frac{\mathrm{d}t}{\mathrm{d}t}=0 \tag{11-12}$$

设u,v分别为光流沿X轴与Y轴的速度矢量,则有:

$$u=\frac{\mathrm{d}x}{\mathrm{d}t},v=\frac{\mathrm{d}y}{\mathrm{d}t} \tag{11-13}$$

设$I_x=\frac{\partial I}{\partial x},I_y=\frac{\partial I}{\partial y},I_t=\frac{\partial I}{\partial t}$分别表示图像中像素点的灰度沿$x,y,t$方向的偏导数。综上所述,式(11-12)可以改写为:

$$I_x u+I_y v+I_t=0 \tag{11-14}$$

式(11-14)即为光流法的基本约束方程,其中,I_x、I_y、I_t均可由图像数据求得,而(u,v)即为所求光流矢量。

约束方程只有一个,而方程的未知量有两个,这种情况下无法求得u和v的确切值。此时需要引入另外的约束条件,从不同的角度引入约束条件,导致了不同光流场计算方法。按照理论基础与数学方法的区别把它们分成5种:基于梯度(微分)的方法、基于匹配的方法、基于能量(频率)的方法、基于相位的方法和神经动力学方法等。这里不对这些方法一一介绍,只介绍OpenCV中实现的光流方法。

3.稠密光流与稀疏光流

除了根据原理的不同来区分光流法外,还可以根据所形成的光流场中二维矢量的疏密程度将光流法分为稠密光流与稀疏光流两种。

稠密光流是一种针对图像或指定的某一片区域进行逐点匹配的图像配准方法,它计算图像上所有的点的偏移量,从而形成一个稠密的光流场。通过这个稠密的光流场,可以进行像素级别的图像配准。

Horn-Schunck算法以及基于区域匹配的大多数光流法都属于稠密光流的范畴。如图11.2所示就是一个稠密光流的实例。

由于光流矢量稠密,所以其配准后的效果也明显优于稀疏光流配准的效果。但是其副作用也是明显的,由于要计算每个点的偏移量,其计算量也明显较大,时效性较差。

与稠密光流相反，稀疏光流并不对图像的每个像素点进行逐点计算。它通常需要指定一组点进行跟踪，这组点最好具有某种明显的特性，例如Harris角点等，那么跟踪就会相对稳定和可靠。稀疏跟踪的计算开销比稠密跟踪小得多。

11.2.3 Lucas-Kanade(LK)光流法

LK光流法由Bruce D. Lucas和Takeo Kanade于1981年提出，是一种两帧差分的光流估计算法，最初是用于求稠密光流的，由于算法易于应用在输入图像的一组点上，而成为求稀疏光流的一种重要方法。

LK光流法在原先的光流法两个基本假设的基础上，增加了一个"空间一致"的假设，即所有的相邻像素有相似的行动。也即在目标像素周围$m \times m$的区域内，每个像素均拥有相同的光流矢量。以此假设解决式(11-14)无法求解的问题。

1.LK光流法约束方程

在当前像素的一个小邻域Ω内，设当前像素的n个邻近像素为$X_1, X_2, \cdots X_n$，均具有相同的光流矢量(u, v)，即都满足式(11-14)的要求，则有：

$$\begin{cases} I_x(X_1)u + I_y(X_1)v + I_t(X_1) = 0 \\ I_x(X_2)u + I_y(X_2)v + I_t(X_2) = 0 \\ \cdots \\ I_x(X_n)u + I_y(X_n)v + I_t(X_n) = 0 \end{cases} \tag{11-15}$$

令$A = (\nabla I(X_1), \nabla I(X_2), \cdots, \nabla I(X_n))^T$，即$A = \begin{bmatrix} I_x(X_1) & I_y(X_1) \\ I_x(X_2) & I_y(X_2) \\ \vdots & \vdots \\ I_x(X_n) & I_y(X_n) \end{bmatrix}$是$\Omega$内$n$个点的梯度向量矩阵；$b = -\left(\frac{\partial I(X_1)}{\partial t}, \cdots, \frac{\partial I(X_n)}{\partial t}\right)^T$，即$b = -\begin{bmatrix} I_t(X_1) \\ I_t(X_2) \\ \vdots \\ I_t(X_n) \end{bmatrix}$，$b$是$\Omega$内$n$个点的灰度值差分向量；$V = (u, v)^T$是当前像素点的光流矢量。则式(11-15)可以等价于：

$$A \cdot V = b \tag{11-16}$$

为了求解方程(11-16)，可以用最小二乘法对上式进行最小化，即求$\min\|A \cdot V - b\|^2$的解,解的标准形式为：

$$A^T A \cdot V = A^T \cdot b \tag{11-17}$$

式(11-17)可以展开如下：

$$A^T A \cdot V = \begin{bmatrix} \sum I_x^2 & \sum I_x I_y \\ \sum I_x I_y & \sum I_y^2 \end{bmatrix} \cdot \begin{bmatrix} u \\ v \end{bmatrix} = -\begin{bmatrix} \sum I_x I_t \\ \sum I_y I_t \end{bmatrix} = (A^T b) \tag{11-18}$$

$A^T A$称为梯度向量的正规矩阵。当$A^T A$满秩时(rank=2)时是可逆的，式(11-18)可得到形式如式(11-19)的解：

$$V=\left(A^{T}A\right)^{-1}A^{T}b \tag{11-19}$$

当A^TA可逆时，它具有两个大的特征向量。这将在包含至少两个运动方向的纹理的图像区域中发生。在这种情况下，当跟踪窗口在图像中的一个角点区域居中时，A^TA将具有最佳属性。这就能与第10章讨论的Harris角点检测器联系起来。事实上，这些角点是很好的追踪特征，在做LK光流跟踪之前先要计算得到这些角点。

通过结合几个邻近像素点的信息，LK光流法通常能够消除光流方程里的多义性。而且，与逐点计算的方法相比，LK方法对图像噪声不敏感。

2.金字塔LK光流法

LK算法的约束条件即小速度，亮度不变以及区域一致性都是较强的假设，并不很容易得到满足。如当物体运动速度较快时，假设不成立，那么后续的假设就会有较大的偏差，使得最终求出的光流值有较大的误差。图像金字塔可以解决这个问题。具体做法如下：

(1)首先，对每一帧图像建立一个高斯金字塔，最低分辨率在最顶层，原始图片在底层。

(2)从顶层(L_m层)开始，通过上述方法计算得到每个点的光流。假设图像的尺寸每次缩放为原来的一半，一共缩放了L_m层，则第0层为原图像。设已知原图的位移为d，则第L层的位移为：$d^L=\dfrac{d}{2^L}$。

(3)上一层(L层)的光流计算结果(位移情况)反馈到下一层($L-1$)，作为该层初始时的光流值的估计g，则$g^{L-1}=2(g^L+d^L)$。

(4)这样沿着金字塔向下反馈，重复估计动作，直到到达图像金字塔的底层(即原图像)，则可以得到最终的光流值为：$d=g^0+d^0$。

由于金字塔的缩放减小了物体的位移，也就是减小了光流值，所以最顶层图像中的光流估计值设置为0，即$g^m=[0,0]^T$。

3.OpenCV中的LK光流函数

OpenCV中计算LK光流的函数为cv::calcOpticalFlowPyrLK()，其函数原型为：

```
void calcOpticalFlowPyrLK(
    InputArray prevImg, //前一帧输入图像
    InputArray nextImg, //后一帧图像，类型和大小与输入图像相同
    //前一帧输入的特征点坐标向量，为单精度浮点数类型
    InputArray prevPts,
    InputOutputArray nextPts, //后一帧图像输出的特征点坐标向量
    //输出状态向量，若找到光流，则输出1，否则为0
    OutputArray status,
    OutputArray err, //输出误差向量
    Size winSize = Size(21,21), //每层金字塔搜索窗口大小
    int maxLevel = 3, //图像金字塔最大层数
    //退出搜索的结束条件为最大迭代次数为30次或窗口移动值小于0.01
    TermCriteria criteria =TermCriteria(TermCriteria::COUNT\
        +TermCriteria::EPS,30, 0.01),
```

```
    int flags = 0,//操作标记
    double minEigThreshold = 1e-4//梯度矩阵的最小特征值
);
```

函数cv::calcOpticalFlowPyrLK()的基本流程很简单，首先列出前一帧图像中的需要跟踪的点prevPts，并调用此函数。当函数返回时，可以检查状态数组status看看哪些点已成功跟踪，然后检查nextPts找到这些点的新位置。

前两个参数prevImg和nextImg分别是前一帧图像和下一帧图像，两者应当具有相同的大小和相同的通道数。接下来的两个参数prevPts和nextPts分别是前一帧图像的输入特征点坐标向量和后一帧图像的输出点坐标向量。数组status和err将填充匹配是否成功的信息，status中的每个条目都会告知是否发现了prevPts中的相应匹配点（没找到填0，找到填非零值）；err[i]将指示匹配点之间的误差度量，如果没有找到i点，则err[i]不定义。计算光流时的局部邻域窗口大小由winSize给出。如果需要计算金字塔光流，则将maxLevel的值设置为大于0，否则将不使用图像金字塔。参数criteria用于指示算法何时推出搜索匹配，默认的条件为迭代30次或两次迭代窗口移动值小于0.01，一般情况下默认终止条件都能满足要求，但是如果图像非常大，则可能需要增加迭代次数。

参数flags可以取以下两个值之一或两者都取：

（1）OPTFLOW_LK_GET_MIN_EIGENVALS。设置此标记用来获取更相信的误差度量。err输出的默认度量是上一个角点周围窗口和新角点周围窗口之间平均每个像素强度的变化值，将该标志设置为true是，该误差度量将替换为梯度向量的正规矩阵A^TA的最小特征值。

（2）OPTFLOW_USE_INITIAL_FLOW。当数组nextPts在调用函数时已经包含特征坐标的初始估计时使用此参数。如果没有设置此参数，那么初始坐标的估计将只是在nextPts中的点位置。

最后一个参数minEigThreshold被用作滤波器，用于去除不适合跟踪的点。当A^TA矩阵的最小特征值小于此值时，此特征点将被去除。除了计算方法不同之外，这个参数类似于cv::goodFeaturesToTrack()函数中的qualityLevel参数。默认值0.0001可以去除大部分不合适的点，也可以增大此参数的值以去除更多的特征点。

4.OpenCV光流跟踪实例

机动车光流跟踪实例如代码11-3所示。

代码11-3　机动车光流跟踪实例代码

```
#include <opencv2/opencv.hpp>
#pragma comment(lib, "opencv_world420d.lib")
//光流跟踪。matPreImg是前一帧彩色图像，matNextImg是后一帧彩色图像
//rectPreCar是前一帧中机动车位置，rectNextCar是后一帧中机动车位置
int LKOpticalFlow(const Mat &matPreImg, const Rect &rectPreCar, \
    const Mat &matNextImg, Rect &rectNextCar)
```

```
{
    Mat matPreGray, matNextGray; //前后帧的灰度图像
    cvtColor(matPreImg, matPreGray, COLOR_BGR2GRAY);
    cvtColor(matNextImg, matNextGray, COLOR_BGR2GRAY);
    Mat matForShow = matNextImg.clone(); //用来显示图像
    int win_size = 20; //跟踪窗口尺寸
    Mat mask = Mat::zeros(matPreImg.size(), CV_8UC1); //掩膜矩阵
    mask(rectPreCar).setTo(1); //在机动车区域掩膜设置为1
    vector<Point2f> cornersPre, cornersNext; //前后帧特征点向量
    const int MAX_CORNERS = 200; //最大特征点为200个
    //寻找机动车区域的角点,作为初始跟踪特征点
    cv::goodFeaturesToTrack(
        matPreGray, //输入图像
        cornersPre, //输出角点vector
        MAX_CORNERS, //最大角点数目
        0.01, //点的返回质量水平,一般在0.01-0.1之间
        5, //最小距离
        mask, //只对选择的矩形框进行跟踪
        3, //使用的邻域个数
        false, //false="Shi Tomasi"
        0.04 //Harris角点检测时使用
    );
    std::vector<uchar>status; //匹配状态
    //用LK光流匹配特征点
    cv::calcOpticalFlowPyrLK(
        matPreGray,    //前一帧图像
        matNextGray,    //后一帧图像
        cornersPre, //前一帧图像的特征输入特征点列表
        cornersNext, //后一帧图像中匹配点输出列表
        status, //输出状态向量
        cv::noArray(), //不保存误差向量
        //每个金字塔搜索窗大小
        cv::Size(win_size * 2 + 1, win_size * 2 + 1),
        3, //金字塔层的最大数目
        cv::TermCriteria(
            cv::TermCriteria::MAX_ITER | cv::TermCriteria::EPS,
            30, //最大迭代次数
            0.3 //迭代最小变化
```

```
        ) //算法退出条件
    );
    vector<Point2f> vecSrcPts, vecDstPts;
    for (int i = 0; i<status.size(); i++) {
        if (!status[i]) {//如果没有找到对应特征点,则不考虑
            continue;
        }
        vecSrcPts.push_back(cornersPre[i]);
        vecDstPts.push_back(cornersNext[i]);
    }
    //获取前后两帧图像间的单应性矩阵
    Mat homo = findHomography(vecSrcPts, vecDstPts, RANSAC);
    //变换之前的坐标值(左上角)
    double v2[] = {rectPreCar.x, rectPreCar.y, 1};
    double v1[3];//变换后的坐标值
    Mat V2 = Mat(3, 1, CV_64FC1, v2);  //列向量
    Mat V1 = Mat(3, 1, CV_64FC1, v1);  //列向量
    V1=homo*V2;
    rectNextCar.x = v1[0] / v1[2];
    rectNextCar.y = v1[1] / v1[2];
    //右下角坐标
    v2[0] = rectPreCar.x + rectPreCar.width;
    v2[1] = rectPreCar.y + rectPreCar.height;
    V1=homo*V2;
    int nRight = int(v1[0] / v1[2]);
    int nBottom = int(v1[1] / v1[2]);
    rectNextCar.width = nRight - rectNextCar.x;
    rectNextCar.height = nBottom - rectNextCar.y;
    rectangle(matForShow, rectNextCar, Scalar(0, 0, 255), 4);
    cv::imshow("TrackingResult", matForShow);
}
void main()
{
    Mat matPreImg, matNextImg;
    VideoCapturecapture("D:/1.mp4");
    if (!capture.isOpened()) {
        return;
    }
```

```
    if (!capture.read(matPreImg)) {
        return;
    }
    Size dstSize(matPreImg.cols / 2, matPreImg.rows / 2);
    resize(matPreImg, matPreImg, dstSize);
    Rect rectPreCar= selectROI(matPreImg); //手动框选机动车的位置
    Rect rectNextCar;
    while (true){
        if (!capture.read(matNextImg)) {
            break;
        }
        resize(matNextImg, matNextImg, dstSize);
        LKOpticalFlow(matPreImg, rectPreCar, matNextImg, \
            rectNextCar);
        rectPreCar=rectNextCar;
        matPreImg=matNextImg.clone();
    }
    waitKey(0);
}
```

(a)初始跟踪框(手动框选)

(b)第1帧

(c)第3帧

(d)第5帧

(e)第7帧

(f)第9帧

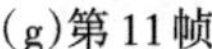

(g)第11帧　　(h)第13帧　　(i)第15帧

图11.3　机动车辆光流跟踪结果

代码11-3采用光流跟踪的方法对机动车辆进行跟踪，本例中原始视频帧率为8帧/秒，对跟踪结果隔帧进行采样显示如图11.3所示。为简单起见，在本例中，机动车辆的初始位置采用selectROI函数手工选定；在实际应用中，机动车辆的初始位置可以用第9章中所述的各种目标检测方法来检测，也可以采用第12章中所述的深度学习方法来检测。

本例题的基本工作流程如下，首先使用初始机动车跟踪框作为ROI区域，在ROI区域内利用函数cv::goodFeaturesToTrack()得到便于跟踪的角点；然后利用函数cv::calcOpticalFlowPyrLK()计算每个角点的光流跟踪矢量；最后利用匹配到的特征点对，利用cv::findHomography()函数计算得到前后两帧图像的单应性矩阵，最后从原跟踪框的位置乘以单应性矩阵得到新的跟踪框位置。

(a)前一帧图像　　(b)后一帧图像　　(c)匹配光流

图11.4　前后帧图像以及其匹配光流

如图11.4(c)所示，图像中前后帧之间计算得到的光流矢量，大多数的矢量都是一致的，与机动车的运动方向保持一致；但也存在着一些错误匹配的情况，其光流矢量与其他矢量不平行，方向和大小都相差很大。这些错误匹配的点对跟踪结果有很大的影响，会导致前后跟踪框不能匹配。在本例中，采用10.4.3节类似的方法，即采用RANSAC算法消除错误匹配的点，得到前后帧跟踪目标之间的单应性矩阵。

11.3 CamShift跟踪

11.3.1 算法基本原理

meanshift算法不仅可以用于图像分割，也可以用于目标跟踪。基于meanshift的目标跟踪算法称为Camshift(Continuously Apative MeanShift)，主要通过视频图像中运动物体的颜色信息来达到跟踪的目的。

meanshift跟踪的基本原理可以用图11.5来解释。图中的方形点代表特征数据点，C1圆圈代表初始选取的窗口。meanshift算法的目的是找到含有最多特征的窗口区域，使圆心与概率密度函数的局部极值点重合，亦即使圆心与特征数据点最密集的地方中心尽量重合到一块，如图中C2圆圈。算法实现是通过向特征数据点密度函数上升梯度方向逐步迭代偏移，至上升梯度值近似为零(到达最密集的地方)。即在不改变目标窗口大小的情况下，通过给窗口一个向着特征数据点更密集的方向一个偏移向量，然后将偏移后的目标窗口作为当前目标窗口，根据目标窗口数据特征点密集情况给出一个向着特征数据点更密集的方向一个偏移向量，然后将目标窗口移动到新的窗口中，一直迭代到偏移向量的模值近似为零或达到指定的迭代次数即可。

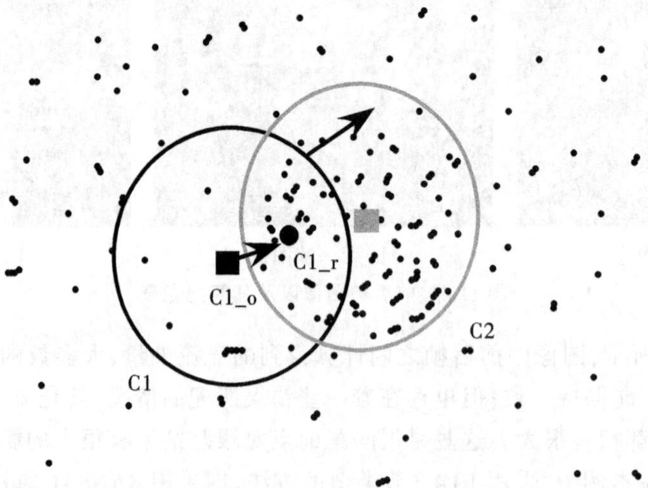

图11.5 meanshift跟踪基本原理

如7.7节所述，meanshift核心就两点，概率密度估计(Density Estimation) 和模点搜索。在CamShift中，概率密度估计通过反向投影来实现；模点搜索采用与7.7类似的方法。CamShift算法实现目标跟踪的具体步骤描述如下：

(1)由目标检测模块或手工标定方式初始化跟踪窗口。

(2)对跟踪窗口中每个像素的H分量(色调分量)的值采样，得到搜索窗口的色调分布直方图。

(3)以跟踪窗口的形心(x_0, y_0)为中心,设置计算区,其大小比搜索窗口尺寸稍大。

(4)通过跟踪窗口的色度直方图反向投影,计算计算区的颜色概率直方图$I(x, y)$。

(5)计算$I(x, y)$零阶矩M_{00}、一阶矩M_{01}、M_{10}和质心(x_c, y_c)。

$$M_{00}=\sum_x\sum_y I(x, y), M_{10}=\sum_x\sum_y xI(x, y), M_{01}=\sum_x\sum_y yI(x, y),$$

$$x_c=\frac{M_{10}}{M_{00}}, y_c=\frac{M_{01}}{M_{00}} \tag{11-20}$$

(6)若$|x_0-x_c|<\varepsilon$并且$|y_0-y_c|<\varepsilon$(ε是一个较小的常数),或者迭代次数达到设定阈值,则执行(7),否则执行步骤(8)。

(7)统计新的跟踪窗口中的色调直方图。输出跟踪窗口中心(x_c, y_c)、宽$w=\sqrt{\frac{M_{00}}{256}}$和高$h=1.2w$,并计算外接椭圆的角度。读入下一帧,重新执行步骤(3)。

(8)执行$x_0=x_c, y_0=y_c$,设置窗口宽度宽$w=\sqrt{\frac{M_{00}}{256}}$和高$h=1.2w$,重新执行步骤(3)。

CamShift能有效解决目标变形和遮挡的问题,对系统资源要求不高,时间复杂度低,在简单背景下能够取得良好的跟踪效果。但当背景较为复杂,或者有许多与目标颜色相似像素干扰的情况下,会导致跟踪失败。因为它单纯的考虑颜色直方图,忽略了目标的空间分布特性,所以这种情况下需加入对跟踪目标的预测算法。

11.3.2　cv::CamShift()函数

OpenCV中采用cv::CamShift()函数来实现跟踪算法,其函数原型为:

```
RotatedRect CamShift(
    InputArray probImage, //概率密度矩阵,对应反向直方图
    CV_IN_OUT Rect& window, //初始跟踪窗口
    TermCriteria criteria   //跟踪结束条件
);
```

cv::CamShift()函数得到的是cv::RotatedRect类型的窗口对象,对应跟踪目标新的位置,可以通过此对象的cv::boundingRect()函数得到跟踪对象的矩形框。

11.3.3　对象跟踪实例

实例代码11-4中实现了对人脸对象的跟踪。首先打开摄像头,从摄像头中获取一帧图像,并在图像中手工框选人脸的ROI区域位置。然后将图像从RGB色彩空间转换到HSV色彩空间,计算框选区域的色调分量直方图,此直方图在整个跟踪期间内都有效。最后在跟踪时,以色调分量直方图为基准,对每帧图像进行反向投影,以反向投影结果作为概率密度分布函数,并在此基础上利用CamShift计算新的跟踪框位置。这里需要注意的是,为了减少背景像素的干扰,采用inRange函数将低亮度区域进行排除,前景像素值的范围可以手工设定,

这里设置固定值为Scalar(0,30,10)到Scalar(180,256,256),即排除饱和度小于30的像素,也排除亮度小于10的像素。

代码11-4 CamShift对象跟踪实例

```
void CamShiftTracking()
{
    cv::Rect trackWindow; //跟踪窗口矩形
    int hsize = 36; //色调直方图的bin值是36
    cv::Mat frame;  //从摄像头获取的一帧RGB彩色图像
    Mat histimg(200, 320, CV_8UC3, cv::Scalar::all(0)); //直方图图像
    cv::Mat hsv; //HSV彩色图像
    cv::Mat hue;  //HSV图像的色调分量
    cv::Mat hist; //色调分量的直方图
    cv::Mat backproj; //反向投影结果,单通道
    cv::Mat backProjImg; //反向投影图像,3通道
    cv::Mat mask; //跟踪掩膜
    cv::VideoCapture cap;
    if (!cap.open(0)){
        return;
    }
    if (!cap.read(frame)) {//读取一帧图像
        return;
    }
    trackWindow=selectROI(frame); //选择图像跟踪的ROI区域
    //RGB彩色图像转换到HSV色彩空间
    cv::cvtColor(frame, hsv, cv::COLOR_BGR2HSV);
    //前景像素值的范围H(0,180),S(30,256),V(10,256)
    inRange(hsv, Scalar(0, 30, 10), Scalar(180, 256, 256), mask);
    hue=cv::Mat(hsv.size(), hsv.depth());  //hue是色调分量图像
    int ch[] = { 0, 0 };
    //从HSV彩色图像中分离色调分量到hue变量中
    cv::mixChannels(&hsv, 1, &hue, 1, ch, 1);
    //roi是ROI窗口内的色调分量图像
    cv::Matroi(hue, trackWindow);
    //maskroi是ROI区域掩膜
    cv::Matmaskroi(mask, trackWindow);
    float hranges[2] = { 0, 180 }; //色调分量值的范围是(0-180)
    const float* phranges = hranges;
    //计算ROI区域的色调直方图,直方图平分为36个bin
```

```
cv::calcHist(&roi, 1, 0, maskroi,  hist, 1, &hsize, &phranges);
//对直方图进行归一化到[0,255]
cv::normalize(hist, hist, 0, 255, cv::NORM_MINMAX);
histimg=cv::Scalar::all(0); //直方图图像所有像素值都初始化为0
int binW = histimg.cols / hsize; //直方图中每个bin的宽度
cv::Matbuf( 1, hsize, CV_8UC3); //buf用来存储直方图中每个bin的颜色
for (int i = 0; i<hsize; i++) {
    buf.at<cv::Vec3b>(i) =cv::Vec3b(cv::saturate_cast<uchar>\
    (i*180. / hsize), 255, 255);
}
cv::cvtColor(buf, buf, cv::COLOR_HSV2BGR); //转换到RGB色彩空间
//绘制直方图
for (int i = 0; i<hsize; i++) {
    int val = cv::saturate_cast<int>(hist.at<float>(i)*\
        histimg.rows / 255);
    cv::rectangle(histimg, cv::Point(i*binW, histimg.rows),
        cv::Point((i + 1)*binW, histimg.rows - val),
        cv::Scalar(buf.at<cv::Vec3b>(i)), -1, 8);
}
while(true)
{
    cap>>frame; //读取一帧图像
    if (frame.empty())
        break;
    //RGB彩色到HSV色彩空间
    cv::cvtColor(frame, hsv, cv::COLOR_BGR2HSV);
    inRange(hsv, Scalar(0, 30, 10), Scalar( 180, 256, 256), mask);
    hue.create(hsv.size(), hsv.depth());  //hue是色调分量图像
    //从HSV彩色图像中分离色调分量到hue变量中
    cv::mixChannels(&hsv, 1, &hue, 1, ch, 1);
    //计算反向投影
    cv::calcBackProject(&hue, 1, 0, hist, backproj, &phranges);
    //反向投影图像与ROI做与操作,去掉饱和度和亮度都很低的像素
    backproj&=mask;
    //CamShift计算得到新的跟踪框位置
    cv::RotatedRecttrackBox = cv::CamShift(backproj, \
        trackWindow,cv::TermCriteria(cv::TermCriteria::EPS\
        | cv::TermCriteria::COUNT, 10, 1));
```

```
        cv::cvtColor(backproj, backProjImg, cv::COLOR_GRAY2BGR);
        imshow("反向投影图", backproj);
        //绘制跟踪结果
        rectangle(frame, trackBox.boundingRect(), \
        Scalar(0, 0, 255), 3, cv::LINE_AA);
        cv::imshow("CamShift跟踪实例", frame);
        cv::imshow("原图像直方图", histimg);
        charc = (char)cv::waitKey(100);
        //Escape键退出跟踪处理
        if (c == 27)
            break;
    }
}
```

跟踪结果如图11.6所示。

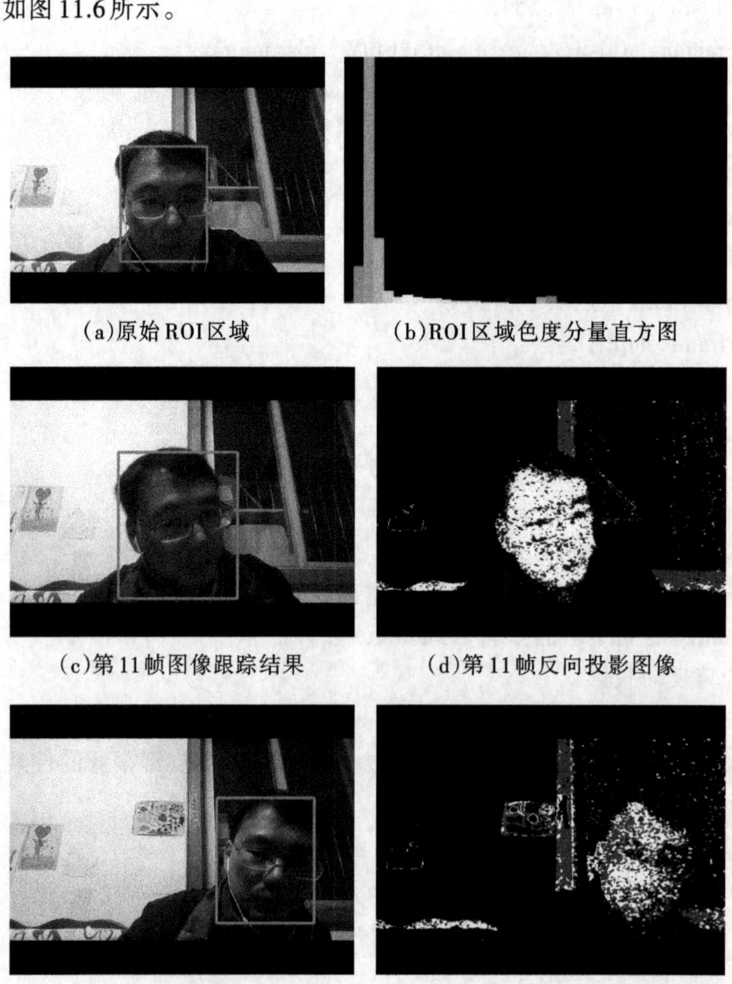

(a)原始ROI区域

(b)ROI区域色度分量直方图

(c)第11帧图像跟踪结果

(d)第11帧反向投影图像

(e)第31帧图像跟踪结果

(f)第31帧反向投影图像

图11.6 CamShift跟踪实例

11.4 OpenCV其他目标跟踪方法

在做视频对象分析处理时,可以串联每帧图像目标检测的结果从而形成目标运动的运动轨迹,这时不需要跟踪算法就可以对目标进行跟踪,基于深度学习的实时目标检测如RCNN,YOLO,SSD等都可以用来实验这一方案。但对一些嵌入式实时系统架构的硬件往往不能达到这样高性能的计算需求,或者当需要对特定目标无法识别的目标进行跟踪识别时,可以采取的还是检测+跟踪的传统方案。

除了上述介绍的2种目标跟踪方法之外,OpenCV还在opencv_contrib模块中提供了8种独立的目标跟踪方法,可以在计算机视觉中进行应用。

1.BOOSTING Tracker

此跟踪器基于AdaBoost的在线版本-基于Haar级联的面部检测器在内部使用的算法,这个分类器需要在运行时用对象的正例和负例训练。由初始边界框作为对象的正例,并且边界框外部的许多图像Patch被当作背景。给定新帧,对先前位置的邻域中的每个像素运行分类器,并记录分类器的得分。对象的新位置是得分最大的位置。随着更多的帧进入,分类器用附加数据更新。

其实现类为cv::TrackerBoosting。

2.MIL Tracker

此跟踪器在概念上类似于上述的BOOSTING跟踪器。最大的区别在于,不仅考虑跟踪对象的当前位置作为正例,它也在当前位置周围的小邻域中查找以生成若干潜在的正例。即使被跟踪对象的当前位置不准确,当来自当前位置的邻域的样本被放入正例中时,很有可能这个正例中包含至少一个图像,其中跟踪对象被良好地置于图像中间。

其实现类为cv::TrackerMIL。

3.KCF Tracker

核相关滤波算法,这个跟踪器建立在前两个跟踪器提出的想法基础之上。该跟踪器利用了这样的事实,即在MIL跟踪器中使用的多个正样本具有大的重叠区域。这种重叠的数据导致一些良好的数学特性,利用这个跟踪器,使跟踪更快,同时更准确。

其实现类为cv::TrackerKCF。

4.CSRT Tracker

判别相关滤波算法,具有通道和空间可靠性,比KCF准确率更高,但是相对慢。

其实现类为TrackerCSRT。

5.MedianFlow Tracker

该跟踪器在时间上向前和向后方向上跟踪对象,并且测量这两个轨迹之间的差异,最小化Forward-Backward错误使它能够可靠地检测跟踪失败并在视频序列中选择可靠的轨迹。

该跟踪器失效性能良好,但如果目标变动过大,如移动过快,容易丢失目标。

其实现类为cv::TrackerMedianFlow。

6.TLD Tracker

TLD代表跟踪,学习和检测。顾名思义,该跟踪器将长期跟踪任务分解为三个组件,即

(短期)跟踪,学习和检测。这三个组件的任务是,跟踪器跟踪对象从一帧到下一帧;检测器定位到目前为止观察到的所有外观,并在必要时校正跟踪器;学习器估计检测器的错误并更新它,以避免未来再发生这些错误。如果有一个视频序列,其中的对象隐藏在另一个对象后面,则这个跟踪器可能是一个不错的选择。

其实现类为cv::TrackerTLD。

7.MOSSE Tracker

此跟踪器的速度非常快,但是准确率没有CSRT和KCF高,如果对帧率要求很高,这是可行的方法。

其实现类为cv::TrackerMOSSE。

8.GOTURN Tracker

这种唯一一个使用深度学习的OpenCV的跟踪方法。需要额外的模型文件caffe网络结构文件caffemodel+prototxt。

其实现类为cv::TrackerGOTURN。

11.5 多目标跟踪

OpenCV中采用cv::MultiTracker类实现多目标跟踪,其原型为:

```
class CV_EXPORTS_W MultiTracker : public Algorithm
{
public:
    CV_WRAP MultiTracker();//默认构造函数
      ~MultiTracker() CV_OVERRIDE; //析构函数
    CV_WRAPbooladd(Ptr<Tracker>newTracker, InputArrayimage,\
        const Rect2d&boundingBox); //添加一个新的跟踪对象
    bool add(std::vector<Ptr<Tracker>>newTrackers, InputArray image,
       std::vector<Rect2d> boundingBox); //添加一系列跟踪对象
    bool update(InputArray image); //对跟踪对象进行更新
    CV_WRAP bool update(InputArray image, CV_OUTstd::vector<Rect2d>\
          &boundingBox); //对跟踪对象进行更新
    CV_WRAP constst d::vector<Rect2d> &getObjects()const; //返回跟踪对象
    CV_WRAP static Ptr<MultiTracker> create();//创建新的跟踪器
protected:
      std::vector<Ptr<Tracker>>trackerList; //跟踪算法列表
      std::vector<Rect2d>objects; //跟踪对象列表
};
```

使用时可以调用create函数创建一个多目标跟踪器。每增加一个跟踪对象就调用一次

add函数添加一个跟踪器，调用add函数时需要指定跟踪目标的外包围盒(boundingBox)，当前帧图像(image)以及为当前跟踪对象指定的跟踪器(newTracker)，MultiTracker类可以为每个跟踪对象指定不同的跟踪算法。跟踪时使用MultiTracker类的update方法在新帧中定位对象。

多目标跟踪代码如代码11-5所示。程序首先创建一个MultiTracker对象。然后打开视频，从视频中读取一帧图像。接着调用selectROIs()函数手动选取多个跟踪对象，选取时拖动鼠标就可以框选一个对象，框选一个对象时用空格键结束，框选所有对象都结束时用Escape退出,框选的结果保存在bboxes变量中，用来对MultiTracker对象进行初始化。在本例中，对每个跟踪对象采用MedianFlow跟踪器，以处理跟踪对象尺寸快速缩小的情况。程序主循环中，每读取一帧图像都调用MultiTracker对象的update()函数，以对跟踪对象的位置进行更新。

代码11-5　多目标跟踪

```
void MultiOjbectsTracking()
{
    //创建一个多目标跟踪器
    Ptr<MultiTracker> pMultiTracker = cv::MultiTracker::create();
    VideoCapture capture("video.mp4"); //打开视频文件
    if (!capture.isOpened()) {
        return;
    }
    Mat frame;
    capture.read(frame); //读取一帧图像
    if (frame.empty()) {
        return;
    }
    vector<cv::Rect> bboxes;
    //选择多个跟踪对象
    cv::selectROIs("MultiTracker", frame, bboxes, true, false);
    for (size_t i = 0; i<bboxes.size(); i++) {
        //为每个跟踪对象创建MediaFlow跟踪器
        pMultiTracker->add(TrackerMedianFlow::create(), frame, \
            bboxes[i]);
        rectangle(frame, bboxes[i], Scalar(0, 0, 255), 4);
    }
    imshow("tracking", frame);
    waitKey(30);
    while (true) {
        capture.read(frame);
        if (frame.empty())
            break;
```

```
        vector<Rect2d> trackingBox;
        pMultiTracker->update(frame, trackingBox); //更新跟踪对象
        //以红色矩形框标记跟踪对象
        for (size_t i = 0; i<trackingBox.size(); i++) {
            rectangle(frame, trackingBox[i].br(), \
                trackingBox[i].tl(),Scalar(0, 0, 255), 4);
        }
        if (waitKey(30) == 27 || waitKey(30) == 'q')
            break;
    }
}
```

程序运行结果如图11.7所示。本例中视频帧率为8帧/秒,视频中机动车辆在快速向前移动,导致跟踪对象在快速缩小。从跟踪结果可以看到,MedianFlow跟踪器能很好地适应这种复杂的跟踪情况,而OpenCV只使用少量代码就可以对这些跟踪对象进行处理。

(a)第1帧　(b)第3帧　(c)第5帧

(d)第7帧　(e)第9帧　(f)第11帧

图11.7　程序运行结果

11.6　卡尔曼滤波器和运动估计

在做视频对象跟踪的时候,总是希望每一帧图像中都能检测到目标的位置。但是这种条件不是总能满足的,例如由于遮挡或阴影而引起的跟踪目标丢失,行人在行走时腿部和手臂摆动而产生明显的形状变化,检测器在当前帧没有检测到对象等,这些情况都可能会导致跟踪目标的丢失或跟踪位置的不准确。不管这些影响来自哪里,都使得检测到的目标位置

和目标速度的值存在一个随机性的变化，所有这些不准确的因素，都可以称为“测量过程中的噪声”。

如果希望能够最大限度地利用跟踪历史中的各种数据对跟踪目标进行估计，以减少噪声的影响，就需要对跟踪目标的运动进行建模，在每一帧图像中对当前目标的位置和速度进行分析和估计。这种基于历史数据的运动模型能够减少跟踪的计算量，得到跟踪目标的最优位置估计，判断当前跟踪目标是否丢失等。

这种运动模型一般需要完成两阶段的任务。在第一阶段，通常称之为“预测阶段”，使用过去学习的信息，估计运动目标的下一个位置，得到预测值。在第二阶段，即“校正阶段”，对运动目标的位置进行测量，得到测量值，并根据检测的结果对运动模型进行校正。最后将当前测量值和预测值进行融合，得到当前位置的最优估计值。能够完成两阶段估计任务的模型通常都被称为估计器(Estimator)，这其中卡尔曼滤波器(kalman filter)是使用最广泛的技术。

卡尔曼滤波器的基本思想是，在一个合理假设条件下，为系统的当前状态建立模型，使模型的后验概率最大化。这里合理假设条件，主要包含三个部分：①建模的系统是线性的；②测量的噪声是白噪声；③这个噪声本质是高斯分布的。条件①意味着时间k处的系统状态可以表示为向量，并且在时间$k+1$的时刻系统状态可以表示为时刻k处的状态乘以一些矩阵F。条件②和③，噪声是高斯核白噪声，意味着系统中的任何噪声在时间上都不相关，并且其幅值可以仅仅用均值和协方差来精确建模(即该噪声被其一阶矩和二阶矩完全描述)。虽然这些假设可能看起来有限制，但是一般情况下对目标跟踪都很适用。

11.6.1 卡尔曼滤波器基本原理

1.基本问题描述

在目标跟踪系统中，可以假设目标的状态为向量$\vec{x}$，表示位置和速度，即$\vec{x}=\begin{bmatrix}p\\v\end{bmatrix}$。但是系统并不知道实际的位置和速度，它们之间有很多种可能正确的组合，但其中一些的可能性要大于其他部分。卡尔曼滤波假设两个变量(位置和速度，在这个例子中)都是随机的，并且服从高斯分布。每个变量都有一个均值$\boldsymbol{\mu}$，表示随机分布的中心(最可能的状态)，以及方差σ^2表示不确定性，如图11.8所示，横轴表示目标的运行速度，纵轴表示目标的位置，$\vec{u}$表示状态向量$\vec{x}$的均值，σ_p^2表示位置的不确定性，σ_v^2表示速度的不确定性。

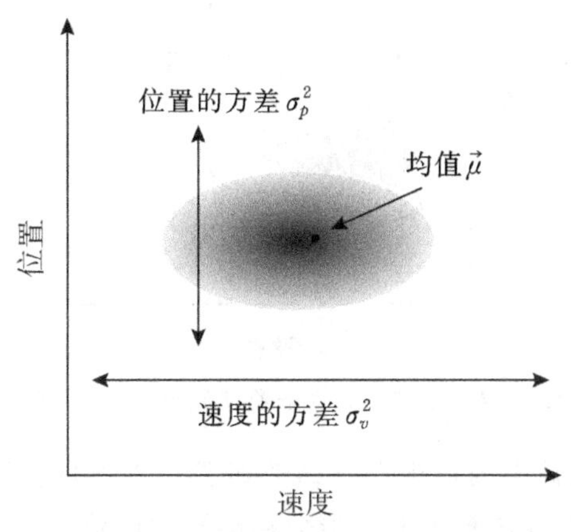

图11.8 位置和速度随机分布示意图

在图11.8中,位置和速度是不相关的,这意味着由其中一个变量的状态无法推测出另一个变量可能的值。当通常的系统中,位置和速度是相关的,观测特定位置的可能性取决于当前的速度。这种情况是有可能发生的,例如,基于旧的位置来估计新位置。如果速度过高,目标可能已经移动很远了。如果缓慢移动,则距离不会很远。跟踪这种关系是非常重要的,因为它带来更多的信息:其中一个测量值告诉了其他变量可能的值,这就是卡尔曼滤波的目的,尽可能地在包含不确定性的测量数据中提取更多信息。这种相关性可以用协方差矩阵来表示,协方差矩阵中的每个元素Σ_{ij}表示第i个和第j个状态变量之间的相关度(协方差矩阵是一个对称矩阵,这意味着可以任意交换i和j)。如图11.9所示,这时候位置position和速度velocity两个变量是相关的,协方差矩阵刻画了两个变量之间的相关性。

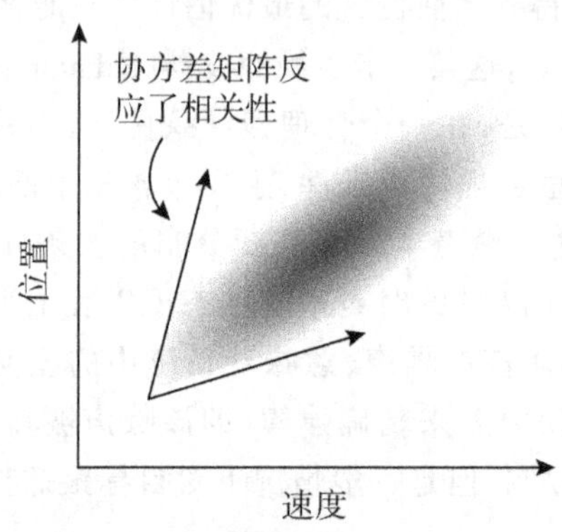

图11.9 位置和速度的协方差矩阵示意图

如前所述,可以基于高斯分布来建立状态变量,所以在时刻k需要两个信息:$\vec{x}$的最佳估计$\hat{x}_k$(即均值,其他地方常用μ表示),以及协方差矩阵P_k:

$$\hat{x}_k=\begin{bmatrix}\text{position}\\\text{velocity}\end{bmatrix},P_k=\begin{bmatrix}\Sigma_{pp} & \Sigma_{pv}\\\Sigma_{vp} & \Sigma_{vv}\end{bmatrix}$$

接下来,可以根据当前状态(k-1时刻)来预测下一状态(k时刻)。虽然并不知道对下一状态的所有预测中哪个是"真实"的,但预测函数并不在乎,它对所有的可能性进行预测,并给出新的高斯分布。根据线性系统的假设,可以用矩阵F_k来表示这个预测过程,如图11.10所示。

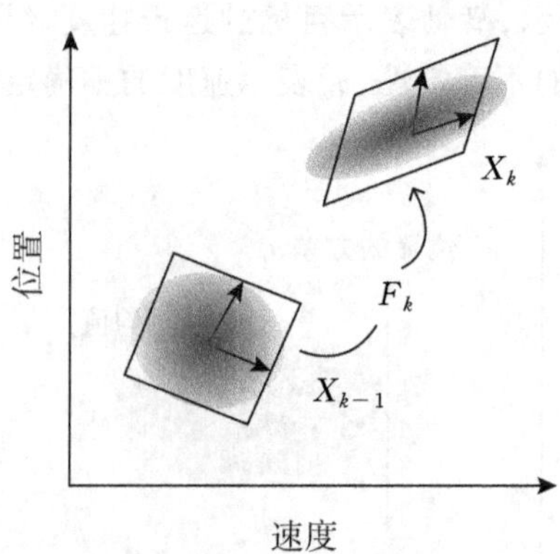

图11.10 $k-1$时刻的状态经过F_k转换到k时刻状态

通过矩阵F_k将原始估计中的每个点都移动到了一个新的预测位置,如果原始估计是正确的话,这个新的预测位置就是系统下一步会移动到的位置。这里矩阵F_k的形式可以根据基本的运动学公式来确定:

$$\begin{cases}p_k=p_{k-1}+\Delta t v_{k-1}\\v_k=v_{k-1}\end{cases} \tag{11-21}$$

所以有：

$$\hat{x}_k=\begin{bmatrix}p_k\\v_k\end{bmatrix}=\begin{bmatrix}1 & \Delta t\\0 & 1\end{bmatrix}\begin{bmatrix}p_{k-1}\\v_{k-1}\end{bmatrix}=\begin{bmatrix}1 & \Delta t\\0 & 1\end{bmatrix}\hat{x}_{k-1}=F_k\hat{x}_{k-1} \tag{11-22}$$

即 $F_k=\begin{bmatrix}1 & \Delta t\\0 & 1\end{bmatrix}$。

对协方差矩阵的变化,若 $Cov(x)=\Sigma$,则 $Cov(Ax)=A\Sigma A^T$,因此可以得到：

$$\begin{cases}\hat{x}_k=F_k\hat{x}_{k-1}\\P_k=F_kP_{k-1}F_k^T\end{cases} \tag{11-23}$$

2.外部控制量

式(11-23)描述的只是在速度恒定条件下时的基本运动方程,可能存在外部因素对系统进行控制,带来一些与系统自身状态没有相关性的改变。以机动车辆的跟踪为例,司机可能会加速、转弯或刹车,从而会改变车辆的速度。在卡尔曼滤波器的模型中,可以用一个向量 $\vec{u}_k$ 来表示外部控制量,将它加入到预测方程中做修正。假设由于油门的设置或控制命令,知道期望的加速度 a,根据基本的运动学方程可以得到：

$$\begin{cases}p_k=p_{k-1}+\Delta t v_{k-1}+\dfrac{1}{2}a\Delta t^2\\v_k=v_{k-1}+a\Delta t\end{cases} \tag{11-24}$$

以矩阵的形式表示就是：

$$\hat{x}_k=F_k\hat{x}_{k-1}+\begin{bmatrix}\Delta t^2/2\\\Delta t\end{bmatrix}a=F_k\hat{x}_{k-1}+B_k\vec{u}_k \tag{11-25}$$

上式中 $B_k=\begin{bmatrix}\Delta t^2/2\\\Delta t\end{bmatrix}$ 称为控制矩阵,$\vec{u}_k=a$ 称为控制向量。

3.外部干扰

上式是基于系统自身的属性或者已知的外部控制作用来变化的,如果没有外部干扰,基本不会出现什么问题。但是如果系统存在未知的外部干扰,如城市交通中信号灯会使车辆减速或停止、路面交通大流量会导致车速减慢或者路面坡度会导致车辆减速等,这些外部干扰都会使预测器出现偏差。如图11.11所示,外部干扰引起测量值的不确定性,如图中圆圈所示。为了适应这些外部干扰的影响,可以在预测模型中添加一些不确定性因子。

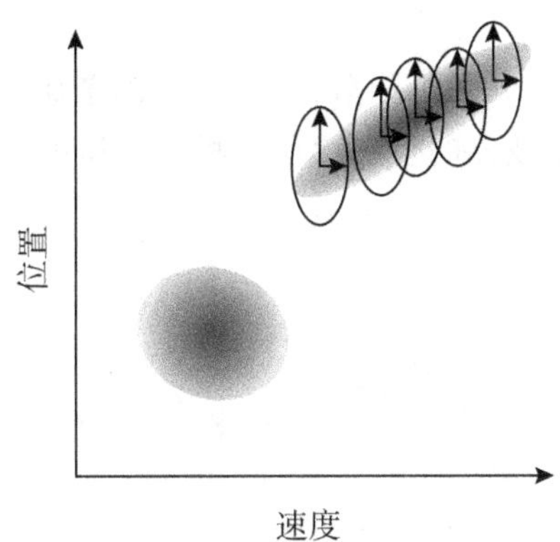

图11.11 外部干扰引起的不确定性

原始估计中的每个状态变量更新到新的状态之后，仍然服从高斯分布。可以说$\hat{x}_{k-1}$的每个状态移动到一个新的服从高斯分布的区域，协方差为Q_k。也就是说，这些没被跟踪的干扰被当做协方差为Q_k的过程噪声来处理。这就产生与式(11-25)具有相同均值，但具有不同协方差的新的估计，如图11.12所示中的实线框所示。

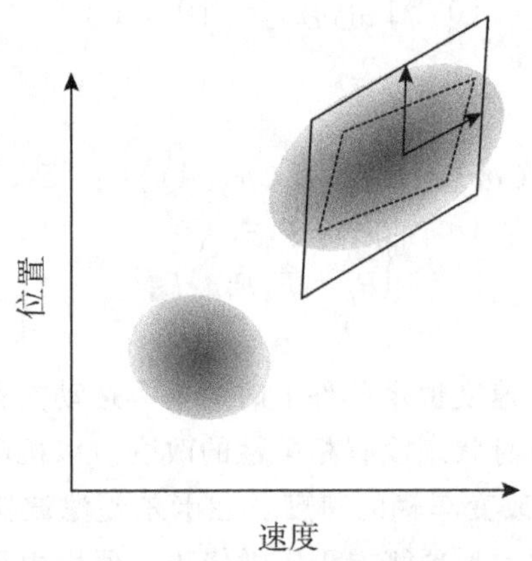

图11.12　考虑了噪声影响的估计

通过简单地添加Q_k得到扩展的协方差矩阵，这时预测步骤的完整表达式如下：

$$\begin{cases}\hat{x}_k = F_k\hat{x}_{k-1} + B_k\vec{u}_k \\ P_k = F_kP_{k-1}F_k^T + Q_k\end{cases} \tag{11-26}$$

由式(11-26)可知，新的最优估计是根据上一次的最优估计预测得到的，并加上已知外部控制量的修正。而新的不确定性由上一次不确定性预测得到，并加上外部环境的干扰量。

4.用测量值来修正估计值

在做目标跟踪时，总是使用各种算法在当前帧中找到目标的位置，这个位置的值作为整个系统的测量值。测量值的单位和尺度与估计值都不一样，它们之间的转换关系可以用矩阵H_k来表示。可以用公式表示如下：

$$\begin{cases}\vec{z}_k = \vec{u}_{\text{expected}} = H_k\hat{x}_k \\ R_k = \Sigma_{\text{expected}} = H_kP_kH_k^T\end{cases} \tag{11-27}$$

其中$\vec{u}_{\text{expected}}$是测量值的均值，$\Sigma_{\text{expected}}$是测量值的方差。由于算法本身的缺陷或图像质量的问题，跟踪得到的位置值总是存在着一定的噪声，存在着一定的不确定性，这种不确定性可以用协方差R_k来表示。测量值本身也服从高斯分布，其均值就是计算得到的目标位置，用$\vec{z}_k$来表示，其协方差为R_k。

现在整个模型中就有了两个高斯分布，一个在预测值附近，一个在计算得到的位置附近，如图11.13所示。卡尔曼滤波器的任务就是在测量值和预测值之间找到合理的最优解。

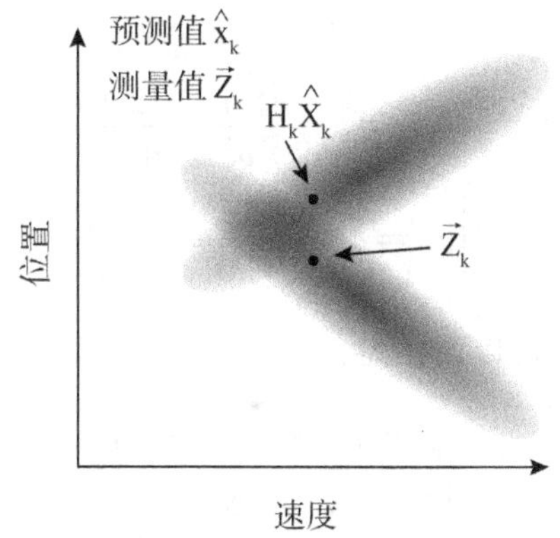

图 11.13 测量值和预测值之间的关系

由于测量值和预测值都是服从高斯分布，将这两个高斯分布相乘，就可以得到跟踪目标状态的分布情况。如图 11.14 所示，将两个高斯分布相乘，其重叠部分就是系统状态最可能的值，也就是给定的所有信息中的最优估计。

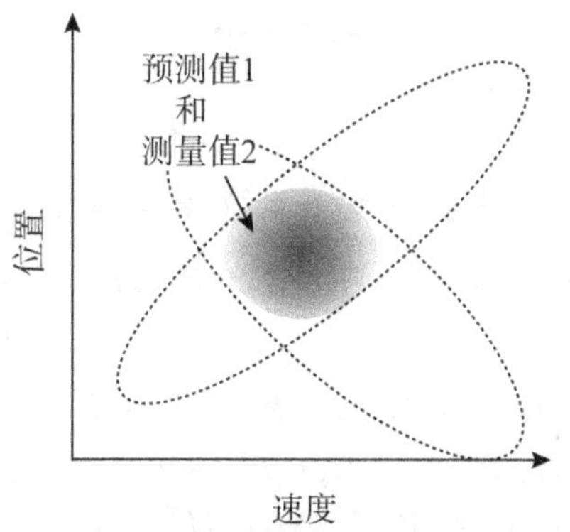

图 11.14 测量值和预测值联合分布

5.融合高斯分布

以一维高斯分布来考察，若高斯分布具有均值μ和方差σ^2，则其概率密度分布函数可以表示为：

$$N\left(x,\mu,\sigma\right)=\frac{1}{\sigma\sqrt{2\pi}}e^{-\frac{(x-u)^2}{2\sigma^2}}$$

两个高斯分布函数相乘，其概率密度结果同样服从高斯分布，如图 11.15 所示。

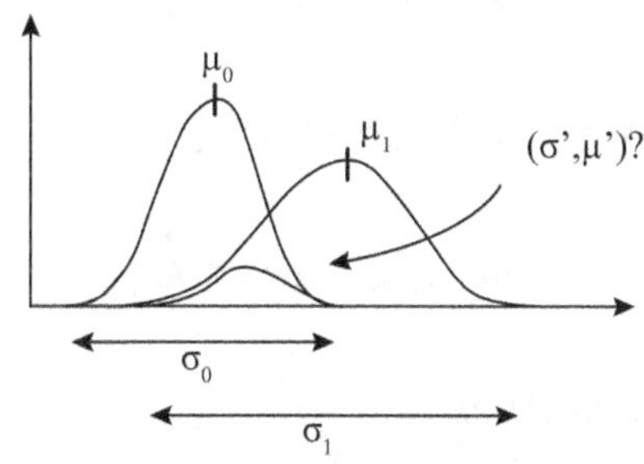

图 11.15 联合高斯分布示意图

若两个高斯分布的参数分别为$N_1\left(x,\mu_0,\sigma_0\right)$和为$N_2\left(x,\mu_1,\sigma_1\right)$，相乘之后的高斯分布参

数设为$N'(x,\mu',\sigma')$,则有:

$$\begin{cases}\mu' = \mu_0 + \dfrac{\sigma_0^2(\mu_1-\mu_0)}{\sigma_0^2+\sigma_1^2} \\ \sigma'^2 = \sigma_0^2 - \dfrac{\sigma_0^4}{\sigma_0^2+\sigma_1^2}\end{cases} \tag{11-28}$$

若设$k=\dfrac{\sigma_0^2}{\sigma_0^2+\sigma_1^2}$,则上式可以简化为:

$$\begin{cases}\mu' = \mu_0 + k(\mu_1-\mu_0) \\ \sigma'^2 = \sigma_0^2 - k\sigma_0^2\end{cases} \tag{11-29}$$

上式可以扩展多维度的情况,这时使用协方差矩阵Σ来代替方差,$\vec{\mu}$来代替每个维度的均值,则有:

$$\begin{cases}K = \dfrac{\Sigma_0}{\Sigma_0+\Sigma_1} \\ \vec{\mu}' = \vec{\mu}_0 + K(\vec{\mu}_1-\vec{\mu}_0) \\ \Sigma' = \Sigma_0 - K\Sigma_0\end{cases} \tag{11-30}$$

这里矩阵K称为卡尔曼增益。

6.信息综合

综合以上内容,卡尔曼滤波器系统有两个高斯分布,分别是预测部分$(\mu_0,\Sigma_0)=(H_k\hat{x}_k,H_kP_kH_k^T)$,测量部分$(\mu_1,\Sigma_1)=(\vec{z}_k,R_k)$,代入式(11-30)得到预测和测量两个分布重叠部分的参数为:

$$\begin{cases}H_k\hat{x}_k' = H_k\hat{x}_k + K(\vec{z}_k - H_k\hat{x}_k) \\ H_k\mathrm{P}_k'H_k^T = H_kP_kH_k^T - KH_kP_kH_k^T \\ K = H_kP_kH_k^T(H_kP_kH_k^T+R_k)^{-1}\end{cases} \tag{11-31}$$

将式(11-31)两边同时左乘矩阵的逆(注意K里面包含了H_k)将其约掉,再将式(11-31)的第二个等式两边同时右乘矩阵H_k^T的逆矩阵得到以下等式:

$$\begin{cases}\hat{x}_k' = \hat{x}_k + K'(\vec{z}_k - H_k\hat{x}_k) \\ \mathrm{P}_k' = P_k - K'H_kP_k \\ K' = P_kH_k^T(H_kP_kH_k^T+R_k)^{-1}\end{cases} \tag{11-32}$$

式(11-32)中,$\hat{x}_k'$就是校正之后的状态估计,P_k'是校正之后的协方差矩阵,K'是卡尔曼增益。可以将$\hat{x}_k'$和P_k'放到下一个预测和更新方程中不断迭代。

11.6.2 OpenCV中的cv::KalmanFilter类

在OpenCV中,用类cv::KalmanFilter类实现了卡尔曼滤波器,其原型为:

```
class CV_EXPORTS_W KalmanFilter
{
public:
    CV_WRAP KalmanFilter();//默认构造函数
```

```
    CV_WRAP KalmanFilter(
    int dynamParams, //状态向量(即x⃗_k)的维数
    int measureParams, //测量向量(即z⃗_k)的维数
    int controlParams=0, //控制向量(即u⃗_k)的维数
    int type = CV_32F//矩阵类型,默认是32位浮点数
    );
    //对滤波器重新进行初始化,以前的控制内容将被清空
    void init( int dynamParams, int measureParams,\
      int controlParams = 0, inttype = CV_32F );
    CV_WRAP const Mat&predict(//预测状态
      const Mat& control = Mat()//外部输入的控制矩阵
    );
    CV_WRAP const Mat& correct( //从外部测量值更新状态预测值
      const Mat& measurement//输入的测量向量,即z⃗_k
    );
    CV_PROP_RW Mat statePre;  //预测状态 x̂_k = F_k x̂_{k-1} + B_k u⃗_k
      //statePost校正之后的状态: x̂'_k = x̂_k + K'(z⃗_k - H_k x̂_k)
    CV_PROP_RW Mat statePost;
    CV_PROP_RW Mat transitionMatrix;    //状态转移矩阵F_k
    CV_PROP_RW Mat controlMatrix;       //外部控制矩阵B_k
    CV_PROP_RW Mat measurementMatrix;  //测量矩阵H_k
    CV_PROP_RW Mat processNoiseCov;     //过程噪声干扰协方差矩阵Q_k
    CV_PROP_RW Mat measurementNoiseCov;//测量噪声干扰协方差矩阵R_k
    // errorCovPre先验预测误差的协方差矩阵P_k = F_k P_{k-1} F_k^T + Q_k
    CV_PROP_RW Mat errorCovPre;
    CV_PROP_RW Mat gain; //卡尔曼增益K' = P_k H_k^T (H_k P_k H_k^T + R_k)^{-1}
    // errorCovPost后验预测误差的协方差矩阵P'_k = P_k - K' H_k P_k
    CV_PROP_RW Mat errorCovPost;
    //临时矩阵
    Mat temp1;
    Mat temp2;
    Mat temp3;
    Mat temp4;
    Mat temp5;
};
```

可以使用默认构造函数创建滤波器对象,然后使用cv::KalmanFilter::init()方法进行配置;也可以使用带有参数列表的构造函数,这时候需要4个参数:

(1)dynamParams,动态参数,这是状态向量状态向量(即$\vec{x}_k$)的维数。动态参数重要的是

它的数量,其具体含义将由滤波器的各种其他组件(特别是状态转移矩阵F_k)来设置。

(2)measureParams,测量参数,这是测量向量(即$\vec{z}_k$)的维数。与动态参数一样,这里重要的是测量参数的数量,滤波器的其他组件给出$\vec{z}_k$的具体含义,这里主要是定义测量矩阵H_k的方式以及它与$\vec{x}_k$的关系。

(3)controlParams,控制参数。如果要对系统进行外部控制,必须在这个参数里指定控制向量$\vec{u}_k$的维数。

(4)type,类型参数。默认情况下,滤波器的所有内部组件将被创建为32位浮点数。如果希望滤波器以更高精度运行,可以将类型参数设置为cv::F64。

卡尔曼滤波器的使用过程可以简述如下,一旦数据被输入到结构中,可以通过cv::KalmanFilter::predict()函数来计算下一个时间步长的预测,然后通过调用cv::KalmanFilter::correct()函数整合新的测量。在这种情况下,statePost将设置为statePre的值。预测的方法需要控制向量$\vec{u}_k$,而校正的方法则需要测量向量$\vec{z}_k$。运行完这些函数之后,就可以获得正在跟踪的系统的状态。cv::KalmanFilter::correct()的结果放在statePost中,而cv::KalmanFilter::predict()的结果放在statePre中,可以从滤波器的成员变量中读取这些值。

11.6.3 卡尔曼滤波器实例

基于卡尔曼滤波器的行人跟踪

卡尔曼滤波器结合HOG行人检测器对行人的跟踪实例如代码11-6所示,跟踪结果如图11.16所示。扫码观看卡尔曼滤波器讲解视频。

代码11-6 卡尔曼滤波器跟踪行人

```
//检测行人的函数
bool detectPeople(Mat& frame, Rect &rectPeoPle)
{
    //加载OpenCV自带的HOG行人检测器
    static HOGDescriptor hog;
    static bool bInitialized = false;
    if (!bInitialized) {
        hog.setSVMDetector(HOGDescriptor::getDefaultPeopleDetector());
        bInitialized = true;
    }
    //利用HOG特征对行人进行检测,取较大的threshold(0.3)保证检测效果
    vector<Rect> found, found_filtered;
    hog.detectMultiScale(frame,found,0.30,Size(8, 8),\
            Size(32, 32),1.05, 2);
    //去掉重复检测框
    size_t i, j;
    for(i = 0; i<found.size(); i++){
      Rectr = found[i];
```

```
        for (j = 0; j<found.size(); j++)
            if (j != i&& (r&found[j])==r)
                break;
        if (j == found.size())
            found_filtered.push_back(r);
    }
    //利用位置过滤掉画面上方的行人
    vector<Rect>::iterator iter;
    for(iter=found_filtered.begin(); \
            iter!=found_filtered.end(); ) {
        if(iter->y + iter->height<frame.rows - 100) {
          iter=found_filtered.erase(iter);
          continue;
        }
        iter++;
    }
    if (found_filtered.size() > 0) {
        rectPeoPle=found_filtered[0];
        return true;
    }
    return false;
}
//卡尔曼滤波器跟踪实例
void main()
{
    int nStateNum = 4; //状态向量维数为4
    int nMeasureNum = 2; //观测向量维数为2
    KalmanFilter KF(nStateNum, nMeasureNum, 0); //构造卡尔曼滤波器
    Mat matMeasurement = Mat::zeros(nMeasureNum, 1,CV_32F);//观测矩阵
    float F[16] = { 1,0,1,0,0,1,0,1,0,0,1,0,0,0,0,1 }; //状态转移矩阵
    //状态转移矩阵
    KF.transitionMatrix=Mat(nStateNum, nStateNum, CV_32F, F);
    //这里没有设置控制矩阵B,默认为零
    float H[8] = {1,0,0,0, 0,1,0,0}; //测量矩阵
    KF.measurementMatrix=Mat(2, 4, CV_32F, H);
    //Q高斯白噪声单位矩阵
    setIdentity(KF.processNoiseCov, Scalar::all(1e-5));
    //R高斯白噪声
```

```
setIdentity(KF.measurementNoiseCov, Scalar::all(1e-1));
//P后验误差估计协方差矩阵
setIdentity(KF.errorCovPost, Scalar::all(1));
//初始化状态为随机值
randn(KF.statePost, Scalar::all(0), Scalar::all(0.1));
//上一次检测到的行人外接矩形的宽和高
int nLastRectWid=0, nLastRectDep=0;
for (int nIdx = 1600; nIdx< 1700; nIdx++) {
    char szFileName[100] = { 0 };
    sprintf_s(szFileName, "WalkMan/%04d.jpg", nIdx);
    Mat matFrame = imread(szFileName);
    Mat matForShow = matFrame.clone();
    Mat matPrediction = KF.predict(); //卡尔曼滤波器预测
    Point ptPredict = Point((int)matPrediction.at<float>(0),\
         (int)matPrediction.at<float>(1)); //预测结果,行人的位置
    //显示卡尔曼滤波器预测的效果
    Point center(ptPredict.x, ptPredict.y);
    RotatedRectrect Predict(Point2f(ptPredict.x, ptPredict.y), \
      Size(nLastRectWid, nLastRectDep), 0);
    //以椭圆形来显示预测的行人轮廓位置
    ellipse(matForShow, rectPredict, Scalar(0, 0, 255), 2, \
       LINE_4);
    //预测的行人中心点位置,以较大的圆形来标记
    circle(matForShow, center, 8, Scalar(0, 0, 255), 2, LINE_4);
    RectrectPeople; //行人矩形框
    if (detectPeople(matFrame, rectPeople)) {
    //行人中心点位置
        int nCenterX = rectPeople.x + rectPeople.width / 2;
        int nCenterY = rectPeople.y + rectPeople.height / 2;
        //对观测向量进行赋值
        matMeasurement.at<float>(0) = (float)nCenterX;
        matMeasurement.at<float>(1)=(float)nCenterY;
        //检测到的行人中心点,以较小的圆形来标记
        circle(matForShow, Point(nCenterX, nCenterY), 2, \
             Scalar(0, 255, 0), LINE_8);
        //以矩形来显示检测到的行人轮廓
        rectangle(matForShow, rectPeople, Scalar(0, 255, 0),\
             2, LINE_8);
```

```
            //保存矩形的宽和高作为下一步预测矩形的宽和高
            nLastRectWid = rectPeople.width;
            nLastRectDep = rectPeople.height;
            KF.correct(matMeasurement); //利用观测结果对滤波器进行校正
        }
        imshow("tracking", matForShow);
        waitKey(10);
    }
}
```

(a)第1帧 (b)第3帧 (c)第5帧 (d)第7帧

(e)第9帧 (f)第11帧 (h)第15帧 (i)第17帧

(j)第19帧 (k)第21帧 (l)第23帧 (m)第25帧

图11.16 卡尔曼滤波器跟踪实例

在代码11-6中，状态向量(即$\vec{x}_k$)设置为$\begin{bmatrix} x, & y, & v_x, & v_y \end{bmatrix}^T$，表示系统考虑的状态有行人中心位置$(x,y)$和行人行进速度$(v_x,v_y)$，则状态向量维数为4。根据式(11-21)、式(11-22)可知：$v_k = v_{k-1}$，而

$$\hat{x}_k = \begin{bmatrix} x_k \\ y_k \\ v_{xk} \\ v_{yk} \end{bmatrix} = \begin{bmatrix} x_{k-1} + \Delta t v_{xk-1} \\ y_{k-1} + \Delta t v_{yk-1} \\ v_{xk-1} \\ v_{yk-1} \end{bmatrix} = \begin{bmatrix} 1 & 0 & 1 & 0 \\ 0 & 1 & 0 & 1 \\ 0 & 0 & 1 & 0 \\ 0 & 0 & 0 & 1 \end{bmatrix} \begin{bmatrix} x_{k-1} \\ y_{k-1} \\ v_{xk-1} \\ v_{yk-1} \end{bmatrix},$$

则系统的状态转移矩阵$F_k=\begin{bmatrix}1&0&1&0\\0&1&0&1\\0&0&1&0\\0&0&0&1\end{bmatrix}$。

由于实际只能检测到行人的位置变量，则观测向量为$\vec{z}_k=\begin{bmatrix}x_k & y_k\end{bmatrix}^T$，即系统观测的状态只有行人的位置，则观测向量维数为2。根据式(10-29)可以得到：$\vec{z}_k=\begin{bmatrix}x_k\\y_k\end{bmatrix}=H_k\hat{x}_k=\begin{bmatrix}1&0&0&0\\0&1&0&0\end{bmatrix}\begin{bmatrix}x_k\\y_k\\v_{xk}\\v_{yk}\end{bmatrix}$，则测量矩阵$H_k=\begin{bmatrix}1&0&0&0\\0&1&0&0\end{bmatrix}$。

这里没有外部控制变量，设置为0。初始化过程噪声干扰协方差矩阵$\boldsymbol{Q}_k$和测量噪声干扰协方差矩阵$\boldsymbol{R}_k$为单位矩阵，其对角线元素设置为一个比较小的值。先验预测误差的协方差矩阵$\boldsymbol{P}_k$设置为单位矩阵，对角线元素为1。初始化状态向量为[0,0.1]之间的一个随机值。

系统的工作流程为从图像中读取序列图像，首先利用卡尔曼滤波器对行人的位置进行预测，将预测结果用椭圆形在图像上进行标记，并用大的圆圈标记行人中心位置。然后利用HOG检测器对行人的位置进行检测，使用检测的结果对卡尔曼滤波器进行校正。将检测的行人位置用矩形框进行标记，并用小的圆圈标记行人中心位置。系统保存上一次检测的行人矩形框大小，作为下一次预测的行人框大小。如果检测器检测到行人，则最后的结果画面中，矩形框和椭圆形框会同时出现；如果检测器没有检测到行人，则最终的结果，只有椭圆形框的标记。

从系统运行结果中可以看到，卡尔曼滤波器在迭代数次之后，就很快就能收敛到正确的状态，预测位置和检测位置基本重合(如图11.16(c)。大多数时候滤波器预测结果和检测器预测结果能够很好地重合，如图11.16(d)，(e)，(h)，(m)中椭圆形预测框和矩形检测框位置相差很小，大圆圈和小圆圈位置相差也很小。而在第17帧到第23帧的图像中，检测器不能检测到行人，但是卡尔曼滤波器同样能够根据历史状态，预测到当前行人的位置，其预测的位置与行人实际位置能够很好地重合(如图11.16(i)-(l))。这也很好地反映了卡尔曼滤波器的特点，即不能检测到目标状态时，也能根据历史状态推测到当前状态。

11.7 总结

视频目标跟踪模块更多地涉及计算机视觉的内容，传统的图像处理并不包括目标跟踪模块。但是目标跟踪在安防工程中应用很广泛，相关知识值得认真学习。随着图像处理技术的发展，目标跟踪技术一直在进步，本章介绍的目标跟踪方法只是OpenCV中实现的比较典型的方法，每年都有很多新的跟踪方法出现。虽然OpenCV中介绍的跟踪方法能够解决大部分的跟踪问题，但是并没有一种跟踪方法对所有应用场景都适用，用户需要根据不同的场景选择合适的跟踪方法。与此相对应的是，卡尔曼滤波器对目标的预测其在绝大多数情况下都是适用的，在很多目标跟踪系统中都能看到卡尔曼滤波器的应用。虽然其实现原理相对比较复杂，但是值得认真掌握。

11.8 实习题

(1)车辆计数。对于如图11.17所示的高速公路车流视频(视频文件扫描前言二维码下载),设计一种算法,用来统计一段时间内视频中经过的车辆的总数。要求使用背景建模方法用来分割车辆,使用目标跟踪以避免重复计数。

图11.17 高速公路车流图像

(2)乒乓球跟踪。如下的乒乓球视频中(视频文件扫描前言二维码下载),请使用颜色特征对乒乓球位置进行检测,并使用卡尔曼滤波器对乒乓球位置进行预测,将预测的结果和检测的结果一起显示在图像中。

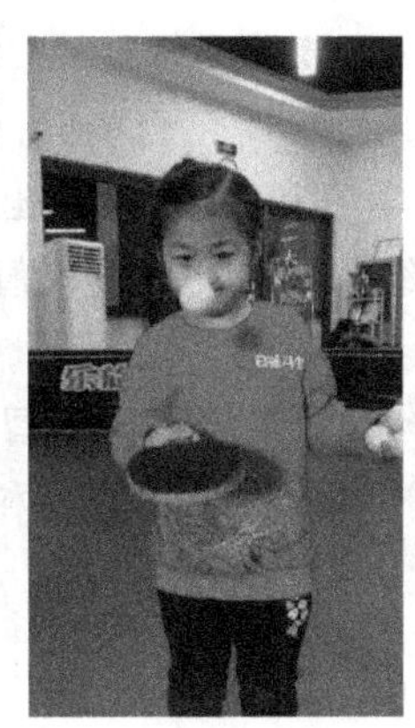
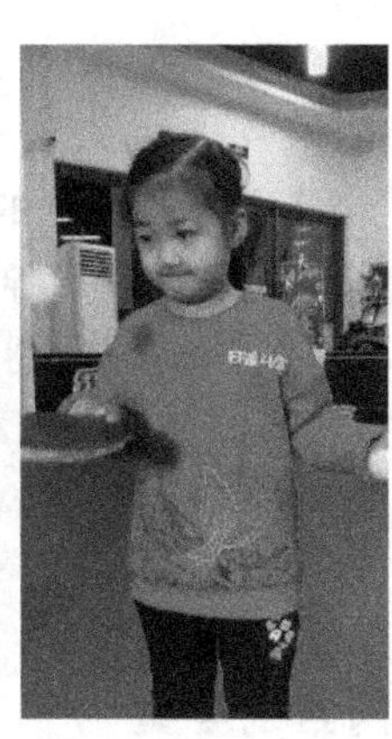
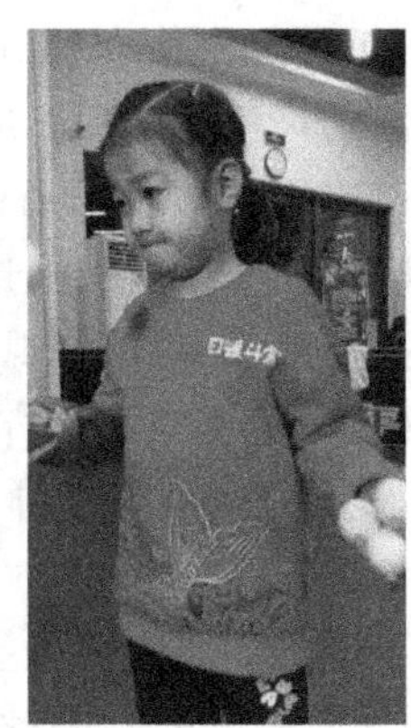

图11.18 乒乓球颠球图像

第12章

基于深度神经网络DNN的图像处理

深度学习(Deep Learning)是机器学习(Machine Learning)中的一个新领域。深度学习通过深度神经网络(Deep Neural Network)组合底层特征形成更加抽象的高层表示属性或特征,以发现数据的分布式特征表示。OpenCV从3.0版本开始支持深度学习和深度神经网络,本章从人工神经网络开始,介绍OpenCV中利用深度神经网络在图像中进行目标检测的使用方法。

12.1 人工神经网络

人工神经网络(Artificial Neural Network,ANN),简称神经网络,是由大量处理单元(人工神经元)广泛互连而形成的网络,是对人脑的抽象、简化和模拟,反映人脑的基本特征。它按照一定的学习规则,通过对大量样本数据的学习和训练,抽象出样本数据间的特性,即让网络掌握知识和规律,把这些知识和规律以神经元之间的连接权值和阈值的形式储存下来,利用这些神经元可以实现某种人脑的推理、判断等功能。

人工神经网络的研究是从人脑的生理结构出发来研究人的智能行为,模拟人脑信息处理的能力,它是根植于神经科学、数学、统计学、物理学、计算机科学及工程等学科的一种技术。

12.1.1 人工神经网络的要素

神经网络的特性和功能取决于三个要素:一是构成神经网络的基本单元,即神经元;二是神经元之间的连续方式,即神经网络的拓扑结构;三是用于神经网络学习和训练、修正神经元之间的连接权值和阈值的学习规则。

1.神经元

人工神经元是对生物神经元的功能的模拟,人的大脑中约含有10^{11}个生物神经元。生物神经元以细胞体为主体,由许多向周围延伸的不规则树枝状纤维构成的神经细胞,其形状很像一棵枯树的枝干,主要由细胞体、树突、轴突和突触(Synapse,又称神经键)组成,如图12.1所示。

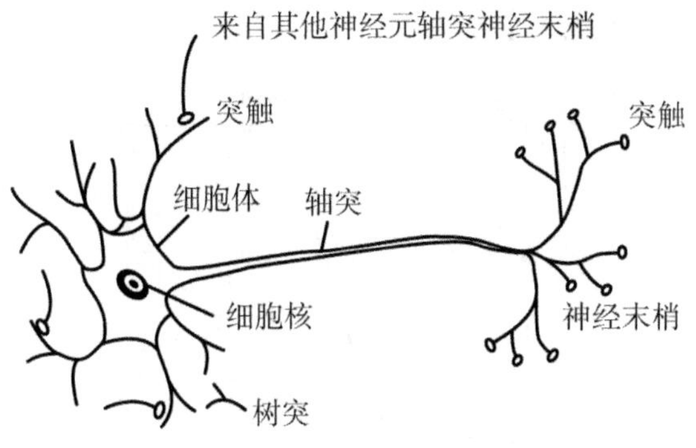

图12.1　生物神经元示意图

生物神经元通过突触接收和传递信息。在突触的接受侧，信号被送入细胞体，这些信号在细胞体里被综合。其中有的信号起刺激作用，有的起抑制作用。当细胞体中接受的累加信号刺激超过一个阈值时，细胞体就被激发，此时它将通过枝蔓向其他神经元发出信号。

根据生物神经元的特点，人们设计人工神经元，用它来模拟生物神经元的输入信号加权和的特性。所有的神经元都是类似的，它接收N个输入（这些输入可能是原始的数据输入也可能是前一层的输出），同时也将输出结果连接到其后一层作为输入。设n层的N个输出分别用$x_1, x_2, \cdots, x_N$表示，它们对应的联接权值依次为$w_1, w_2, \cdots, w_N$，用u_i表示该n+1层神经元所获得的输入信号的累积效果，即该神经元的网络输入量，则

$$u_i = \sum_j \left(w_{i,j}^{n+1} * x_j\right) + w_{i,bias}^{n+1} \tag{12-1}$$

式（12-1）中$w_{i,j}^{n+1}$表示n+1层的权值，$w_{i,bias}^{n+1}$表示n+1层的偏置量（bias）。图12.2给出了人工神经元基本特性示意图，说明了人工神经网络对各个输入进行加权和的特点。

为了实现人工神经元的功能，人工神经元有一个变换函数，用于执行对该神经元所获的网络输入量的转换，这就是激活函数，它可以将神经元的输出进行放大处理或限制在一个适当的范围内，如图12.2中的$f(u)$单元就是对应的激活函数。OpenCV4.2.0中激活函数有以下几种形式：

（1）恒等函数：

$$y = f(x) = x \tag{12-2}$$

（2）对称Sigmoid函数：

$$y = f(x) = \frac{\beta * (1 - e^{-\alpha x})}{1 + e^{-\alpha x}} \tag{12-3}$$

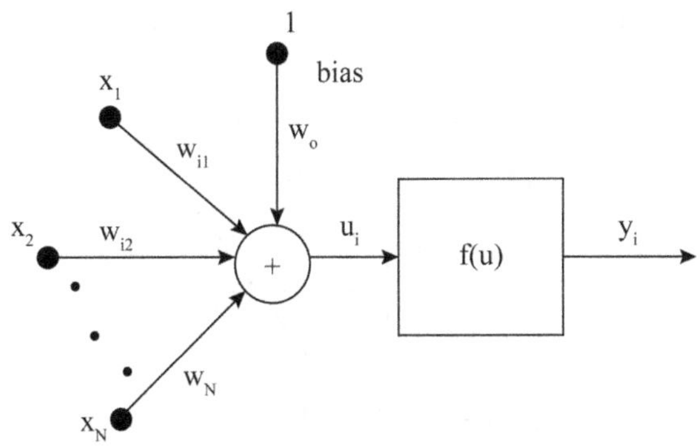

图12.2　人工神经元基本特性示意图

其函数曲线如图12.3所示：

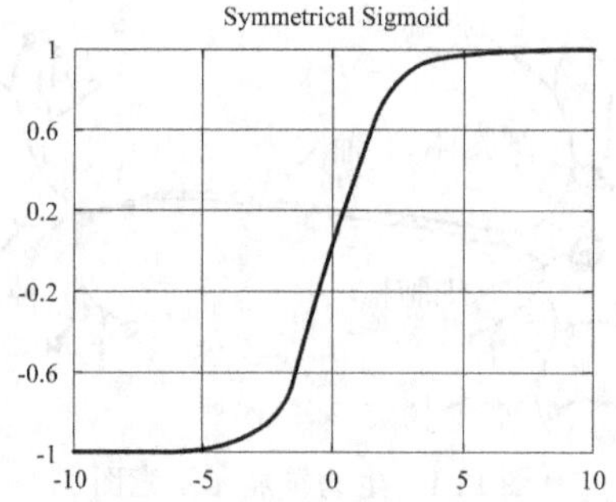

图12.3　对称Sigmoid函数曲线($\alpha=1,\beta=1$)

(3)高斯函数：

$$y=f(x)=\beta e^{-\alpha x^2} \tag{12-4}$$

(4)线性整流函数(Rectified Linear Unit, ReLU)：

$$y=f(x)=\max(0,x) \tag{12-5}$$

其函数曲线如图12.4所示：

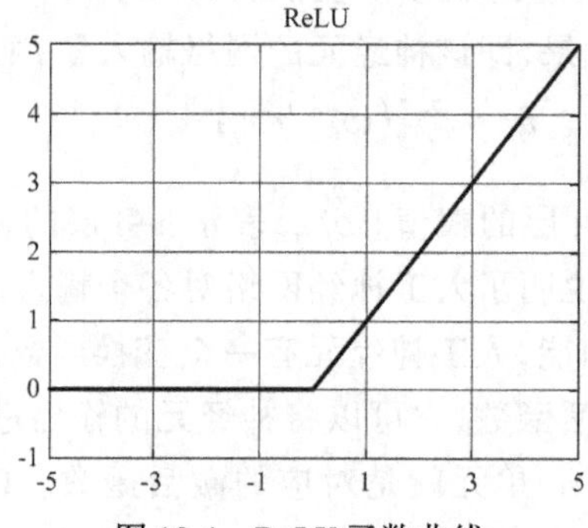

图12.4　ReLU函数曲线

(5)带泄漏线性整流函数(Leaky ReLU)：

$$y=f(x)=\begin{cases}x & (x>0)\\ \alpha x & (x\leqslant 0)\end{cases} \tag{12-6}$$

在输入值为负的时候，带泄露线性整流函数(Leaky ReLU)的梯度为一个常数α，α∈(0,1)，而不是0。在输入值为正的时候，带泄露线性整流函数和普通ReLU函数保持一致。其函数曲线如图12.5所示：

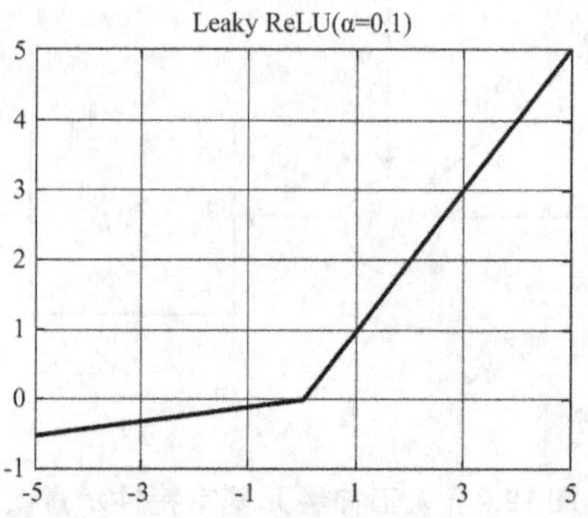

图12.5　Leaky ReLU函数曲线($\alpha=0.1$)

其他常用的激活函数还有：

（1）Sigmoid函数：

$$y=f(x)=\frac{1}{1+e^{-x}} \tag{12-7}$$

其函数响应曲线如图12.6所示：

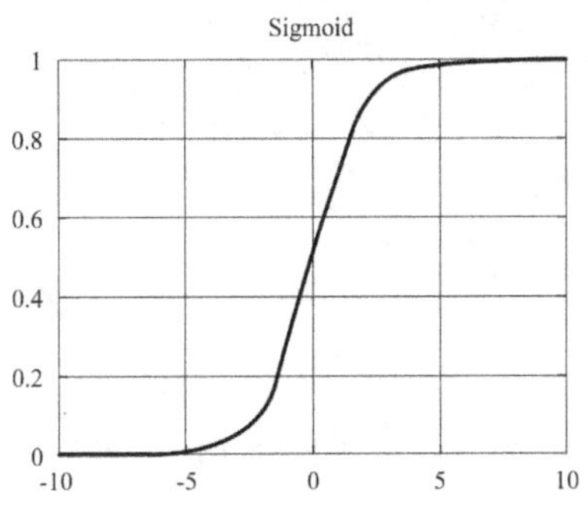

图12.6　Sigmoid函数曲线

（2）tanh函数：

$$y=f(x)=\frac{e^{x}-e^{-x}}{e^{x}+e^{-x}} \tag{12-8}$$

其函数响应曲线如图12.7所示：

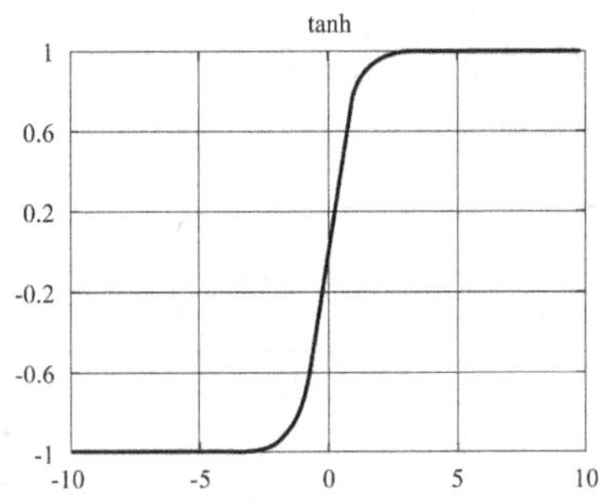

图12.7　tanh函数响应曲线

2.神经网络的拓扑结构

单个人工神经元只能实现一些简单的功能，只有通过一定的方式将大量人工神经元连接起来，组成庞大的人工神经网络，才能实现对复杂的信息进行处理和存储，并表现出不同的优越特性。根据神经元之间连接的拓扑结构的不同，可以将人工神经网络结构分为两大类，即层次型结构和互连型结构。

（1）层次型拓扑结构。层次型结构的神经网络将神经元按功能的不同分为若干层，一般有输入层、中间层（隐藏层）和输出层，各层顺序连接，如图12.8所示。输入层接受外部信号，并由各输入单元传递给直接相连的中间层各个神经元。中间层是网络的内部处理单元层，它与外部没有直接连接，神经网络所具有的计算能力，如模式分类、模式完善、特征提取等，主要是在中间层进行的。根据处理功能的不同，中间层可以是一层，也可以是多层。由于中间层单元不直接与外部输入输出进行信息交换，因此中间层也被称为隐层，或隐含层，或隐藏层等。输出层是输出网络运行结果的部分。

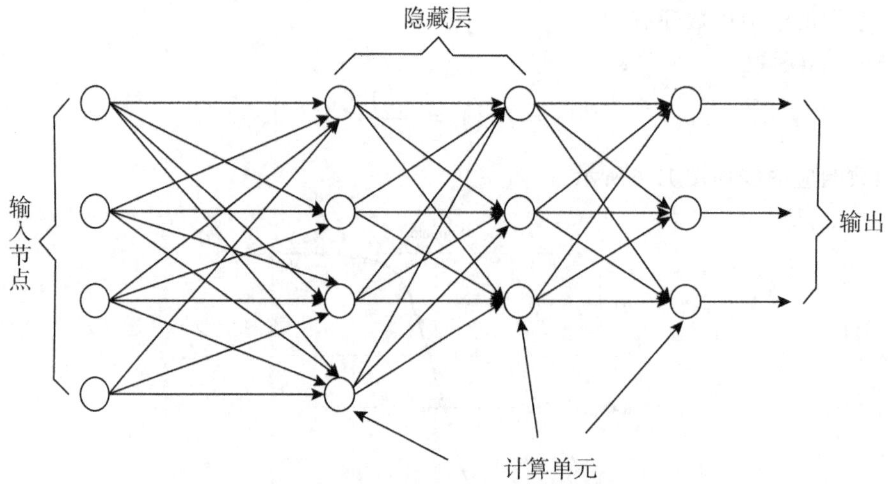

图12.8　层次型神经网络拓扑结构图

OpenCV的人工神经网络使用的是多层感知器(Multi-Layer Perception,MLP),是常见的一种ANN神经网络模型。MLP算法一般包括三层,分别是一个输入层,一个输出层和一个或多个隐藏层。每一层由一个或多个神经元互相联结。一个神经元的输出就可以是另一个神经元的输入。MLP是全连接的神经网络,即下一层每个节点都与上一层的每个结点相连。

(2)互连型拓扑结构。互连型结构的神经网络是指网络中任意两个神经元之间都是可以相互连接的,如图12.9所示。例如,Hopfield网络(循环网络)、波尔茨曼机模型网络的结构均属于这种类型。与层次型神经网络相比,互联型神经网络多了从下一层网络到上一层网络的反馈回路,其网络结构更加复杂。

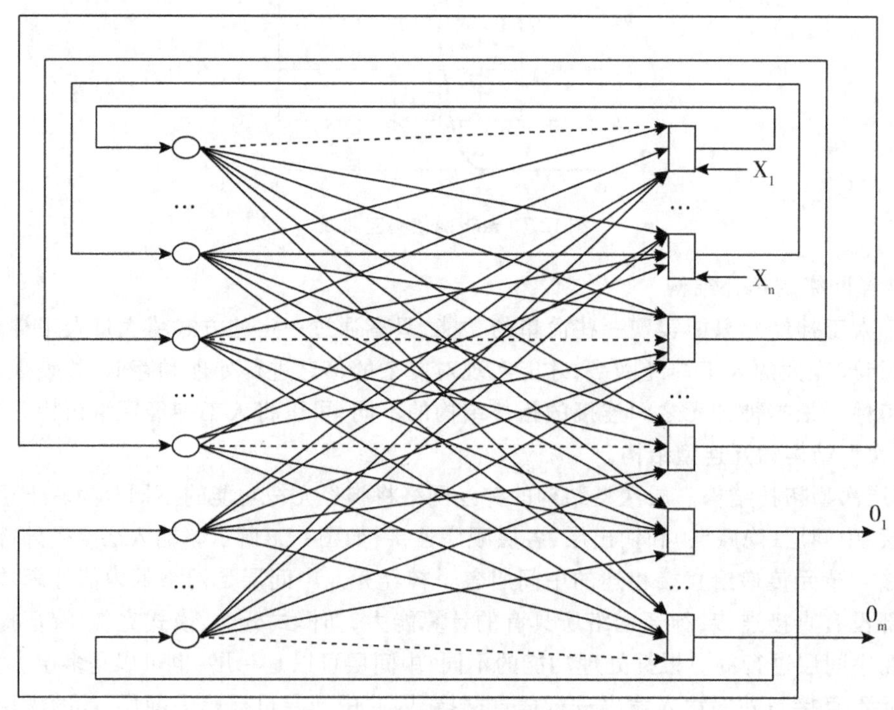

图12.9　互连型网络拓扑结构图

3.网络的学习算法

神经网络的学习有两种形式:有监督学习和无监督学习。

有监督学习(Supervised Learning)时,训练样本的输出信号都经过手工确认和标记。一般情况下,有监督学习的训练样本是输入输出对(p_i, d_i),$i=1, 2, \cdots, n$,其中p_i为输入样本,d_i为输出信号(期望输出)。神经网络训练的目的是:通过调节各神经元的自由参数,使训练后的网络产生期望的行为,即当输入样本为p_i时,网络输出尽可能接近d_i。

无监督学习(Unsupervised Learning)也称为自组织学习(Self-Organized Learning),无监督学习不提供输出信号,只规定学习方式或某些规则,具体的学习内容随系统所处环境(即输入信号情况)而异,系统可以自动发现环境特征和规律。

不管是有监督学习还是无监督学习,都要通过调整神经元的自由参数(权值或阈值)实现。

OpenCV4.2.0中提供了3种网络学习算法,分别是反向传播算法(BACKPROP)、弹性反向传播算法(RPROP)和模拟退火算法(ANNEAL)。

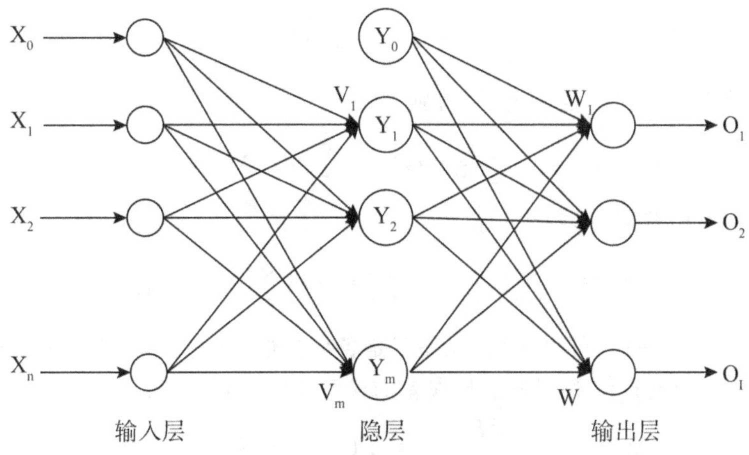

图12.10 3层MLP神经网络

以图12.10所示3层MLP神经网络和反向传播算法为例,以下详细推导如何训练神经网络。

输入向量:$X=\left(x_0, x_1, \cdots, x_n\right)^T$, $x_0=-1$,

隐层输出向量:$Y=\left(y_0, y_1, \cdots, y_m\right)^T$, $y_0=-1$,

输出层输出向量:$O=\left(o_1, o_2, \cdots, o_l\right)^T$,

期望输出向量:$d=\left(d_1, d_2, \cdots, d_l\right)^T$,

输入层到隐藏层之间的权值矩阵:$V=\left(V_1, V_2, \cdots, V_m\right) \in R^{n\times m}$,其中列向量$V_j$为隐藏层第j个神经元对应的权值向量:$V_j=(V_{1j}, V_{2j}, \cdots, V_{nj})^T \in R^n$, $j=1, 2, \cdots, m$。隐藏层到输出层之间的权值矩阵:$W=(W_1, W_2, \cdots, W_l)^T \in R^{m\times l}$,其中列向量$W_k$为输出层第$k$个神经元对应的权值向量:$W_k=(W_{1k}, W_{2k}, \cdots, W_{mk})^T$, $k=1, 2, \cdots, l$。

对于输出层,激活函数为:

$$O_k=f\left(u_k\right), \quad k=1, 2, \cdots, l \tag{12-9}$$

该层的网络输入为：

$$u_k = \sum_{j=0}^{m} w_{jk} \cdot y_j,\ k = 1, 2, \cdots l \tag{12-10}$$

对于隐藏层，激活函数为：

$$y_j = f\left(u_j\right), j = 1, 2, \cdots m \tag{12-11}$$

该层的网络输入为：

$$u_j = \sum_{i=0}^{n} v_{ij} \cdot x_j, j = 1, 2, \cdots, m \tag{12-12}$$

以上所选激活函数$f(x)$均为Sigmoid函数，它是连续可导的。如设激活函数为对称sigmoid函数，$f(x) = \dfrac{1 - e^x}{1 + e^x}$，则其导数为：

$$f'(x) = \frac{(f(x) + 1)(f(x) - 1)}{2} \tag{12-13}$$

定义输出误差为：

$$E = \frac{1}{2}(d - O)^2 = \frac{1}{2}\sum_{k=1}^{l}(d_k - O_k)^2 \tag{12-14}$$

将以上误差定义式代入至输出层，得到：

$$E = \frac{1}{2}\sum_{k=1}^{l}\left[d_k - f\left(\sum_{j=0}^{m} w_{jk} \cdot y_j\right)\right]^2 \tag{12-15}$$

进一步展开至隐藏层，得到:

$$E = \frac{1}{2}\sum_{k=1}^{l}\left\{d_k - f\left[\sum_{j=0}^{m} w_{jk} \cdot f\left(\sum_{i=0}^{n} v_{ij} \cdot x_i\right)\right]\right\}^2 \tag{12-16}$$

从式(12-15)、(12-16)可以看出，误差E是各层权值w_{jk}, v_{ij}的函数。调整权值可使误差E不断减小，因此，应使权值的调整量与误差的梯度下降成正比，即

$$\Delta w_{jk} = -\eta \cdot \frac{\partial E}{\partial w_{jk}},\ j = 0, 1, \cdots, m; k = 1, 2, \cdots l \tag{12-17}$$

$$\Delta v_{ij} = -\eta \cdot \frac{\partial E}{\partial v_{ij}},\ i = 0, 1, \cdots n; j = 1, 2, \cdots m \tag{12-18}$$

式中，负号表示梯度下降，常数$\eta \in (0, 1)$在训练中表示学习速率，一般取$\eta = 0.1 \sim 0.7$。

根据式(12-17)、(12-18)，可对连接权值进行调整。下面进行对连接权值调整的理论推导，在推导过程中有：$i = 0, 1, \cdots n; j = 1, 2, \cdots m; k = 1, 2, \cdots l$。由式(12-17)、(12-18)得：

$$\Delta w_{jk} = -\eta \cdot \frac{\partial E}{\partial w_{jk}} = -\eta \cdot \frac{\partial E}{\partial u_k} \cdot \frac{\partial u_k}{\partial w_{jk}} \tag{12-19}$$

$$\Delta v_{ij} = -\eta \cdot \frac{\partial E}{\partial v_{ij}} = -\eta \cdot \frac{\partial E}{\partial u_j} \cdot \frac{\partial u_j}{\partial v_{ij}} \tag{12-20}$$

对于输出层和隐层，分别定义一个误差信号，记为

$$\delta_k^o = -\frac{\partial E}{\partial u_k}, \delta_j^y = -\frac{\partial E}{\partial u_j} \tag{12-21}$$

由式(12-10)和式(12-21)，则式(12-19)可写为：

$$\Delta w_{jk} = \eta \cdot \delta_k^o \cdot \frac{\partial u_k}{\partial w_{jk}} = \eta \cdot \delta_k^o \cdot y_j \tag{12-22}$$

由式(12-11)和式(12-21),则(12-20)可写为:

$$\Delta v_{ij}=\eta\cdot\delta_j^y\cdot\frac{\partial u_k}{\partial v_{ij}}=\eta\cdot\delta_j^y\cdot x_i \tag{12-23}$$

由式(12-22)(12-23)可知,为调整连接值,只需求出误差信号δ_k^o和δ_j^y。事实上,它们可展开为:

$$\delta_k^o=-\frac{\partial E}{\partial u_k}=-\frac{\partial E}{\partial o_k}\cdot\frac{\partial o_k}{\partial u_k}=-\frac{\partial E}{\partial o_k}\cdot f'(u_k) \tag{12-24}$$

$$\delta_j^y=-\frac{\partial E}{\partial u_j}=-\frac{\partial E}{\partial y_j}\cdot\frac{\partial y_j}{\partial u_j}=-\frac{\partial E}{\partial y_j}\cdot f'(u_j) \tag{12-25}$$

又由式(12-14)、(12-15)可得:

$$\frac{\partial E}{\partial O_k}=-(d_k-O_k) \tag{12-26}$$

$$\frac{\partial E}{\partial y_j}=-\sum_{k=1}^{l}(d_k-O_k)\cdot f'(u_k)\cdot w_{jk} \tag{12-27}$$

将式(12-26)、(12-27)分别代入式(12-24)、(12-25),并利用式(12-13),得:

$$\delta_k^o=\frac{1}{2}(d_k-O_k)\cdot(O_k+1)\cdot(O_k-1) \tag{12-28}$$

$$\delta_j^y=[\sum_{k=1}^{l}(d_k-O_k)\cdot f'(u_k)\cdot w_{jk}]\cdot f'(u_j)=\frac{1}{2}\cdot(\sum_{k=1}^{l}\delta_k^o\cdot w_{jk})\cdot(y_j+1)\cdot(y_j-1) \tag{12-29}$$

至此得到了两个误差信号的计算公式,将它们代入到式(12-22)、(12-23),就得到了反向传播算法连接权值的调整计算公式:

$$\Delta w_{jk}=\eta\cdot\delta_k^o\cdot y_j=\frac{1}{2}\cdot\eta\cdot(d_k-O_k)\cdot(O_k+1)\cdot(O_k-1)\cdot y_j, \tag{12-30a}$$

$$\Delta v_{ij}=\eta\cdot\delta_j^y\cdot x_i=\frac{1}{2}\cdot\eta\cdot(\sum_{k=1}^{l}\delta_k^o\cdot w_{jk})\cdot(y_j+1)\cdot(y_j-1)\cdot x_i。 \tag{12-30b}$$

在反向传播算法中,学习速率η越小,从一次迭代到下一次的网络权值的变化量就越小,轨迹空间就越平滑;然而,这种改进是以减慢学习速度为代价的。另一方面,如果让η值太大以加快学习速度的话,结果就可能使网络的权值变化量不稳定(即振荡)。为此,D.E. Rumelhart提出了一种既能加快学习速度又能保持稳定的改进方法。该方法是在修改规则中增加一个动量项,表示为:

$$\Delta w(n)=-\eta\cdot\frac{\partial E(w)}{\partial w(n)}+\alpha\Delta w(n-1),\ n=1,2,\cdots \tag{12-31}$$

上式中第一项是常规的反向传播算法的修正量,第二项是动量项,其中α称为动量项系数。

12.1.2　人工神经网络类的实现

OpenCV在ML(Machine Learning)模块的ANN_MLP类中实现了多层感知器全连接人工神经网络,其原型为(这里主要列出了与反向传播算法相关的成员):

```
class CV_EXPORTS_W ANN_MLP : public StatModel
{
public:
    //设置训练方法，有反向传播，弹性反向传播和模拟退火等3种
    CV_WRAP virtual void setTrainMethod(int method, \
        double param1 = 0, double param2 = 0) = 0;
    //获得模型当前训练方法
    CV_WRAPvirtualintgetTrainMethod() const = 0;
    //设置激活函数，如前所述，有5种选项
    CV_WRAP virtual void setActivationFunction(inttype,\
        double param1 = 0, double param2 = 0) = 0;
    //设置每层结点个数，第一个值是输入层结点个数，
    //最后一个值是输出层结点个数
    CV_WRAP virtual void setLayerSizes(InputArray_layer_sizes) = 0;
    //获得每层结点个数
    CV_WRAP virtual cv::Mat getLayerSizes() const = 0;
      //获得训练结束条件
    CV_WRAP virtual TermCriteria getTermCriteria() const = 0;
    //设置训练结束条件
    CV_WRAP virtual void setTermCriteria(TermCriteria val) = 0;
    //获得当前学习强度值，即式(12-28)中的η值
    CV_WRAP virtual double getBackpropWeightScale() const = 0;
    //设置学习强度值，即式(12-28)中的η值，默认值为0.1
    CV_WRAP virtual void setBackpropWeightScale(double val) = 0;
    //获得当前动量项系数，如式(12 - 29)中的α值
    CV_WRAP virtual double getBackpropMomentumScale() const = 0;
    //设置动量项系数值，如式(12 - 29)中的α值，默认值为0.1
    CV_WRAP virtual void setBackpropMomentumScale(double val) = 0;
    //创建一个空的神经网络
    CV_WRAP static Ptr<ANN_MLP> create();
    //以下成员函数继承自基类
    //从文件中加载一个神经网络
    CV_WRAP static Ptr<ANN_MLP> load(const String& filepath);
    //将当前网络结构保存到文件中，
    CV_WRAP virtual void save(const String& filename) const;
    //训练网络模型，trainData是训练数据
    CV_WRAP virtual bool train( const Ptr<TrainData>& trainData, \
        int flags=0);
```

```
    //训练网络模型,samples是训练样本,layout是样本类型,
    //responses是样本响应值
    CV_WRAP virtual bool train(InputArraysamples, int layout, \
        InputArray responses );
    //对输入的样本进行预测,samples是输入的样本
    CV_WRAP virtual float predict( InputArray samples,\
        OutputArray results=noArray(), int flags=0 ) const = 0;
};
```

ANN_MLP类是一个抽象类,可以通过create函数创建一个对象指针。在实际使用时,模型的训练和使用是分开的。首先制备训练样本,调用train函数对样本进行训练,训练得到网络模型保存在文件中;然后使用predict函数对输入数据进行预测,就可以从输出值中得到分类结果。

12.1.3　人工神经网络应用实例

代码12-1给出了一个使用ANN_MLP类对中国车牌中的英文和数字字符进行识别的实例。中国车牌字符库中一共有10个数字和24个英文字母(不包括字母"I"和字母"O"),一共34类字符。代码中包括训练函数Train()和测试函数Test()。

直接用二值图像或灰度图像来识别文字,效果不够理想。本文采用HOG特征描述子来提取图像特征,作为神经网络的输入值,因为HOG特征对边缘很敏感,符合文字图像的特征。这里采用的HOG窗口大小为16×32,block大小为16×16,cell大小为8×8,block_stride大小为8×8,Cell Bin大小为9,则每个窗口的HOG特征值向量大小为108。

训练函数首先从文件中以灰度图像的方式加载34类字符的图像文件,每类字母加载100个图像。然后对这些图像缩放到指定大小(16×32),并提取图像的HOG特征作为特征描述子。将每张图像的HOG特征存放在训练样本矩阵作为一行,并在标记样本相应位置进行标记。训练样本矩阵大小为3400行,512列,每行对应一个样本数据。标记矩阵大小为3400行,34列,每行在对应类的位置值为1,其他位置值为0。程序采用的神经网络一共有5层,其输入层有512(16×32)个结点,输出层有34个结点,中间层的结点个数都为128;神经网络的激活函数为对称Sigmoid函数,训练方法采用反向传播算法;训练中采用较小的学习强度值(0.01)以提高学习精度;训练结束条件为迭代10000次或者两次迭代误差小于0.0001。训练结束之后,将训练结果保存在xml文件中。

测试函数首先从保存的xml文件中加载ANN_MLP类的对象,以对特征进行预测。然后从34类图像对应目录中加载前100张之后的图像,每次读取一张图像,对其进行缩放到规定大小并计算HOG特征值。将这个计算得到的HOG特征值作为输入,调用predict函数对这个特征向量进行预测。最后对预测的结果进行分析,如果预测结果最大值位置与当前图像分类的位置一致,则认为预测是正确的,否则预测就是错误的。测试集7955张图片测试结果为识别正确率为99%,进一步加大训练集图片的数量可以改进识别的准确率。

代码 12-1 神经网络应用实例

```
#include "pch.h"
#include <iostream>
#include "opencv.hpp"
#include "ml.hpp"
#pragma comment(lib, "opencv_world420.lib")
#define CLASSSUM      34    // 图片共有26类
#define IMAGE_ROWS   32    // 统一图片高度
#define IMAGE_COLS   16    // 统一图片宽度
#define IMAGESSUM    100    // 每一类图片张数
//字符类型,数字0-9,24个英文字母(其中缺少"O"和"I")
std::stringdirNum[CLASSSUM] = { "0","1","2", "3", "4", "5", "6", "7", "8", "9","A",
"B", "C", "D", "E", "F", "G", "H", "J", "K", "L", "M", "N", "P", "Q", "R", "S",
"T", "U", "V", "W", "X", "Y", "Z" };
HOGDescriptorhog(cv::Size(16, 32), cv::Size(16, 16), \
    cv::Size(8, 8), cv::Size(8, 8), 9); //HOG描述子
void Train()//训练函数
{
    const int nVecLen = hog.getDescriptorSize(); //特征向量的大小
    //训练样本数据,每张图片对应一个行向量,大小为nVecLen
    Mat trainingDataMat=Mat::zeros(CLASSSUM×IMAGESSUM,nVecLen,\
    CV_32FC1);
        //标记矩阵,每张图片对应一行,对应其分类的位置其向量值为1,
    //其他位置为0
    Mat labelsMat = Mat::zeros(CLASSSUM×IMAGESSUM, CLASSSUM, \
        CV_32FC1);
    int nRowIdx = 0;//行序号
    for (int nClassIdx = 0; nClassIdx<CLASSSUM; nClassIdx++)
    {
            std::string strFolder = "chars/"+dirNum[nClassIdx]\
                    +\"/*.bmp";
            std::vector<cv::String> vecFileNames;
            cv::glob(strFolder, vecFileNames); //获取目录下所有文件名
            //读取每个目录下的前100个文件
            for (int nFileIdx = 0; nFileIdx< 100; nFileIdx++) {
                Mat img=cv::imread(vecFileNames[nFileIdx], \
                        IMREAD_GRAYSCALE);
                if (img.empty()) {
```

```
            std::cout<<"加载文件失败!"<<std::endl;
            break;
        }
        resize(img, img, Size(IMAGE_COLS, IMAGE_ROWS), \
          0.0, 0.0, INTER_AREA); //图像缩小到指定大小
        std::vector<float>featureVec;
        hog.compute(img, featureVec); //提取HOG特征
        //设置训练数据
        for (int j = 0; j<IMAGE_ROWS×IMAGE_COLS; j++) {
            trainingDataMat.at<float>(nRowIdx, j) = featureVec[j];
        }
        //设置标签数据
        for (int j = 0; j<CLASSSUM; j++) {
            if (j == nClassIdx) {
                labelsMat.at<float>(nRowIdx, j) = 1;
            }
        }
        cv::imshow("img", img);
        cv::waitKey(10);
        nRowIdx++;
    }
}
//创建一个神经网络对象
Ptr<ml::ANN_MLP> model = ml::ANN_MLP::create();
//设置神经网络有5层结点,输入层结点数为16×32,
//输出层为34,中间层都为128
Mat layerSizes = (Mat_<int>(1, 5) <<IMAGE_ROWS×IMAGE_COLS,\
   128,128, 128,CLASSSUM);
model->setLayerSizes(layerSizes); //设置神经网络结点数字
//设置训练方法为反向传播方法,学习强度为0.01,动量项系数为0.1
model->setTrainMethod(ml::ANN_MLP::BACKPROP, 0.01, 0.1);
//设置激活函数为对称Sigmoid函数,α=1.0, β=1.0
model->setActivationFunction(ml::ANN_MLP::SIGMOID_SYM, 1.0, 1.0);
//设置训练结束条件为最大10000次或者每次迭代结果误差小于0.0001
model->setTermCriteria(TermCriteria(TermCriteria::MAX_ITER\
          | TermCriteria::EPS, 10000, 0.0001));
model->train(trainingDataMat, ml::ROW_SAMPLE, labelsMat);
model->save("./char_ann.xml"); //保存训练结果
```

```
}
void Test() //测试函数
{
    int nRowIdx = 0;
    Mat featureMat = Mat::zeros(1, IMAGE_ROWS×IMAGE_COLS, CV_32FC1);
    Mat labelsMat = Mat::zeros(1, CLASSSUM, CV_32FC1);
    Ptr<ml::ANN_MLP>model = ml::ANN_MLP::load("./char_ann.xml");
    int nCorrectNum = 0;
    int nTotalNum = 0;
    for (int nClassIdx = 0; nClassIdx<CLASSSUM; nClassIdx++)
    {
        std::string strFolder = "chars/"+dirNum[nClassIdx] \
            +"/*.bmp";
        std::vector<cv::String> vecFileNames;
        cv::glob(strFolder, vecFileNames); //获取目录下所有文件名
        //读取每个目录下的100个以后的文件
        for (int nFileIdx = 100; nFileIdx<vecFileNames.size();\
            nFileIdx++) {
            std::cout<<vecFileNames[nFileIdx]<<std::endl;
            Mat img=cv::imread(vecFileNames[nFileIdx], \
                IMREAD_GRAYSCALE);
            if (img.empty()) {
                std::cout<<"加载文件失败!"<<std::endl;
                break;
            }
            //缩小到指定大小
            resize(img, img, Size(IMAGE_COLS, IMAGE_ROWS), 0.0, 0.0,\
             INTER_AREA);
            std::vector<float>featureVec;
            hog.compute(img, featureVec); //提取特征向量
            model->predict(featureVec, labelsMat); //对特征进行预测
            doublemaxVal = 0;
                Point maxLoc;
            //获取最大值的位置,对应识别结果
            minMaxLoc(labelsMat, NULL, &maxVal, NULL, &maxLoc);
            if (nClassIdx == maxLoc.x) {
                nCorrectNum++; //识别正确
            }
```

```
                nTotalNum++;
                cv::imshow("img", img);
                cv::waitKey(10);
                nRowIdx++;
            }
        }
        std::cout<<"correctratio:"<<float(nCorrectNum)/nTotalNum\
                <<std::endl;
        cv::waitKey(-1);
}
int main()
{
        Train();    //训练函数
        //Test(); //测试函数
        waitKey(-1);
}
```

12.2 深度学习简介

深度学习(DL,Deep Learning)是机器学习(ML,Machine Learning)领域中一个新的研究方向,它被引入机器学习使其更接近于最初的目标——人工智能(AI,Artificial Intelligence)。深度学习是学习样本数据的内在规律和表示层次,这些学习过程中获得的信息对诸如文字,图像和声音等数据的解释有很大的帮助。它的最终目标是让机器能够像人一样具有分析学习能力,能够识别文字、图像和声音等数据。深度学习是一个复杂的机器学习算法,在语音和图像识别方面取得的效果,远远超过先前相关技术。

深度学习在搜索技术、数据挖掘、机器学习、机器翻译、自然语言处理、多媒体学习、语音、推荐和个性化技术,以及其他相关领域都取得了很多成果。深度学习使机器模仿视听和思考等人类的活动,解决了很多复杂的模式识别难题,使得人工智能相关技术取得了很大进步。

深度学习通过多层处理,逐渐将初始的“低层”特征表示转化为“高层”特征表示后,用“简单模型”即可完成复杂的分类等学习任务。由此可将深度学习理解为进行“特征学习”(feature learning)或“表示学习”(representation learning)。

以往在机器学习用于现实任务时,描述样本的特征通常需由人类专家来设计,这成为“特征工程”(feature engineering)。众所周知,特征的好坏对泛化性能有至关重要的影响,人类专家设计出好特征也并非易事;特征学习(表征学习)则通过机器学习技术自身来产生好特征,这使机器学习向“全自动数据分析”又前进了一步。

近年来,研究人员也逐渐将这几类方法结合起来,如对原本是以有监督学习为基础的卷积神经网络结合自编码神经网络进行无监督的预训练,进而利用鉴别信息微调网络参数形成的卷积深度置信网络。与传统的学习方法相比,深度学习方法预设了更多的模型参数,因此模型训练难度更大,根据统计学习的一般规律知道,模型参数越多,需要参与训练的数据量也越大。

深度学习也是一类模式分析方法的统称。20世纪八九十年代由于计算机计算能力有限和相关技术的限制,可用于分析的数据量太小,深度学习在模式分析中并没有表现出优异的识别性能。Hinton等人于2006年提出了一种无监督学习模型:深度置信网络,该模型解决了深度神经网络训练的难题,掀起了深度学习的浪潮。此后,深度学习发展非常迅速,涌现出诸多模型。深度置信网络、自编码器、卷积神经网络和循环神经网络构成了早期的深度学习模型,随后由这些模型演变出许多其他模型,主要包括稀疏自编码器、降噪自编码器、堆叠降噪自编码器、深度玻尔兹曼机、深度堆叠网络、深度对抗网络和卷积深度置信网络等。常用的深度学习模型中英文名称和缩写如表12-1所示。

表12-1 深度学习典型模型名称表

模型名称	英文名	英文缩写
受限玻尔兹曼机	Restricted Boltzmann Machine	RBM
深度置信网络 深度玻尔兹曼机	Deep Belief Network Deep Boltzmann Machine	DBN DBM
自编码器	Auto－Encoder	AE
稀疏自编码器	Sparse Auto－Encoder	SAE
降噪自编码器	Denoising Auto－Encoder	DAE
卷积神经网络	Convolutional Neural Network	CNN
循环神经网络	Recurrent Neural Network	RNN
深度堆叠网络	Deep Stacked Network	DSN

深度学习的概念不仅起源于对人工神经网络的研究,而且受到统计力学的启发。1986年,Smolensky提出了一种以能量为基础的模型:RBM,该模型由BM发展而来,主要用于语音识别和图像分类。2006年,Hinton和Salakhutdinov提出了一种贪婪的逐层学习网络:DBN,它由多个RBM堆叠而成,避免了梯度消失,主要用于图像识别和信号处理;2009年,他们又提出了另一种贪婪的逐层学习模型:DBM,该模型也是由多个RBM堆叠而成,主要应用于目标识别和信号处理。与RBM的发展相独立,Rumelhart于1986年提出了一种无监督学习算法:AE,该算法通过编码器和解码器工作完成训练,主要用于语音识别和特征提取。随着AE的发展,它的衍生版本不断出现,如:SAE和DAE。SAE是另一种无监督学习算法,它在AE的编码层上加入了稀疏性限制,主要用于图像处理和语音信号处理。DAE在AE的输入上加入了随机噪声,用来预测缺失值。

与前述模型不同,CNN是一种较流行的监督学习模型,它受猫的视觉皮层研究的启发,已成为图像识别和语音识别领域的研究热点。RNN是另一种重要的监督学习模型,专门用来处理序列数据,通常用于语音识别、文本生成和图像生成。DSN是一种深度堆叠神经网络,是为研究伸缩性问题而设计的。

根据结构和技术应用领域的不同,可以将深度学习分为无监督(生成式)、监督(判别式)和混合深度学习网络,而无监督学习可为监督学习提供预训练。最常见的无监督学习模型有RBM,DBN,DBM,AE,SAE,DAE,其中前3个模型以能量为基础,后两个模型以AE为基础。典型的监督学习模型有CNN、RNN和DSN等。混合深度学习通常以生成式或者判别式深度学习网络的结果作为重要辅助,克服了生成式网络模型的不足,其代表模型有混合深度神经网络(如:DNN-HMM和DNN-CRF)和混合深度置信网络(DBN-HMM)。关于这些深度学习网络模型的全面知识,请参考其他相关资料,本章只以图像处理和模式识别中常见的网络模型做简单介绍。

12.3　卷积神经网络CNN

1962年,生物学家Hubel和Wiesel通过对猫脑视觉皮层的研究,发现在视觉皮层中存在一系列复杂构造的细胞,这些细胞对视觉输入空间的局部区域很敏感,它们被称为“感受野”(receptive field)感受野以某种方式覆盖整个视觉域,它在输入空间中起局部作用,能够更好地挖掘出存在于自然图像中强烈的局部空间相关性。文献中将这些被称为感受野的细胞分为简单细胞和复杂细胞两种类型。根据Hubel Wiesel的层级模型,在视觉皮层中的神经网络有一个层级结构:外侧膝状体→简单细胞→复杂细胞→低阶超复杂细胞→高阶超复杂细胞。低阶超复杂细胞与高阶超复杂细胞之间的神经网络结构类似于简单细胞和复杂细胞间的神经网络结构。在该层级结构中,处于较高阶段的细胞通常会有这样一个倾向:选择性地响应刺激模式更复杂的特征;同时还具有一个更大的感受野,对刺激模式位置的变化更加不敏感。1980年,Fukushima根据Hubel和Wiesel的层级模型提出了结构与之类似的神经认知机(Neocognitron)。神经认知机采用简单细胞层(Slayer,S层)和复杂细胞层(Clayer,C层)交替组成,其中S层与Huble Wiesel层级模型中的简单细胞层或者低阶超复杂细胞层相对应,C层对应于复杂细胞层或者高阶超复杂细胞层。S层能够最大限度地响应感受野内的特定边缘刺激,提取其输入层的局部特征,C层对来自确切位置的刺激具有局部不敏感性。尽管在神经认知机中没有像BP算法那样的全局监督学习过程可利用,但它仍可认为是CNN的第一个工程实现网络,卷积和池化(也称作下采样)分别受启发于Hubel Wiesel概念的简单细胞和复杂细胞,它能够准确识别具有位移和轻微形变的输入模式。随后,LeCun等人基于Fukushima的研究工作使用BP算法设计并训练了CNN(该模型称为LeNet-5,如图12.14所示),LeNet-5是经典的CNN结构,后续有许多工作基于此进行改进,它在一些模式识别领域中取得了良好的分类效果。

CNN的基本结构由输入层、卷积层(convolutional layer)、池化层(Pooling Layer,也称为取样层)、全连接层及输出层构成。卷积层和池化层一般会取若干个,采用卷积层和池化层交替设置,即一个卷积层连接一个池化层,池化层后再连接一个卷积层,依此类推。由于卷积层中输出特征面的每个神经元与其输入进行局部连接,并通过对应的连接权值与局部输入进行加权求和再加上偏置值,得到该神经元输入值,该过程等同于卷积过程,CNN也由此而得名。

12.3.1 卷积层

卷积层由多个特征面(Feature Map)组成,每个特征面由多个神经元组成,它的每一个神经元通过卷积核与上一层特征面的局部区域相连。卷积核是一个权值矩阵(如对于二维图像而言可为3×3或5×5矩阵)。CNN的卷积层通过卷积操作提取输入的不同特征,第1层卷积层提取低级特征如边缘、线条、角落,更高层的卷积层提取更高级的特征。

1.同一个特征面内的卷积操作

输入在同一个特征面内的卷积操作如同图像的空间滤波操作。图12.11给出一个卷积计算过程的示例。图中输入的是大小为高度H=5,宽度W=5,深度D=3,即5×5大小的RGB彩色图像。这个示例中包含的卷积核组数为K=2,即图中滤波器W0和W1。在卷积计算中,通常对不同的输入通道采用不同的卷积核,如图示例中每组卷积核包含D(D=3)个3×3(用F×F表示)大小的卷积核。另外,这个示例中卷积核在图像的水平方向(W方向)和垂直方向(H方向)的滑动步长S=2(Step=2);对输入图像周围各填充P=1(Padding)个0。经过卷积操作得到输出为3×3×2(用Ho×Wo×K表示)大小的特征面,即3×3大小的2通道特征面,其中Ho、Wo的计算公式为:Ho=(H−F+2×P)/S+1,Wo=(W−F+2×P)/S+1。而输出特征面中的每个像素,是每组滤波器与输入图像每个特征面的卷积再求和,再加上偏置bo,偏置通常对于每个输出特征面是共享的。输出特征面o[:,:,0]中的最后一个值−2的计算过程如图12.11右下角公式所示。

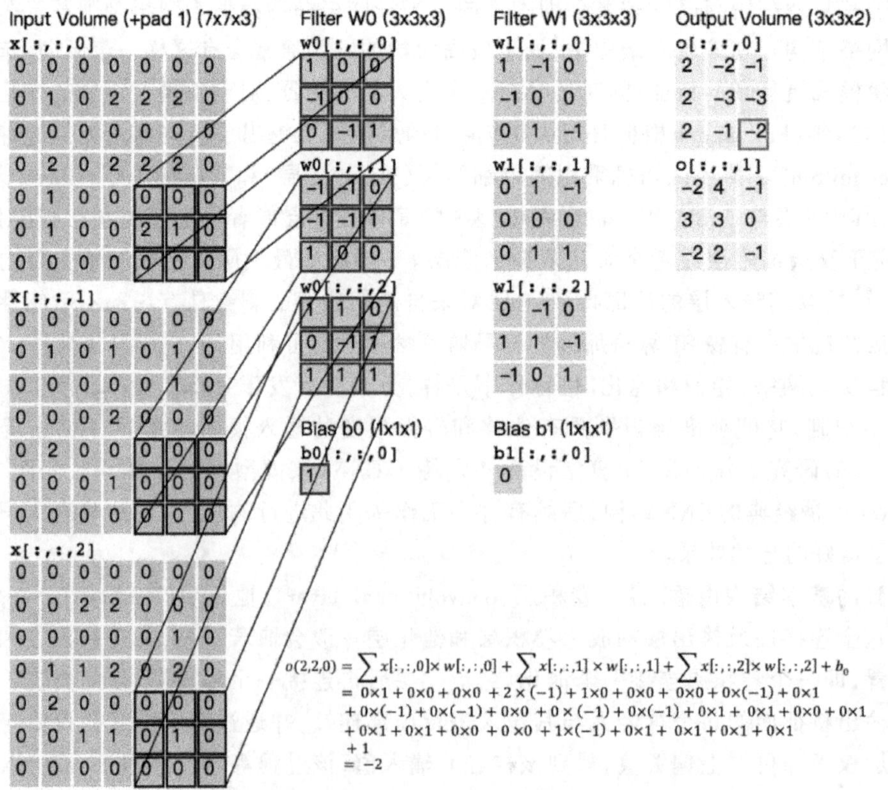

图12.11 卷积操作实例

在卷积操作中卷积核是可学习的参数，经过上面示例介绍，每层卷积的参数大小为D×F×F×K。卷积层的参数较少，这也是由卷积层的主要特性即局部连接和共享权重所决定。

局部连接即每个神经元仅与输入神经元的一块区域链接，在图像卷积操作中，即神经元在空间维度（spatial dimension，即上图示例H和W所在的平面）是局部连接，但在深度上是全部连接。对于二维图像本身而言，也是局部像素关联较强。这种局部连接保证了学习后的过滤器能够对于局部的输入特征有最强的响应。局部连接的思想，也是受启发于如前所述的生物学里面的视觉系统结构，视觉皮层的神经元就是局部接受信息的。

权重共享即计算同一个深度切片（深度切片指图像通道，如RGB图像的红色分量图像是一个深度切片）的神经元时采用的滤波器是共享的。例如上图中计算o[:,:,0]的每个神经元的滤波器均相同，都为W0，这样可以很大程度上减少参数。共享权重在一些场景中是有意义的，例如图片的底层边缘特征与特征在图中的具体位置无关；但是在另外一些场景中是无意义的，比如输入的图片是人脸，眼睛和头发位于不同的位置，希望在不同的位置得到不同的特征，则其权重应当不一样。请注意权重只是对于同一深度切片的神经元是共享的，在卷积层，通常采用多组卷积核提取不同特征，即对应不同深度切片的特征，不同深度切片的神经元权重是不共享的。另外，偏置（bias）对同一深度切片的所有神经元都是共享的。

通过介绍卷积计算过程及其特性，可以看出卷积是线性操作，并具有平移不变性（shift-invariant）。平移不变性即不论图像中的目标移动到哪个位置，卷积操作都能检测到相同的特征，得到相同的响应。卷积层的局部连接和权重共享使得需要学习的参数大大减小，这样也有利于训练较大卷积神经网络。

如同图12.2一样，CNN中卷积层得到的加权和也需要经过激活函数的映射，才能最终得到卷积层特征面的输出。CNN中采用的激活函数一般采用ReLU，它的特点是收敛快，求梯度简单。

2.不同特征面的卷积操作（1×1卷积操作）

与同一特征面的卷积操作不同，有一种卷积操作是在不同特征面上同时进行的，这种卷积操作也称为1×1卷积操作。其原理如图12.12所示：

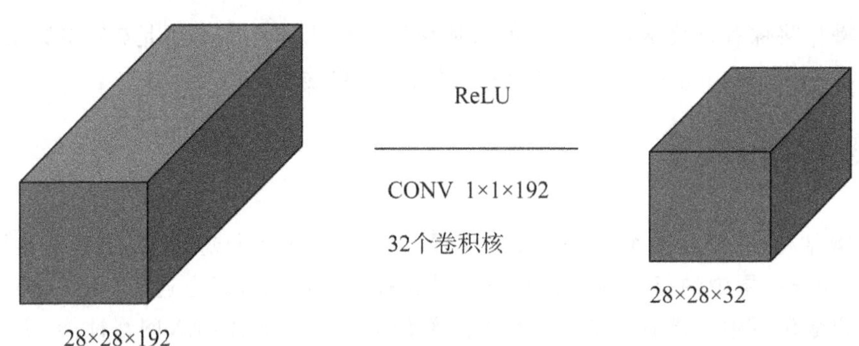

图12.12　1×1卷积实例

如图12.12所示，输入是大小为28×28的192个特征面，经过32个1×1卷积核的卷积操作之后，得到28×28的32个特征面。具体计算过程是，取192个特征面相同位置的值，与卷积核对应系数做内积，内积结果通过ReLU激活函数得到输出值，最后写入到输出特征面的相应位置上。

与普通卷积操作不同，1×1卷积并不会改变输出特征面的大小，但是会改变输出特征面的维数,如图12.12中输出特征面的维数从192维变为32维。1×1卷积作用在于可以实现跨通道的信息交互和整合,以及降低特征面的个数,在GoogLeNet和ResNet上都得到广泛的应用。

12.3.2 池化层

池化(pooling)即下采样,目的是为了减少特征面的大小,主要作用是通过减少网络的参数来减小计算量,并且能够在一定程度上控制过拟合。通常在卷积层的后面会加上一个池化层。池化操作对每个深度切片独立,规模一般为2×2,相对于卷积层进行卷积运算,池化层进行的运算一般有以下几种:

·最大池化(Max Pooling),取4个点的最大值,这是最常用的池化方法。

·均值池化(Mean Pooling),取4个点的均值。

·高斯池化,借鉴高斯模糊的方法。

·可训练池化,训练池化函数f,接受4个点为输入,输出为1个点。

最常见的池化层是规模为2×2,步长为2,对输入的每个深度切片进行下采样。例如每个最大池化操作对4个数进行,如图12.13所示。

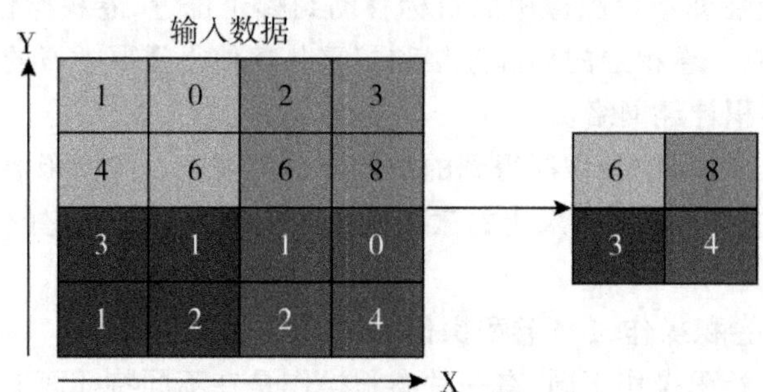

图12.13 最大池化操作实例

池化操作将保存深度大小不变。如果池化层的输入单元大小不是2的整数倍,一般采取边缘补零(zero-padding)的方式补成2的倍数,然后再池化。

12.3.3 全连接层

在CNN结构中,经过多个卷积层和池化层之后,连接着1个或1个以上的全连接层。与MLP类似,全连接层中的每个神经元与前一层的所有神经元进行全连接。全连接层可以整合卷积层或池化层中的具有类别区分性的局部信息。为了提升CNN网络性能,全连接层每个神经元的激活函数一般也采用ReLU函数。通常,CNN的全连接层与MLP结构一样,CNN的训练算法也采用反向传播(BP)算法。

当用一个小规模的训练集来训练一个大的前馈神经网络时,由于神经网络的高容量,其在测试数据集上的表现通常不佳,这种现象称为过拟合。为了避免过拟合现象,常在全连接层中采用正则化方法——丢失数据(dropout),即与全连接层相连的隐藏层神经元的输出值以一定的概率变为0,如图12.21所示。通过该技术使部分隐藏层节点失效,这些节点不参加

CNN的前向传播过程,也不参加后向传播过程。对于每次输入到网络中的样本,由于dropout技术的随机,它对应的网络结构不相同,但是所有的这些结构共享权值。由于一个神经元不能依赖于其他特定神经元而存在,所以dropout技术降低了神经元间相互适应的复杂性,使神经元学习能够得到更鲁棒的特征。

12.3.4 输出层

CNN的最后一层是输出层,它的输入是最后一层全连接层。输出层可以采用softmax逻辑回归(softmax regression)进行分类,该层也可称为softmax层。

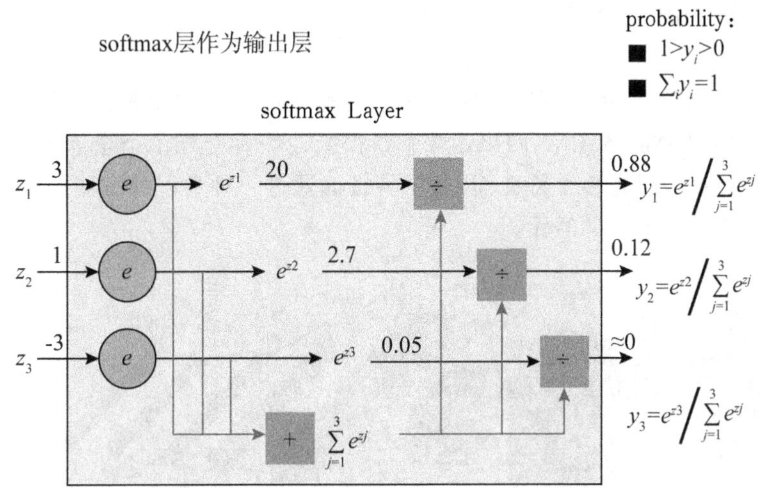

图12.14 输出层实例

softmax层接收m个输入$z_1, z_2, \cdots, z_m$,输出m个节点,每一个节点就代表一个分类。任何一个节点的激活函数形式都是:

$$y_i(z)=\frac{e^{z_i}}{\sum_{j=1}^{m}e^{z_j}} \tag{12-32}$$

很明显有$\sum_{i=1}^{m}y_i(z)=1$,即输出层每个节点输出值的和为1。如图12.14中,全连接层输出3个节点的值分别为$z_1=3, z_2=1, z_3=-3$,则经过softmax层计算,输出层3个节点的值分别为$y_1=0.88, y_2=0.12, y_3=0$。

softmax激活函数从物理意义上可以解释为一个样本通过CNN网络分类属于某个分类的概率,这些概率的总和相加为1。

12.3.5 损失函数

在对CNN进行反向传播训练时,对于一个具体的模型,选择一个合适的损失函数是十分重要的。在CNN多分类问题中,经常使用交叉熵作为损失函数。

交叉熵刻画的是实际输出概率和期望输出概率的距离,交叉熵的值越小,则两个概率分布越接近,即实际与期望差距越小。交叉熵中的交叉就体现在期望概率分布与实际概率分布之间的差异。假设概率分布p为期望输出，概率分布q为实际输出，$H(X)$为交叉熵。则：

$$H(X)=\sum_{i=1}^{n}p\left(x_i\right)\log\left(q\left(x_i\right)\right) \tag{12-33}$$

例如，n=3，期望输出$p=(1,0,0)$，模型1的实际输出为$q_1=(0.5,0.2,0.3)$，模型2的实际输出为$q_2=(0.8,0.1,0.1)$，则交叉熵为：

$$H\left(p,q_1\right)=-(1\times\ln 0.5+0\times\ln 0.2+0\times\ln 0.3)\approx 0.69$$

$$H\left(p,q_2\right)=-(1\times\ln 0.8+0\times\ln 0.1+0\times\ln 0.1)\approx 0.22$$

q_2交叉熵的值更小，显然模型2的结果与期望结果更为接近。

12.3.6 LeNet-5网络模型

Lenet-5模型，是一种用于手写体字符识别的非常高效的卷积神经网络。如图12.15所示，不包含输入层，LeNet-5 CNN网络由3个卷积层，2个池化层，2个全连接层组成，每层都包含可训练参数；每个层有多个特征面，每个特征面通过一种卷积滤波器提取输入的一种特征，然后每个特征面有多个神经元。

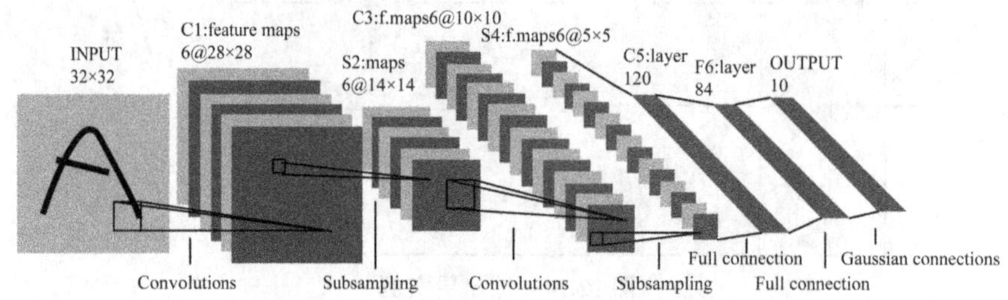

图12.15 LeNet5卷积神经网络结构

各层参数详解：

1.INPUT层—输入层

首先是数据INPUT层，输入图像统一缩放到大小为32×32的灰度图像。传统上，不将输入层视为网络层次结构之一。

2.C1层—卷积层

输入图片大小：32×32；

卷积核大小：5×5；

卷积核种类：6；

输出特征面大小：28×28，(32-5+1=28)；

神经元数量：28×28×6；

可训练参数：(5×5+1)×6，(每个滤波器有5×5=25个单元参数和1个偏置参数，一共6个滤波器)；

连接数：(5×5+1)×6×28×28=122304；

详细说明：对输入图像进行第一次卷积运算(使用6个大小为5×5的卷积核)，得到6个C1特征面(大小为28×28的特征面)。卷积核的大小为5×5，总共就有6×(5×5+1)=156个参数，其中+1是表示每个核有一个偏置。对于卷积层C1，C1内的每个像素都与输入图像中的5×5个像素和1个偏置有连接，所以总共有156×28×28=122304个连接。有122304个连接，但是只需要学习156个参数,主要是通过权值共享实现的。

3.S2层—池化层(下采样层)

输入:28×28;

采样区域:2×2;

采样方式:4个输入相加,乘以一个可训练参数,再加上一个可训练偏置。结果通过sigmoid激活函数得到输出;

采样种类:6;

输出特征面大小:14×14(28/2);

神经元数量:14×14×6;

连接数:(2×2+1)×6×14×14;

S2中每个特征面的大小是C1中特征面大小的1/4。

详细说明:第一次卷积之后紧接着就是池化运算,使用2×2核进行池化,于是得到了S2,6个14×14的特征面(28/2=14)。S2这个池化层是对C1中的2×2区域内的像素求和,再乘以一个权值系数,再加上一个偏置,然后将这个结果再做一次sigmoid映射。

4.C3层—卷积层

输入:S2中所有6个或者几个特征面组合;

卷积核大小:5×5;

卷积核种类:16;

输出特征面大小:10×10,(14-5+1)=10;

C3中的每个特征面是连接到S2中的所有6个或者几个特征面的,表示本层的特征面是上一层提取到的特征面的不同组合。

存在的一个方式是:C3的前6个特征面以S2中3个相邻的特征面子集为输入。接下来6个特征面以S2中4个相邻特征面子集为输入。然后的3个以不相邻的4个特征面子集为输入。最后一个将S2中所有特征面为输入。

则可训练参数个数为:

6×(3×5×5+1)+6×(4×5×5+1)+3×(4×5×5+1)+1×(6×5×5+1)=1516,

连接数:10×10×1516=151600;

详细说明:第一次池化之后是第二次卷积,第二次卷积的输出是C3,16个10×10的特征面,卷积核大小是5×5。这里通过对S2的特征面特殊组合计算得到C3层的16个特征面。具体如图12.16所示:

	0	1	2	3	4	5	6	7	8	9	10	11	12	13	14	15
0	x				x	x	x			x	x	x	x		x	x
1	x	x				x	x	x			x	x	x	x		x
2	x	x	x				x	x	x			x		x	x	x
3		x	x	x			x	x	x	x			x		x	x
4			x	x	x			x	x	x	x		x	x		x
5				x	x	x			x	x	x	x		x	x	x

图12.16 LeNet-5中S2层到C3层的特征组合方式

C3层的前6个特征面(对应上图左边6列)与S2层相连的3个特征面相连接,中间6个特征面与S2层相连的4个特征面相连接(上图中间6列),后面3个特征面与S2层部分不相连的4个特征面相连接,最后1个与S2层的所有特征面相连。卷积核大小依然为5×5,所以参数个数总共有:

6×(3×5×5+1)+6×(4×5×5+1)+3×(4×5×5+1)+1×(6×5×5+1)=1516。

而图像大小为10×10,所以共有151600个连接。

C3与S2中前3个特征面相连的卷积结构如图12.17所示:

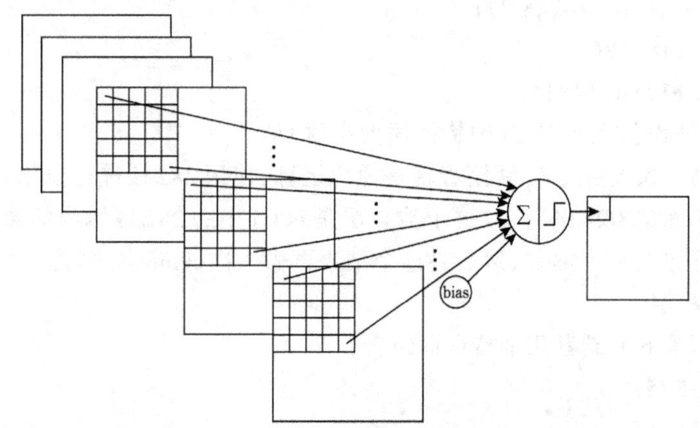

图12.17　S2层前3个特征面到C3层的连接示意图

上图对应的参数为3×5×5+1,一共进行6次卷积得到6个特征面,所以有6×(3×5×5+1)参数。采用这种连接方式主要有两个原因:1)减少参数,2)这种不对称的组合连接的方式有利于提取多种组合特征。

5.S4层—池化层

输入:10×10;

采样区域:2×2;

采样方式:4个输入相加,乘以一个可训练参数,再加上一个可训练偏置。结果通过sigmoid函数;

采样种类:16;

输出特征面大小:5×5,(10/2);

神经元数量:5×5×16=400;

连接数:16×(2×2+1)×5×5=2000;

S4中每个特征面的大小是C3中特征面大小的1/4;

详细说明:S4是池化层,窗口大小仍然是2×2,共计16个特征面,C3层的16个10×10的图分别进行以2×2为单位的池化得到16个5×5的特征面。有5×5×5×16=2000个连接。连接的方式与S2层类似。

6.C5层—卷积层

输入:S4层的全部16个单元特征面(与S4全相连);

卷积核大小:5×5;

卷积核种类:120;

输出特征面大小:1×1,(5-5+1);

可训练参数：120×(16×5×5+1)=48120；

详细说明：C5层是一个卷积层。由于S4层的16个图的大小为5×5，与卷积核的大小相同，所以卷积后形成的图的大小为1×1。这里形成120个卷积结果。每个都与上一层的16个图相连。所以共有(5×5×16+1)×120=48120个参数，同样有48120个连接。S4到C5层的网络连接方式如图12.18所示：

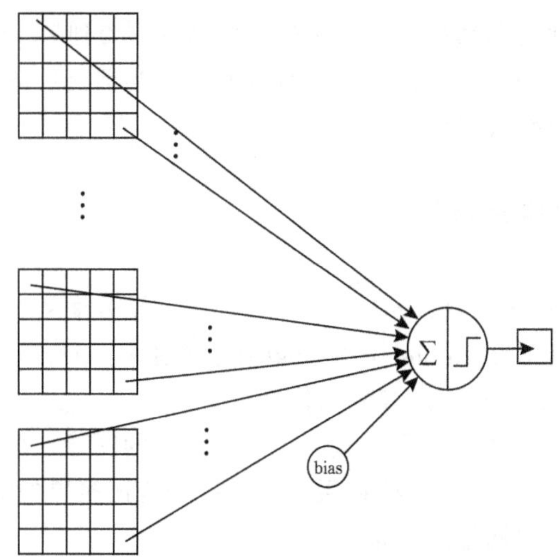

图12.18　S4到C5层网络连接方式

7.F6层—全连接层

输入：C5层120维向量；

计算方式：计算输入向量和权重向量之间的点积，再加上一个偏置。本层输出的激活函数为双曲正切函数$f(a)=A\tanh(Sa)$，其中A是幅值，S是原点处的斜率，A的经验值是1.7159；

可训练参数:84×(120+1)=10164；

详细说明：F6层是全连接层。F6层有84个节点，对应于一个7×12的比特图，-1表示白色，1表示黑色，这样每个符号的比特图的黑白色就对应于一个编码。该层的训练参数和连接数是(120+1)×84=10164。标准ASCII编码图如图12.19所示，都是7×12大小，这里只用到了其中数字部分的编码图像。

图12.19　标准ASCII编码图（大小都为7×12像素）

8.OUTPUT层—全连接层

输出层也是全连接层,共有10个节点,分别代表数字0到9,且如果节点i的值为0,则网络识别的结果是数字i。输出层采用的是基于欧式距离的径向基函数(RBF)的网络连接方式。假设x是上一层的输入,y是RBF的输出,则RBF输出的计算方式是:

$$y_i = \sum_j (x_j - w_{ij})^2 \tag{12-34}$$

上式w_{ij}的值由i的比特图编码确定,i从0到9,j取值从0到7×12-1。RBF输出的值越接近于0,则越接近于i,即越接近于i的ASCII编码图,表示当前网络输入的识别结果是字符i。输出层共有84×10=840个参数和连接。

12.3.8 AlexNet网络模型

AlexNet是由Hinton和Alex Krizhevsky设计的,并以显著优势获得2012年ILSVRC(ImageNet Large Scale Visual Recognition Challenge))竞赛冠军。AlexNet是在LeNet-5的基础上加深了网络的结构,学习更丰富更高维的图像特征。

AlexNet网络结构如图12.20所示。输入是256×256的图像。网络中包含8个带权重的层;前5层是卷积层,剩下的3层是全连接层。最后一个全连接层的输出是1000维softmax的输入,softmax会产生1000类标签的分布。

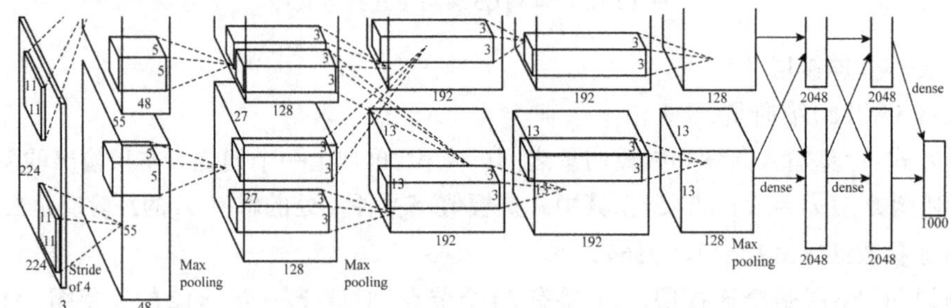

图12.20 AlexNet网络结构

AlexNet的特点主要有:

1.使用ReLU代替Sigmoid作为激活函数

Sigmoid一个很大的问题就是梯度饱和。观察Sigmoid函数曲线,当输入的数字较大(或较小)时,其函数值趋于不变,其导数变得非常小。在层数很多的网络结构中进行反向传播时,由于很多个很小的sigmoid导数累乘,导致其结果趋向于0,权值更新较慢。而ReLU函数在有输出的部分,导数始终为1,这样就解决了Sigmoid函数的梯度饱和问题。

2.Dropout

引入Dropout主要是为了防止过拟合,如图12.21所示。在神经网络中Dropout通过修改神经网络本身结构来实现,对于某一层的神经元,通过定义的概率将神经元置为0,这个神经元就不参与前向和后向传播,就如同在网络中被删除了一样,同时保持输入层与输出层神经元的个数不变,然后按照神经网络的学习方法进行参数更新。在下一次迭代中,又重新随机删除一些神经元(置为0),直至训练结束。

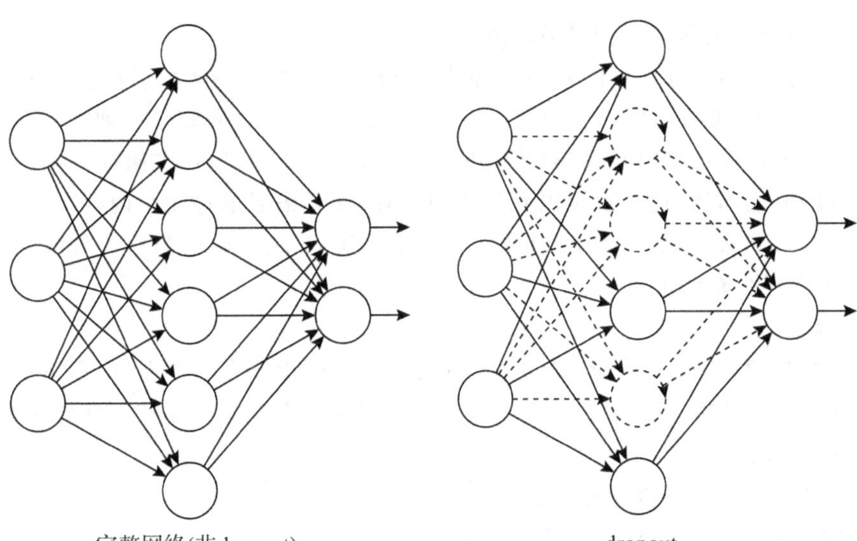

图12.21　Dropout示意图

Dropout应该算是AlexNet中一个很大的创新，现在神经网络中的必备结构之一。Dropout也可以看成是一种模型组合，每次生成的网络结构都不一样，通过组合多个模型的方式能够有效地减少过拟合，Dropout只需要两倍的训练时间即可实现模型组合(类似取平均)的效果，非常高效。

3.层叠最大池化

此前CNN中普遍使用平均池化，AlexNet全部使用最大池化，避免平均池化的模糊化效果。

在LeNet中池化是不重叠的，即池化窗口的大小和步长是相等的。在AlexNet中使用的池化却是可重叠的，也就是说，在池化的时候，每次移动的步长小于池化的窗口长度。AlexNet池化窗口的大小为3×3的正方形，每次池化移动步长为2，这样就会出现重叠。重叠池化可以避免过拟合，这个策略贡献了0.3%的Top-5错误率(注：即一张图像预测5个类别，只要有一个和人工标注类别相同的算对，否则算错)。与非重叠方案s=2，z=2s=2，z=2相比，输出的维度是相等的，并且能在一定程度上抑制过拟合。

4.局部响应归一化(Local Response Normalization，LRN)

在神经网络中，需要用激活函数将神经元的输出做一个非线性映射，tanh和sigmoid这些传统的激活函数的值域都是有范围的，但是ReLU激活函数得到的值域没有一个区间，所以要对ReLU得到的结果进行归一化。局部响应归一化方法如式(12-35)所示：

$$b_{x,y}^{i}=\frac{a_{x,y}^{i}}{\left(k+\alpha\sum_{j=\max\left(0,\,i-\frac{n}{2}\right)}^{\min\left(N-1,\,i+\frac{n}{2}\right)}\left(a_{x,y}^{j}\right)^{2}\right)^{\beta}} \tag{12-35}$$

其中，$a_{x,y}^{i}$代表是ReLU在第i个kernel的(x,y)位置的输出，n是$a_{x,y}^{i}$邻域个数，N是卷积核的总数量，也就是特征面的个数。$b_{x,y}^{i}\in[0,1]$是LRN的结果。k,α,β,n是超参数(训练之前就设置好的参数)，原型中使用的值是$k=2,\alpha=0.0001,\beta=0.75,n=5$。

5.使用CUDA加速深度卷积网络的训练

利用GPU强大的并行计算能力,处理神经网络训练时大量的矩阵运算。AlexNet使用了两块GTX 580 GPU进行训练,单个GTX 580只有3GB显存,这限制了可训练的网络的最大规模。因此作者将AlexNet分布在两个GPU上,在每个GPU的显存中储存一半的神经元的参数。因为GPU之间通信方便,可以互相访问显存,而不需要通过主机内存,所以同时使用多块GPU也是非常高效的。同时,AlexNet的设计让GPU之间的通信只在网络的某些层进行,控制了通信的性能损耗。

6.数据增强

神经网络由于训练的参数多,表达能力强,所以需要比较多的数据量,不然很容易过拟合。当训练数据有限时,可以通过一些变换从已有的训练数据集中生成一些新的数据,以快速地扩充训练数据。

AlexNet中对数据做了以下操作:

(1)随机裁剪,对256×256的图片进行随机裁剪到227×227,然后进行水平翻转。

(2)测试的时候,对左上、右上、左下、右下、中间分别做了5次裁剪,然后翻转,共10个裁剪,之后对结果求平均。

(3)对RGB空间做PCA(主成分分析),然后对主成分做一个(0,0.1)的高斯扰动,也就是对颜色、光照作变换,结果使错误率又下降了1%。

12.3.9 其他图像识别网络

1.VGG Net网络模型

VGG Net由牛津大学的视觉几何组(Visual Geometry Group)和Google DeepMind公司的研究员一起研发的深度卷积神经网络,在ILSVRC 2014上取得了第二名的成绩,将Top-5错误率降到7.3%。它主要贡献是展示出网络的深度(depth)是算法优良性能的关键部分。到目前为止,VGG Net依然经常被用来提取图像特征。

网络输入的是大小为224×224的RGB图像,预处理时计算出3个通道的平均值,在每个像素上减去平均值(处理后迭代更少,更快收敛)。

图像经过一系列卷积层处理,在卷积层中使用了非常小的3×3卷积核,在有些卷积层里则使用了1×1的卷积核。

卷积层滑动步长设置为1个像素,3×3卷积层的边缘填充设置为1个像素。池化层采用最大值池化方法,共有5层,在一部分卷积层后,最大值池化的窗口是2×2,滑动步长设置为2。

卷积层之后是3个全连接层FC。前2个全连接层均有4096个节点,第3个全连接层有1000个节点。所有网络的全连接层配置相同。

全连接层后是Softmax层,用来分类。

所有隐藏层(每个conv层中间)都使用ReLU作为激活函数。VGGNet不使用局部响应标准化(LRN)。

VGG Net常用网络配置如图12.22所示。图中每列代表一种配置选项,共有6种选项,其中用得最多的是VGG16(图中C、D)和VGG19(图中E)。图中输入的都是224×224的RGB彩色图像,区别就在于卷积层的大小和层数不同。卷积参数中conv3-64代表卷积核大小为

3×3,共有64个不同的卷积核;conv1-512代表卷积核大小为1×1,共有512个不同的卷积核;FC-4096代表全连接层,共有4096个节点;FC-1000代表全连接层,共有1000个节点;max-pool代表最大值池化。

VGG Net提出了相对AlexNet更深的网络模型,并且通过实验发现网络越深性能越好(在一定范围内)。在网络中,使用了更小的卷积核(3×3),滑动步长为1,同时不单独使用卷积层,而是组合成了"卷积组",即一个卷积组包括2-4个3×3卷积层,有的组也有1×1卷积层,因此网络更深。网络使用2×2的最大值池化,在全图测试时把最后的全连接层(fully-connected)改为全卷积层(fully-convolutional net),重用训练时的参数,使得测试得到的全卷积网络因为没有全连接的限制,因而可以接收任意宽或高的输入,另外VGG Net卷积层有一个显著的特点:特征图的空间分辨率单调递减,特征图的通道数单调递增,这是为了更好地将H×W×3的图像转换为1x1xC的输出,之后的GoogLeNet与Resnet都是如此。另外上图后面4个VGG训练时参数都是通过预先训练的网络A进行初始赋值。

ConvNet Confinguration					
A	A-LRN	B	C	D	E
11 weight layers	11 weight layers	13 weight layers	16 weight layers	16 weight layers	19 weight layers
input(224×224 RGB image)					
conv3-64	conv3-64 LRN	conv3-64 conv3-64	conv3-64 conv3-64	conv3-64 conv3-64	conv3-64 conv3-64
maxpool					
conv3-128	conv3-128	conv3-128 conv3-128	conv3-128 conv3-128	conv3-128 conv3-128	conv3-128 conv3-128
maxpool					
conv3-256 conv3-256	conv3-256 conv3-256	conv3-256 conv3-256	conv3-256 conv3-256 conv1-256	conv3-256 conv3-256 conv3-256	conv3-256 conv3-256 conv3-256 conv3-256
maxpool					
conv3-512 conv3-512	conv3-512 conv3-512	conv3-512 conv3-512	conv3-512 conv3-512 conv1-512	conv3-512 conv3-512 conv3-512	conv3-512 conv3-512 conv3-512 conv3-512
maxpool					
conv3-512 conv3-512	conv3-512 conv3-512	conv3-512 conv3-512	conv3-512 conv3-512 conv1-512	conv3-512 conv3-512 conv3-512	conv3-512 conv3-512 conv3-512 conv3-512
maxpool					
FC-4096					
FC-4096					
FC-1000					
soft-max					

图12.22 VGG网络常用配置

2.GoogLeNet网络模型

GoogLeNet是2014年由Christian Szegedy提出的一种全新的深度神经网络,该网络结构获得ILSVRC 2014大赛的冠军。前面介绍的AlexNet和VGGNet,这两种网络结构都是通过增大网络的深度来获得更好的效果,但是网络深度的加深会带来一些副作用,比如过拟合、梯度消失、计算太复杂等，GoogLeNet提出了inception模块，增强卷积模块功能，可以在增加网络深度和宽度的同时减少参数。

如图12.23所示，inception模块基本组成结构有4个成分：1×1卷积，3×3卷积，5×5卷积，3×3最大池化。最后对4个成分运算结果进行通道上组合。如前所述，1×1卷积是在不同的特征面的进行，可以融合不同特征面的信息，同时有效减少特征面和参数个数，在inception模块中每个节点都用到1×1卷积，这是inception模块的核心思想。通过多个卷积核提取图像不同尺度的信息，最后进行融合，可以得到图像更好的表征。

VGG继承了LeNet以及AlexNet的一些框架结构，而GoogLeNet则做了更加大胆的网络结构尝试。借助于Inception结构，GoogLeNet虽然深度只有22层，但大小却比AlexNet和VGG小很多，GoogleNet参数为500万个，AlexNet参数个数是GoogleNet的12倍，VGGNet参数又是AlexNet的3倍，因此在内存或计算资源有限时，GoogleNet是比较好的选择；从模型结果来看，GoogLeNet的性能更加优越。

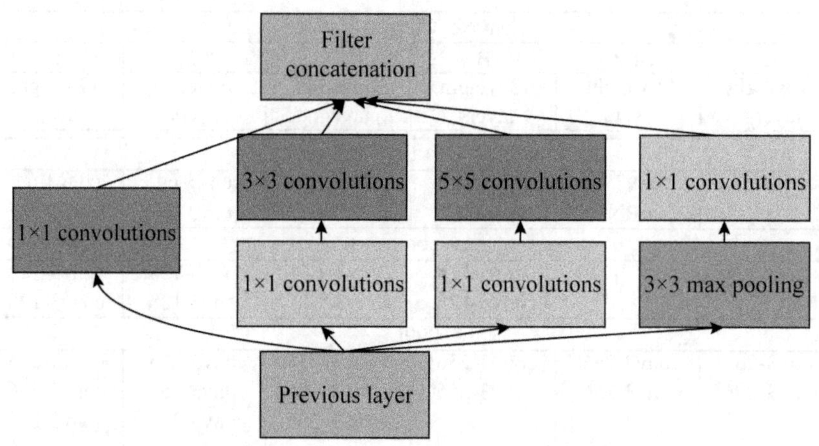

图12.23　GoogLeNet中的Inception V1结构

12.4 深度学习框架

深度学习一般包括：训练和测试两大阶段。训练就是把训练数据和神经网络模型(AlexNet、GoogLeNet等神经网络)用CPU或GPU计算出模型参数的过程。测试就是把测试数据用训练好的模型(神经网络模型+模型参数)运行后查看结果。而caffe，keras，tensorflow等软件就是把训练过程所涉及的环节数据统一抽象，形成可使用框架。本节将简单介绍这些框架的基本结构和使用方法，详细的使用这些框架训练神经网络模型的方法请参考其他资料。

12.4.1 Caffe框架

1. 简介

Caffe是一个清晰而高效的深度学习框架，也是一个被广泛使用的开源深度学习框架。

主要优势为:上手容易,网络结构都是以配置文件形式定义,不需要用代码设计网络。训练速度快,组件模块化,可以方便地拓展到新的模型和学习任务上。Caffe一开始设计目标就是针对图像,因此Caffe对卷积神经网络的支持非常好。Caffe工程的models文件夹中常用的网络模型比较多,比如Lenet、AlexNet、ZFNet、VGGNet、GoogleNet、ResNet等。

2.Caffe模块结构

Caffe由低到高依次把网络中的数据抽象成Blob,各层网络抽象成Layer,整个网络抽象成Net,网络模型的求解方法抽象成Solver。

(1)blob表示网络中的数据,包括训练数据,网络各层自身的参数,网络之间传递的数据都是通过blob来实现的,同时blob数据也支持在CPU与GPU上存储,能够在两者之间做同步。

(2)Layer是对神经网络中各种层的抽象,包括卷积层和下采样层,还有全连接层和各种激活函数层等。同时每种Layer都实现了前向传播和反向传播,并通过blob来传递数据。

(3)Net是对整个网络的表示,由各种layer前后连接组合而成,也是所构建的网络模型。

(4)Solver定义了针对Net网络模型的求解方法,记录网络的训练过程,保存网络模型参数,中断并恢复网络的训练过程。自定义Solver能够实现不同的网络求解方式。

3.安装方式

Caffe需要预先安装比较多的依赖项,CUDA,snappy,leveldb,gflags,glog,szip,lmdb,OpenCV,hdf5,BLAS,boost和ProtoBuffer等。

Caffe官网:http://caffe.berkeleyvision.org/;

Caffe Github : https://github.com/BVLC/caffe;

Caffe安装教程:http://caffe.berkeleyvision.org/installation.html;

Caffe安装分为CPU和GPU版本,GPU版本需要显卡支持以及安装CUDA。

4.Caffe搭建神经网络流程

Caffe搭建和训练神经网络,主要有以下几个流程:

(1)数据格式处理。caffe对于训练数据格式,支持:lmdb和h5py等数据格式,其中lmdb数据格式常用于单标签数据,像分类等,经常使用lmdb的数据格式。对于回归等问题,或者多标签数据,一般使用h5py数据的格式。需要按照格式,将训练数据和验证数据准备好。

(2)编写网络结构文件。定义网络结构,如当前网络包括哪几层,每层作用是什么。具体编写格式可以参考Caffe框架自带识别手写体样例:/examples/mnist/lenet_train_test.prototxt。

(3)编写网络求解文件。定义网络模型训练过程中需要设置的参数,比如学习率,权重衰减系数,迭代次数,训练使用GPU还是CPU等,同样可以参考上述prototxt文件。

(4)训练。基于命令行的训练,如:

```
caffe train  -solver /examples/mnist/lenet_train_test.prototxt
```

(5)测试。同样使用命令行工具进行测试,如:

```
Caffe test  -model /examples/mnist/lenet_train_test.prototxt
-weights /examples/mnist/lenet_iter_10000.caffemodel  -gpu 0
```

训练得到的结果是后缀名为caffemodel的权重文件,将在模型发布时与prototxt文件一起使用。

12.4.2 TensorFlow框架

TensorFlow是一个使用数据流图进行数值计算的开源软件库。图中的节点表示数学运算,而图边表示节点之间传递的多维数据阵列(又称张量)。灵活的体系结构允许使用单个API将计算部署到服务器或移动设备中的某个或多个CPU或GPU。

Tensorflow定义网络结构时,首先建立一个计算图(Graph),图中规定了各个变量之间的计算关系。符号计算也叫数据流图,一个实例如图12.24所示。

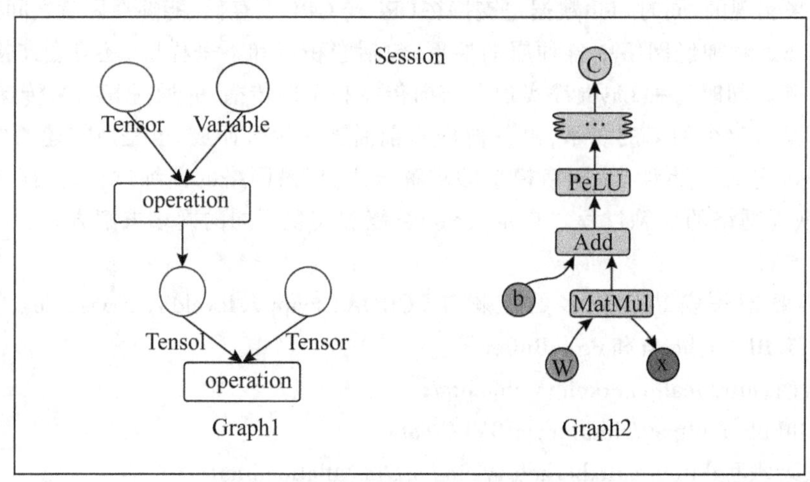

图12.24 Tensorflow中的数据流图

数据流图用节点(nodes)和线(edges)的有向图来描述数学计算。节点一般用来表示施加的数学操作,但也可以表示数据输入的起点/输出的终点,或者是读取/写入持久变量的终点。线表示节点之间的输入/输出关系。在线上流动的多维数据阵列被称作"张量"。图12.24中圆圈表示数据,矩形表示计算,数据是按图中黑色带箭头的线流动的,整个计算过程可以用一个Session来管理。

张量可以看作是向量、矩阵的自然推广,用来表示广泛的数据类型,张量的阶数也叫维度。0阶张量,即标量,是一个数。1阶张量,即向量,是一组有序排列的数。2阶张量,即矩阵,是一组向量有序地排列起来。3阶张量,即立方体,是一组矩阵上下排列起来,以此类推。

使用Tensorflow搭建神经网络主要包含以下步骤:

(1)定义添加神经层的函数;

(2)准备训练的数据;

(3)定义节点准备接收数据;

(4)定义神经网络结构,隐藏层和预测层;

(5)定义loss表达式;

(6)选择optimizer使loss达到最小;

(7)对所有变量进行初始化,通过sess.run optimizer,迭代多次进行学习。

训练之后,在tensorflow路径下会产生3种文件:checkpoint文件,文本文件,该文件记录了保存的最新的checkpoint文件以及其他checkpoint文件列表,可以修改这个文件,指定使用哪个model;meta文件,该文件保存的是图结构,meta文件是pb格式,包含变量、结合和各种操作;ckpt文件,二进制文件,存储了网络权重,偏置,梯度等变量,保存网络模型的权重。

12.4.3　OpenVINO工具包

OpenVINO是Intel开发的工具包,可快速部署模拟人类视觉的应用程序和解决方案。该工具包基于卷积神经网络(CNN),可扩展Intel硬件的计算机视觉(CV)工作负载,充分利用CPU和GPU的硬件性能,大幅度提高神经网络的推理性能。OpenVINO框架提供了加速版的OpenCV模块。

12.5　OpenCV DNN模块

12.5.1　DNN模块简介

从4.0版本开始,OpenCV开始对深度学习提供正式支持,体现在OpenCV DNN模块中。OpenCV DNN模块的核心是Net类,使用时需要打开dnn名词空间。Net类允许创建和操作复杂的神经网络。DNN模块中使用有向图来表示神经网络,顶点是layer的实例化,边是输入输出层之间的关系,每个网络层有唯一的ID和唯一的name。LayerId可以存储每个layer的name和layer的id。Net类与计算相关的主要函数如下:

```
class CV_EXPORTS_W_SIMPLE Net
{
public:
    //读取Intel OpenVINO优化过的网络模型
    CV_WRAP static Net readFromModelOptimizer(const String& xml,\
      const String& bin);
    //将模型输出到字符串中,以验证是否正确配置
    CV_WRAP String dump();
    //将网络结构输出到文件中
    CV_WRAP void dumpToFile(const String& path);
        //执行网络的前向计算
    CV_WRAP Mat forward(const String& outputName = String());
    CV_WRAP void forward(OutputArrayOfArrays outputBlobs, const String&
    outputName =String());
    //设置网络后台计算后端
    CV_WRAP void setPreferableBackend(int backendId);
    //设置网络计算目标设备
```

```
    CV_WRAP void setPreferableTarget(int targetId);
//设置网络输入blob
CV_WRAP void setInput(InputArray blob, const String& name = "",
double scalefactor = 1.0, const Scalar& mean = Scalar());
}
```

与网络计算相关的函数还有readNet函数以及blobFromImage函数。readNet函数从模型文件中构造得到一个深度网络,其函数原型为:

```
Net readNet(
   const String& model, //模型文件路径
   const String& config = "",  //模型配置文件路径
   const String& framework = "" //指定模型类型
);
```

blobFromImage函数从输入图像中得到一个4维blob结构,并传输到网络中作为输入,其函数原型为:

```
Mat blobFromImage(
   InputArray image, //输入图像,单通道,3通道或4通道
   double scalefactor=1.0, //乘数因子
   const Size& size = Size(), //输出blob的大小
   const Scalar& mean = Scalar(), //图像中每个通道的均值
   bool swapRB=false, //是否交换Red和Blue通道的次序
   bool crop=false; //图像改变大小后是否需要裁剪
   int ddepth=CV_32F //输出图像的位深度,32位或8位
);
```

blobFromImage()函数的执行过程,是将原图像中每个输入像素的值都减去其均值mean,然后将差值乘以scalefactor。mean输入值个数应当与输入图像通道个数相同,如果只输入一个值,则所有通道的均值都是这个数。swapRB参数的作用是交换Red通道和Blue通道的值,将BGR顺序变为RGB顺序或相反。

blobFromImage()函数输出的是一个变换之后的图像矩阵,其排列顺序是NCHW,即像素值按列(Width)->行(Height)->通道(Channel)->数量(Num)的方式存放,这种存储方式将相邻的像素集中在一起,有利于CPU的高效访问和GPU的并行计算。

在实际应用中,首先调用readNet函数构造一个训练好的网络,然后对输入的每帧图像,调用blobFromImage函数得到一个blob矩阵,然后用blob矩阵调用Net对象的setInput函数,再调用Net对象的forward函数就可以得到深度网络的预测结果。

12.5.2　DNN应用实例

代码12-2以GoogLeNet网络为例，给出了一个图像识别的实例，识别结果如图12.25所示。程序首先利用readNet从文件中加载GoogLeNet的Caffe模型；读入图像文件之后，调用blobFromImage函数得到对应的blob图像，这里缩放因子为1.0，三通道的均值为(104，117，123)；调用Net的forword函数可以得到前向推理结果；推理结果保存在prob矩阵中，是一个1000×1的单通道矩阵，这里调用reshape函数对其进行整形得到1×1000矩阵；最后调用minMaxLoc找到最大值所对应的位置，即推理所对应的类别。从图12.25的结果来看，两张图像推理可信度都在0.8以上，属于比较好的结果。

代码12-2　神经网络应用实例

```
void TestGoogLeNet()
{
    //从文件里加载GoogLeNet的Caffe模型
    dnn::Net net = dnn::readNet("googleNet/bvlc_googlenet.caffemodel", \
        "googleNet/bvlc_googlenet.prototxt");
    //推理后台是OpenCV
    net.setPreferableBackend(dnn::DNN_BACKEND_OPENCV);
    net.setPreferableTarget(dnn::DNN_TARGET_CPU); //目标设备是CPU
    //从文件里加载GoogLeNet能够识别的类别名称
    std::vector<std::string>classes;
    char strLabelFile[] = "googleNet/classification_classes_ILSVRC2012.txt";
    std::ifstream ifs(strLabelFile);
    std::string line;
    while (std::getline(ifs, line)) {
        classes.push_back(line);
    }
    Mat image, blob;
    //加载待识别的图像
    image=imread("bicycle.jpg");
    //从图像得到blob,均值为(104,117,123),图像大小为224x224
    dnn::blobFromImage(image, blob, 1.0, Size(224, 224),\
    Scalar(104,117,123), false, false);
    net.setInput(blob); //将blob输入到网络中
    Mat prob = net.forward(); //调用网络的前向推理过程
    Point classIdPoint; //最大值所在位置
    double confidence; //可信度
    minMaxLoc(prob.reshape(1, 1), 0, &confidence, 0, &classIdPoint);
```

```
    int classId = classIdPoint.x;
    std::vector<double>layersTimes;
    double freq = getTickFrequency() / 1000;
    double t = net.getPerfProfile(layersTimes) / freq;
    //推理时间
    std::string label = format("Inference Time: %.2f ms", t);
    putText(image, label, Point(0, image.rows-50), \
        FONT_HERSHEY_COMPLEX,0.5, Scalar(0, 0, 255));
    //推理得到的类别
    label=format("Class:%s", (classes.empty() ? \
      format("Class #%d",classId).c_str():classes[classId].c_str()));
    putText(image, label, Point(0, image.rows-35),\
        FONT_HERSHEY_COMPLEX,0.5, Scalar(0, 0, 255));
    //推理得到的可信度
    label=format("Confidence:%.4f", confidence);
    putText(image, label, Point(0, image.rows - 15), \
        FONT_HERSHEY_COMPLEX, 0.5, Scalar(0, 0, 255));
    imshow("推理结果", image);
    waitKey(-1);
}
```

图12.25　GoogLeNet网络测试结果

12.6　目标检测网络

以上介绍的深度学习网络结构都是面向图像识别的，需要事先对图像中的目标进行准确分割才能得到比较理想的识别结果；而基于深度学习的目标检测网络可以一次性完成目标分割和目标识别两大任务，在实时图像处理具有很大的优越性。

基于深度学习的目标检测方法可以大致分为两类。其中一类是候选区域+深度学习分类，通过提取候选区域，并对相应区域进行以深度学习方法为主的分类的方案，如：R-CNN，SPP-net，Fast R-CNN，Faster R-CNN和R-FCN等；另一种是基于深度学习的回归方法，如YOLO、SSD和DenseBox等方法，以及最近出现的结合RNN算法的RRC detection；结合DPM的Deformable CNN等。这里主要介绍YOLO方法和SSD方法。

12.6.1　YOLO方法

YOLO是You Only Look Once的简称，它直接对输入图像应用算法并输出类别和相应的定位，具有很高的准确度。YOLO的网络结构如图12.26所示：

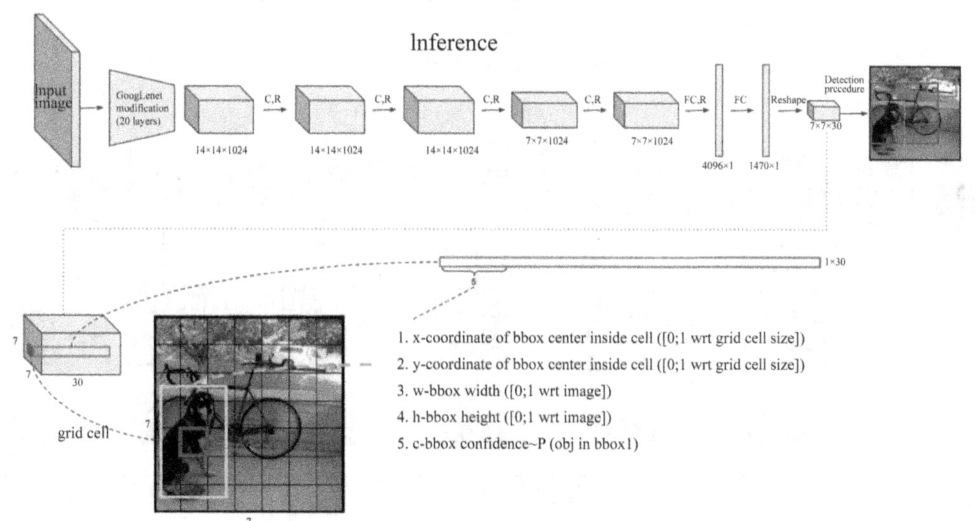

图12.26　YOLO网络结构

如图12.26所示，YOLO网络是根据GoogLeNet改进的，输入图片为448×448大小，输出为7×7×(2×5+20)。YOLO首先将图片分为$S \times S$个单元格(原文中$S=7$)，之后的输出是以单元格为单位进行的：

(1)如果一个检测目标的中心落在某个单元格上，那么这个单元格负责预测这个物体。

(2)每个单元格需要预测B个包围盒(bbox)的值(包围盒的值包括坐标和宽高，原文中B=2)，同时为每个包围盒值预测一个置信度(confidence scores)。也就是每个单元格需要预测B×(4+1)个值。

(3)每个单元格需要预测C个条件概率值。这里C是物体种类个数，默认C=20，这个与使用的数据库有关。

最后网络的输出维度为$S \times S \times (B+5+C) = 7 \times 7 \times (2 \times 5 + 20)$，这里虽然每个单元格负责预测一物体，但是每个单元格可以预测多个包围盒的值(这里可以认为有多个不同形状包围盒，为了更准确地定位出物体)。

12.6.2 SSD方法

SSD是Single Shot MultiBox Detector的简称，single shot指的是SSD算法属于one-stage方法，MultiBox说明SSD是多框预测，即每次可以检测多个不同对象。SSD网络结构如图12.27所示，其检测过程如图12.28所示。

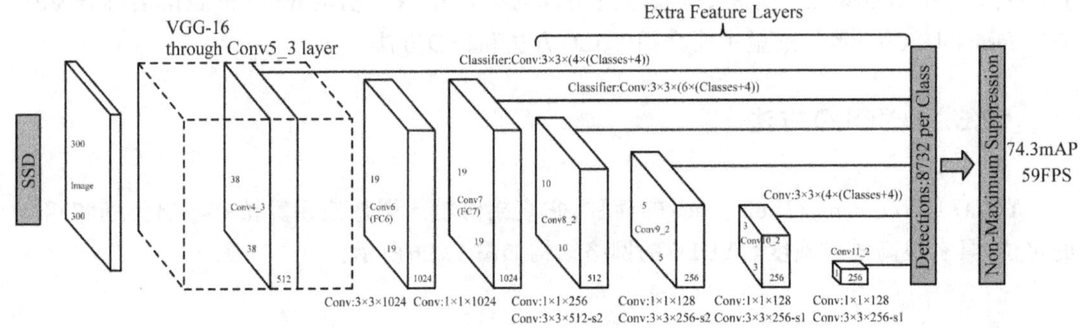

图12.27　SSD网络结构

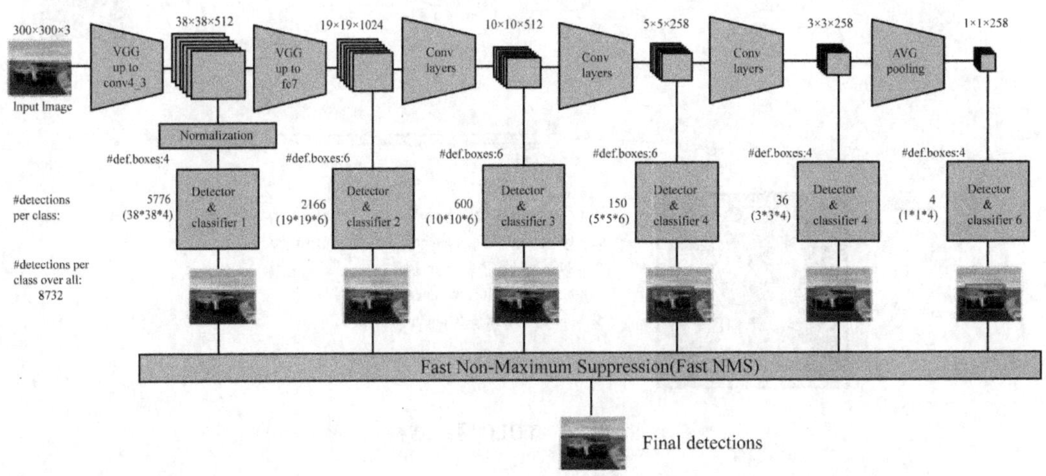

图12.28　SSD检测过程

SSD算法主要步骤：

(1)输入一幅图片(300×300)，将其输入到预训练好的分类网络中来获得不同大小的特征面。这里预训练网络采用修改了的VGG16网络：

①将VGG16的FC6和FC7层转化为卷积层，如图12.34中的Conv6和Conv7；

②去掉所有的Dropout层和FC8层；

③添加了Atrous算法(带洞的卷积算法)，用来代替池化方法；

④将Pool5从2×2-S2变换到3×3-S1。

(2)抽取Conv4_3、Conv7、Conv8_2、Conv9_2、Conv10_2、Conv11_2层的特征面,然后分别在这些特征面上面的每一个点构造6个不同尺度大小的包围盒,然后分别进行检测和分类,生成多个包围盒,如12.28所示;

(3)将不同特征面获得的包围盒结合起来,经过NMS(非极大值抑制)方法来抑制掉一部分重叠或者不正确的包围盒,生成最终的包围盒集合(即检测结果)。

SSD的主要特点:

(1)引入了一种单阶段的检测器,比以前的算法YOLO更准更快,并没有使用RPN和池化操作;

(2)使用一个小的卷积滤波器应用在不同的特征面从而预测包围盒类别和包围盒偏差;

(3)可以在更小的输入图片中得到更好的检测效果(相比Faster-RCNN);

(4)在多个数据集(PASCAL、VOC、COCO、ILSVRC)上面的测试结果表明,它可以获得更高的平均精度均值(mAP值)。

12.6.3　目标检测实例

代码12-3演示了使用SSD对图像进行目标检测的实例。这里使用的是模型是MobileNetSSD,是使用MobileNet对SSD进行改造的结果,提高了检测速度。从网上下载(https://github.com/tensorflow/models/tree/master/research/object_detection)的模型以tensorflow框架提供,在加载时需要提供.pb文件(模型权值文件)和.pbtxt文件(模型结构文件)。检测时首先要将图像缩放到300×300的分辨率,并且需要交换Red通道和Blue通道的位置,即将内存中图像的BGR序列变换成RGB序列,处理时图像均值都为0。检测结果是一个N×7的矩阵;这里N=100表示最多可以有100个检测框;检测矩阵的每一行都是检测框对象,其格式为[batchId, classId, confidence, left, top, right, bottom],分别表示处理批次、检测框类别、可信度、检测框的上下左右坐标(相对原图像中的位置)。

为了去掉部分不完整的检测结果,这里使用了非最大值抑制(NMS)算法,只保留可信度高的检测结果,可信度低的检测结果被丢弃。检测结果如图12.29所示,原始图像如12.29(a)所示,NMS算法处理之前的检测结果如图12.29(b)所示,NMS处理之后的结果如图12.29(c)所示,可以看到经过NMS算法处理之后,检测结果更为精确。

从整个实例可以看出,SSD算法可以将检测目标从图像中识别出来,而且一次可以检测多个目标。SSD的处理速度也与原图像分辨率无关,只与处理平台有关,使用GPU计算可以显著提高计算速度。扫码观看SSD目标检测讲解视频。

SSD目标检测实例

代码12-3　SSD目标检测实例

```
bool readLabelsdet(String strLabelFile, vector<String>& result)
{
    ifstream fp(strLabelFile);
    if (!fp.is_open()){
        cout<<"can not open label file"<<endl;
```

```
        return false;
    }
    string name;
    //从文件中读取类别名称,每个名称一行
    while (!fp.eof()){
        getline(fp, name);
        result.push_back(name);
    }
    fp.close();
    return true;
}
int main(int argc, char** argv)
{
    Mat frame = imread("image1.jpg");
    if (frame.empty()){
        cout<<"img empty"<<endl;
        return -1;
    }
    vector<String> vecLabels;
    //从文件中读取每个类别的名称,一共90类
    readLabelsdet("object_detection_classes_coco.txt",vecLabels);
    //从文件中加载模型
    dnn::Net net =dnn::readNetFromTensorflow("\
        ssd_mobilenet_v1_coco_2017_11_17.pb",\ //权值文件
        ssd_mobilenet_v1_coco_2017_11_17.pbtxt"); //模型文件
    Mat blob;
    //调用图像构造blob对象
    dnn::blobFromImage(frame, blob, 1.0, Size(300, 300), \
        Scalar(0, 0, 0), true, false);
    net.setInput(blob); //将blob输入到网络中
    Mat detection = net.forward(); //前向推理,detection是1x1xNx7矩阵
    //使用检测结果构造detectionMat矩阵
    Mat detectionMat(detection.size[2], detection.size[3],\
        CV_32F, detection.ptr<float>());
    float confidenceThreshold = 0.2;//可信度阈值
    float nmsThreshold = 0.2;//非极大值抑制阈值
    std::vector<int> vecClassIds; //类别向量
    std::vector<float> vecConfidences; //可信度向量
    std::vector<Rect> vecBoxes; //包围盒向量
```

```
//识别结果是100x7维向量
//[batchId, classId, confidence, left, top, right, bottom]
for (int i = 0; i<detectionMat.rows; i++){
    //每个检测目标的可信度
    float confidence=detectionMat.at<float>(i, 2);
    if (confidence>confidenceThreshold){
        //objIndex是识别目标的类别,其中类别0是背景
        size_t objIndex=(size_t)(detectionMat.at<float>(i, 1))- 1;
        //左上角X坐标,所有坐标都是相对于图像尺寸的相对坐标
        float topLeftX = detectionMat.at<float>(i, 3)*frame.cols;
        //左上角Y坐标
        float topLeftY = detectionMat.at<float>(i, 4)*frame.rows;
        //右下角X坐标
        float botRightX = detectionMat.at<float>(i, 5)*frame.cols;
        //右下角Y坐标
        float botRightY = detectionMat.at<float>(i, 6)*frame.rows;
        //包围盒
        Rect objectBox((int)topLeftX, (int)topLeftY, \
            (int)(botRightX - topLeftX), \
            (int)(botRightY - topLeftY));
        vecClassIds.push_back(objIndex);
        vecBoxes.push_back(objectBox);
        vecConfidences.push_back(confidence);
    }
}
std::vector<int> vecIndices; //NMS算法后保留的包围盒下标向量
//使用NMS算法对检测到的包围盒进行合并
dnn::NMSBoxes(vecBoxes, vecConfidences, confidenceThreshold,\
     nmsThreshold, vecIndices);
for (size_t i = 0; i<vecIndices.size(); ++i) {
    int idx = vecIndices[i]; //idx是原向量中的下标
    int nClassId=vecClassIds[idx];//nClassId是原包围盒中对应类别
    Rect box = vecBoxes[idx]; //box是NMS算法后保留的包围盒坐标
    rectangle(frame, box, Scalar(0, 0, 255), 2, 8, 0);
    char szInfo[256] = { 0 };
    sprintf_s(szInfo, "%s %0.2f", vecLabels[nClassId], \
      vecConfidences[idx]);
    //显示检测框的分类名称和可信度
    putText(frame, szInfo, Point(box.x, box.y),\
```

```
            FONT_HERSHEY_SIMPLEX,1.0, Scalar(255, 0, 0), 2);
    }
    imshow("frame", frame);
    waitKey(0);
    return 0;
}
```

(a)原图像

(b)初步检测结果

(b)NMS处理之后的最终处理结果

图12.29　SSD目标检测实例

12.7　总结

基于深度神经网络的图像处理技术，是当前的研究热点，涌现了各种各样的深度学习网络。本章仅列出了图像处理中常用的几种深度学习模型，其他常见的网络模型还有用于图像分割的网络模型FCN，残差网络模型ResNet，生成对抗网络GAN，在各种应用场景中的专用模型，在移动端对网络进行了各种优化的模型等等。

12.8　实习题

(1)目标检测。对于如图12.30所示的图像，试采用MobileNet SSD V1、V2和Yolo V1、Yolo V2、Yolo V3等不同的网络进行目标检测，并对目标检测结果进行分析和比较。

(2)神经网络训练。试查阅相关资料，用tensorflow框架训练一个验证码识别神经网络，可以用来识别https://developers.google.com/recaptcha/中的验证码。

图12.30　题图1

参考文献

[1]Ahonen, T., Hadid, A., and Pietikainen, M. Face Recognition with Local Binary Patterns[C]. Computer Vision–ECCV, 2004 (2004): 469–481.

[2]Pablo Fernández Alcantarilla, Adrien Bartoli, and Andrew J Davison[C]. Kaze features. Computer Vision - ECCV 2012. Springer, 2012: 214 - 22.

[3]Pablo F. Alcantarilla, Jesús Nuevo and Adrien Bartoli. Fast Explicit Diffusion for Accelerated Features in Nonlinear Scale Spaces[C]. In British Machine Vision Conference (BMVC), Bristol, UK, September 2013.

[4]Alexandre Alahi, Raphael Ortiz, Pierre Vandergheynst.FREAK: Fast Retina Keypoint[C]. In Computer vision and pattern recognition(CVPR), 2012 IEEE conference on.IEEE,2012.

[5] Dana H. Ballard. Generalizing the Hough transform to detectarbitrary shapes[J]. Pattern Recognition, 1981,13(2):111–122.

[6]Jean–Yves Bouguet. Pyramidal Implementation of the Lucas Kanade Feature Tracker [J]. Intel Corporation, 2001, 5(1–10): 4.

[7]John F. Canny.1986. A Computational Approach to Edge Detection[J].IEEE–PAMI,8:679–698.

[8]Dongliang Cheng, Brian Price, Scott Cohen, and Michael S Brown. Effective learning–based illuminant estimation using simple features[C]. In Proceedings of the IEEE Conference on Computer Vision and Pattern Recognition, 2015:1000 - 1008,

[9]Navneet Dalal, Bill Triggs. Histograms of Oriented Gradients for Human Detection[C]. International Conference on Computer Vision Pattern Recognition (CVPR' 05), Jun 2005, San Diego, United States.2005: 886 - 893,

[10]Berthold K.P.Horn,Brian G.Schunck. Determining optical flow[J]. Artificial Intelligence,1981,17(3): 185–203.

[11]Paul Hough. Method and Means for Recognizing Complex Patterns[P]. US:3069654,1962.

[12]Stefan Leutenegger, Margarita Chli and Roland Siegwart. BRISK: Binary Robust Invariant Scalable Key–points[C]. ICCV,2011: 2548–2555.

[13]Wei Liu, Dragomir Anguelov, DumitruErhan, Christian Szegedy, Scott E. Reed, Cheng–Yang Fu, Alexander C. Berg:SSD:Single Shot MultiBox Detector[C]. ECCV (1),2016: 21–3

[14]David.G.Lowe,Distinctive image features from scale–invariatu keypoints[J], International Journal of Computer Vision,2004(02).

[15] P. KaewTraKulPong, R. Bowden. An Improved Adaptive Background Mixture Model for Real–time Tracking with Shadow Detection[J]. Video–Based Surveillance Systems, 2002:135–144.

[16] Shengcai Liao, Xiangxin Zhu, Zhen Lei, Lun Zhang and Stan Z. Li. Learning Multi–scale Block Local Binary Patterns for Face Recognition[J]. International Conference on Biometrics (ICB), 2007: 828–837.

[17]Rainer Lienhart, Jochen Maydt. An extended set of haar–like features for rapid object detection. In Image Processing. 2002. Proceedings. 2002 International Conference on, volume 1, pages I - 900.

IEEE, 2002.

[18]Bruce D. Lucas, Takeo Kanade. An Iterative Image RegistrationTechnique with an Application to Stereo Vision[C]. Proc. Of 7th InternationalJoint Conference on Artificial Intelligence (IJCAI), 1981: 674-679,

[19]Ojala, T., Pietikainen, M. and Harwood, Performance evaluation of texture measures with classification based on Kullback discrimination of distributions[J].Pattern Recognition, 1994.1:582-585.

[20]Nobuyuki Otsu. A threshold selection method from gray-level histogram. IEEE Transactions on Systems, Man, and Cybernetics,1979,9(1):62-66.

[21] Redmon J,Divvala S,Girshick R,et al.You Only Look Once: Unified, Real-Time Object Detection [C].2016 IEEE Conference on Computer Vision and Pattern Recognition (CVPR).IEEE, 2016.

[22]Reinhard, E., Adhikhmin, M., Gooch, B. and Shirley, P. Color Transfer between Images[J]. IEEE Computer Graphics and Applications, 2001(21): 34-41,

[23]Ethan Rublee, Vincent Rabaud, Kurt Konolige, Gary R. Bradski: ORB: An efficient alternative to SIFT or SURF[C]. ICCV 2011: 2564-2571.

[24] D.E. Rumelhart, G.E. Hinton, and R.J.Williams. Parallel Distributed Processing:Explorations in the Microstructure of Cognition[M], MIT press, 1986:318-362.

[25]ianbo Shi, Carlo Tomasi. Good Features to Track[C]. Proceedings of the IEEE Conference on Computer Visionand Pattern Recognition,1994:593-600.

[26]C.Stauffer,W.Grimson.Adaptive background mixture modelsfor real—time tracking[C].Proc.of IEEE Conf.on ComputerVision and Pattern Recognition,1999(2):246—252.

[27]Suzuki, S, Abe, K., Topological Structural Analysis of Digitized Binary Images by Border Following [J]. CVGIP,1985,30(1):32-46 .

[28]SWAIN M.J.,BALLARD D. H. Indexing via color histograms[C].Proceedings of Third International Conference on Computer Vision. Osaka:Joanneum,1990:390-393.

[29] Teh, C.H. and Chin, R.T.,On the Detection of Dominant Points on Digital Curve[J]. PAMI,1989,11 (8): 859-872 .

[30]Paul Viola, Michael J. Jones. Rapid object detection using a boosted cascade of simple features[C]. In Computer Vision and Pattern Recognition, 2001. CVPR 2001. Proceedings of the 2001 IEEE Computer Society Conference on,2001(1): I - 511.

[31]Lecun Yann, Bottou Leon, Bengio, Y., Haffner, Patrick. Gradient-Based Learning Applied to Document Recognition[C]. Proceedings of the IEEE, 1998,86:2278 - 2324.

[32]T. Y. Zhang and C. Y. Suen, A fast parallel algorithm for thinning digital patterns[J]. Comm. ACM, 1984, 27(3): 236-239.

[33]Z.Zivkovic,Improved adaptive Gausian mixture model for background subtraction[C]. International ConferencePattern Recognition, UK, August, 2004.

[34]Z.Zivkovic, F. van der Heijden. Efficient Adaptive Density Estimapion per Image Pixel for the Task of Background Subtraction[J]. Pattern Recognition Letters, 2006,27(7):773-780.

[35]周飞燕,金林鹏,董军.卷积神经网络研究综述[J].计算机学报[J],2017,40(6):1229-1250.

[36]周志华.机器学习[M].北京:清华大学出版社,2015:114-115.

[37]史加荣,媛媛.深度学习的研究进展与发展[J].计算机工程与应用,2018,54(10):1-10.

[38]Rafael C.Qou Zalez, Richara E. Woods.数字图像处理(第二版)[M].阮秋琦,等译.北京:电子工业出版社,2003.